大学预科教程系列教材

大学物理预科教程

主 编 张 茹 刘志鹏

U0282541

北京邮电大学出版社
www.buptpress.com

内容简介

本书内容涵盖力学、热学、电磁学和量子论初步，其突出的创新点是“补预结合、突出衔接”，是预科教学团队多年实践所形成的“补薄弱、固基础、重创新、增自信”经验总结。

本书可作为少数民族本科预科教材以及其他各类预科教材，供大学物理预备课程使用，也可作为理科非物理专业以及成人教育相关专业的基础课教材，还可供自学者使用。

图书在版编目(CIP)数据

大学物理预科教程 / 张茹，刘志鹏主编. -- 北京 ：北京邮电大学出版社，2022.1(2024.8 重印)
ISBN 978-7-5635-6490-3

Ⅰ. ①大… Ⅱ. ①张… ②刘… Ⅲ. ①物理—高等学校—教材 Ⅳ. ①O4

中国版本图书馆 CIP 数据核字(2021)第 170849 号

策划编辑：刘纳新　姚　顺　　**责任编辑**：刘春棠　　**封面设计**：七星博纳

出版发行：北京邮电大学出版社
社　　址：北京市海淀区西土城路 10 号
邮政编码：100876
发 行 部：电话：010-62282185　**传真**：010-62283578
E-mail：publish@bupt.edu.cn
经　　销：各地新华书店
印　　刷：河北虎彩印刷有限公司
开　　本：787 mm×1 092 mm　1/16
印　　张：19.5
字　　数：498 千字
版　　次：2022 年 1 月第 1 版
印　　次：2024 年 8 月第 2 次印刷

ISBN 978-7-5635-6490-3　　定价：48.00 元

前　　言

本科预科教育是衔接高中教育与大学教育的一个重要桥梁，物理课程是理工类本科生的基础课程，尤其是对于自动化、机械、电子、通信等专业的学生，在提供基础知识和基本原理、培养思维能力与动手技能方面，有着重要的基础作用。北京邮电大学自2004年起开展本科预科教育，多年来积累了丰富的本科预科教育教学经验，并率先在全国预科院校开设了本科预科物理课程。

本科预科物理课程到底该如何定位、如何开展，这一研究领域目前仍在探索中。北京邮电大学本科预科物理教学开始于2006年，根据学生的实际情况，定位于“补预结合，以预为主”的方向，经过十几年的教学实践，探索出一种“补薄弱、固基础、重创新、增自信”的教学模式，总结出本科预科物理“补预结合、突出衔接”的课程定位，在教学中注重高中物理和大学物理的衔接。

我们在调研过程中发现：有些兄弟学校的预科班物理教学只复习巩固高中物理部分；有些兄弟院校的预科班物理教学只学习大学物理部分。目前预科物理教学领域还缺乏这种从高中物理到大学物理的梯度衔接模式，也缺乏针对“补预结合、突出衔接”这一教学模式的预科教材。因此，北京邮电大学探索出的这种在高中物理和大学物理之间实现“补预与衔接”的教学模式，在国内属于首创。我们将多年教学实践中逐步形成的讲义整理修订，编写了这本《大学物理预科教程》。

本书是北京邮电大学预科物理教学团队十几年教学实践的经验总结，突出落实“补预结合，突出衔接”。例如力学部分，“补”体现在强化牛顿运动定律、动量和冲量、功和能的基础知识、基本技能；“预”体现在采用矢量表述和微积分工具处理问题。通过讲解物理的核心概念、基本原理和基本方法，帮助学生提前预备大学物理学习；同时避开难度较大的例题、习题，采用比较典型性、基础性、有针对性的例题和习题，为学生进入本科阶段学习大学物理打下坚实的基础，以此增强学生学习物理的自信心。

从高中物理到大学物理，无论在内容上还是在方法上都存在较大的跨越，而预科物理的衔接性就在于把这一个大跨越的台阶拆解成两个小台阶，渗透式、渐进式地帮助学生顺利完成物理学习的过渡。

经过这么多年教学实践探索，据学生反馈，这样的“补预结合、突出衔接”做法对他们进入本科后大学物理的学习的确有很大的帮助，增强了他们学习大学物理的自信心。

在本科预科物理的讲授中，北京邮电大学张茹教授、刘志鹏老师做出了积极的探索和努力，为本书的编写奠定了基础。张茹教授多年从事大学物理、本科预科物理教学，具有丰富的教学经验和深厚的物理素养，在本书的编写过程中给予总体设计指导，并亲自参与编写部分章节。刘志鹏老师从事本科预科物理教学十四年，进行本科预科物理多个教改项目的研究工作，将多年积累的教学经验和教学成果都融入本书中。此外，参与编写的老师还有段予文博士后、张虎副教授、曹聪博士，他们也都是多年从事本科预科物理教学工作的老师。部分兄弟院校的物理老师也给予我们很大的帮助，同时本书也受到北京市教委的资助，在此深表谢意。

本书可作为少数民族本科大学物理预科教材以及其他各类预科教材，也可作为理科非物理专业以及成人教育相关专业的基础课教材，还可供自学者使用。

由于时间有限，加之作者水平有限，书中难免有不妥之处，恳请读者批评指正。

编　者

目　录

第 1 篇　力学

第2篇　电磁学

第 4 篇　量子论初步

第1篇　力　　学

力学的研究对象是物质的机械运动。**机械运动**就是一个物体相对于另一个物体的位置变化过程，或者是一个物体的某些部分相对于其他部分的位置变化过程。机械运动是自然界最简单、最普遍的一种运动形式。

通常把**力学分为运动学、动力学和静力学**。运动学研究物体运动的描述；动力学研究物体的运动与物体相互作用的关系；静力学研究物体在相互作用下的平衡问题。为了研究物体机械运动的规律，首先应学会描述质点的运动。本篇将对诸如位移、速度等中学物理已经讲过的概念进行更严谨、更系统、更全面的学习。

从本篇起，物理定律涉及概念为矢量的，都**采用矢量表述。**

第1章 质点运动学

1.1 质点运动的描述

1.1.1 质点 质点系

物体的大小、形状、质量千差万别，运动方式各不相同。一般说来，物体在运动时各部分的位置变化是不同的，运动情况非常复杂。例如，地球除绕自身的轴线自转外，还绕太阳公转；从枪口射出的子弹在空中向前飞行的同时，还绕自身的轴转动。这些事实都说明，物体的运动情况十分复杂。因此，需要确定描述物体运动的方法，对复杂的物体运动进行合理的简化、抽象，提炼出物理模型，以便突出运动的主要矛盾，进行理论提升和进一步研究，使其具有广泛的意义。

如果研究某一物体的运动时，可以忽略其大小、形状和转动，就可把该物体当作一个有一定质量的点，这样的点通常叫作**质点**。

质点是经过科学抽象而形成的**物理模型**。这种方法突出主要因素，忽略次要因素，选取适当的模型代替实际物体，使问题得以简化，不仅对于物理学，对于其他科学，也是一种极为重要的研究方法。

把物体当作质点是有条件的、相对的，而不是无条件的、绝对的，因此对具体情况要作具体分析。一个物体能否当作质点并不取决于它的实际大小，而是取决于研究问题的性质。例如，研究地球绕太阳公转时，由于地球到太阳的平均距离约为地球半径的 10^4 倍，故地球上各点相对于太阳的运动可以看作是相同的，所以可以把地球当作质点。但是，在研究地球上物体的运动情况时，就不能再把地球当作质点处理了。

当我们进一步研究物体更复杂的运动时，可以把整个物体看成由无数个质点组成的，通过分析这些质点的运动，便可弄清整个物体的运动。所以，研究质点的运动是研究物体的更为复杂运动的基础。实际物体通过无限小分割（微分），总可以使每个微元无限小而可以当作质点，整个物体就可以看作由无限多个质点组成。因此，任何物体都能看作质点的集合，即**质点系**。**讨论质点的运动规律，也就成了讨论任何复杂事物运动规律的基础。从质点到质点系，这也是大学物理的一个特点**。质点组力学和刚体力学就是这样去处理问题的。

1.1.2 参考系 坐标系

在自然界中，大到星系，小到原子、电子，都在永不停息地运动。自然界的一切物质都处于运动之中，运动是物质的存在形式，是物质的固有属性，运动存在于人们的意识之外。因此说**运动是绝对的**。

要描述一个物体的机械运动，首先要描述它的位置。而位置总是相对的，说明某物体的位置时，总是要相对于另一参考物体而言。为了描述物体的运动而选为参考的物体，叫**参考系**（或**参照系**）。例如，要研究公路上汽车的运动，可以选择地面或路旁静止的物体作为参考系。

参考系可以根据研究或描述的需要而选取。对于同一个物体的运动，如果选取不同的参考系，那么对这一运动的描述就会不同。例如，当你乘坐电梯上楼时，以电梯为参考系描述你的运动是静止的，而以地面为参考系描述你的运动则是竖直上升的。这称为**运动描述的相对性**。因此，在**描述一个物体的运动时必须指明参考系**。最常用的参考系是以地球表面为参照的参考系，一般不用特别指明。

为了精确量化确定物体相对于参考系的位置，需要在参考系上选用一个固定的**坐标系**。运动物体的位置就由它在坐标系中的坐标值决定。这个坐标系与参考系固定地连成一体，则物体相对于坐标系的运动，也就是相对于参考系的运动。不仅如此，坐标系还可以起到刻度标尺的作用，定量地确定物体的位置。一般在参考系上选定一点作为坐标系的原点，取通过原点并标有长度的线作为坐标轴。常用的坐标系是**直角坐标系**，有时根据需要，我们也可以选用其他的坐标系，如自然坐标系、极坐标系、球坐标系等。在直角坐标系（如图1.1所示）下，以参考系上一固定点为原点，记作O，从O点沿三个互相垂直的方向引三条固定的且有刻度和方向的直线作为坐标轴，通常记作x轴、y轴、z轴，且一般x轴、y轴、z轴满足**右手螺旋关系**，即伸开右手，四指从x轴转向y轴，拇指所指的方向就是z轴。一个质点任意时刻的位置就可以用坐标(x,y,z)来准确表示。

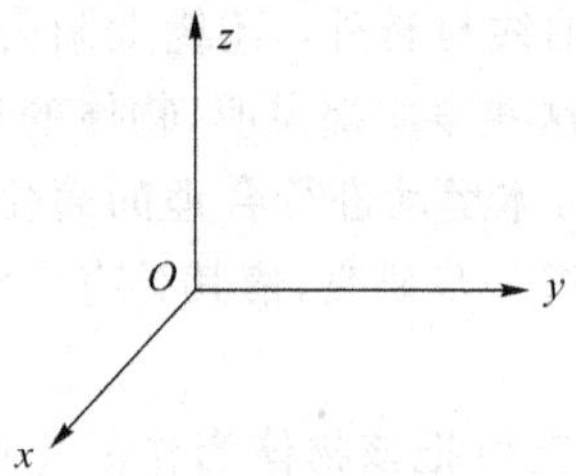

图1.1 直角坐标系

1.1.3 时刻和时间

“时间”这个词在我们的生活中随时都能遇到。在物理学中，它代表一个重要物理量，是国际单位制中的七个基本物理量之一。

“飞机什么时间起飞？”“时间”指的是物理学中“**时刻**”的概念，表示飞机起飞那一瞬间时钟的读数。

“飞机从上海到北京飞行多长时间？”“时间”指的是物理学中“**时间间隔**”的概念，表示飞机从上海起飞那一瞬间时钟的读数与飞机连续飞行到达北京机场着陆那一瞬间时钟读数之间的间隔。

在一定的坐标系中考察质点的运动时，**质点的位置是与时刻相对应的**，质点运动所经过的路程是与时间相对应的。时间是标量，单位是秒(s)。

1.1.4 位置矢量 运动学方程

物理学中有许多不同的物理量。既有大小又有方向的物理量叫作**矢量**；只有大小而没有方向的物理量叫作**标量**，如质量、时间等。矢量和标量运算法则截然不同。标量的运算方法是代数法，矢量的运算方法是几何法，即**平行四边形法则**。矢量必须由大小和方向同时确定，两个矢量相等必须是大小相等且方向相同。标量仅由大小确定，两个标量只要大小相等，则两个标量就相等。关于矢量代数的基本知识，请参见附录。

运动总是和时间相联系的。不同时刻质点的位置和速度都可能不同，也即运动随时间而变化。从数学上看，描述运动的物理量可以表示成以时间为自变量的函数。

要描述一个质点的运动，首先要确定质点相对于参考系的位置。可以在参考系上取一点 O 称之为原点，从原点 O 到质点所在位置 P 点的有向线段能唯一地确定质点相当于参考系的位置。从原点 O 到质点所在位置 P 点的有向线段 $\boldsymbol{r}$ 叫作**位置矢量**，简称**位矢**。它是矢量，有大小和方向。位置矢量的大小 r 代表质点到坐标原点的距离，位置矢量的方向标志了质点的位置相对于原点的方向。

从图 1.2 中可以看出，位矢 $\boldsymbol{r}$ 在 x 轴、y 轴和 z 轴上的投影(即质点的坐标)分别为 x、y 和 z。所以，质点在直角坐标系中的位置既可以用位置矢量 $\boldsymbol{r}$ 来表示，也可以用坐标 x、y 和 z 来表示。因此，位置矢量 $\boldsymbol{r}$ 也可写成

$$\boldsymbol{r}=x\boldsymbol{i}+y\boldsymbol{j}+z\boldsymbol{k} \tag{1.1}$$

其中，$\boldsymbol{i}$、$\boldsymbol{j}$、$\boldsymbol{k}$ 为沿三个坐标轴方向的**单位矢量**(大小为 1，仅表示方向)。x、y、z 称为位置矢量 $\boldsymbol{r}$ 的三个分量，分量是标量，有大小和正负号。

位置矢量 $\boldsymbol{r}$ 的大小为

$$|\boldsymbol{r}|=\sqrt{x^2+y^2+z^2} \tag{1.2}$$

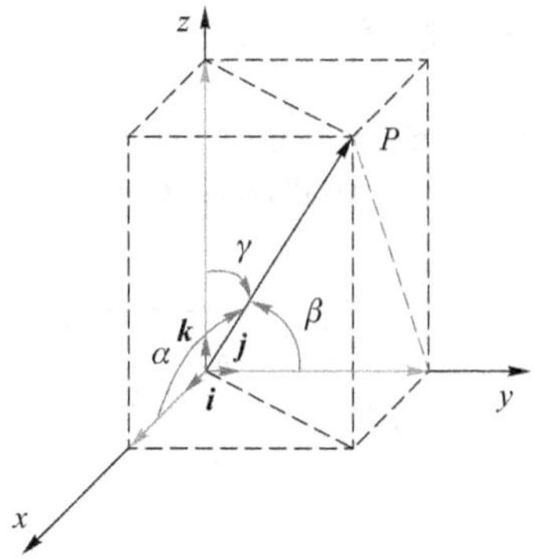

图 1.2　质点的位置矢量

位置矢量 $\boldsymbol{r}$ 的方向可用**方向余弦来**表示，方向余弦由下式确定：

$$\cos\alpha=\frac{x}{|\boldsymbol{r}|},\quad \cos\beta=\frac{y}{|\boldsymbol{r}|},\quad \cos\gamma=\frac{z}{|\boldsymbol{r}|} \tag{1.3}$$

当质点运动时，它相对坐标原点 O 的位置矢量 $\boldsymbol{r}$ 随时间变化。因此，$\boldsymbol{r}$ 是时间的函数，它在三个坐标轴上的投影也是时间的函数，即

$$\boldsymbol{r}=\boldsymbol{r}(t)=x(t)\boldsymbol{i}+y(t)\boldsymbol{j}+z(t)\boldsymbol{k} \tag{1.4}$$

式(1.4)叫作**质点的运动方程或运动函数**。式(1.4)也可以用分量式表示：

$$\begin{cases}x=x(t)\\ y=y(t)\\ z=z(t)\end{cases} \tag{1.5}$$

式(1.5)叫作运动学方程的分量式。

质点运动时所经过的空间点的集合称为**轨迹**(或轨迹曲线)。描写此曲线的数学方程叫作**轨迹方程**。在运动方程的分量式中消去时间 t 就得到轨迹方程。由数学概念可知，运动方程的分量式也就可以称为质点运动轨迹的参数方程。

例 1.1　已知一质点的运动方程为 $\boldsymbol{r}(t)=at\boldsymbol{i}+(bt-ct^2)\boldsymbol{j}$，$a$、$b$、$c$ 为常量。求该质点的轨迹。

解　在任一时刻 t，该质点的坐标：

$$\begin{cases}x=at\\ y=bt-ct^2\\ z=0\end{cases}$$

由第 3 个公式可知，质点在 xOy 平面内运动。由第 1 个公式可解得 $t=\dfrac{x}{a}$，代入第 2 个公式得

$$y=\frac{b}{a}x-\frac{c}{a^2}x^2$$

这就是该质点的轨迹方程，它是在 xOy 平面内经过原点 O 的抛物线。

研究质点的运动方程时，坐标系的选择是任意的，主要依研究问题的方便而定。选择的坐标系不同，描述物体运动的方程也不同，但对物体运动的规律是没有影响的。质点运动方程包含了质点运动中的全部信息，是解决质点运动学问题的关键所在。因此，运动学的重要任务之一就是找出各种具体运动所遵循的运动方程。

1.1.5　位移 路程

1. 位移

在图 1.3 所示的直角坐标系中，有一质点沿曲线从点 A（时刻 t_1）运动到的点 B（时刻 t_2），质点相对原点 O 的位置矢量由 $\boldsymbol{r}_1$ 变化到 $\boldsymbol{r}_2$。显然，在时间间隔 $\Delta t=t_2-t_1$ 内，位置矢量的长度和方向都发生了变化。将由起点 A 指向终点 B 的有向线段 $\boldsymbol{AB}$ 称为点 A 到点 B 的**位移矢量**，简称**位移**。位移 $\boldsymbol{AB}$ 反映了质点位矢的变化。把 $\boldsymbol{AB}$ 写作 $\Delta\boldsymbol{r}$，由矢量计算可知

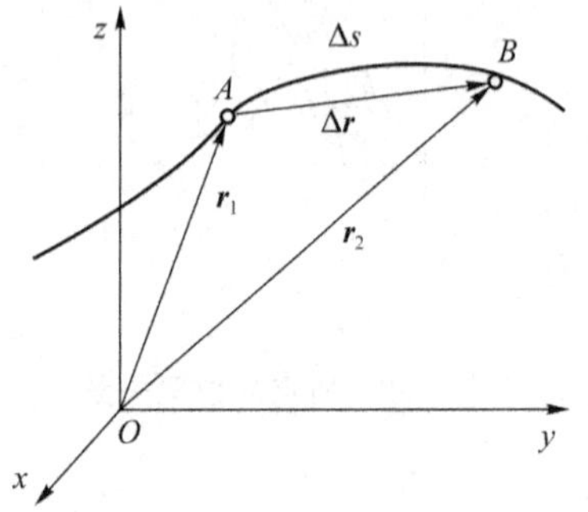

图 1.3　位移和路程

$$\boldsymbol{r}_2=\boldsymbol{r}_1+\Delta\boldsymbol{r}$$

则质点从点 A 到点 B 的位移为

$$\Delta\boldsymbol{r}=\boldsymbol{r}_2-\boldsymbol{r}_1 \tag{1.6}$$

亦可写成

$$\begin{aligned}\Delta\boldsymbol{r}&=\boldsymbol{r}_2-\boldsymbol{r}_1=(x_2-x_1)\boldsymbol{i}+(y_2-y_1)\boldsymbol{j}+(z_2-z_1)\boldsymbol{k}\\&=\Delta x\boldsymbol{i}+\Delta y\boldsymbol{j}+\Delta z\boldsymbol{k}\end{aligned} \tag{1.7}$$

位移的大小：

$$|\Delta\boldsymbol{r}|=\sqrt{(\Delta x)^2+(\Delta y)^2+(\Delta z)^2} \tag{1.8}$$

位移的方向：

$$\cos\alpha=\frac{\Delta x}{|\Delta\boldsymbol{r}|},\quad \cos\beta=\frac{\Delta y}{|\Delta\boldsymbol{r}|},\quad \cos\gamma=\frac{\Delta z}{|\Delta\boldsymbol{r}|} \tag{1.9}$$

式(1.7)表明，当质点在平面上运动时，它的位移等于在 x 轴、y 轴和 z 轴上的位移矢量之和。

位移是描述质点位置变化的物理量，它只表示位置变化的实际效果，并非质点所经历的路程。位移是位置矢量的增量，是与运动过程有关的物理量。一旦参考系确定，位移与坐标系原点的选择无关。

注意：三维坐标系下位移的大小、方向的表示方法具有代表性。下文中的速度、加速度也是矢量，所以在三维坐标系下，它们的表示方法也是如此。

2. 路程

质点实际上从点 A 到点 B 的运动轨迹长度为质点所经历的**路程**，如图 1.3 所示，常用 s 或 Δs 表示，这里质点的路程即为 A、B 两点间的弧长 $\overset{\frown}{AB}$，而位移则是 $\Delta\boldsymbol{r}$。当质点经一闭合路径回到原来的起始位置时，其位移为零，而路程则不为零。显然，在曲线运动中弧长 Δs 和弦长 $|\Delta\boldsymbol{r}|$ 并不相等。因此，我们必须区分位移和路程这两个不同的概念。位移表示质点位置的变

动，是一个矢量。路程表示质点实际走过路程的长短，它是一个正的标量。$|\Delta \boldsymbol{r}| \neq \Delta s$，只有当 $\Delta t \to 0$ 时，才有 $|\Delta \boldsymbol{r}| = \Delta s$。

在运动过程中，质点到原点 O 的距离 r 的变化用 $\Delta r = |\boldsymbol{r}_2| - |\boldsymbol{r}_1| = r_2 - r_1$ 表示。在一般情况下，它与位移的大小 $|\Delta \boldsymbol{r}|$ 也不相等，即 $|\Delta \boldsymbol{r}| \neq \Delta r$。例如圆周运动，若以圆心为坐标原点，质点到原点 O 的距离 r 是一个常量，质点转动 1/4 圆周时，即有 $\Delta r = 0$，但是质点位移的大小 $|\Delta \boldsymbol{r}|$ 则显然不为零。

1.1.6　速度

1. 平均速度和平均速率

位置矢量描述质点某时刻的位置，位移描述某时间间隔内质点的位置变化，但不能描述位置变化的快慢。因此需要引进一个新的物理量。

若质点在一较短时间间隔 $t \to t+\Delta t$ 内完成位移 $\Delta \boldsymbol{r}$，那么这段时间内质点位置平均变化的快慢可以记为

$$\bar{\boldsymbol{v}} = \frac{\Delta \boldsymbol{r}}{\Delta t} \tag{1.10}$$

称为质点在 Δt 时间内的**平均速度**。它是一个矢量，方向与位移的方向相同。

在描述质点运动时，也常用到"速率"这个概念。若质点在 Δt 时间内走过的路程是 Δs，那么 Δs 与时间 Δt 的比值叫作质点在 Δt 时间内的**平均速率**，记为

$$\bar{v} = \frac{\Delta s}{\Delta t} \tag{1.11}$$

平均速度与质点的位移和所用的时间有关。因而在叙述平均速度时，必须指明是哪一段时间内或哪一段位移内的平均速度。平均速率是一个标量。不能把平均速度和平均速率等同，例如，质点经过一个闭合的路线，平均速度是零，但平均速率却不为零。

2. 瞬时速度

在 $t \to t+\Delta t$ 内，平均速度 $\frac{\Delta \boldsymbol{r}}{\Delta t}$ 可近似地描述 t 时刻附近质点运动的快慢和方向。显然，Δt 取得越短，近似的程度就越好，平均速度就越能反映出 t 时刻的真实运动情况。当 Δt 趋近于零时，$\frac{\Delta \boldsymbol{r}}{\Delta t}$ 趋近于一个确定的极限矢量，这个极限矢量确切地描述了质点在 t 时刻运动的快慢和方向。因此，我们把这个极限矢量定义为质点在 t 时刻的**瞬时速度**，简称**速度**，记作

$$\boldsymbol{v} = \lim_{\Delta t \to 0} \frac{\Delta \boldsymbol{r}}{\Delta t} = \frac{\mathrm{d}\boldsymbol{r}}{\mathrm{d}t} \tag{1.12}$$

在数学中，上述极限值 $\frac{\mathrm{d}\boldsymbol{r}}{\mathrm{d}t}$ 即为位置矢量对时间的一阶导数。在物理意义上，$\frac{\mathrm{d}\boldsymbol{r}}{\mathrm{d}t}$ 为位置矢量 $\boldsymbol{r}$ 随时间的变化率。因而**质点在 t 时刻的瞬时速度 $\boldsymbol{v}$ 也就是在该时刻位置矢量 $\boldsymbol{r}$ 随时间的变化率**。

速度在直角坐标系下的矢量式为

$$\boldsymbol{v} = \frac{\mathrm{d}\boldsymbol{r}}{\mathrm{d}t} = \frac{\mathrm{d}x}{\mathrm{d}t}\boldsymbol{i} + \frac{\mathrm{d}y}{\mathrm{d}t}\boldsymbol{j} + \frac{\mathrm{d}z}{\mathrm{d}t}\boldsymbol{k} = v_x\boldsymbol{i} + v_y\boldsymbol{j} + v_z\boldsymbol{k} \tag{1.13}$$

标量式为

$$\begin{cases} v_x=\dfrac{\mathrm{d}x}{\mathrm{d}t} \\ v_y=\dfrac{\mathrm{d}y}{\mathrm{d}t} \\ v_z=\dfrac{\mathrm{d}z}{\mathrm{d}t} \end{cases} \tag{1.14}$$

速度的大小为

$$v=|\boldsymbol{v}|=\sqrt{v_x^2+v_y^2+v_z^2} \tag{1.15}$$

速度是矢量,它的方向即 Δt 趋近于零时 $\Delta \boldsymbol{r}$ 的极限方向。从图 1.4 中可以看出,$\Delta t\to 0$ 时 $\Delta \boldsymbol{r}$ 趋于轨道在 A 点的切线方向。所以我们说,速度的方向是沿着轨道的切向,且指向前进的一侧。速度的方向也可以用方向余弦来描述,方向余弦可根据矢量运算的一般方法由速度的三个分量确定。质点的速度描述质点的运动状态,速度的大小表示质点运动的快慢,速度的方向即为质点的运动方向。

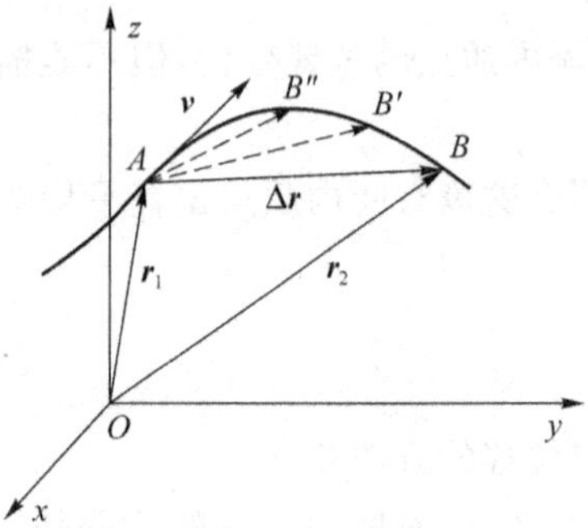

图 1.4 速度

对平均速率取 $\Delta t\to 0$ 的极限,即为**瞬时速率**,简称**速率**,即

$$v=\frac{\mathrm{d}s}{\mathrm{d}t} \tag{1.16}$$

因为 $\Delta t\to 0$, $\Delta s=|\Delta \boldsymbol{r}|$,$\Delta t$ 永远是非负数,所以有

$$|\boldsymbol{v}|=\left|\lim_{\Delta t\to 0}\frac{\Delta \boldsymbol{r}}{\Delta t}\right|=\lim_{\Delta t\to 0}\frac{|\Delta \boldsymbol{r}|}{\Delta t}=\lim_{\Delta t\to 0}\frac{\Delta s}{\Delta t}=\frac{\mathrm{d}s}{\mathrm{d}t}=v$$

速度的大小就等于速率的大小。在国际单位制中,速度的单位是 m/s(米/秒)。

从上面的讨论可知,当我们说到速度时,必须想到它描述的是质点在某一时刻 t 的瞬时运动状态。一般来说,速度是可以随时间变化的,即

$$\boldsymbol{v}=\boldsymbol{v}(t)$$

因为 $\boldsymbol{v}$ 是矢量,所以函数 $\boldsymbol{v}(t)$ 既包括了速度大小的变化,也包括了速度方向的变化。

在不同的参考系中,同一质点的速度是不同的。

1.1.7 加速度

速度是个矢量,它既有大小又有方向。当质点做一般曲线运动时,曲线上各点的切线方向不断改变,所以速度的方向在不断改变;而运动的快慢也可以随时改变,即速度的大小也在不断改变。为了定量地描述各个时刻速度矢量的变化情况,我们引进加速度的概念。

设质点在 t 时刻位于 A 点,速度为 $\boldsymbol{v}_A$,在 $t+\Delta t$ 时刻位于 B 点,速度为 $\boldsymbol{v}_B$,若用 $\Delta \boldsymbol{v}$ 表示在时间 Δt 内质点速度的增量(图 1.5),根据矢量运算法则有

$$\Delta \boldsymbol{v}=\boldsymbol{v}_B-\boldsymbol{v}_A \tag{1.17}$$

定义 $\Delta \boldsymbol{v}$ 与 Δt 的比值叫作这段时间内的**平均加速度**,用 $\overline{\boldsymbol{a}}$ 表示,即

$$\overline{\boldsymbol{a}}=\frac{\Delta \boldsymbol{v}}{\Delta t}=\frac{\boldsymbol{v}_B-\boldsymbol{v}_A}{\Delta t} \tag{1.18}$$

平均加速度是矢量,表示质点在确定的时间间隔内速度改变的平均快慢程度,方向就是质

点在这段时间内速度增量的方向。在叙述平均加速度时，必须指明在哪一段时间内或哪一段位移上。

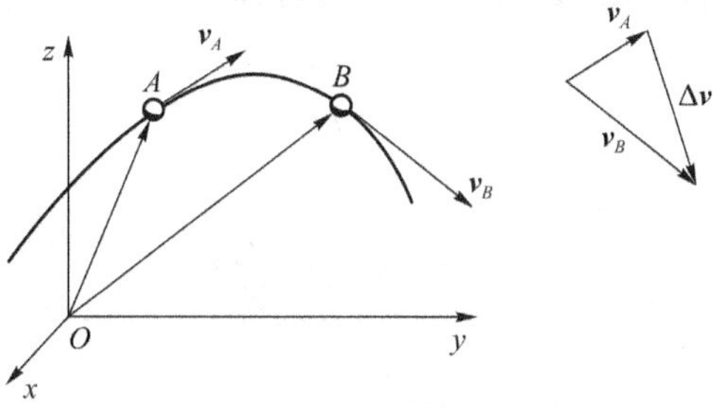

图 1.5　速度的增量

和平均速度一样，平均加速度也只是一种粗略的描述，它只代表 Δt 时间内速度的平均变化率。时间间隔 Δt 取得越小，则 $\frac{\Delta \boldsymbol{v}}{\Delta t}$ 越接近于 t 时刻速度变化的实际情况。当 Δt 趋近于零时，平均速度的极限即**速度对时间的变化率，叫作质点在时间 t 的瞬时加速度**，简称**加速度**，用 $\boldsymbol{a}$ 表示为

$$\boldsymbol{a}=\lim_{\Delta t\to 0}\frac{\Delta \boldsymbol{v}}{\Delta t}=\frac{\mathrm{d}\boldsymbol{v}}{\mathrm{d}t}=\frac{\mathrm{d}^2\boldsymbol{r}}{\mathrm{d}t^2} \tag{1.19}$$

$$=\frac{\mathrm{d}v_x}{\mathrm{d}t}\boldsymbol{i}+\frac{\mathrm{d}v_y}{\mathrm{d}t}\boldsymbol{j}+\frac{\mathrm{d}v_z}{\mathrm{d}t}\boldsymbol{k}$$

$$=\frac{\mathrm{d}^2x}{\mathrm{d}t^2}\boldsymbol{i}+\frac{\mathrm{d}^2y}{\mathrm{d}t^2}\boldsymbol{j}+\frac{\mathrm{d}^2z}{\mathrm{d}t^2}\boldsymbol{k} \tag{1.20}$$

加速度 $\boldsymbol{a}$ 是速度矢量对时间的一阶导数，其意义为速度矢量随时间的变化率。同时，加速度也**是位置矢量对时间的二阶导数**。

标量式为

$$\begin{cases} a_x=\dfrac{\mathrm{d}v_x}{\mathrm{d}t}=\dfrac{\mathrm{d}^2x}{\mathrm{d}t^2} \\ a_y=\dfrac{\mathrm{d}v_y}{\mathrm{d}t}=\dfrac{\mathrm{d}^2y}{\mathrm{d}t^2} \\ a_z=\dfrac{\mathrm{d}v_z}{\mathrm{d}t}=\dfrac{\mathrm{d}^2z}{\mathrm{d}t^2} \end{cases} \tag{1.21}$$

加速度的大小为

$$a=|\boldsymbol{a}|=\left|\frac{\mathrm{d}\boldsymbol{v}}{\mathrm{d}t}\right| \tag{1.22}$$

由加速度的三个分量可以确定加速度的方向余弦。

加速度也是一个矢量。加速度的方向就是 Δt 趋近于零时，平均加速度或速度增量 $\Delta \boldsymbol{v}$ 的极限方向，因而加速度的方向与同一时刻速度的方向一般不一致。在直线运动中，加速度的方向与速度方向相同或相反；在曲线运动中，加速度的方向总是**指向曲线的凹侧**。质点的加速度描述质点速度的大小和方向变化的快慢，由于速度是矢量，所以无论是质点的速度大小还是方向发生变化，都意味着质点有加速度。

在不同的参考系中，同一质点的加速度是不同的。在国际单位制中，加速度的单位是 $\mathrm{m/s^2}$。

例1.2 一质点在平面上运动，已知质点位置矢量的表达式为 $\boldsymbol{r}=at^2\boldsymbol{i}+bt^2\boldsymbol{j}$（其中 a、b 为常量），则该质点做何种形式的运动？

解 由质点的位置矢量 $\boldsymbol{r}=at^2\boldsymbol{i}+bt^2\boldsymbol{j}$ 得运动方程

$$\begin{cases}x=at^2\\y=bt^2\end{cases}$$

轨道方程

$$\frac{x}{y}=\frac{a}{b},\quad y=\frac{b}{a}x$$

质点的速度

$$\boldsymbol{v}=\frac{\mathrm{d}\boldsymbol{r}}{\mathrm{d}t}=2at\boldsymbol{i}+2bt\boldsymbol{j}$$

质点的加速度

$$\boldsymbol{a}=\frac{\mathrm{d}\boldsymbol{v}}{\mathrm{d}t}=2a\boldsymbol{i}+2b\boldsymbol{j}$$

质点的加速度为非零恒量，且质点的运动轨迹是直线，故该质点在 xOy 平面内做匀变速直线运动，其轨道方程为 $y=\dfrac{b}{a}x$。

例1.3 一质点的运动方程为 $x=4t^2$，$y=2t+3$，其中 x 和 y 的单位是米(m)，t 的单位是秒(s)。试求：

(1) 运动轨迹；

(2) 第1 s内的位移；

(3) $t=0$ s和 $t=1$ s两时刻质点的速度和加速度；

(4) $t=0$ s到 $t=2$ s内的平均速度。

解 (1) 由运动方程

$$x=4t^2,\quad y=2t+3$$

消去参数 t 可得

$$x=(y-3)^2$$

此为抛物线方程，即质点的运动轨迹为抛物线。

(2) 先将运动方程写成位置矢量形式：

$$\boldsymbol{r}=x\boldsymbol{i}+y\boldsymbol{j}=4t^2\boldsymbol{i}+(2t+3)\boldsymbol{j}$$

$t=0$ s时，

$$\boldsymbol{r}_0=3\boldsymbol{j}\ \mathrm{m}$$

$t=1$ s时，

$$\boldsymbol{r}_1=(4\boldsymbol{i}+5\boldsymbol{j})\ \mathrm{m}$$

所以第1秒内的位移为

$$\boldsymbol{r}=\boldsymbol{r}_1-\boldsymbol{r}_0=4\boldsymbol{i}+5\boldsymbol{j}-3\boldsymbol{j}=(4\boldsymbol{i}+2\boldsymbol{j})\ \mathrm{m}$$

(3) 由速度及加速度的定义得

$$\boldsymbol{v}=\frac{\mathrm{d}\boldsymbol{r}}{\mathrm{d}t}=\frac{\mathrm{d}x}{\mathrm{d}t}\boldsymbol{i}+\frac{\mathrm{d}y}{\mathrm{d}t}\boldsymbol{j}=(8t\boldsymbol{i}+2\boldsymbol{j})\ \mathrm{m/s}$$

$$\boldsymbol{a}=\frac{\mathrm{d}\boldsymbol{v}}{\mathrm{d}t}=8\boldsymbol{i}\ \mathrm{m/s^2}$$

$t=0$ s 时，

$$\boldsymbol{v}=2\boldsymbol{j}\ \mathrm{m/s},\quad \boldsymbol{a}=8\boldsymbol{i}\ \mathrm{m/s^2}$$

$t=1$ s 时，

$$\boldsymbol{v}=(8\boldsymbol{i}+2\boldsymbol{j})\ \mathrm{m/s},\quad \boldsymbol{a}=8\boldsymbol{i}\ \mathrm{m/s^2}$$

(4) $t=2$ s 时，

$$\boldsymbol{r}=(16\boldsymbol{i}+7\boldsymbol{j})\ \mathrm{m}$$

所以前 2 s 内的平均速度为

$$\boldsymbol{v}=\frac{\Delta \boldsymbol{r}}{\Delta t}=\frac{(16\boldsymbol{i}+7\boldsymbol{j})-3\boldsymbol{j}}{2}=(8\boldsymbol{i}+2\boldsymbol{j})\ \mathrm{m/s}$$

例 1.4　通过绞车拉动湖中小船靠向岸边，如图 1.6 所示。如果绞车以恒定的速率 u 拉动纤绳，绞车定滑轮离水面的高度为 h，求小船向岸边移动的速度和加速度。

解　设小船到绞车定滑轮的距离为 l，任意时刻小船到岸边的距离 x 总满足 $x^2=l^2-h^2$，两边对时间 t 求导数，得

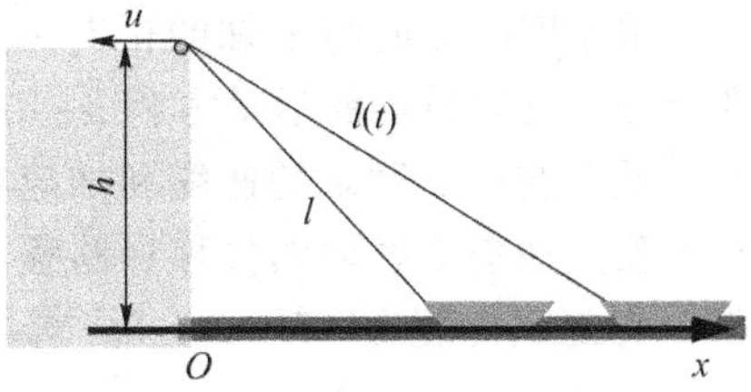

图 1.6　例 1.4 用图

$$2x\frac{\mathrm{d}x}{\mathrm{d}t}=2l\frac{\mathrm{d}l}{\mathrm{d}t}$$

$\frac{\mathrm{d}l}{\mathrm{d}t}=-u$ 是绞车拉动纤绳的速率，纤绳随时间在缩短，故 $\frac{\mathrm{d}l}{\mathrm{d}t}<0$；$\frac{\mathrm{d}x}{\mathrm{d}t}=v$ 是小船向岸边移动的速率。

$$v=-\frac{l}{x}u=-\frac{\sqrt{x^2+h^2}}{x}u$$

负号表示小船的速度沿 x 轴反方向。

小船向岸边移动的加速度为

$$a=\frac{\mathrm{d}^2x}{\mathrm{d}t^2}=\frac{\mathrm{d}v}{\mathrm{d}t}=-\frac{u^2h^2}{x^3}$$

1.2　几种基本的运动

1.2.1　直线运动

所谓**直线运动**是指质点运动的轨迹是直线。在这种情况下，我们将坐标系的一个坐标轴建立在该直线轨迹上，就能够使数学处理大大简化。因为当一个坐标轴建立在该运动直线上时，所有描述运动的物理量的其他坐标分量都为零而不需要做任何计算和处理，只有一个坐标分量需要计算和处理。通常情况下，如果质点在水平方向上做直线运动，我们就将 x 轴建立在运动直线上，这时描述运动的物理量都只有 x 分量。

在直线运动中，位移、速度、加速度都在一条直线上。所以在研究直线运动时，有关的物理量都可以用标量表示，用正、负号表示它们的方向。正号表示沿坐标轴正向，负号表示沿坐标轴反向。

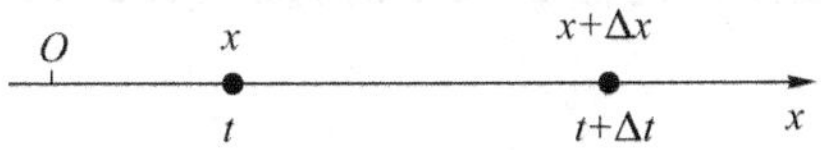

图 1.7　直线运动

设质点沿 x 轴做直线运动，坐标轴原点为 O(图 1.7)。

显然质点的坐标 x 是随时刻 t 而改变的，x 为正值时表示质点的位置在原点的右边；x 为负值时表示质点的位置在原点的左边。其质点运动方程为

$$x=x(t) \tag{1.23}$$

位移为

$$\Delta x=x_B-x_A \tag{1.24}$$

速度为

$$v=\frac{\mathrm{d}x}{\mathrm{d}t} \tag{1.25}$$

加速度为

$$a=\frac{\mathrm{d}v}{\mathrm{d}t}=\frac{\mathrm{d}^2x}{\mathrm{d}t^2} \tag{1.26}$$

上述公式是直线运动中的基本公式。在上述结论中，v 和 a 的正负可以表明方向。例如，v 为正表明速度的方向与 x 轴的正向一致；v 为负表明速度的方向与 x 轴的负向一致。

例 1.5　已知质点的运动方程 $x=5-6t+3t^2$，式中 t 以 s 计，x 以 m 计。试求：

(1) 质点在第 2 秒末的速度和加速度；

(2) 质点在前 2 秒内的位移和路程。

解　对运动方程 $x=5-6t+3t^2$ 求导数，可得速度和加速度分别为

$$v=\frac{\mathrm{d}x}{\mathrm{d}t}=-6+6t$$

$$a=\frac{\mathrm{d}^2x}{\mathrm{d}t^2}=\frac{\mathrm{d}v}{\mathrm{d}t}=6$$

(1) 将 $t=2$ s 代入以上两式得第 2 秒末的速度、加速度分别为

$$v_2=-6+6\times2=6\ \mathrm{m/s}$$

$$a_2=6\ \mathrm{m/s^2}$$

(2) 根据位移的定义有

$$\Delta x=x_2-x_0$$

而 $x_0=5$ m，$x_2=5-6\times2+3\times2^2=5$ m，则

$$\Delta x=x_2-x_0=0$$

当求前 2 秒内的路程时，应考虑在此时间内质点运动的速度是否变向。若速度方向不变，则路程与位移大小相等。若速度变向，则先令 $v=0$，解出反向点，再分段计算总路程。此时路程和位移不再相等。

在 $t=0$ 时，

$$x_0=5\ \mathrm{m},\quad v_0=-6\ \mathrm{m/s},\quad a=6\ \mathrm{m/s^2}$$

此时质点位于图 1.8 中的 A 点。由于加速度与 v_0 反向，速度肯定要变向，令 $v=0$，得 $t=1$ s，代入运动方程得反向点坐标 $x_1=2$ m（B 点）。因加速度不变，所以从 1 s 以后，质点将沿 x 正向做初速度为零的匀加速直线运动，且在 $t=2$ s 时，质点又回到 A 点。由图 1.8 可得质点在前 2 秒内的路程为

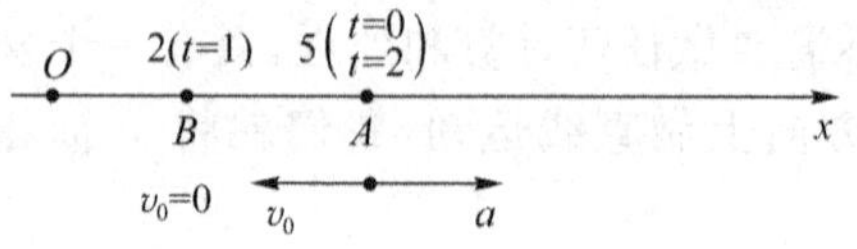

图 1.8　例 1.5 用图

$$s=2\times(5-2)=6\ \mathrm{m}$$

注意：在运动学这部分内容当中，在二维和三维坐标系中位矢、位移、速度和加速度这些物

理量的标量式符号都是该物理量的大小，本身不含正负号。特别地，对于一维直线运动，为了使数学表达更加简洁，位矢、位移、速度和加速度的标量式符号本身包含正负号，通过正负号来表示方向。

1.2.2　抛体运动

1. 运动叠加原理和运动的分解

在日常生活和生产实践中，常常可看到一个物体同时参与两个或几个不同方向上运动的情形。大量实验事实表明，宏观物体的一个运动可以看作由几个同时进行且各自独立的运动叠加而成。这称为**运动叠加原理**或**运动独立性原理**。

运动叠加原理在日常生活中随处可见。例如，在商场乘坐自动扶梯上行可以看作由水平运动和竖直上升运动叠加而成。

有 A、B 两小球，在同一时刻、同一高度，使 A 球做自由落体，B 球沿水平方向射出，两球轨迹不同，但总是同时落地。这说明，在同一时间内，A、B 两球在竖直方向的位移是相同的，B 球的运动可分解为竖直和水平两个方向上的独立运动，即在水平方向做匀速直线运动，在竖直方向做自由落体运动。

一个实际发生的运动可以分解成几个各自独立进行的分运动，这个结论称为**运动的分解**。

运动的分解是研究曲线运动的一个重要方法。**空间中的曲线运动可以分解为三个方向相互正交的直线运动；平面曲线运动可分解为相互垂直方向上的两个直线运动。**

一个质点在平面内做曲线运动时，可在运动平面内建立平面直角坐标系 xOy，则质点在 t 时刻的位置可用坐标(x,y)表示，其矢径、速度、加速度都可用两个分量式表示。质点的运动方程为

$$x=x(t),\quad y=y(t) \tag{1.27}$$

矢量式为

$$\boldsymbol{r}=x(t)\boldsymbol{i}+y(t)\boldsymbol{j} \tag{1.28}$$

速度为

$$\boldsymbol{v}=v_x\boldsymbol{i}+v_y\boldsymbol{j} \tag{1.29}$$

加速度为

$$\boldsymbol{a}=a_x\boldsymbol{i}+a_y\boldsymbol{j} \tag{1.30}$$

从地面上某点把一物体以某一角度投射出去，物体在空中的运动就叫作**抛体运动**。如果风力的作用可忽略，则物体的运动轨迹将被限制在通过抛射点的竖直方向与抛出速度方向所确定的平面内，所以是二维运动。这个运动可看作在轨道平面内沿水平方向和竖直方向两个分运动的合成。若不考虑空气阻力的影响，物体只受重力作用，则物体运动的特点是沿水平方向做匀速运动，沿竖直方向以重力加速度 g 做变速运动。在离地面不太高的范围内，g 可看作一常量。

2. 平抛运动

平抛运动是指物体只在重力作用下，从水平初速度开始的运动。设有一质点以初速度 v_0 被水平抛出，做平抛运动。可以将它分解为水平方向以初速度 v_0 做匀速直线运动，竖直方向做自由落体运动(图 1.9)。若以

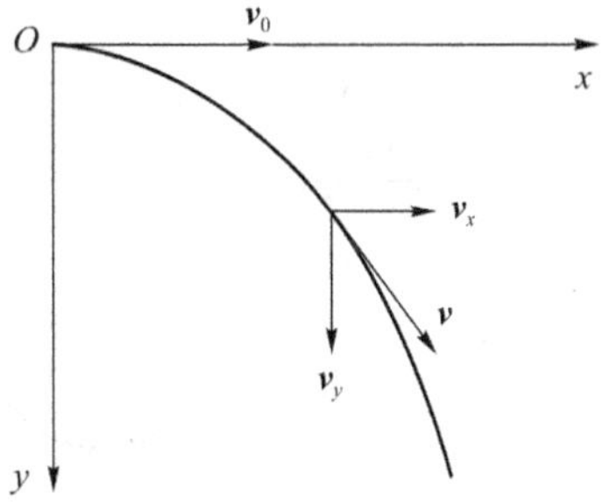

图 1.9　平抛运动

抛出点为原点，x 轴沿初速度方向，y 轴沿竖直向下方向，建立平面坐标系，则其运动方程为

$$\begin{cases} x=v_0 t \\ y=\frac{1}{2}gt^2 \end{cases} \tag{1.31}$$

或

$$\boldsymbol{r}=v_0 t\boldsymbol{i}+\frac{1}{2}gt^2\boldsymbol{j} \tag{1.32}$$

任一时刻速度为

$$\boldsymbol{v}=v_0\boldsymbol{i}+gt\boldsymbol{j} \tag{1.33}$$

请自行求出平抛运动的轨迹方程。

例 1.6 如图 1.10 所示，某人骑摩托车在水平道路上行驶，要在 A 处越过 $x=5$ m 的壕沟，沟面对面比 A 处低 $h=1.25$ m，摩托车的速度至少要多大（$g=10$ m/s^2）？

解 在竖直方向上，摩托车越过壕沟经历的时间为

$$t=\sqrt{\frac{2h}{g}}=\sqrt{\frac{2\times 1.25}{10}}\ \text{s}=0.5\ \text{s}$$

在水平方向上，摩托车能越过壕沟的速度至少为

$$v_0=\frac{x}{t}=\frac{5}{0.5}\ \text{m/s}=10\ \text{m/s}$$

3. 斜抛运动

将一物体斜向上（或斜向下）以初速度 v_0 抛出（图 1.11），抛出点为坐标原点，水平向右为 x 轴正方向，竖直向上为 y 轴正方向。按照正交分解方法，在水平方向质点以初速度 $v_0\cos\theta$ 做匀速直线运动；竖直方向以初速度 $v_0\sin\theta$ 做竖直上抛运动。则物体的两个分运动为

$$\begin{cases} v_x=v_0\cos\theta \\ v_y=v_0\sin\theta-gt \end{cases}$$

$$\begin{cases} x=v_0\cos\theta\cdot t \\ y=v_0\sin\theta\cdot t-\frac{1}{2}gt^2 \end{cases}$$

运动学方程为

$$\boldsymbol{r}=x\boldsymbol{i}+y\boldsymbol{j}=(v_0 t\cos\theta)\boldsymbol{i}+\left(v_0 t\sin\theta-\frac{1}{2}gt^2\right)\boldsymbol{j} \tag{1.34}$$

轨迹方程为

$$y=x\tan\theta-\frac{g\,x^2}{2^2 v_0\ \cos^2\theta} \tag{1.35}$$

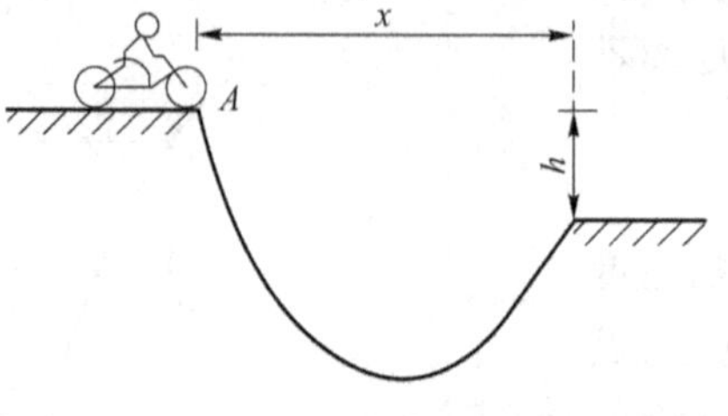

图 1.10 例 1.6 图

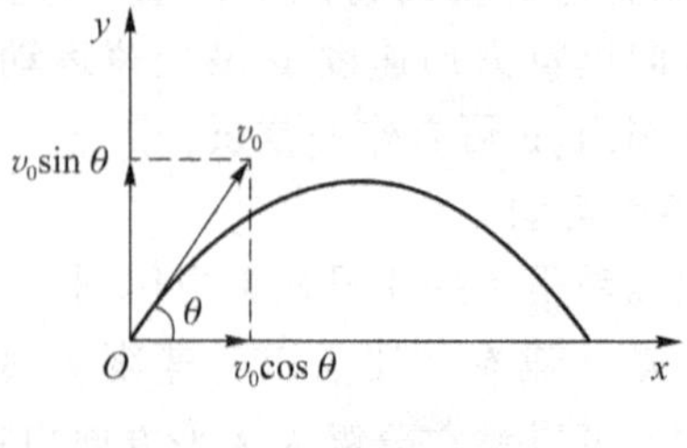

图 1.11 斜抛运动

由这两个公式可以导出抛体的射程 X(回落到与抛出点高度相同时所经过的水平距离)、射高 Y(飞行中的最大高度,即高出抛出点的距离)、飞行时间(回落到抛出点高度所用的时间)T,

$$X=\frac{v_0^2\sin 2\theta}{g} \tag{1.36}$$

$$Y=\frac{v_0^2\sin^2\theta}{2g} \tag{1.37}$$

$$T=\frac{2v_0\sin\theta}{g} \tag{1.38}$$

在给定初速度的情况下,射程与抛射角有关,当抛射角 $\theta=\pi/4$ 时,抛体的射程最大,其值为$\frac{v_0^2}{g}$,如图 1.12 所示。

斜抛运动的轨迹是对称的。在上述讨论中,忽略了空气阻力的影响。若空气阻力较大,则抛体的路径为一个不对称的曲线,实际射程比真空射程小,如图 1.13 所示。

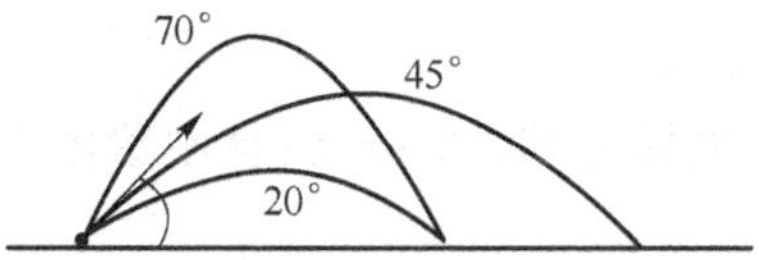

图 1.12　射程与抛射角

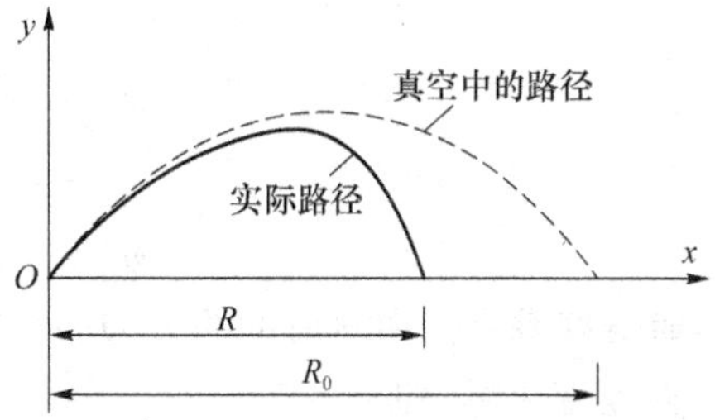

图 1.13　空气阻力下的斜抛运动

例 1.7　在炮兵射击训练中,通常要求考虑这样的问题:以给定的出口速度 v_0(即炮弹在空中飞行的初速度)击中已知距离为 X 的靶,需要多大的发射仰角 α? 假定靶和炮在同一水平高度。

解　由射程公式

$$X=\frac{v_0^2\sin 2\alpha}{g}$$

解得

$$\alpha=\frac{1}{2}\mathrm{acrsin}\frac{Xg}{v_0^2}$$

只要 X 小于最大射程$\frac{v_0^2}{g}$,α 在 0～90°有两个解。例如,$X=500$ m,$v_0=100$ m/s,则

$$\alpha=\frac{1}{2}\arcsin\frac{500\times 9.81}{100^2}=\frac{1}{2}\arcsin 0.490$$

$$\alpha_1=24.67°,\qquad \alpha_2=75.33°$$

炮弹以这两个仰角发射时,得到相同的射程,都能击中靶心。但以大发射角 $\alpha_2=75.33°$发射时,飞行时间长,射高也大。

例 1.8　一个人在倾角为 θ 的斜坡的下端 O 点处,以与斜坡成 β 角的初速度 v_0 抛出一个小球,小球下落时恰好垂直击中斜面。如果不计空气阻力,试证明 β 满足下列条件:$\tan\beta=\frac{1}{2\tan\theta}$。

解　取小球为研究对象,视为质点,并使抛出点为坐标原点,沿斜面向上为 x 轴正方向,垂直于斜面向上为 y 轴正方向(图 1.14)。

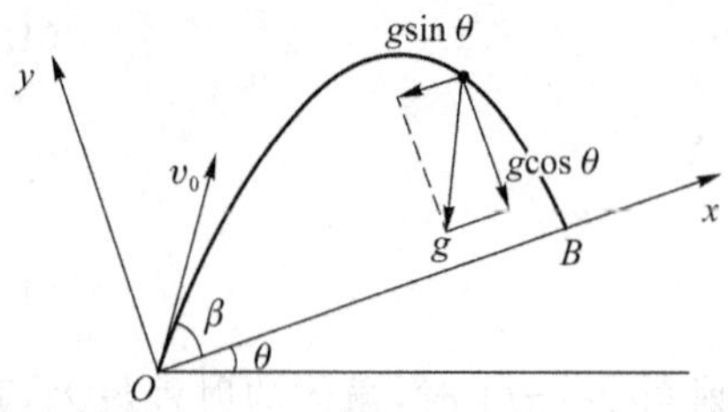

图 1.14　例 1.8 用图

初速度 v_0 在 x、y 轴的分量为

$$v_{0x}=v_0\cos\beta$$
$$v_{0y}=v_0\sin\beta$$

加速度在 x、y 轴的分量为

$$a_x=-g\sin\theta$$
$$a_y=-g\cos\theta$$

小球的运动可以分解为 x、y 方向的匀变速直线运动。

其运动方程分别为

$$x=v_0t\cos\beta-\frac{1}{2}gt^2\sin\theta$$

$$y=v_0t\sin\beta-\frac{1}{2}gt^2\cos\theta$$

$$v_x=v_0\cos\beta-gt\sin\theta$$
$$v_y=v_0\sin\beta-gt\cos\theta$$

小球下落时恰好垂直击中斜面上的 B 点,而 B 点的 y 坐标为零,即 $y=0$;且小球击中 B 点时沿 x 轴方向速度为零,即 $v_x=0$。

设击中 B 点的时间为 t_B,则有

$$y=0=v_0\sin\beta t_B-\frac{1}{2}g\cos\theta t_B^2$$

故

$$t_B=\frac{2v_0\sin\beta}{g\cos\theta}$$

将 t_B 代入 $v_x=0$,得

$$0=v_0\cos\beta-g\ \sin t_B$$

即

$$v_0\cos\beta=g\sin\theta\frac{2v_0\sin\beta}{g\cos\theta}$$

由此即得 β 应满足的条件为

$$\tan\beta=\frac{1}{2\tan\theta}$$

1.2.3　圆周运动

1. 自然坐标

在质点的平面曲线运动中,当运动轨迹已知时,常用自然坐标系表述质点的位置、路程、速度和加速度。例如,高速公路上奔驰的汽车,其轨迹是已知的。

如图 1.15 所示,在某质点运动的已知轨迹线上任选一固定点 O 点作为自然坐标原点,沿轨迹某一方向(如向右),量得质点所在位置 P 点与 O 点间轨迹的长度 s 来确定质点的位置。

这样质点在轨迹上的位置就可以用 s 确定，这种确定质点位置的方法称为自然法，称 s 为质点的自然坐标。用**自然坐标 s 表示的质点运动方程为**

$$s=s(t) \tag{1.39}$$

用自然坐标描述质点的平面曲线运动时，设 t 时刻质点处于 P 点，在 P 点取曲线的切线方向和法线方向，作相互垂直的两个坐标轴，一个轴沿轨道切向指向质点前进方向，其单位矢量用 $\boldsymbol{e}_{\mathrm{n}}$ 表示；另一轴沿轨道法向指向轨道凹侧，其单位矢量用 $\boldsymbol{e}_{\mathrm{t}}$ 表示。由于切向和法向坐标轴随质点沿轨道的运动自然变换位置和方向，通常称这种坐标系为**自然坐标系**。因此，一般来说，$\boldsymbol{e}_{\mathrm{n}}$ 和 $\boldsymbol{e}_{\mathrm{t}}$ **不是恒矢量**。

如图 1.16 所示，设质点 t 时刻在 P 点，自然坐标为 $s(t)$，$t+\Delta t$ 时刻在 Q 点，自然坐标为 $s(t+\Delta t)$。在 Δt 时间内质点的位移为 $\Delta \boldsymbol{r}$，当质点经过 Δt 从 P 点到达 Q 点时，Δt 内质点运动的路程为

$$\Delta s=s(t+\Delta t)-s(t) \tag{1.40}$$

当质点沿平面曲线运动时，其速度矢量的大小（速率）可以写为

$$v=|\boldsymbol{v}|=\left|\lim_{\Delta t\to 0}\frac{\Delta \boldsymbol{r}}{\Delta t}\right|=\lim_{\Delta t\to 0}\left|\frac{\Delta \boldsymbol{r}}{\Delta t}\right|=\lim_{\Delta t\to 0}\frac{|\Delta \boldsymbol{r}|}{\Delta t}=\lim_{\Delta t\to 0}\frac{\Delta s}{\Delta t}=\frac{\mathrm{d}s}{\mathrm{d}t} \tag{1.41}$$

考虑其速度方向为轨道的切向，则**速度矢量可表示为**

$$\boldsymbol{v}=\frac{\mathrm{d}s}{\mathrm{d}t}\boldsymbol{e}_{\mathrm{t}} \tag{1.42}$$

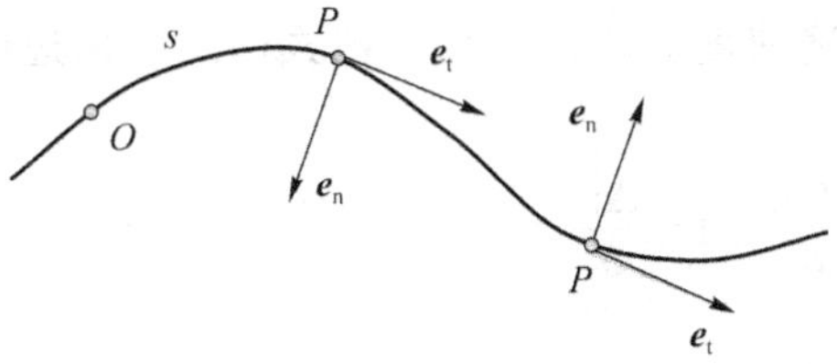

图 1.15　自然坐标

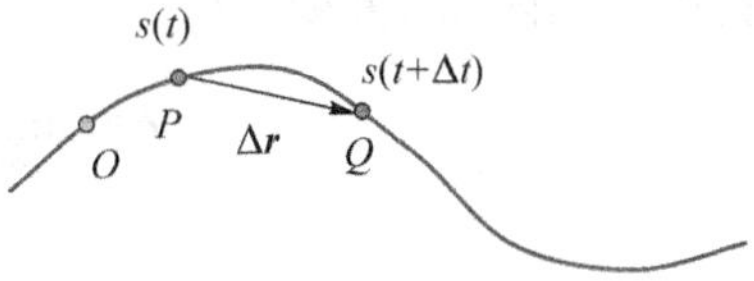

图 1.16　自然坐标系中的路程与位移

2. 匀速率圆周运动中的加速度

匀速圆周运动的特点是质点在运动过程中速率保持不变，但速度的方向是在不断变化的（因为是圆周运动）。在加速度的定义中我们知道，速度方向的变化也会有加速度。由于质点在固定的圆周上运动，速度方向变化的快慢显然与速率的大小有关。因此，在匀速圆周运动中质点的加速度也是与速率相关的。下面详细地讨论加速度的大小和方向。

如图 1.17 所示，质点从 A 点运动到 B 点有速度增量 $\Delta \boldsymbol{v}$ 存在。根据加速度的定义可得

$$\boldsymbol{a}=\lim_{\Delta t\to 0}\frac{\Delta \boldsymbol{v}}{\Delta t}$$

显然，加速度 $\boldsymbol{a}$ 的方向与当 $\Delta t\to 0$ 时 $\Delta \boldsymbol{v}$ 的极限方向一致。在速度增量的三角形图示中，当 $\Delta t\to 0$ 即 A 点无限靠近 B 点时，$\Delta\theta$ 的极限为零，则 $\Delta \boldsymbol{v}$ 的极限方向为垂直于 $\boldsymbol{v}_A$ 且指向凹的一侧，即沿半径指向圆心，为该点加速度的方向。在大学物

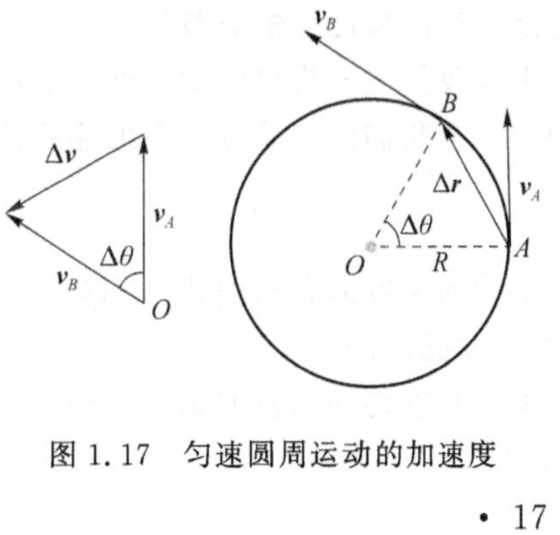

图 1.17　匀速圆周运动的加速度

理中我们将它称为法向加速度，中学物理中将它叫作向心加速度。利用明显的相似三角形关系，我们有

$$\frac{v}{R}=\frac{|\Delta \boldsymbol{v}|}{|\Delta \boldsymbol{r}|}$$

于是加速度的大小为

$$a=\frac{v}{R}\lim_{\Delta t\to 0}\frac{|\Delta \boldsymbol{r}|}{\Delta t}=\frac{v^2}{R} \tag{1.43}$$

使用矢量可以同时将**匀速圆周运动中法向加速度的大小和方向表示为**

$$\boldsymbol{a}=\frac{v^2}{R}\boldsymbol{e}_{\mathrm{n}} \tag{1.44}$$

式中，$\boldsymbol{e}_{\mathrm{n}}$ 表示轨迹法向的单位矢量。法向加速度在速度方向没有分量，它不改变速度的大小，只改变速度的方向。

3. 变速圆周运动中的加速度

在变速圆周运动中，速度的大小和方向都在变化。如图1.18(a)所示，设质点 t 时刻在 A 点，速度为 $\boldsymbol{v}_A$；$t+\Delta t$ 时刻质点在 B 点，速度为 $\boldsymbol{v}_B$。$\Delta \boldsymbol{r}$ 为过程中质点的位移，$\Delta \boldsymbol{v}$ 为速度的增量，且 $\Delta \boldsymbol{v}=\boldsymbol{v}_B-\boldsymbol{v}_A$。

速度增量的矢量图如图1.18(b)所示，我们把 $\Delta \boldsymbol{v}$ 分解为两个分矢量，即

$$\Delta \boldsymbol{v}=\Delta \boldsymbol{v}_{\mathrm{n}}+\Delta \boldsymbol{v}_{\mathrm{t}} \tag{1.45}$$

其中，$\Delta \boldsymbol{v}_{\mathrm{n}}$ 与初速度 $\boldsymbol{v}_A$ 构成一个等腰三角形，而 $\Delta \boldsymbol{v}_{\mathrm{t}}$ 则沿着末速度 $\boldsymbol{v}_B$ 所在直线。这两个分矢量的含义不同：$\Delta \boldsymbol{v}_{\mathrm{n}}$ 描述速度方向的改变，$\Delta \boldsymbol{v}_{\mathrm{t}}$ 描述速度大小的改变。把式(1.45)两边同时除以过程的时间间隔 Δt，并令 $\Delta t\to 0$，有

$$\boldsymbol{a}=\lim_{\Delta t\to 0}\frac{\Delta \boldsymbol{v}}{\Delta t}=\lim_{\Delta t\to 0}\frac{\Delta \boldsymbol{v}_{\mathrm{n}}}{\Delta t}+\lim_{\Delta t\to 0}\frac{\Delta \boldsymbol{v}_{\mathrm{t}}}{\Delta t} \tag{1.46}$$

记作

$$\boldsymbol{a}=\boldsymbol{a}_{\mathrm{n}}+\boldsymbol{a}_{\mathrm{t}} \tag{1.47}$$

式(1.47)左边为质点在 t 时刻的(总)加速度，右边第一项

$$\boldsymbol{a}_{\mathrm{n}}=\lim_{\Delta t\to 0}\frac{\Delta \boldsymbol{v}_{\mathrm{n}}}{\Delta t} \tag{1.48}$$

称为**法向加速度**，第二项

$$\boldsymbol{a}_{\mathrm{t}}=\lim_{\Delta t\to 0}\frac{\Delta \boldsymbol{v}_{\mathrm{t}}}{\Delta t} \tag{1.49}$$

称为**切向加速度**，它们的大小和方向将在下面分析。式(1.47)的含意是：**质点的加速度为法向加速度和切向加速度的矢量和。**

下面我们先分析法向加速度 $\boldsymbol{a}_{\mathrm{n}}$，这个分析与匀速圆周运动中讨论向心加速度的过程完全相同。于是我们得到质点法向加速度的大小为

$$a_{\mathrm{n}}=\lim_{\Delta t\to 0}\frac{|\Delta \boldsymbol{v}_{\mathrm{n}}|}{\Delta t}=\frac{v^2}{R}$$

法向加速度的方向按式(1.48)应为当 $\Delta t\to 0$ 时 $\Delta \boldsymbol{v}_{\mathrm{n}}$ 的极限方向，它显然是与速度 $\boldsymbol{v}_A$ 垂直，即指向圆心的。

下面分析切向加速度 $\boldsymbol{a}_{\mathrm{t}}$。从图1.18(b)中可以看到，$\Delta \boldsymbol{v}$ 的分量 $\Delta \boldsymbol{v}_{\mathrm{t}}$ 的大小等于速率的增量，记作

$$\Delta v_t = |\boldsymbol{v}_B| - |\boldsymbol{v}_A| = \Delta v$$

把此式两边同除以 Δt 并令 $\Delta t \to 0$ 有

$$a_t = \lim_{\Delta t \to 0} \frac{\Delta v_t}{\Delta t} = \lim_{\Delta t \to 0} \frac{\Delta v}{\Delta t} = \frac{dv}{dt} \tag{1.50}$$

切向加速度的大小等于速率的变化率，即 $a_t = \dfrac{dv}{dt}$，切向加速度的方向按式(1.49)应为 $\Delta t \to 0$时 $\Delta \boldsymbol{v}_t$ 的极限方向，即沿速度 v 的方向。

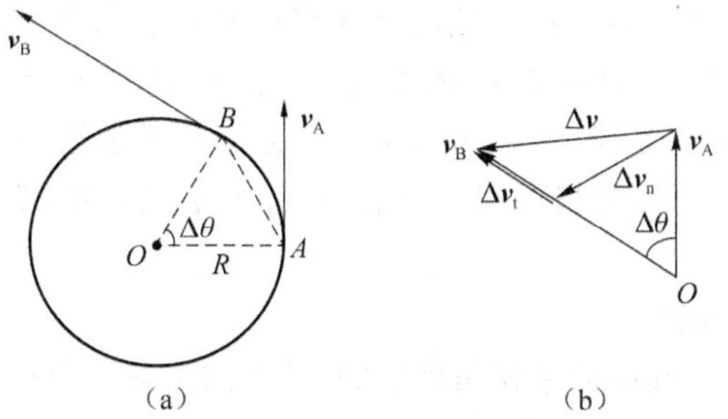

图 1.18　变速圆周运动的加速度

以上结论是按质点的速率增加得到的。若质点的速率减小，则速度增量的分解应如图 1.19 所示。此时若令 $\Delta t \to 0$，则 $\Delta \boldsymbol{v}_t$ 的极限方向应与速度 $\boldsymbol{v}$ 的方向相反，即切向加速度将逆着速度 $\boldsymbol{v}$ 的方向。

综合以上两种情况，我们可以把切向加速度用一个带符号的量值(标量)来表示，其值为

$$a_t = \frac{dv}{dt} \tag{1.51}$$

当质点速率增加时，$a_t > 0$，表示切向加速度 a_t 沿速度 $\boldsymbol{v}$ 的方向；当质点速率减小时，$a_t < 0$，表示切向加速度逆着速度的方向。

把质点的加速度分解为切向加速度和法向加速度是自然坐标描述的主要特点，这样做的好处是两个分量的物理意义十分清晰：切向加速度 $\boldsymbol{a}_t$ 是由于速度数值的变化而引起的，描述质点速度大小变化的快慢；而法向加速度 $\boldsymbol{a}_n$ 则是由速度方向的变化而引起，描述质点速度方向变化的快慢。沿切向和法向来分解加速度仍属于正交分解，如图 1.20 所示。

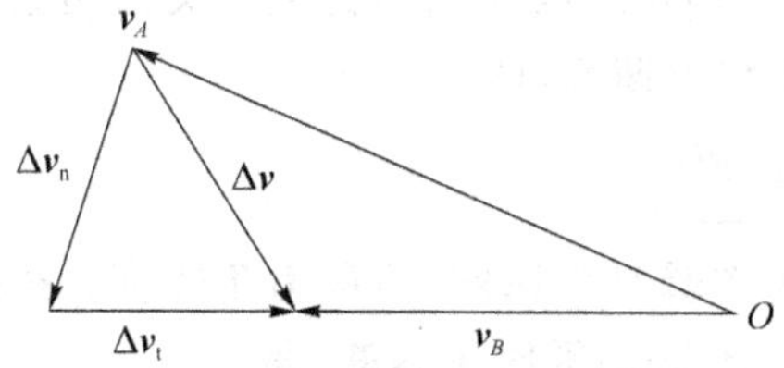

图 1.19　减速圆周运动的加速度

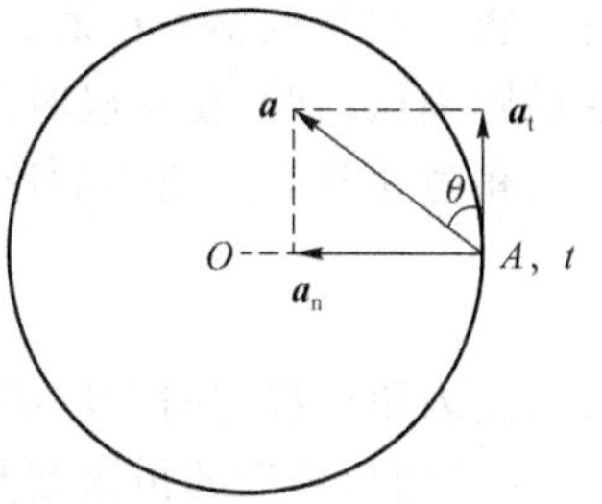

图 1.20　圆周运动的加速度

可将质点做变速圆周运动时加速度的表达式(1.47)写成

$$\boldsymbol{a} = \boldsymbol{a}_t + \boldsymbol{a}_n = a_t \boldsymbol{e}_t + a_n \boldsymbol{e}_n = \frac{dv}{dt}\boldsymbol{e}_t + \frac{v^2}{R}\boldsymbol{e}_n \tag{1.52}$$

在变速圆周运动中，由于速度的方向和大小都在变化，所以加速度 $\boldsymbol{a}$ 的方向不再指向圆心（图 1.20），其值为

$$a=\sqrt{a_t^2+a_n^2}=\sqrt{\left(\frac{dv}{dt}\right)^2+\left(\frac{v^2}{R}\right)^2} \tag{1.53}$$

$\boldsymbol{a}$ 与 $\boldsymbol{e}_t$ 的夹角（图 1.20）满足

$$\tan\theta=\frac{a_n}{a_t} \tag{1.54}$$

其中，a_n 是法向加速度的大小，而 a_t 为切向加速度的数值。若质点的速率在增加，$a_t>0$，即 $\boldsymbol{a}_t$ 沿速度 $\boldsymbol{v}$ 的方向，如图 1.20 中 A 点的情况，此时 $\tan\theta>0$，即 θ 为锐角。若质点速率在减小，$a_t<0$，即 $\boldsymbol{a}_t$ 与 $\boldsymbol{v}$ 反向，此时 $\tan\theta<0$，θ 为钝角。但无论速率是增加还是减小，从图 1.20 中可以看到，由于法向加速度 $\boldsymbol{a}_n$ 总是指向圆心（轨迹曲线的法向），所以加速度总是指向轨道凹的一侧。

4. 圆周运动的角量描述

对圆周运动而言，由于圆周的半径是确定的，质点的位置可以使用与参考位置的角度来确定。这种方法叫作**圆周运动的角量描述**。

圆周运动的角量描述是一种简化的平面极坐标表示方法。

平面极坐标系的构成如图 1.21 所示，以平面上 O 点为原点（极点），Ox 轴为极轴，建立一个平面极坐标系。平面上任一点 p 的位置，可用 p 到 O 的距离（极径）r 和 r 与 x 轴的夹角（极角）θ 来表示。

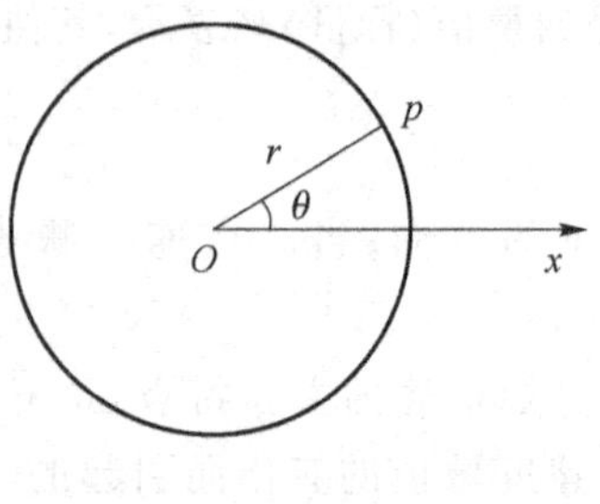

图 1.21　平面极坐标

平面极坐标系适用于描述质点的圆周运动。以圆心为极点，沿一半径方向作一极轴 Ox，则质点到 O 点的距离 r 即为圆半径 R，是一个常量，故质点位置仅用夹角 θ 即可确定。θ 称为质点的**角位置**，它实际上只代表质点相对于原点的方向。θ 随时间 t 变化的关系式为

$$\theta=\theta(t) \tag{1.55}$$

称为角量运动方程。质点在从 t 到 $t+\Delta t$ 过程中角位置的变化叫作**角位移**。

$$\Delta\theta=\theta(t+\Delta t)-\theta(t) \tag{1.56}$$

通常取逆时针转向的角位移为正值。

质点在做圆周运动时，在一段时间内的角位移与时间间隔的比值定义为角速度。在有限长时间段内的角位移与时间间隔的比值叫作**平均角速度**，即

$$\overline{\omega}=\frac{\Delta\theta}{\Delta t} \tag{1.57}$$

而在无限短时间内角位移与时间间隔的比值叫作瞬时角速度，简称为角速度。根据极限的概念，在 $\Delta t\to 0$ 时平均角速度的极限就是质点在 t 时刻的**瞬时角速度**，即

$$\omega=\lim_{\Delta t\to 0}\frac{\Delta\theta}{\Delta t}=\frac{d\theta}{dt} \tag{1.58}$$

即角速度为角位置的时间变化率（角位置对时间的一阶导数），通常以逆时针转动的角速度为正。角速度的单位是 rad/s。

圆周运动过程中角速度增量与时间间隔的比值定义为角加速度，常用 α 表示。所谓角速

度增量是指质点在 t 到 $t+\Delta t$ 过程中末角速度与初角速度之差，即

$$\Delta\omega=\omega(t+\Delta t)-\omega(t) \tag{1.59}$$

在有限长的时间段内角速度增量与其时间间隔 Δt 之比称为**平均角加速度**，即

$$\bar{\alpha}=\frac{\Delta\omega}{\Delta t} \tag{1.60}$$

在无限短的时间间隔内角速度增量与其时间间隔之比称为瞬时角加速度，简称角加速度。同样根据极限的概念，在 $\Delta t\to 0$ 时平均角加速度的极限即为质点在 t 时刻的**瞬时角加速度**，即

$$\alpha=\lim_{\Delta t\to 0}\frac{\Delta\omega}{\Delta t}=\frac{\mathrm{d}\omega}{\mathrm{d}t}=\frac{\mathrm{d}^2\theta}{\mathrm{d}t^2} \tag{1.61}$$

即角加速度为角速度对时间的变化率(即角速度对时间的一阶导数，或角运动方程对时间的二阶导数)。角加速度的单位是 rad/s^2。

5. 圆周运动中角量与线量的关系

质点的圆周运动常用平面极坐标系和自然坐标系描述。极坐标是用角位移、角速度和角加速度等物理量来描述圆周运动，称为角量描述，而自然坐标是用路程、速率、切向加速度及法向加速度来描述圆周运动，称为线量描述。两种描述之间的关系比较简单，如图 1.22 所示。设质点沿半径为 R 的圆周运动，以 p 点为路程起点，以运动方向为正方向，也就是角位置 θ 和路程 s 增加的方向。设质点 t 时刻在 p_1 点，其角位置为 θ，路程为 s，则有

$$s=R\theta \tag{1.62}$$

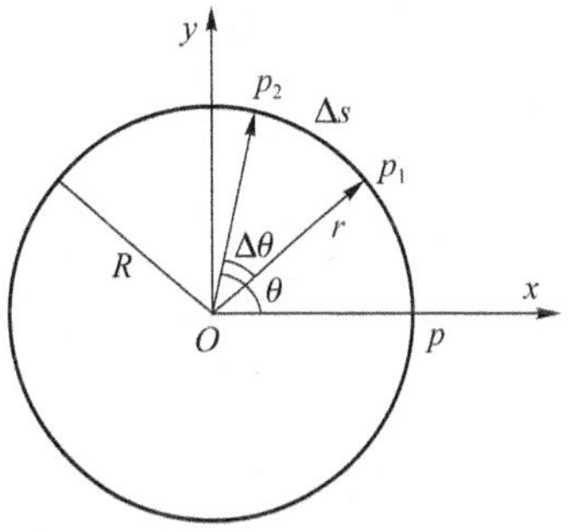

图 1.22　角量和线量的关系

若 $t+\Delta t$ 时刻质点到 p_2 点，过程中质点路程为 Δs，角位移为 $\Delta\theta$，则角位移与路程的关系为

$$\Delta s=R\Delta\theta \tag{1.63}$$

将式(1.62)对时间 t 求导得到质点速率

$$v=\frac{\mathrm{d}s}{\mathrm{d}t}=R\omega \tag{1.64}$$

再将式(1.64)对时间 t 求导得质点的切向加速度

$$a_t=\frac{\mathrm{d}v}{\mathrm{d}t}=R\alpha \tag{1.65}$$

而质点的法向加速度为

$$a_n=\frac{v^2}{R}=v\omega=R\omega^2 \tag{1.66}$$

有时质点在圆周上运动的方向是变化的，此时式(1.62)和式(1.64)中的 θ 和 ω 可能为负值，则 s 和 v 也为负值，可把 s 看作弧坐标，v 看作速度，均设为标量。若 s、v 及 a_t 为负，则表示它们与所设的正方向反向。

例 1.9　在一个转动的齿轮上，一个齿尖 P 沿半径为 R 的圆周运动，其路程 s 随时间的变化规律为 $s=v_0t+\frac{1}{2}bt^2$，其中，v_0、b 都是正的常数，则 t 时刻齿尖 P 的速度和加速度大小为多少？

解
$$v=\frac{ds}{dt}=v_0+bt$$
$$a=\sqrt{a_t^2+a_n^2}=\sqrt{\left(\frac{dv}{dt}\right)^2+\left(\frac{v^2}{R}\right)^2}=\sqrt{b^2+\frac{(v_0+bt)^4}{R^2}}$$

6. 曲线运动中的法向与切向加速度

一般曲线运动的轨道不是一个圆周，但轨道上任何一点附近的一段极小的线元都可以看作某个圆的一段圆弧，这个圆叫作轨道在该点的**曲率圆**，如图1.23所示，其中心叫作曲率中心，半径叫作**曲率半径** ρ。当质点运动到这一点时，其运动可以看作在曲率圆上进行的，所以前述对圆周运动法向和切向加速度的讨论及结论此时仍能适用，如图1.24所示。不同的是，在一般曲线运动中法向加速度的大小 $a_n=\frac{v^2}{\rho}$，其中的 ρ 应是考察点的曲率半径，法向加速度的方向应指向考察点的曲率中心。圆周运动是一种特殊的曲线运动，对圆周上的任一点，只有一个曲率圆即圆周自身，而一般曲线运动在轨迹的不同点有不同的曲率圆(图1.23)。

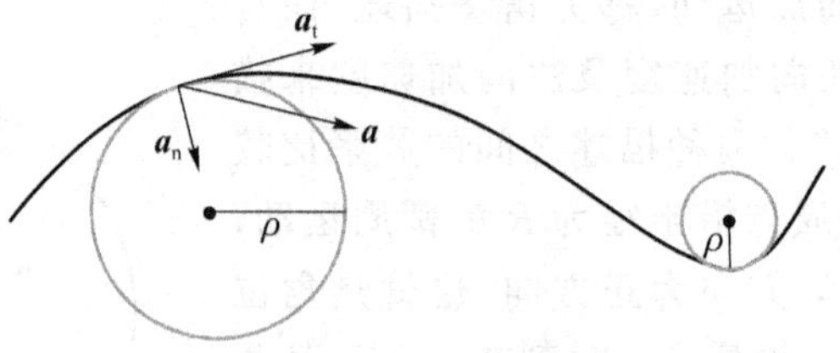

图1.23 轨道的曲率圆

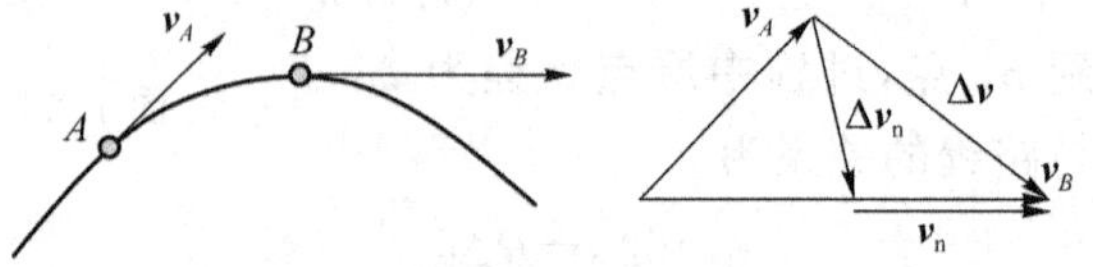

图1.24 一般曲线运动的加速度

一般曲线运动中的法向加速度和切向加速度的大小分别为
$$a_n=\frac{v^2}{\rho} \tag{1.67}$$
$$a_t=\frac{dv}{dt} \tag{1.68}$$

例1.10 一物体做抛体运动，当速率 $v=20$ m/s时，速度的方向与水平方向成 $\theta=30°$ 仰角(重力加速度 $g=9.8$ m/s^2)，求：此时物体的

(1) 切向加速度；

(2) 法向加速度；

(3) 曲率半径。

解 物体在运动中，总加速度为重力加速度 g，如图1.25所示。

(1) 切向加速度的大小为
$$a_t=-g\sin\theta=-9.8\sin 30°=-4.9\ \text{m/s}^2$$

(2) 法向加速度的大小为

$$a_n = g\cos\theta = 9.8\cos 30° = 8.49\ \mathrm{m/s^2}$$

(3) 由 $a_n = \frac{v^2}{\rho}$ 得

$$\rho = \frac{v^2}{a_n} = \frac{20^2}{8.49}\ \mathrm{m} = 47.12\ \mathrm{m}$$

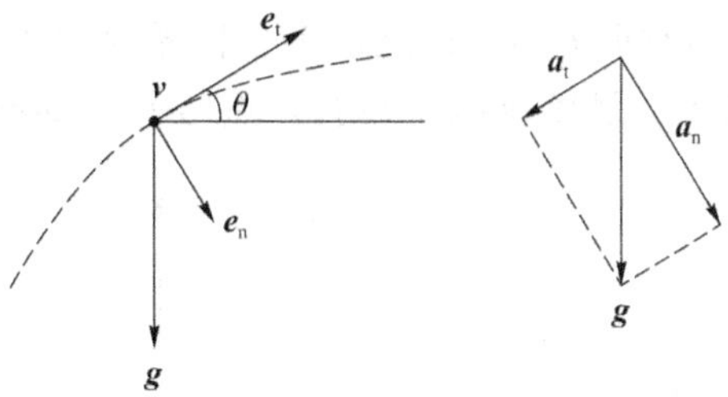

图 1.25　例 1.10 用图

1.3　相对运动

质点的运动轨迹依赖于观察者(即参考系)的例子是很多的。例如,一个人站在做匀速直线运动的车上,竖直向上抛出一块石子,车上的观察者看到石子竖直上升并竖直下落。但是,站在地面上的另一人却看到石子的运动轨迹为一抛物线。从这个例子可以看出,石子的运动情况依赖于参考系。在描述物体的运动时,总是相对选定的参考系而言的。通常,我们选地面(或相对于地面静止的物体)作为参考系,但有时为了方便起见,往往也选相对于地面运动的物体作为参考系。参考系变了,就要考虑物体相对于不同参考系的运动及其相互关系,这就是**相对运动问题**。

在实际问题研究中,有时在一个参考系下测量了一个运动,需要变换到另一个参考系下进行研究,这就需要研究两个做相对运动的参考系之间的变换关系。

1.3.1　基本参考系与运动参考系

两个做相对运动的参考系,如图 1.26 所示,先选定其中一个作为**基本参考系** K(通常选地面),如果另一个参考系(车)相对于基本参考系 K 在运动,则称其为**运动参考系** K'。物体相对于基本参考系的运动,称为**绝对运动**;相应的位移、速度和加速度称为绝对位移、绝对速度和绝对加速度。物体相对于运动参考系的运动称为**相对运动**,相应的位移、速度和加速度称为相对位移、相对速度和相对加速度。运动参考系相对于基本参考系的运动称为**牵连运动**,相应的有牵连位移、牵连速度和牵连加速度。我们研究一个参考系相对于另一个参考系做平动的情况。

当一个物体运动时,对于固联在物体上的任一条直线,在任意时刻该直线所在的位置都始终保持平行,这种运动称为物体的平动。做平动的物体上任意一点的轨迹、速度和加速度相同,因此可以用任意一点代替整个物体的运动。

图 1.26 所示的两个坐标系 $Oxyz$ 和 $O'x'y'z'$ 分别定为 K 系和 K' 系,K' 系相对于 K 系平

动，K 系和 K' 系相对应的坐标轴始终保持平行。某时刻，K' 系的坐标原点 O' 相对于 K 系的坐标原点 O 的位矢为 $\boldsymbol{r}_0$。运动质点在两个坐标系的位矢、速度、加速度分别为 $\boldsymbol{r}$、$\boldsymbol{v}$、$\boldsymbol{a}$ 和 $\boldsymbol{r}'$、$\boldsymbol{v}'$、$\boldsymbol{a}'$。

由图 1.26 可知，质点在两个相对做平动运动的坐标系中的位矢有如下关系：

$$\boldsymbol{r}=\boldsymbol{r}_0+\boldsymbol{r}' \tag{1.69}$$

如图 1.27 所示，假设开始时即 $t=0$ 时，这两个坐标系原点重合。质点位置在 K 系以 P 点表示，而在 K' 系以 P' 点表示。显然，在 $t=0$ 时，P 点与 P' 点重合为一点。

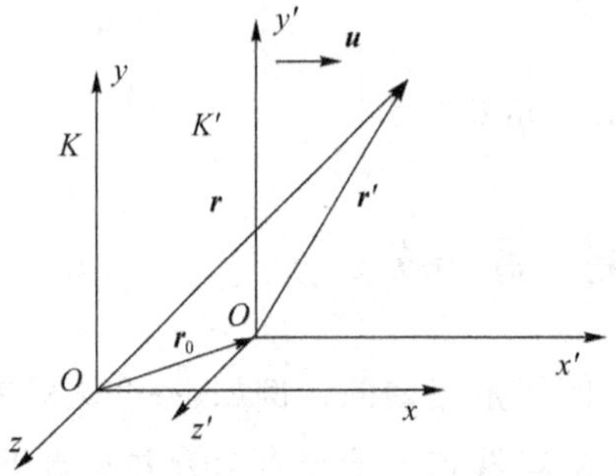

图 1.26 相对运动

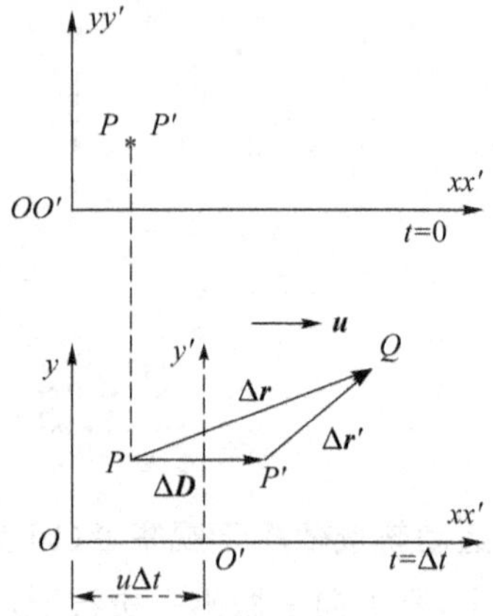

图 1.27 相对运动的位移变换

如果在 Δt 时间内，K' 系沿 Ox 轴相对 K 系运动的同时，质点移动到 Q 点。这段时间内，K' 系沿 Ox 轴相对于 K 系的位移为 $\Delta\boldsymbol{D}$；同样的时间内，在 K 系中，质点由 P 点移动到 Q 点，位移为 $\Delta\boldsymbol{r}$；而在 K' 系中，质点由 P' 点运动到 Q 点，位移为 $\Delta\boldsymbol{r}'$。由图 1.27 可知，位移关系为

$$\Delta\boldsymbol{r}=\Delta\boldsymbol{r}'+\Delta\boldsymbol{D} \tag{1.70}$$

1.3.2 伽利略变换

将式(1.69)对时间 t 求导得

$$\frac{\mathrm{d}\boldsymbol{r}}{\mathrm{d}t}=\frac{\mathrm{d}\boldsymbol{r}_0}{\mathrm{d}t}+\frac{\mathrm{d}\boldsymbol{r}'}{\mathrm{d}t} \tag{1.71}$$

其中，$\frac{\mathrm{d}\boldsymbol{r}}{\mathrm{d}t}$是物体在基本参考系 K 中观察到的速度，称为物体的绝对速度，用 $\boldsymbol{v}$ 表示；$\frac{\mathrm{d}\boldsymbol{r}'}{\mathrm{d}t}$为物体在运动参考系 K' 中观测到的速度，称为物体的相对速度，用 $\boldsymbol{v}'$ 表示；$\frac{\mathrm{d}\boldsymbol{r}_0}{\mathrm{d}t}$是运动参考系 K' 自身相对于基本参考系 K 的速度，称为物体的牵连速度，用 $\boldsymbol{u}$ 表示。于是，式(1.71)可以写成

$$\boldsymbol{v}=\boldsymbol{u}+\boldsymbol{v}' \tag{1.72}$$

即绝对速度等于相对速度与牵连速度的矢量和，这一关系式称为**伽利略速度变换公式**，也叫**经典力学的速度变换定理**，它描述了不同参考系之间的速度变换关系。

将相对速度公式两边对时间一阶求导，有加速度关系

$$\frac{\mathrm{d}\boldsymbol{v}}{\mathrm{d}t}=\frac{\mathrm{d}\boldsymbol{v}'}{\mathrm{d}t}+\frac{\mathrm{d}\boldsymbol{u}}{\mathrm{d}t} \tag{1.73}$$

即

$$\boldsymbol{a}=\boldsymbol{a}'+\boldsymbol{a}_0$$

质点相对于基本参考系 K 的加速度为 $\boldsymbol{a}=\dfrac{\mathrm{d}\boldsymbol{v}}{\mathrm{d}t}$；质点相对于运动参考系 K' 的加速度为 $\boldsymbol{a}'=\dfrac{\mathrm{d}\boldsymbol{v}'}{\mathrm{d}t}$；运动参考系相对于基本参考系的加速度为 $\boldsymbol{a}_0=\dfrac{\mathrm{d}\boldsymbol{u}}{\mathrm{d}t}$。

若两个参考系之间做匀速运动，则 $\dfrac{\mathrm{d}\boldsymbol{u}}{\mathrm{d}t}=0$，可知

$$\boldsymbol{a}=\boldsymbol{a}' \tag{1.74}$$

在相对做匀速直线运动的参考系中观察同一质点的运动，加速度的描述相同。伽利略速度变换公式只适用于物体运动速度远远小于光速的情况。

例 1.11　东流的江水流速为 $v_1=4\ \mathrm{m/s}$，一船在江中以航速（对水）$v_2=3\ \mathrm{m/s}$ 向正北行驶。试求：岸上的人将看到船以多大的速率 v 向什么方向航行？

解　以岸为 K 系，江水为 K' 系。

如图 1.28 所示，船相对于岸的速度为

$$\boldsymbol{v}=\boldsymbol{v}_1+\boldsymbol{v}_2$$

$$v=\sqrt{v_1^2+v_2^2}=\sqrt{4^2+3^2}\ \mathrm{m/s}=5\ \mathrm{m/s}$$

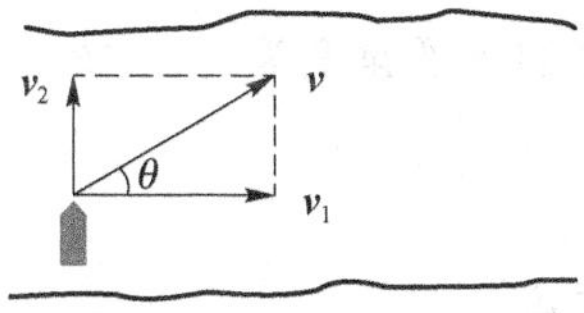

图 1.28　例 1.11 用图

方向为

$$\theta=\arctan\frac{v_2}{v_1}=\arctan\frac{3}{4}=36.87°$$

例 1.12　一小船运载木料逆水而行，经过某桥下时，一块木料不慎落入水中，半小时后人们才发觉，立即回程追赶，在桥下游 5 km 处追上木料。设小船顺流及逆流相对于水的速度相同。求：

(1) 小船回程追赶所需时间；

(2) 水流速度。

解　运动质点为船，河岸为静止参照系，木料为运动参照系。

(1) 先假设水不流动，则木料静止在桥下，船来回速度大小相同，那么船来回所需时间相同，各为 $t_1=t_2=0.5\ \mathrm{h}$。来回共用时间 $2t_1=1\ \mathrm{h}$。

因水流动，木料以水流速度向下漂移，但应注意到，船同样也有一个由于水流动而向下漂移的运动，两者互相抵消。这样以木料为运动参照系来看，船的运动情况与水不流动时完全相同。所以所需时间 $t_1=t_2=0.5\ \mathrm{h}$，来回共用时间 $2t_1=1\ \mathrm{h}$。

(2) 以河岸为参照系，木料以 $v_水$ 匀速向下漂移，共用时间为 1h。木料漂移距离为 5 km，则

$$v_水=\frac{5}{1}\ \mathrm{km/h}=5\ \mathrm{km/h}$$

1.4　运动学中的两类问题

运动学的问题一般分为两大类。

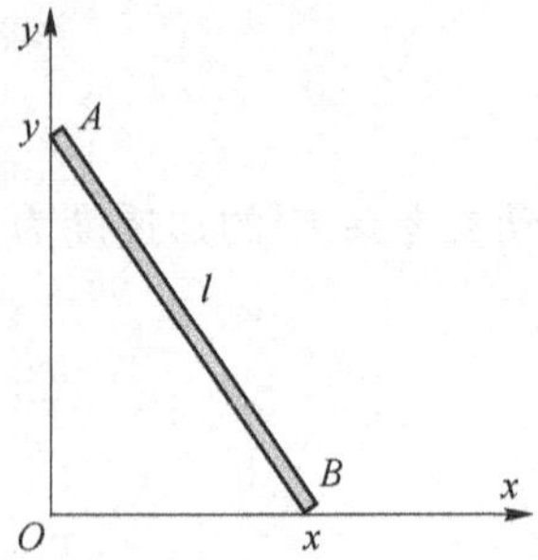

图1.29　例1.13用图

第一类问题是已知质点的位置矢量 $\boldsymbol{r}=\boldsymbol{r}(t)$，求质点的速度和加速度。这类问题可以通过对运动方程求时间的一阶导数得到速度，再求一次导数得到加速度，将具体的时间代入速度和加速度公式中就可以求得任意时刻的速度和加速度。

例 1.13　如图1.29所示，长为 l 的细棒在竖直平面内沿墙角下滑，上端 A 匀速下滑，速度为 v。当下端 B 离墙角距离为 x $(x<l)$ 时，B 端的水平速度和加速度各为多少？

解　建立如图1.29所示的坐标系。

设 A 端离地高度为 y，则

$$x^2+y^2=l^2$$

方程两边对 t 求导

$$2x\frac{\mathrm{d}x}{\mathrm{d}t}+2y\frac{\mathrm{d}y}{\mathrm{d}t}=0$$

B 端的水平速度为

$$\frac{\mathrm{d}x}{\mathrm{d}t}=-\frac{y}{x}\frac{\mathrm{d}y}{\mathrm{d}t}=\frac{y}{x}v=\frac{\sqrt{l^2-x^2}}{x}v$$

加速度为

$$\frac{\mathrm{d}^2x}{\mathrm{d}t^2}=\frac{\dfrac{x\mathrm{d}y}{\mathrm{d}t}-\dfrac{y\mathrm{d}x}{\mathrm{d}t}}{x^2}v=-\frac{l^2}{x^3}$$

例 1.14　质点做半径为 R 的圆周运动，其速率 $v=2t$，求质点任意时刻的加速度 $\boldsymbol{a}$。

解　因为

$$a_{\mathrm{n}}=\frac{v^2}{R}=\frac{4t^2}{R},\quad a_{\mathrm{t}}=\frac{\mathrm{d}v}{\mathrm{d}t}=2$$

所以有

$$\boldsymbol{a}=\frac{4t^2}{R}\boldsymbol{e}_{\mathrm{n}}+2\boldsymbol{e}_{\mathrm{t}}$$

例 1.15　已知一质点的运动方程为 $\boldsymbol{r}=2t\boldsymbol{i}+(2-t^2)\boldsymbol{j}$(SI)，求：

(1) $t=1$ s 和 $t=2$ s 时的位矢；

(2) $t=1$ s 到 $t=2$ s 内的位移；

(3) $t=1$ s 到 $t=2$ s 内质点的平均速度；

(4) $t=1$ s 和 $t=2$ s 时质点的速度；

(5) $t=1$ s 到 $t=2$ s 内的平均加速度；

(6) $t=1$ s 和 $t=2$ s 时质点的加速度。

解　(1) $\boldsymbol{r}_1=(2\boldsymbol{i}+\boldsymbol{j})$ m，$\boldsymbol{r}_2=(4\boldsymbol{i}-2\boldsymbol{j})$ m

(2) $\Delta\boldsymbol{r}=\boldsymbol{r}_2-\boldsymbol{r}_1=(2\boldsymbol{i}-3\boldsymbol{j})$ m

(3) $\bar{\boldsymbol{v}}=\dfrac{\Delta\boldsymbol{r}}{\Delta t}=\dfrac{2\boldsymbol{i}-3\boldsymbol{j}}{2-1}=(2\boldsymbol{i}-3\boldsymbol{j})$ m/s

(4) $\boldsymbol{v}=\dfrac{\mathrm{d}\boldsymbol{r}}{\mathrm{d}t}=2\boldsymbol{i}-2t\boldsymbol{j}$，$\boldsymbol{v}_1=(2\boldsymbol{i}-2\boldsymbol{j})$ m/s，$\boldsymbol{v}_2=(2\boldsymbol{i}-4\boldsymbol{j})$ m/s

(5) $\overline{\boldsymbol{a}}=\dfrac{\Delta \boldsymbol{v}}{\Delta t}=\dfrac{\boldsymbol{v}_2-\boldsymbol{v}_1}{\Delta t}=\dfrac{-2\boldsymbol{j}}{2-1}=-2\boldsymbol{j}\ \mathrm{m/s^2}$

(6) $\boldsymbol{a}=\dfrac{\mathrm{d}^2\boldsymbol{r}}{\mathrm{d}t^2}=\dfrac{\mathrm{d}\boldsymbol{v}}{\mathrm{d}t}=-2\boldsymbol{j}\ \mathrm{m/s^2}$

第二类问题是已知质点的加速度或速度，反过来求质点的速度、位置及运动方程。该类问题是通过对加速度或速度积分得到结果，积分常数要由问题给定的初始条件，如初始位置和初始速度来决定。

在加速度为已知的情况下，由 $\boldsymbol{a}=\dfrac{\mathrm{d}\boldsymbol{v}}{\mathrm{d}t}$可得 $\mathrm{d}\boldsymbol{v}=\boldsymbol{a}\mathrm{d}t$，把此式对过程积分可得到速度与加速度的积分关系

$$\boldsymbol{v}-\boldsymbol{v}_0=\int_0^t \boldsymbol{a}\mathrm{d}t \tag{1.75}$$

式中，$\boldsymbol{v}_0$ 为 $t=0$ 时质点的速度(初始条件中的初速度)，它的分量形式为

$$\begin{cases} v_x-v_{0x}=\int_0^t a_x\mathrm{d}t \\ v_y-v_{0y}=\int_0^t a_y\mathrm{d}t \\ v_z-v_{0z}=\int_0^t a_z\mathrm{d}t \end{cases} \tag{1.76}$$

通过上面的积分运算后我们求得了速度，再由速度公式可得

$$\mathrm{d}\boldsymbol{r}=\boldsymbol{v}\mathrm{d}t \tag{1.77}$$

式(1.77)表示，在 $\Delta t\to 0$ 时，质点的位移 $\mathrm{d}\boldsymbol{r}$ 等于速度 $\boldsymbol{v}$ 与时间间隔 $\mathrm{d}t$ 的乘积。这很像匀速运动，因为在极短的时间内，速度确实是可以看作不变的。把式(1.77)对过程积分，若初始条件为 $t=0$ 时质点位矢为 $\boldsymbol{r}_0$，又设在任意 t 时质点位矢为 $\boldsymbol{r}$，则有积分

$$\int_{\boldsymbol{r}_0}^{\boldsymbol{r}}\mathrm{d}\boldsymbol{r}=\int_0^t \boldsymbol{v}\mathrm{d}t$$

即

$$\Delta\boldsymbol{r}=\boldsymbol{r}-\boldsymbol{r}_0=\int_0^t \boldsymbol{v}\mathrm{d}t \tag{1.78}$$

式(1.78)为位移与速度的积分关系，称为位移公式。用这个公式可由速度 $\boldsymbol{v}$ 来求位移 $\Delta\boldsymbol{r}$，进而通过初始位置 $\boldsymbol{r}_0$ 来求位矢 $\boldsymbol{r}$。同理可得到位移公式的三个分量式：

$$\begin{cases} x=x_0+\int_0^t v_x\mathrm{d}t \\ y=y_0+\int_0^t v_y\mathrm{d}t \\ z=z_0+\int_0^t v_z\mathrm{d}t \end{cases} \tag{1.79}$$

上述公式说明在已知加速度和初始条件的情况下求解速度和运动方程的一般方法。在**直线运动**中上述公式可以简化为

$$v-v_0=\int_0^t a\mathrm{d}t \tag{1.80}$$

$$x=x_0+\int_0^t v\mathrm{d}t \tag{1.81}$$

直线运动中，最简单的是匀速直线运动，质点的速度保持不变，加速度为零，即

$$v=\text{常量},\quad a=0$$

由于 $v=\dfrac{dx}{dt}$，所以

$$dx=vdt$$

对此式两边积分，即可求出坐标 x 随时间的变化关系。设某一时刻的坐标为已知，例如 $t=0$，坐标为 x_0（称为初位置），则任一时刻 t 的坐标 x 就可由式(1.82)求出：

$$\int_{x_0}^{x} dx=\int_0^t vdt \tag{1.82}$$

由于 $v=$常量，所以由式(1.82)可得

$$x=x_0+vt \tag{1.83}$$

这就是在匀速直线运动中，质点的坐标随时间变化的规律，也就是质点的运动方程。

在变速运动中，最简单的是匀变速直线运动。质点做这种运动时，加速度保持不变，即

$$a=\frac{dv}{dt}=\text{常量}$$

同样，可以求

$$\int_{v_0}^{v} dv=\int_0^t a dt=a\int_0^t dt$$

即

$$v=v_0+at \tag{1.84}$$

这是质点做匀变速直线运动时速度随时间变化的关系式。式中，v_0 是 $t=0$ 时刻质点的初速度。

又根据速度 $v=\dfrac{dx}{dt}$，并设初位置 $t=0$ 时 $x=x_0$，则有

$$\int_{x_0}^{x} dx=\int_0^t vdt=\int_0^t (v_0+at)dt$$

即

$$x=x_0+v_0t+\frac{1}{2}at^2 \tag{1.85}$$

这就是匀变速直线运动的运动方程。

从式(1.84)和式(1.85)中消去 t，就可得到速度随坐标变化的关系式

$$v^2-v_0^2=2a(x-x_0) \tag{1.86}$$

式(1.84)、式(1.85)、式(1.86)是读者在中学物理中所熟悉的。

在大学物理中常常会碰到更为复杂的情况，下面以直线运动为例进行讨论。

例 1.16　一质点沿 x 轴运动，已知加速度为 $a=4t$(SI)，初始条件为：$t=0$ 时，$v_0=0$，$x_0=10$ m。求该质点的运动方程。

解　取质点为研究对象，由加速度定义有

$$a=\frac{dv}{dt}=4t\quad\text{（一维可用标量式）}$$

可得

$$dv=4tdt$$

由初始条件有

$$\int_0^v \mathrm{d}v = \int_0^t 4t\mathrm{d}t$$

得

$$v=2t^2$$

由速度定义得

$$v=\frac{\mathrm{d}x}{\mathrm{d}t}=2t^2$$

可得

$$\mathrm{d}x=2t^2\mathrm{d}t$$

由初始条件得

$$\int_{10}^x \mathrm{d}x = \int_0^t 2t^2\mathrm{d}t$$

即

$$x=\frac{2}{3}t^3+10$$

圆周运动角量的运动学问题完全类似于直线运动的情况。如果已知角运动方程求角速度和角加速度，就使用求导数的方法。如果已知角加速度和初始条件求角速度和角运动方程，则使用积分的方法。具体讲，由 $\omega=\frac{\mathrm{d}\theta}{\mathrm{d}t}$可得 $\mathrm{d}\theta=\omega\mathrm{d}t$，把此式对过程积分，并设 $t=0$ 时质点角位置在 θ_0，t 时刻角位置在 θ，则有角位移公式

$$\theta-\theta_0=\int_0^t \omega\mathrm{d}t \tag{1.87}$$

用同样的方法可由 $\alpha=\frac{\mathrm{d}\omega}{\mathrm{d}t}$得到角速度公式

$$\omega-\omega_0=\int_0^t \alpha\mathrm{d}t \tag{1.88}$$

其中，ω_0 和 ω 分别为 $t=0$ 时及 t 时刻的角速度。

当遇到角加速度与角速度有关或角加速度与角位置有关的情况时，积分的处理方法与前面的直线运动情况相类似。

例 1.17 一质点沿圆周运动，其切向加速度与法向加速度的大小恒保持相等。设 θ 为质点在圆周上任意两点的速度 v_1 与 v_2 之间的夹角。试证：$v_2=v_1\mathrm{e}^{\theta}$。

证：因为

$$a_{\mathrm{n}}=\frac{v^2}{R},\quad a_{\mathrm{t}}=\frac{\mathrm{d}v}{\mathrm{d}t}$$

所以

$$\frac{v^2}{R}=\frac{\mathrm{d}v}{\mathrm{d}t}=v\frac{\mathrm{d}v}{\mathrm{d}s}$$

即

$$\frac{\mathrm{d}s}{R}=\frac{\mathrm{d}v}{v}$$

$$\int_0^s \frac{ds}{R} = \int_{v_1}^{v_2} \frac{dv}{v}$$

积分得

$$\frac{s}{R} = \ln\frac{v_2}{v_1}$$

$$\theta = \frac{s}{R} = \ln\frac{v_2}{v_1}$$

$$v_2 = v_1 e^{\theta}$$

例 1.18 如图 1.30 所示，飞机在高空点 A 时的水平速率为 $v_A = 1\,940$ km/h，沿近似于圆弧的曲线俯冲到点 B，其速率为 $v_B = 2\,192$ km/h，所经历的时间为 $\Delta t = 3$ s。设圆弧 AB 的半径约为 3.5 km，且飞机从 A 到 B 的俯冲过程可视为匀变速圆周运动。若不计重力加速度的影响，求：

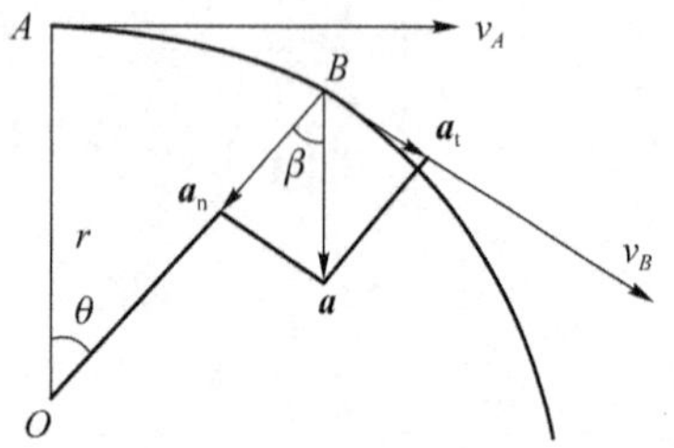

图 1.30 例 1.18 用图

(1) 飞机在点 B 的加速度；

(2) 飞机由点 A 到达点 B 所经历的路程。

解 (1)由于飞机在 A、B 之间做匀变速圆周运动，所以 dv/dt 和角加速度 α 均为常量。切向加速度 a_t 的值为

$$a_t = \frac{dv}{dt}$$

有

$$\int_{v_A}^{v_B} dv = \int_0^t a_t dt = a_t \int_0^t dt$$

得点 B 的切向加速度为

$$a_t = \frac{v_B - v_A}{\Delta t} = 23.3 \text{ m/s}^2$$

而在点 B 的法向加速度为

$$a_n = \frac{v_B^2}{r} = 106 \text{ m/s}^2$$

故飞机在点 B 时加速度的值为

$$a = (a_t^2 + a_n^2)^{1/2} = 109 \text{ m/s}^2$$

$\boldsymbol{a}$ 与 $\boldsymbol{a}_n$ 之间的夹角 β 为

$$\beta = \arctan\frac{a_t}{a_n} = 12.4°$$

(2) 在时间 t 内，径矢 $\boldsymbol{r}$ 转过的角度为

$$\theta = \omega_A t + \frac{1}{2}\alpha t^2$$

其中，ω_A 是飞机在点 A 的角速度。故在此时间内，飞机经过的路程为

$$s = r\theta = r\omega_A t + \frac{1}{2}r\alpha t^2 = v_A t + \frac{1}{2}a_t t^2 = 1\,722 \text{ m}$$

本章小结

1. 质点运动的描述(在笛卡儿坐标系中)

(1) 位置和位移

- 位置矢量为

$$\boldsymbol{r}=x\boldsymbol{i}+y\boldsymbol{j}+z\boldsymbol{k}$$

- $\boldsymbol{r}$ 的大小为

$$|\boldsymbol{r}|=\sqrt{x^2+y^2+z^2}$$

- 位矢 $\boldsymbol{r}$ 的方向可用方向余弦来表示:

$$\cos\alpha=\frac{x}{|\boldsymbol{r}|}\qquad \cos\beta=\frac{y}{|\boldsymbol{r}|}\qquad \cos\gamma=\frac{z}{|\boldsymbol{r}|}$$

- 运动方程为

$$\boldsymbol{r}=\boldsymbol{r}(t)=x(t)\boldsymbol{i}+y(t)\boldsymbol{j}+z(t)\boldsymbol{k}$$

- 运动方程的分量形式为

$$\begin{cases}x=x(t)\\y=y(t)\\z=z(t)\end{cases}$$

- 位移为

$$\Delta\boldsymbol{r}=\boldsymbol{r}_2-\boldsymbol{r}_1=\Delta x\boldsymbol{i}+\Delta y\boldsymbol{j}+\Delta z\boldsymbol{k}$$

- 位移的分量为

$$\Delta x=x_2-x_1,\Delta y=y_2-y_1,\Delta z=z_2-z_1$$

(2) 速度

- 平均速度为

$$\bar{\boldsymbol{v}}=\frac{\Delta\boldsymbol{r}}{\Delta t}$$

- 平均速率为

$$\bar{v}=\frac{\Delta s}{\Delta t}$$

- 速度为

$$\boldsymbol{v}=\lim_{\Delta t\to 0}\frac{\Delta\boldsymbol{r}}{\Delta t}=\frac{\mathrm{d}\boldsymbol{r}}{\mathrm{d}t}$$

- 速率为

$$v=\frac{\mathrm{d}s}{\mathrm{d}t}$$

- 速度的分量为

$$\begin{cases}v_x=\dfrac{\mathrm{d}x}{\mathrm{d}t}\\[2mm]v_y=\dfrac{\mathrm{d}y}{\mathrm{d}t}\\[2mm]v_z=\dfrac{\mathrm{d}z}{\mathrm{d}t}\end{cases}$$

(3) 加速度

• 平均加速度为

$$\bar{\boldsymbol{a}}=\frac{\Delta \boldsymbol{v}}{\Delta t}=\frac{\boldsymbol{v}_B-\boldsymbol{v}_A}{\Delta t}$$

• 加速度为

$$\boldsymbol{a}=\lim_{\Delta t\to 0}\frac{\Delta \boldsymbol{v}}{\Delta t}=\frac{\mathrm{d}\boldsymbol{v}}{\mathrm{d}t}=\frac{\mathrm{d}^2\boldsymbol{r}}{\mathrm{d}t^2}$$

2. 几种常见的运动

(1) 一维直线运动

• 质点运动方程为

$$x=x(t)$$

• 位移为

$$\Delta x=x_B-x_A$$

• 速度为

$$v=\frac{\mathrm{d}x}{\mathrm{d}t}$$

• 加速度为

$$a=\frac{\mathrm{d}v}{\mathrm{d}t}=\frac{\mathrm{d}^2x}{\mathrm{d}t^2}$$

(2) 平面运动

• 质点运动方程为

$$\boldsymbol{r}=x(t)\boldsymbol{i}+y(t)\boldsymbol{j}\text{(矢量式)},x=x(t),y=y(t)\text{(分量式)}$$

• 速度为

$$\boldsymbol{v}=v_x\boldsymbol{i}+v_y\boldsymbol{j}$$

• 加速度

$$\boldsymbol{a}=a_x\boldsymbol{i}+a_y\boldsymbol{j}$$

3. 切向加速度和法向加速度

在自然坐标系中,以运动方向为正方向。

(1) 运动方程为

$$s=s(t)$$

(2) 速度为

$$\boldsymbol{v}=\frac{\mathrm{d}s}{\mathrm{d}t}\boldsymbol{e}_\mathrm{t}\text{(速度沿轨道切向并指向前进一侧)}$$

(3) 加速度为

$$\boldsymbol{a}=\boldsymbol{a}_\mathrm{t}+\boldsymbol{a}_\mathrm{n}=a_\mathrm{t}\boldsymbol{e}_\mathrm{t}+a_\mathrm{n}\boldsymbol{e}_\mathrm{n}=\frac{\mathrm{d}v}{\mathrm{d}t}\boldsymbol{e}_\mathrm{t}+\frac{v^2}{R}\boldsymbol{e}_\mathrm{n}$$

切向加速度为

$$a_\mathrm{t}=\frac{\mathrm{d}v}{\mathrm{d}t}\quad(a_\mathrm{t}\text{ 沿轨道切向方向})$$

法向加速度为

$$a_n=\frac{v^2}{R}\quad（a_n \text{ 指向轨道的曲率中心}）$$

加速度的大小为

$$a=\sqrt{a_t^2+a_n^2}=\sqrt{\left(\frac{dv}{dt}\right)^2+\left(\frac{v^2}{R}\right)^2}$$

加速度与速度的夹角满足

$$\tan\theta=\frac{a_n}{a_t}$$

v 增加时 $a_t>0$，a_t 沿 v 的方向，θ 为锐角；v 减小时 $a_t<0$，a_t 逆 v 的方向，θ 为钝角。

4. 圆周运动的角量描述(在平面极坐标系中)

(1) 角位置(角量运动方程)为

$$\theta=\theta(t)$$

(2) 角速度为

$$\omega=\lim_{\Delta t\to 0}\frac{\Delta\theta}{\Delta t}=\frac{d\theta}{dt}$$

(3) 角加速度为

$$\alpha=\lim_{\Delta t\to 0}\frac{\Delta\omega}{\Delta t}=\frac{d\omega}{dt}=\frac{d^2\theta}{dt^2}$$

角速度公式为

$$\omega-\omega_0=\int_0^t\alpha dt$$

(4) 角量与线量的关系

$$\Delta s=R\Delta\theta$$

$$v=\frac{ds}{dt}=R\omega$$

$$a_t=\frac{dv}{dt}=R\alpha$$

$$a_n=\frac{v^2}{R}=v\omega=R\omega^2$$

5. 相对运动

(1) 位置变换为

$$\boldsymbol{r}=\boldsymbol{r}_0+\boldsymbol{r}'$$

(2) 位移变换为

$$\Delta\boldsymbol{r}=\Delta\boldsymbol{r}'+\Delta\boldsymbol{D}$$

(3) 速度变换为

$$\boldsymbol{v}=\boldsymbol{u}+\boldsymbol{v}'$$

(4) 加速度变换为

$$\boldsymbol{a}=\boldsymbol{a}'+\boldsymbol{a}_0$$

思　考　题

1. 公路上有两辆汽车，以相同的速度沿着相同的方向行驶。试说明：用什么物体作参考系时，这两辆汽车相对于参考系都是静止的？用什么物体作参考系时，它们又都是运动着的？

2. 一人沿着半径为 R 的圆形跑道跑了半圈，他的位移和路程各是多少？

3. 在某一时刻，物体的速度很大，它的加速度是否也一定很大？反之，如果在某一时刻物体的加速度很大，它的速度是否也一定很大？

4. 速度为零的时刻，加速度是否一定是零？加速度为零的时刻，速度是否一定是零？

5. 匀加速运动(加速度的大小、方向都不变的运动)一定是直线运动吗？举例说明。

6. 把一重物用绳子吊在气球下面，气球正以匀速 $\boldsymbol{v}$ 上升，如果绳子突然断了，问：重物将怎样运动？

7. 质点做匀速圆周运动时速率不变，为什么还有加速度？加速度起什么作用？

8. 用具体例子说明以下各种情况都是可能的：

(1) 物体的运动方向与加速度方向相反；

(2) 加速度很大，但速度却很小，甚至为零；

(3) 加速度不等于零，但速度大小保持不变。

9. 回答下列问题：

(1) 位移和路程有何区别？

(2) 速度和速率有何区别？

10. 回答下列问题并举例：

(1) 物体能否有一不变的速率而仍有一变化的速度？

(2) 物体的加速度不断减小而速度却不断增大，可能吗？

(3) 当物体具有大小、方向不变的加速度时，其速度方向能否有改变？

11. 斜抛物体沿着抛物线运动，这种运动是不是匀加速运动？为什么？要确定该物体在某时刻 t 的位置 r，能否用公式 $r=v_0t+\frac{1}{2}gt^2$ 来计算？

习　　题

一、选择题

1. 一质点在平面上运动，已知质点位置矢量的表示式为 $\boldsymbol{r}=at^2\boldsymbol{i}+bt^2\boldsymbol{j}$(其中 a、b 为常量)，则该质点做(　　)。

A. 匀速直线运动　　　　B. 变速直线运动

C. 抛物线运动　　　　D. 一般曲线运动

2. 一质点在平面上做一般曲线运动，其瞬时速度为 $\boldsymbol{v}$，瞬时速率为 v，某一段时间内的平均速度为 $\bar{\boldsymbol{v}}$，平均速率为 $\bar{v}$，它们之间的关系必定有(　　)。

A. $|\boldsymbol{v}|=v, |\bar{\boldsymbol{v}}|=\bar{v}$　　　　B. $|\boldsymbol{v}|\neq v, |\bar{\boldsymbol{v}}|\neq\bar{v}$

C. $|\boldsymbol{v}|\neq v, |\bar{\boldsymbol{v}}|=\bar{v}$　　　　D. $|\boldsymbol{v}|=v, |\bar{\boldsymbol{v}}|\neq\bar{v}$

3. 质点做半径为 R 的变速圆周运动时的加速度大小为(v 表示某一时刻质点的速率)(　　)。

A. $\frac{dv}{dt}$　　　　B. $\frac{v^2}{R}$

C. $\frac{dv}{dt}+\frac{v^2}{R}$　　　　D. $\left[\left(\frac{dv}{dt}\right)^2+\left(\frac{v^2}{R}\right)^2\right]^{\frac{1}{2}}$

4. 某物体的运动规律为 $dv/dt=-kv^2$,式中的 k 为大于零的常数。当 $t=0$ 时,初速度为 v_0,则速度 v 与时间 t 的函数关系是(　　)。

A. $v = kt+v_0$　　　　B. $v=-kt+v_0$

C. $\frac{1}{v}=kt+\frac{1}{v_0}$　　　　D. $\frac{1}{v}=-kt+\frac{1}{v_0}$

5. 某人骑自行车以速率 v 向正东方行驶,遇到由北向南刮的风(设风速大小也为 v),则他感到风是从(　　)。

A. 东北方向吹来　　　　B. 东南方向吹来

C. 西北方向吹来　　　　D. 西南方向吹来

6. 一飞机相对空气的速度大小为 200 km/h,风速为 56 km/h,方向从西向东,地面雷达测得飞机的速度大小为 192 km/h,方向是(　　)。

A. 南偏西 16.3°　　　　B. 北偏东 16.3°

C. 向正南或向正北　　　　D. 西偏北 16.3°

E. 东偏南 16.3°

7. 一小球沿斜面向上运动,其运动方程为 $s=5+4t-t^2$(SI),则小球运动到最高点的时刻应是(　　)。

A. $t=4$ s　　B. $t=2$ s　　C. $t=8$ s　　D. $t=5$ s

8. 在相对地面静止的坐标系内,A、B 两船都以 2 m/s 的速率匀速行驶,A 船沿 x 轴正向,B 船沿 y 轴正向。今在 A 船上设置与静止坐标系方向相同的坐标系(x、y 方向单位矢量用 $\boldsymbol{i}$、$\boldsymbol{j}$ 表示),那么在 A 船上的坐标系中,B 船的速度(以 m/s 为单位)为(　　)。

A. $2\boldsymbol{i}+2\boldsymbol{j}$　　B. $-2\boldsymbol{i}+2\boldsymbol{j}$　　C. $-2\boldsymbol{i}-2\boldsymbol{j}$　　D. $2\boldsymbol{i}-2\boldsymbol{j}$

二、填空题

1. 一物体悬挂在弹簧上,在竖直方向上振动,其振动方程为 $y = A\sin wt$, 其中 A、w 均为常量,则

(1) 物体的速度与时间的函数关系式为________;

(2) 物体的速度与坐标的函数关系式为________。

2. 灯距地面高度为 h_1,一个人身高为 h_2,在灯下以匀速率 v 沿水平直线行走,如习题图 1.1 所示。则他的头顶在地上的影子 M 点沿地面移动的速度 $v_M=$________。

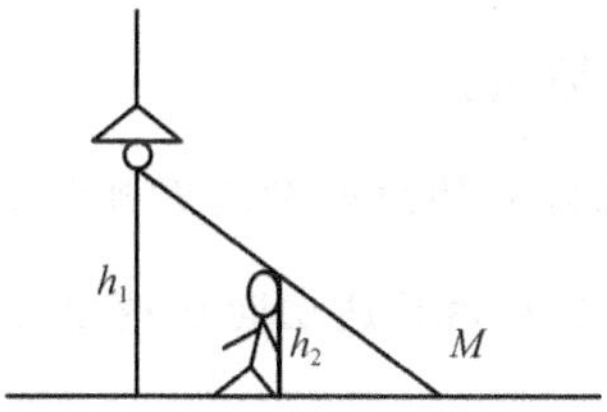

习题图 1.1

3. 试说明质点做何种运动时，将出现下述各种情况($v\neq 0$)：

(1) $a_t\neq 0, a_n\neq 0$ ________________

(2) $a_t\neq 0, a_n=0$ ________________

a_t、a_n 分别表示切向加速度和法向加速度的大小。

4. 已知质点运动方程为 $\boldsymbol{r}=\left(5+2t-\frac{1}{2}t^2\right)\boldsymbol{i}+\left(4t+\frac{1}{3}t^3\right)\boldsymbol{j}$ (SI)，当 $t=2$ s 时，$\boldsymbol{a}=$________。

5. 一质点以 60°仰角做斜上抛运动，忽略空气阻力。若质点运动轨道最高点处的曲率半径为 10 m，则抛出时初速度的大小为 $v_0=$________。(重力加速度 g 按 10 m/s² 计)

6. 质点沿半径为 R 的圆周运动，运动学方程为 $\theta=3+2t^2$ (SI)，则 t 时刻质点的法向加速度大小为 $a_n=$________；角加速度 $\beta=$________。

7. 一物体做如习题图 1.2 所示的斜抛运动，测得在轨道 A 点处速度 $\boldsymbol{v}$ 的大小为 v，其方向与水平方向夹角成 30°。则物体在 A 点的切向加速度 $a_t=$________，轨道的曲率半径 $\rho=$________。

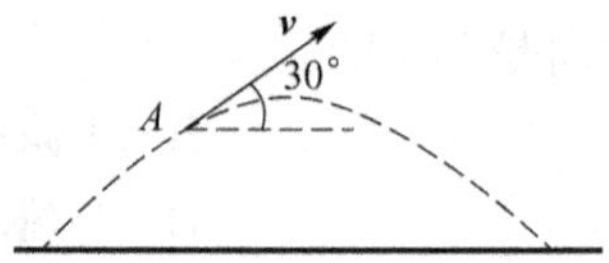

习题图 1.2

8. 有一水平飞行的飞机，速度为 $\boldsymbol{v}_0$，在飞机上以水平速度 $\boldsymbol{v}$ 向前发射一发炮弹，略去空气阻力，并设发炮过程不影响飞机的速度，则

(1)以地球为参照系，炮弹的轨迹方程为________。

(2)以飞机为参照系，炮弹的轨迹方程为________。

三、计算题

1. 一质点沿 x 轴运动，其加速度 a 与位置坐标 x 的关系为 $a=4x+2$ (SI)。如果质点在原点处的速度为 $v_0=2$ m/s，试求其在任意位置处的速度。

2. 一质点沿直线运动，其运动学方程为 $x=6t-t^2$ (SI)。求：

(1) 在 t 从 0～4 s 的时间间隔内，质点的位移大小；

(2) 在 t 从 0～4 s 的时间间隔内质点走过的路程。

3. 质点在 xOy 平面上运动，运动学方程为 $\boldsymbol{r}=a\cos\omega t\boldsymbol{i}+b\sin\omega t\boldsymbol{j}$，式中 a、b、ω 为正的常量。试求：

(1) 质点运动的轨道方程；

(2) 质点的速度和加速度；

(3) 证明加速度方向指向坐标原点。

4. 一质点沿半径为 R 的圆周运动，质点所经过的弧长 s 与时间 t 的关系为 $s=bt+\frac{1}{2}ct^2$，其中 b、c 是大于零的常量，求从 $t=0$ 开始到达切向加速度与法向加速度大小相等时所经历的时间。

5. 一人站在山脚下向山坡上扔石子，石子初速度为 v_0，与水平夹角为 θ (斜向上)，山坡与

水平面成 α 角。

（1）如果不计空气阻力，求石子在山坡上的落地点与山脚的距离 s；

（2）如果 α 与 v_0 一定，θ 取何值时 s 最大，并求出最大值 $s_{\max}$。

6. 质点 P 在水平面内沿一半径为 $R=2$ m 的圆轨道转动。转动的角速度 ω 与时间 t 的函数关系为 $\omega=kt^2$（k 为常量）。已知 $t=2$ s 时，质点 P 的速度大小为 32 m/s。试求 $t=1$ s 时，质点 P 速度与加速度的大小。

7. 一飞机驾驶员想往正北方向航行，而风以 60 km/h 的速度由东向西刮来，如果飞机的航速（在静止空气中的速率）为 180 km/h，试问：

（1）驾驶员应取什么方向航行？

（2）飞机相对于地面的速率为多少？试用矢量图说明。

8. 已知质点位矢随时间变化的函数形式为 $\boldsymbol{r}=t^2\boldsymbol{i}+2t\boldsymbol{j}$，式中 r 的单位为 m，t 的单位为 s。求：

（1）任一时刻的速度和加速度；

（2）任一时刻的切向加速度和法向加速度。

第2章　牛顿运动定律

上一章讨论了如何描述一个质点的运动。本章将讨论质点为什么做这样那样的运动。动力学的基本定律是牛顿三大定律，以牛顿三大定律为基础的力学体系叫作**牛顿力学**，也叫作**经典力学**。

本章主要学习力的基本概念、常见的几种力，加深对牛顿三大定律的理解，巩固受力分析、力的合成与分解的知识、技能；着重介绍牛顿第二定律的微分形式及应用，以及惯性系、非惯性系和量纲。

2.1　力的基本知识

2.1.1　力的定义

力是物体之间的相互作用。力的单位是牛顿(N)。表示力的常用的符号有 $\boldsymbol{F}$、$\boldsymbol{f}$、$\boldsymbol{N}$、$\boldsymbol{T}$、$\boldsymbol{G}$ 等。力是矢量，既有大小，又有方向。

力产生的条件是必须有两个或两个以上的物体；物体间必须有相互作用(可以不接触)。只要有力发生，就一定有受力物体和施力物体，力不能离开物体而独立存在。直接接触的物体间可以产生力的作用，不直接接触的物体间也可以产生力的作用(如磁极之间、电荷之间的作用)。力的大小可以用**弹簧秤**测量。

力的作用效果是使受力物体的运动状态发生变化，或者使受力物体发生形变，即形状或体积发生变化。物体的运动状态是否改变一般指物体的运动快慢是否改变(即速度大小的改变)和物体的运动方向是否改变。

2.1.2　力的三要素、图示、示意图

力的大小、方向和作用点叫作**力的三要素**。作用在物体上的力，其大小、方向和作用点中，只要有一个要素发生了改变，力的作用效果就会发生改变。

如图 2.1 所示，用水平力轻轻推动矿泉水瓶底部时，瓶子沿桌面平稳地移动；用等大的水平力轻推瓶盖，瓶子就翻了。这说明力的作用效果与作用点有关。

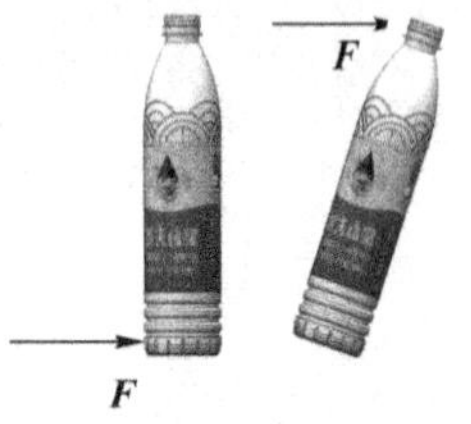

图 2.1　矿泉水瓶受力图

用一根带箭头的线段把力的大小、方向和作用点表示出来，这种表示力的方法叫作**力的图示**。力的图示的步骤如下：

(1) 立标度(定比例)，即选定一定长度的线段，来表示一定大小的力，同一物体上同时图示几个力时，必须选用同一标度；

(2) 画线段，即从力的作用点出发，沿力的方向按标度画出表示力的大小的线段；

(3) 标方向，即用箭头表示力的方向。

在画图分析物体受力情况时，有时并不需要精确画出力的大小，只要把力的方向画正确，并大概画出力的大小即可。这样的受力图称为**力的示意图**。

力的图示和力的示意图都是用图的形式来表示力。一般来说，力的图示要求严格按力的三要素作图，而力的示意图只要求表示出力的方向和作用点，对力的大小不作严格要求。实际应用中，力的合成与分解常需要利用力的图示，而对物体进行受力分析时，我们只需画出简洁的物体受力示意图即可。

2.1.3　力的分类

按力的性质分有重力、弹力、摩擦力、分子力、电磁力等。力的性质不同指的是力产生的原因不同。

根据力的效果来命名的力有拉力、张力、压力、支持力、浮力、引力、斥力、动力、阻力、牵引力、向心力、回复力等。

效果不同的力，性质可以相同。例如，拉力、压力、支持力实际上都是弹力。性质不同的力，效果可以相同。例如，只要效果是加快物体运动的力，不管它是什么性质的力，都可以称它为动力。只要效果是阻碍物体运动的力，不管它是什么性质的力提供的，就可以称它为阻力。**今后我们分析物体的受力，主要是分析根据力的性质命名的力。**

2.1.4　力的合成与分解

日常生活中常常有这样的情景，一个物体通常会受到几个力的共同作用。例如，两个同学可以共同提起一桶水，也可以让一个同学提这桶水，我们可以说两个同学提水桶的力与一个同学提水桶的力产生的效果是相同的。再如，若一个力产生的效果与原来几个力产生的效果相同，这个力就叫作那几个力的**合力**，原来的几个力叫作**分力**。

合力与分力的关系是在"改变运动状态"效果上可以等效替代，只要效果相同，都可以进行代换。**等效代替**则是物理学中的常用方法。"等效"的基础是在某一方面的"效果相同"，脱离了"效果相同"讲"等效"是毫无意义的。

求几个力的合力的过程叫作**力的合成**。求一个力的分力的过程叫作**力的分解**。合力与分力有**等效性与可替代性**。力的合成与分解遵守平行四边形定则。

实验表明，两个互成角度的共点力的合力，可以用表示这两个力的有向线段为邻边作平行四边形，这两个邻边之间的对角线就表示合力的大小和方向，这就是力的平行四边形定则，如图 2.2 所示。

注意：在物理学中，**求矢量时要注意不仅要求出其大小，还要求出其方向**，其方向通常用它与已知矢量的夹角表示。

平行四边形定则是物理学上的重要定则之一，它可由实验总结出来。**平行四边形定则对所有的有方向的量(矢量)都是成立的。**

根据平行四边形的对边平行且相等，即平行四边形是由两个全等的三角形组成的，平行四边形定则可简化为三角形定则。如图 2.3 所示，若从 O 点出发先作出表示力 $\boldsymbol{F}_1$ 的有向线段 OA，再以 A 点出发作表示力 $\boldsymbol{F}_2$ 的有向线段 AC，连接 OC，则有向线段 OC 即表示合力 $\boldsymbol{F}$ 的大小和方向。

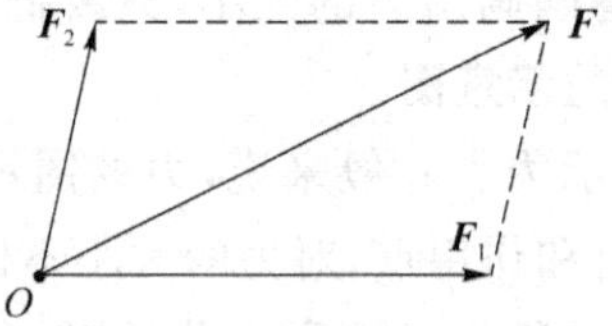

图 2.2　平行四边形定则

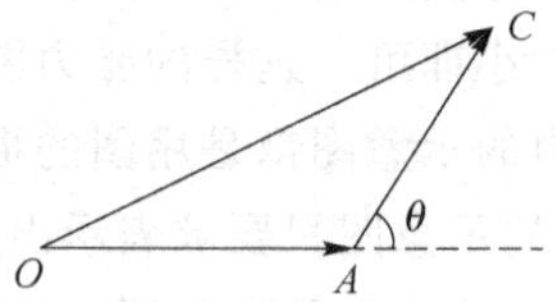

图 2.3　三角形定则

如果几个力都作用在物体的同一点，或者几个力作用在物体上的不同点，但这几个力的作用线延长后相交于同一点，这几个力就叫作**共点力**。如图 2.4 所示，求多个力的合成时，可先求任意两个力的合力，再把这个力与第三个力合成，最后得到的平行四边形的对角线即表示合力的大小和方向。

当物体受到多个力的作用，并且这几个力只共面不共线时，其合力用平行四边形定则求解很不方便。如果我们将一个力分解为互相垂直的两个力 F_x 和 F_y，则会使数学计算非常简单，所以解题时常采用这种方式。这种分解方式称为正交分解法，如图 2.5 所示。

$$F_x=F\cos\theta,\quad F_y=F\sin\theta$$

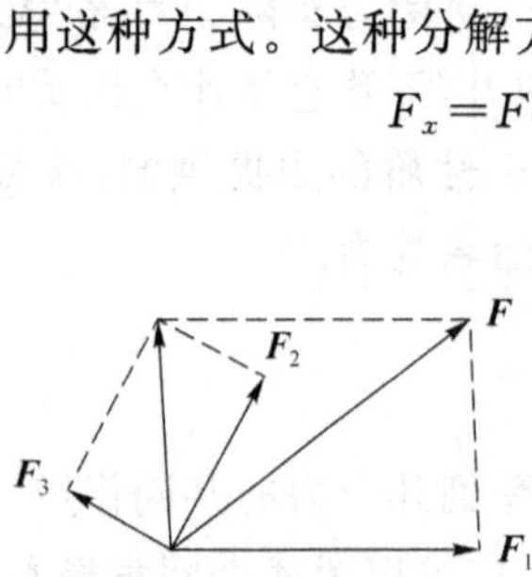

图 2.4　共点力的合成

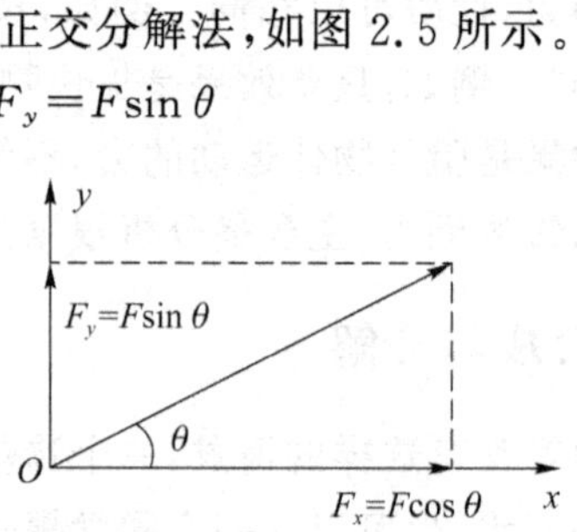

图 2.5　力的正交分解

正交分解法的步骤如下。

(1) 以力的作用点为原点作直角坐标系，标出 x 轴和 y 轴。如果这时物体处于平衡状态，则两轴的方向可根据方便自己选择，一般常使尽可能多的力分布在坐标轴上；若物体有加速度，则通常使一个坐标轴沿加速度的方向。

(2) 将各力正交分解在两个互相垂直的坐标轴上。例如，F_1 与 x 轴的夹角为 θ_1，则 $F_{x1}=F_1\cos\theta_1$，$F_{y1}=F_1\sin\theta_1$。与两轴重合的力就不需要分解了。然后列出 F_x、F_y 的数学表达式：

$$F_x=F_{x1}+F_{x2}+F_{x3}+\cdots,\qquad F_y=F_{y1}+F_{y2}+F_{y3}+\cdots$$

(3) 求 F_x 和 F_y 的合力的大小，即 $F_{合}=\sqrt{F_x^2+F_y^2}$，方向(与 x 轴的夹角)为 $\alpha=\arctan\dfrac{F_y}{F_x}$。

合力可能大于任何一个分力，也可能小于任何一个分力，也可能介于两个分力之间。如果两个分力的大小不变，夹角越大，合力就越小；夹角越小，合力就越大。当两个分力 F_1、F_2 的夹角 θ 在 0°～180°之间变化时，其合力 F 的变化范围是

$$|F_1-F_2|\leqslant F\leqslant F_1+F_2$$

进行力的合成与分解时应注意：合力与分力在效果上是相同的，可以互相替代。在求力的合成时，合力只是分力的效果，实际上并不存在；同样，在求力的分解时，分力只是合力产生的效果，实际上并不存在。因此，在进行受力分析时，不能同时把合力与分力都当作物体所受的力。力的分解虽然有任意性，但在把一个实际的力分解时，一定要看这个力产生的实际效果，

而不能任意分解。

力的合成与分解常用到以下两种方法。

(1) 作图法:选取统一标度,严格作出力的图示及平行四边形,然后用统一标度去度量各个力的大小。

(2) 计算法:根据平行四边形定则作出示意图,然后利用解三角形的方法求合力或分力的大小。

2.2　常见的几种力

自然界中力的表现形式有很多种。人们按力的表现形式不同,将其称为重力、正压力、弹力、摩擦力、电力、磁力、核力等。但是究其本质而言,所有的这些力都来源于四种基本的自然力(按照最新的科学理论也可以认为是三种),即万有引力、电磁力、强力和弱力。这里重点介绍常见的万有引力、重力、弹力、摩擦力。

2.2.1　万有引力

世界上任何物体之间都存在着一种相互吸引的力,这种力叫作**万有引力**。牛顿将万有引力遵循的规律总结为**万有引力定律**:任何两个质点都相互吸引,引力的大小与它们的质量的乘积成正比,与它们的距离的平方成反比,力的方向沿两质点的连线方向。设有两个质量分别为 m_1、m_2 的质点,相对位置矢量为 $\boldsymbol{r}$,则两者之间的万有引力 $\boldsymbol{F}$ 为

$$\boldsymbol{F}=-G\frac{m_1m_2}{r^2}\boldsymbol{e}_r \tag{2.1}$$

式中,$\boldsymbol{e}_r$ 为 $\boldsymbol{r}$ 方向的单位矢量。负号表示 $\boldsymbol{F}$ 与 $\boldsymbol{r}$ 方向相反,表现为引力。G 为引力常量,$G=6.67\times10^{-11}\ \mathrm{N\cdot m^2/kg^2}$,其物理意义是:$G$ 在数值上等于质量均为 1 kg 的两个质点相距 1 m时相互作用的万有引力。这个引力常量的出现要比万有引力定律晚 100 多年,是英国的物理学家卡文迪许测出来的。m_1、m_2 称为**物体的引力质量**,是物体具有产生引力和感受引力的属性的量度。

万有引力定律的适用条件为:万有引力定律中的物体是对质点而言的。对于相距很远因而可以看作质点的物体,公式中的 r 就是指两个质点间的距离;均匀的球体可以看作质量集中于球心上的质点,这是一种等效的简化处理方法。

万有引力定律把地面上的运动与天体运动统一起来,是自然界中最普遍的规律之一。万有引力具有相互性,两物体间相互作用的引力是一对作用力与反作用力。

例 2.1　在地球赤道上空距海平面高 h 处有一人造卫星,可近似看作绕地轴做匀速率圆周运动,其角速率与地球自转角速率相同,即人们看到它在天空不动,称为同步人造卫星。已知同步卫星的周期 $T=24$ h,地球的质量 $M_e=5.98\times10^{24}$ kg,地球的平均半径 $R_e=6.37\times10^3$ km。求它距海平面的高度 h。

解　如图 2.6 所示,卫星的轨道半径为 R_e+h。因它做匀速率圆周运动,所以只有向心加速度。设卫星的速率为 v,则向心加速度为

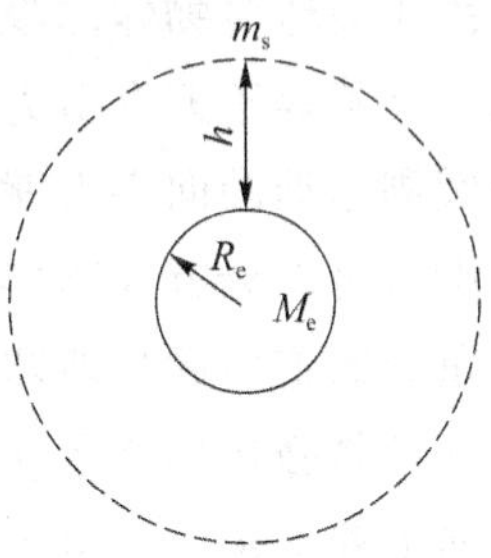

图 2.6　例 2.1 用图

$$a_n=\frac{v^2}{R_e+h}$$

产生向心加速度的原因是受到地球的吸引力。设卫星的质量为 m_s，根据万有引力定律与牛顿第二定律，有

$$G\frac{M_e m_s}{(R_e+h)^2}=m_s\frac{v^2}{R_e+h}$$

因卫星的轨道周长为 $2\pi(R_e+h)$，周期为 T，所以其速率为

$$v=2\pi(R_e+h)/T$$

代入上式可以解出

$$R_e+h=\sqrt[3]{\left(\frac{T}{2\pi}\right)^2 GM_e}$$

即同步卫星距海平面的高度为

$$\begin{aligned} h &=\sqrt[3]{\left(\frac{T}{2\pi}\right)^2 GM_e}-R_e \\ &=\sqrt[3]{\left(\frac{24\times 3\ 600}{2\pi}\right)^2\times 6.67\times 10^{-11}\times 5.98\times 10^{24}}-6.37\times 10^3\times 10^3 \\ &\approx 3.6\times 10^4\ \text{km} \end{aligned}$$

例 2.2 已知地球平均半径 $R_e=6.37\times 10^3$ km，试估算地球的质量及地球的平均密度。

解 由式 $\frac{GM_e m}{R_e^2}=mg$，可得地球的质量为

$$M_e=\frac{gR_e^2}{G}$$

地球表面的重力加速度 g 可由实验测出，取 $g=9.81\ \text{m/s}^2$，代入上式求出

$$M_e=\frac{9.81\times(6.37\times 10^6)^2}{6.67\times 10^{-11}}=6.0\times 10^{24}\ \text{kg}$$

地球的平均密度为

$$\rho=\frac{M_e}{\frac{4}{3}\pi R_e^3}=\frac{6.0\times 10^{24}}{\frac{4}{3}\pi(6.37\times 10^6)^3}=5.5\times 10^3\ \text{kg/m}^3$$

经典力学中常见的力都是来源于自然界基本的相互作用，其细节不在这里讨论。我们在这里讨论的重点是这些宏观特征。

2.2.2 重力

由于地球对物体的吸引而使物体受到的力叫作重力。重力和万有引力是同样性质的力，但重力又不等于万有引力。由于地球自转，静止在地球上的物体也跟着绕地轴做圆周运动，这个做圆周运动的向心力就由万有引力的一个分力来提供。因此，在地球表面上的物体所受的万有引力可以分解成物体所受的重力和随地球自转做圆周运动的向心力。

重力的施力者是地球，所以重力产生的条件为：有质量的物体、在地球附近。地球周围的物体不论是静止还是运动都受到重力作用，重力是一个非接触力。重力的方向是竖直向下的。竖直向下并不是一个恒定不变的方向，也并非一定指向地心，即地球上不同地方有不同的“竖直方向”。只有在地球的赤道和两极处重力才指向地心。怎样确定竖直方向呢？在地球上某

处悬挂一个重物，当物体处于静止状态时，悬线的方向就是竖直方向。

重力的作用点是**重心**。一个物体的各个部分都受到重力的作用。从效果上可以看作各部分受到的重力作用集中于一点，这一点叫作物体的重心。

注意：质量均匀分布的物体，重心的位置只跟物体的形状有关，有规则形状的均匀物体，它的重心就在其几何中心上；不均匀物体的重心位置除跟物体的形状有关外，还跟物体内质量的分布有关。对于形状不规则或者质量不均匀分布的薄板，可用悬挂法测定其重心的位置。重心是一个等效概念，所以物体的重心不一定在物体上。一个物体的重心位置不会因物体的放置方法不同而改变。但当物体的形状发生变化时，重心位置一般会发生变化。

重力的测量：在物体静止且悬线竖直条件下，根据二力平衡时两个力大小相等，可以用弹簧秤测量。

若近似地将地球视为一个半径为 R、质量为 m_e 的均匀分布的球体，以及忽略地球自转的影响，质量为 m 的物体作质点处理，则当物体距离地球表面 $h(h\ll R)$ 高度处时，所受地球的引力（重力）大小为

$$F=G\frac{m_e m}{(R+h)^2}\cong G\frac{m_e}{R^2}m=mg$$

其中，g 为重力加速度：

$$g=G\frac{m_e}{R^2} \tag{2.2}$$

g 在数值上等于单位质量的物体受到的重力。将万有引力常量、地球质量和地球半径的数值带入式(2.2)，则有 $g\approx 9.8\ \mathrm{m/s^2}$。在一般的学习计算中，$g$ 取值为 $10\ \mathrm{m/s^2}$。考虑到地球质量分布并不均匀且在自转，地球表面附近不同地方的重力加速度 g 的值略有差异。

2.2.3　弹力

两个物体彼此相互接触产生了挤压或者拉伸，出现了形变，由于要恢复原状，对与它接触的物体会产生力的作用，这种力叫作**弹力**。弹力是一种接触力。弹力的表现形式多种多样，以下三种最为常见。

1. 正压力

正压力是两个物体彼此接触产生了挤压而形成的。由于物体有恢复挤压形成的形变的趋势，从而形成正压力，因此正压力必然表现为一种排斥力。正压力的方向沿着接触面的法线方向，即与接触面垂直，大小取决于相互压紧的程度。很显然，两物体接触紧密，挤压及形变程度高，正压力就大。两物体接触轻微，挤压及形变程度低，正压力就小。两物体接触是否紧密，挤压及形变程度究竟有多高，将取决于物体所处的整个力学环境。图 2.7 中质量为 m 的物体分别置于水平地面及斜面上，其所受正压力的大小是不同的。物体所受正压力的大小取决于外部环境（物体所受的其他力）对它的约束程度，因此也称为约束反力（或被动力）。在动力学中，正压力常常需要在求解了整个系统的运动的情况下才能最后确定，因而它常常是题目的未知量。

图 2.8(a)为夹具中的球体受正压力的示意图，图 2.8(b)为一杆斜靠墙角，杆所受正压力的示意图。

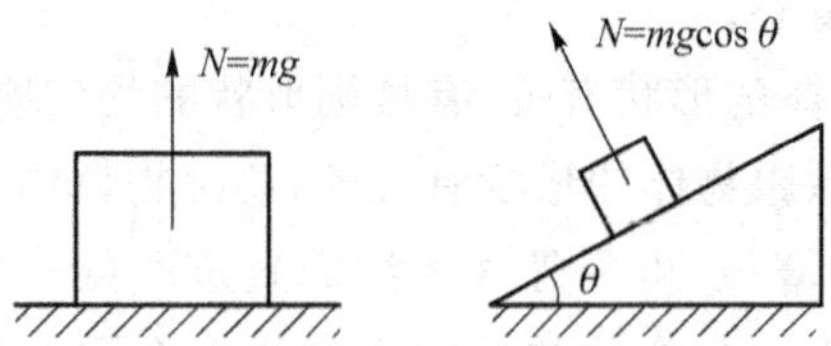

图 2.7 正压力

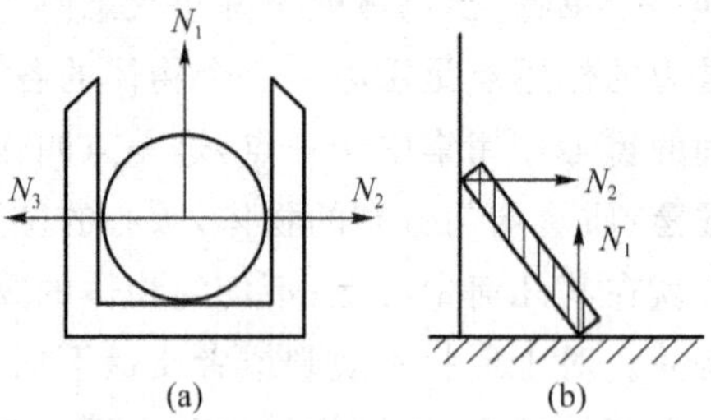

图 2.8 物体所受正压力示意图

不同的力学环境物体所受正压力的大小不一样。

例 2.3 如图 2.9(a)所示，斜面质量为 m_1，物块质量为 m_2，斜面倾角为 α，m_1 与 m_2 之间和 m_1 与支承面间均无摩擦，问水平力 F 多大可使 m_1 和 m_2 相对静止且共同向前运动，并求出 m_2 对 m_1 的压力。

解 将斜面和物块视作质点并取作研究对象，受力如图 2.9(b)所示。m_1 受推力 $\boldsymbol{F}$、支承面支持力 $\boldsymbol{N}$、重力 $\boldsymbol{W}_1$ 和 m_2 的压力 $\boldsymbol{N}_1$；m_2 受重力 $\boldsymbol{W}_2$ 和斜面的支持力 $\boldsymbol{N}_2$。考虑到斜面和物块相对静止，具有共同的加速度，根据牛顿第二、三定律，得

$$\boldsymbol{F}+\boldsymbol{N}+\boldsymbol{W}_1+\boldsymbol{N}_1=m_1\boldsymbol{a}$$

$$\boldsymbol{W}_2+\boldsymbol{N}_2=m_2\boldsymbol{a}$$

$$\boldsymbol{N}_1=-\boldsymbol{N}_2$$

建立坐标轴沿水平和竖直方向的坐标系 xOy，对于斜面有

$$F-N_1\sin\alpha=m_1a$$

对于物块有

$$N_2\sin\alpha=m_2a$$

$$m_2g-N_2\cos\alpha=0$$

联立方程组解得

$$F=(m_1+m_2)\ g\tan\alpha$$

$$N_2=m_2g/\cos\alpha$$

即用水平力 $F=(m_1+m_2)\ g\tan\alpha$ 可使物块和斜面共同运动，物块对斜面的压力等于 $m_2g/\cos\alpha$。

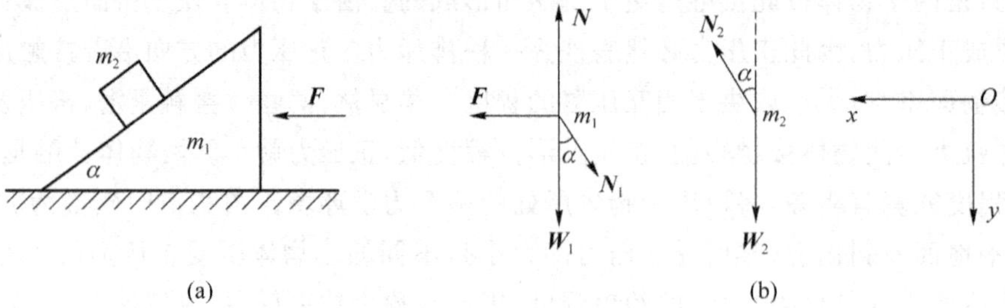

图 2.9 例 2.3 用图

值得注意的是，质量为 m_2 的物体在静止斜面上下滑时对斜面的压力等于 $m_2g\cos\alpha$，而例 2.3 中物块对斜面的压力却等于 $m_2g/\cos\alpha$。这种不同反映了物体之间的挤压弹性力并没有独立的大小，而是需要由其运动状态和所受到的其他力来决定。由此我们还可以得到，“将斜

面上物体所受的重力分解为下滑力和正压力"的说法是不正确的。它不仅混淆了"重力沿与斜面垂直方向的分力"和"正压力"这两种不同性质的力，而且这两种力的大小也不总是相等的。

关于正压力，需要明确：两个物体通过一定的面积相接触；两个物体发生了形变（这种形变十分微小，以至于很难观察到）而产生了这种力；该力的大小取决于相互压紧的程度，方向总是垂直于接触面而指向对方。

2. 张力(拉力)

在用绳索牵引、提升、悬挂其他物体时，绳索受力后被拉长，试图恢复原状，因而对其他物体产生力的作用。这种因绳索变形而引起的弹性力就是绳索对物体的拉力。拉力大小取决于绳索被拉紧的程度，它的方向总是沿绳索而指向绳索要收缩的方向。这种力总是使绳索拉紧，因此也常称为**张力**。在杆和柔绳上，拉力的方向沿杆或绳的切线方向。因此，弯曲的柔绳可以起改变力的方向的作用。

绳索内部各段之间也有力的相互作用。对于一段**有质量的杆或绳**，其上各点的拉力是否相等呢？图 2.10 中有一段质量为 Δm 的绳，$\boldsymbol{F}_{T1}$ 为该段绳左端点上的拉力，$\boldsymbol{F}_{T2}$ 为右端点上的拉力。根据牛顿第二定律 $\boldsymbol{F}_{T2}-\boldsymbol{F}_{T1}=\Delta m\boldsymbol{a}$，只要加速度 $\boldsymbol{a}$ 不等于零，就有 $\boldsymbol{F}_{T1}\neq\boldsymbol{F}_{T2}$，绳上拉力各点不同。这个例子说明，力和加速度都是通过绳的质量起作用的，这也是实际中真实的情况。在简单实际问题的处理上，为了将分析的着重点集中到研究对象身上，常常在忽略次要因素的原则下忽略绳或杆的质量，即令 $\Delta m\to 0$，称为轻绳或轻杆。此时由 $\boldsymbol{F}_{T2}-\boldsymbol{F}_{T1}=\Delta m\boldsymbol{a}=0$，可以得到 $\boldsymbol{F}_{T1}=\boldsymbol{F}_{T2}$ 的结果，也就是轻绳或轻杆上拉力处处相等。这个结论显然是理想模型的结果。

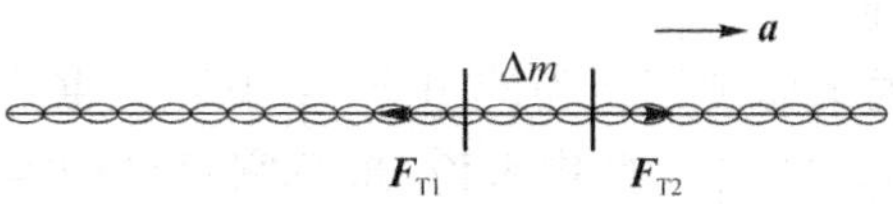

图 2.10　绳中的拉力

3. 弹簧的弹力

弹簧在受到拉伸或压缩的时候会产生弹力，这种力总是力图使弹簧恢复原来的形状，称为**回复力**。设弹簧被拉伸或被压缩 x，则在弹性限度内，弹力由**胡克定律**给出：

$$F=-kx$$

其中：k 为弹簧的劲度系数；x 为弹簧相对于原长的形变量，弹力与弹簧的形变成正比；负号表示弹力的方向始终与弹簧被压缩的方向相反，指向弹簧恢复原长的方向。

弹力的方向分为以下几种情况：(1) 平面产生的弹力方向（压力或支持力）总是垂直于平面，指向被压着的物体或被支持的物体；(2) 曲面产生的弹力方向总是垂直于与它接触的平面（或曲面的切线），指向被压着的物体或被支持的物体；(3) 绳子产生的弹力方向总是沿绳子的收缩方向，弯曲的绳子的弹力方向沿曲线的切线；(4) 弹簧的弹力方向总是与弹簧形变方向相反。

2.2.4　摩擦力

两个物体相互接触并同时具有相对运动或者相对运动的趋势，则沿它们接触的表面将产生阻碍其相对运动或相对运动趋势的阻力，称为**摩擦力**。摩擦力的起因及微观机理十分复杂，因相对运动的方式以及相对运动的物质不同而有所差别。摩擦有静摩擦、滑动摩擦及滚动摩擦之分。有关理论研究认为,各种摩擦都源于接触面分子、原子之间的电磁相互作用。这里我们只简单讨论静摩擦与滑动摩擦。

1. 静摩擦

静摩擦是在两个彼此接触的物体相对静止但具有相对运动的趋势时出现的。静摩擦力出现在接触面的表面上,力的方向沿着表面的切线方向,与相对运动的趋势相反,阻碍相对运动的发生。静摩擦力的大小可以通过一个简单的例子来说明:给予水平粗糙平面上的物体一个向右的水平力 F,物体并没有动,但是具有了向右运动的趋势,这时在物体与地面的接触面上将产生静摩擦力 F_S。由于物体相对于地面静止不动,静摩擦力的大小与水平外力的大小相等。经验告诉我们,在外力 F 逐渐增大到某一值之前,物体一直能保持对地静止,这说明在外力 F 增大的过程中,静摩擦力 F_S 也在增大,因此静摩擦力是有一个变化范围的。当外力 F 增至某一值时,物体开始对地滑动,这时静摩擦力也达到最大,以后变为滑动摩擦力。实验表明,最大静摩擦力与两物体之间的正压力 F_N 的大小成正比:

$$F_{Smax}=\mu_S F_N \tag{2.3}$$

其中,μ_S 为静摩擦因数,与接触物体的材质和表面情况有关。由以上分析可以知道,静摩擦力的规律应为

$$0\leqslant F_S\leqslant F_{Smax}$$

在涉及静摩擦力的讨论中,最大静摩擦力往往作为相对运动启动的临界条件。

由于静摩擦力的方向与相对运动的趋势相反,所以判断静摩擦力方向的关键是判断两个物体间相对运动的趋势的方向。

例如,有一辆在水平路面上做加速运动的小车,车中有一重物随车一起运动,它们之间无相对滑动,如图 2.11(a)所示。对这个重物来说,虽然它自己的运动方向向前,但它相对于车的运动趋势是向后的。这可由不变任何其他条件而设想接触面光滑,分析重物相对于车将如何运动而判定出来,如图 2.11(b)所示。由此可知,重物受到车给它的静摩擦力方向向前。静摩擦力的方向可以像上面所说由分析相对运动趋势判断,也可以由牛顿定律直接求出。如上述的重物,它只与车厢接触,水平方向只受车厢底板施予的静摩擦力,既然重物的加速度是向前的,根据牛顿第二定律,静摩擦力的方向也应该是向前的。两种方法判断得出的力的方向是相同的。

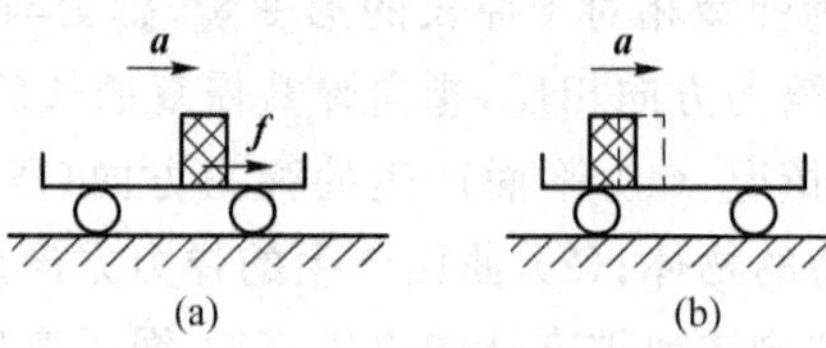

图 2.11 静摩擦力

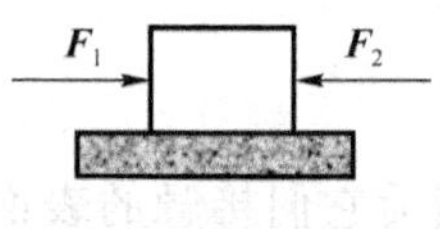

图 2.12 例 2.4 用图

例 2.4 如图 2.12 所示,木块放在水平桌面上,在水平方向共受到 3 个力即 $\boldsymbol{F}_1$、$\boldsymbol{F}_2$ 和摩擦力的作用,木块处于静止状态,其中 $\boldsymbol{F}_1=10\ \text{N}$,$\boldsymbol{F}_2=2\ \text{N}$。若撤去 $\boldsymbol{F}_1$,求木块在水平方向受到的合力。

解 因为 $\boldsymbol{F}_1$、$\boldsymbol{F}_2$ 同时作用时,木块静止,合外力为零,所以

木块必然受到向左的静摩擦力，大小是 8 N。若撤去 $\boldsymbol{F}_1$，仅受 $\boldsymbol{F}_2=2$ N 的力，不能克服静摩擦力，所以木块必然保持静止，因而所受合力为零。

注意：静摩擦力的大小是变化的，物体未滑动时总是随着外力的变化而变化。静摩擦力总是阻碍物体间的相对运动趋势，当运动趋势的方向变化时，静摩擦力的方向也随着改变。

例 2.5　如图 2.13(a)所示，在固定斜面上放置小物体 A，物体与斜面间的静摩擦系数为 μ_0。求斜面倾角 α 的最大值 $\alpha_{\max}$，即当 $\alpha\leqslant\alpha_{\max}$ 时，无论手对物体 A 的铅直压力 $\boldsymbol{Q}$ 多么大，A 也不会滑下。

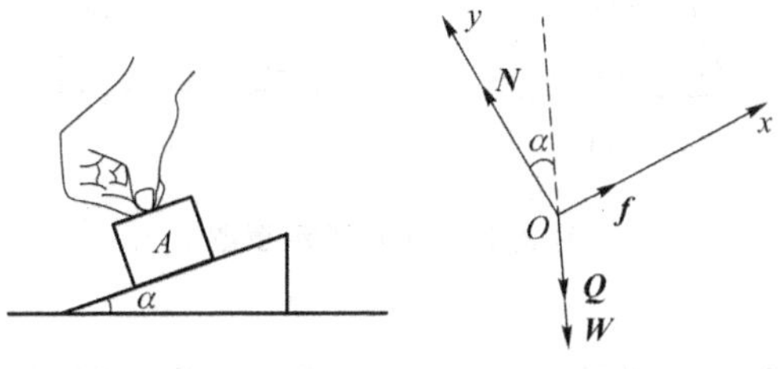

图 2.13　例 2.5 用图

解　取物体 A 为研究对象，受力如图 2.13(b)所示。除铅直压力 $\boldsymbol{Q}$ 外，$\boldsymbol{W}$、$\boldsymbol{N}$ 和 $\boldsymbol{f}$ 分别表示重力、斜面支持力和静摩擦力。由于物体 A 保持静止，即处于平衡状态，根据牛顿第二定律，得

$$\boldsymbol{N}+\boldsymbol{W}+\boldsymbol{Q}+\boldsymbol{f}=0$$

建立图 2.13(b)所示的坐标系，将上式投影，得

$$f-(Q+W)\sin\alpha=0$$
$$N-(Q+W)\cos\alpha=0$$

又根据静摩擦力公式

$$f\leqslant f_{\max}=\mu_0 N$$

将以上三式联立求解，得

$$\tan\alpha\leqslant\mu_0$$

或

$$\tan\alpha_{\max}=\mu_0$$

即

$$\alpha_{\max}=\arctan\mu_0$$

$\alpha_{\max}$ 仅与静摩擦系数有关，与力 $\boldsymbol{Q}$ 无关，故只要上面的条件得到满足，物体 A 就不会滑下。工程上通常也常把 $\alpha_{\max}=\arctan\mu_0$ 称为物体与斜面间的摩擦角。

应用举例：有一种起重装置叫作“千斤顶”，如图 2.14(a) 所示。转动手柄 G 就可以将重物顶起，将重物顶起后，松开手柄，螺杆并不会在重压下反向旋转而掉下来。利用螺旋举起重物，在外力撤销后还不滑下来的现象，叫作螺旋的自锁。把一张直角三角形的纸片卷起来，就成为螺旋，如图 2.14(b)所示。螺旋倾角就是三角形斜边的倾角。千斤顶的螺杆在支座的螺纹内螺旋上升，相当于一物体沿斜面向上滑动。与例 2.5 比较，螺杆相当于物体 A，支座相当于斜面，重物对千斤顶的压力相当于力 $\boldsymbol{Q}$，螺旋自锁相当于物体 A 在力 $\boldsymbol{Q}$ 作用下不下滑。由

例 2.5 可知,螺旋自锁,则螺旋倾角应满足 $\tan\alpha \leqslant \mu_0$,即 α 应小于"摩擦角"$\alpha_{max} = \arctan\mu_0$,这叫作螺旋的自锁条件。

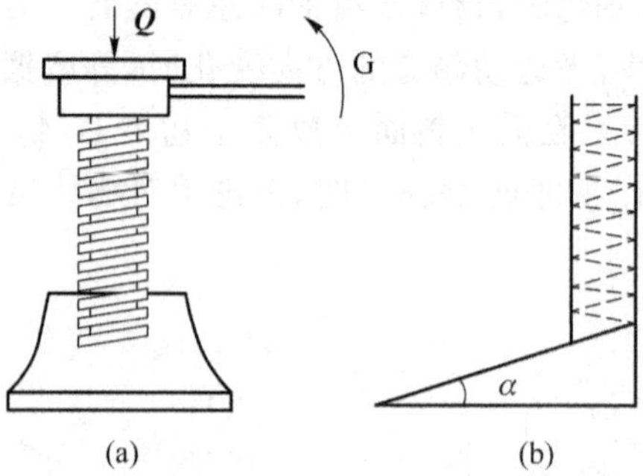

图 2.14 千斤顶示意图

2. 滑动摩擦

相互接触的物体之间有相对滑动时,接触面的表面出现的阻碍相对运动的力,称**滑动摩擦力**。滑动摩擦力的方向沿接触面的切线方向,与相对运动方向相反。滑动摩擦力的大小与物体的材质、表面情况以及正压力等因素有关,一般还与物体的相对运动速率有关。在相对速度不是太大或太小的时候,可以认为滑动摩擦力的大小与物体间正压力 F_N 的大小成正比,即

$$F_K = \mu_K F_N$$

其中,μ_K 是滑动摩擦因数。一些典型材料的滑动摩擦因数 μ_K 和静摩擦因数 μ_S 可以查阅有关的工具书,二者有明显的区别。一般常常将 μ_K 和 μ_S 不加区别地使用,为的是将注意力集中在摩擦力而不是摩擦因数身上。

静摩擦和滑动摩擦指发生在固体之间的摩擦,称为干摩擦。固体和流体(气体或液体)之间也有摩擦作用,称为湿摩擦。当物体在气体或液体中有相对运动时,气体或液体要对运动物体施加摩擦阻力。例如,跳伞运动员从高空下落时要受到空气阻力的作用,船只在江河湖海中航行受到水的阻力,都是这一类实例。此时的阻力既与流体的密度、黏滞性等性质有关,又与物体的形状和相对运动速度有关。当本书在有关问题的讨论中提到阻力与速率成正比($F \propto v$),或与速率的二次方成正比($F \propto v^2$)等情况时,就是对这一类实例的抽象。

2.3 牛顿运动定律及其应用

2.3.1 牛顿三大定律

牛顿在其 1687 年出版的名著《自然哲学的数学原理》一书中,提出了三条运动定律,即牛顿三大定律。它们是动力学的基础,其内容如下。

牛顿第一定律:任何物体都保持静止的或沿一条直线做匀速运动的状态,除非作用在它上面的力迫使它改变这种状态。

牛顿第一定律和两个力学基本概念相联系。一个是物体的**惯性**,它指物体本身要保持运动状态不变的性质,或者说物体抵抗运动变化的性质,所以**牛顿第一定律也称惯性定律**。另一个是力,它指迫使一个物体改变运动状态,使该物体产生加速度。牛顿第一定律阐明了力是改

变运动状态的原因，而不是维持物体运动状态的因素。这是牛顿的一个重大发现。在牛顿之前人们一直认为力起维持物体运动状态的作用。

牛顿第二定律：运动的变化与所加的动力成正比，并且发生在该力所沿的直线的方向上。

牛顿第一定律只定性指出了力和运动的关系。牛顿第二定律则给出了力与运动的定量关系。牛顿第二定律中的“运动”一词定义为物体的质量 m 与其运动速度 $\boldsymbol{v}$ 的乘积，即物体的动量，用 $\boldsymbol{p}$ 表示，有

$$\boldsymbol{p}=m\boldsymbol{v}$$

动量 $\boldsymbol{p}$ 显然也是一个矢量，其方向与速度 $\boldsymbol{v}$ 的方向相同。与速度可表示物体运动状态一样，动量也是表述物体运动状态的量。当外力作用于物体时，其动量发生改变。牛顿第二定律表明，动量为 $\boldsymbol{p}$ 的物体，在合外力 $\boldsymbol{F}$ 的作用下，其动量随时间的变化率应当等于作用在物体上的合外力，即

$$\boldsymbol{F}=\frac{\mathrm{d}\boldsymbol{p}}{\mathrm{d}t}=\frac{\mathrm{d}(m\boldsymbol{v})}{\mathrm{d}t} \tag{2.4}$$

在牛顿定律的应用中，要特别注意的是第二定律中的 $\boldsymbol{F}$ 是物体所受的合外力。当有多个力作用在物体上时，由矢量合成可以得到

$$\boldsymbol{F}=\sum_{i}^{n}\boldsymbol{F}_i$$

其中，$\boldsymbol{F}_i$ 是第 i 个分力，上式称为**力的叠加原理**。

当物体在低速情况下运动时，即物体的运动速率 v 远小于光速 $c\,(v\ll c)$ 时，物体的质量可以视为是不依赖于速度的常量，于是式(2.4)可写成

$$\boldsymbol{F}=m\frac{\mathrm{d}\boldsymbol{v}}{\mathrm{d}t} \tag{2.5}$$

或

$$\boldsymbol{F}=m\boldsymbol{a} \tag{2.6}$$

式(2.6)表明，相同合力下物体质量越大加速度越小，物体运动状态变化越慢，物体惯性越大。因此，惯性的大小可以使用质量来描写。这个质量也称为物体的**惯性质量**。在国际单位制中，质量的单位是千克(kg)。物体质量越大，惯性越大，保持原有运动状态的本领越强。

引力质量与牛顿运动定律中反映物体惯性大小的惯性质量是物体两种不同属性的体现，在认识上应加以区别。但是精确的实验表明，**引力质量与惯性质量在数值上是相等**的，因而一般在作了简要说明之后不再加以区分。

牛顿第三定律：对于每一个作用，总有一个相等的反作用与之相反；或者说，两个物体对各自对方的相互作用总是相等的，而且指向相反的方向。

牛顿第三定律告诉我们力产生的来源：来自物体的相互作用；还告诉我们相互作用力的对称性。

2.3.2　牛顿运动定律的应用

式(2.5)**在直角坐标系中**也可写成

$$\boldsymbol{F}=m\frac{\mathrm{d}\boldsymbol{v}}{\mathrm{d}t}=m\frac{\mathrm{d}v_x}{\mathrm{d}t}\boldsymbol{i}+m\frac{\mathrm{d}v_y}{\mathrm{d}t}\boldsymbol{j}+m\frac{\mathrm{d}v_z}{\mathrm{d}t}\boldsymbol{k}$$

即

$$\boldsymbol{F}=ma_x\boldsymbol{i}+ma_y\boldsymbol{j}+ma_z\boldsymbol{k}$$

式(2.6)是**牛顿第二定律的数学表达式,又称牛顿力学的质点动力学方程**。上式为矢量式,直角坐标系下的分量式为

$$F_x=ma_x=\frac{\mathrm{d}v_x}{\mathrm{d}t},\quad F_y=ma_y=\frac{\mathrm{d}v_y}{\mathrm{d}t},\quad F_z=ma_z=\frac{\mathrm{d}v_z}{\mathrm{d}t} \tag{2.7}$$

牛顿第二定律只适用于质点的运动,物体做平动时,物体上各质点的运动情况完全相同,所以物体的运动可看作是质点的运动,此时这个质点的质量就是整个物体的质量,以后如不特别指明,在论及物体的平动时,都是把物体当作质点来处理的。牛顿第二定律所表示的合外力与加速度之间的关系是瞬时关系,也就是说,加速度只在外力有作用时才产生,外力改变了,加速度也随之改变。

当质点在平面上做曲线运动时,我们可取图 2.15 所示的自然坐标系,$\boldsymbol{e}_\mathrm{n}$ 为法向单位矢量,$\boldsymbol{e}_\mathrm{t}$ 为切向单位矢量,于是质点在点 A 的加速度 $\boldsymbol{a}$ 在自然坐标系的两个相互垂直方向上的分矢量为 $\boldsymbol{a}_\mathrm{t}$ 和 $\boldsymbol{a}_\mathrm{n}$,这样质点在平面上做曲线运动时,在**自然坐标系中牛顿第二定律**可写成

$$\boldsymbol{F}=m\boldsymbol{a}=m(\boldsymbol{a}_\mathrm{t}+\boldsymbol{a}_\mathrm{n})=m\frac{\mathrm{d}v}{\mathrm{d}t}\boldsymbol{e}_\mathrm{t}+m\frac{v^2}{\rho}\boldsymbol{e}_\mathrm{n} \tag{2.8}$$

如以 $\boldsymbol{F}_\mathrm{t}$ 和 $\boldsymbol{F}_\mathrm{n}$ 代表合外力 $\boldsymbol{F}$ 在切向和法向的分矢量,则有

$$\begin{cases}\boldsymbol{F}_\mathrm{t}=m\boldsymbol{a}_\mathrm{t}=m\dfrac{\mathrm{d}v}{\mathrm{d}t}\boldsymbol{e}_\mathrm{t}\\[2ex]\boldsymbol{F}_\mathrm{n}=m\boldsymbol{a}_\mathrm{n}=m\dfrac{v^2}{\rho}\boldsymbol{e}_\mathrm{n}\end{cases} \tag{2.9}$$

其中,$\boldsymbol{F}_\mathrm{t}$ 叫作切向力,$\boldsymbol{F}_\mathrm{n}$ 叫作法向力(或向心力),$\boldsymbol{a}_\mathrm{t}$ 和 $\boldsymbol{a}_\mathrm{n}$ 相应地叫作切向加速度和法向加速度。

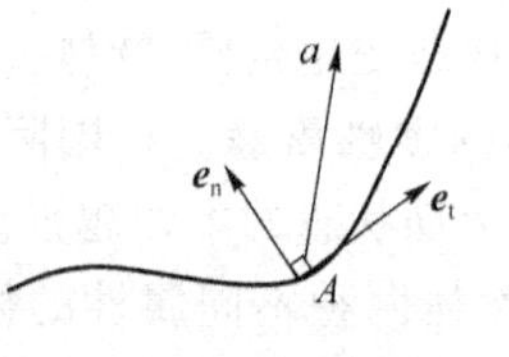

图 2.15 自然坐标系的分量形式

牛顿运动定律广泛地应用于科学研究和生产技术中,也大量地体现在人们的日常生活中。这里所指的应用主要涉及用牛顿运动定律解题,也就是对实际问题中抽象出的理想模型进行分析及计算,其**基本步骤**如下。

(1) 选择研究对象,进行受力分析。

牛顿运动定律是紧紧围绕"力"而展开的,正确分析研究对象的受力大小、方向,以及受力分析的完整性都是正确完成后续步骤并得到正确解答的前提。

先选择研究对象。研究对象可能是一个也可能是若干个,依次对其作受力分析,画出受力图。凡两个物体彼此有相对运动,或者需要讨论两个物体的相互作用时,都应该**隔离物体**再作受力分析。**当两个或多个物体没有相对运动,加速度相同时**,可以将它们看成一个整体,这时不必分析它们之间的相互作用力,而只需找出来自这几个物体之外的力。

(2) 对研究对象的运动状态作定性的分析。

根据题目给出的条件,分析研究对象是做直线运动还是做曲线运动,是否具有加速度,研究对象不止一个时,彼此之间是否具有相对运动,它们的加速度、速度、位移之间有什么联系。对研究对象的运动进行大致的分析,对定量计算是有帮助的。

（3）选择恰当的坐标系。

坐标系选择得恰当，可以使方程的数学表达式以及运算求解实现最大限度的简化。坐标系建立后，应当在受力图上一并标出，使力和运动沿坐标方向的分解一目了然。

（4）列方程。

一般情况下可以先列出牛顿运动定律的分量式方程。使用分量式时，一定要标明正方向。有时也直接使用矢量方程。该方程表述的物理意义应清楚，等式的左边为物体所受的合外力，等式的右边为力的作用效果，即质点的质量乘以加速度，表明质点的加速度与所受合外力正比而同方向的关系。**不要在一开始列方程时就将某一分力随意移项到等式的右边，使方程表达的物理意义不清晰。**如果物体受到了约束或各个物体之间有某种联系，则应列出相应的约束方程，如与摩擦力相关的方程、与相对运动相关的方程。如果需要进一步求解速度、运动方程等，则还应根据题意列出初始条件。

（5）求解方程，分析结果。

求解方程的过程应当采用代数方法进行运算，检查无误之后再代入具体的数值。以代数符号表述的方程和结果可以使各物理量的关系清楚，所表述的物理意义一目了然，既便于定性分析和量纲分析，又可以避免数值的重复计算。

下面我们以具体的例题来讲解牛顿运动定律的应用。

例 2.6　如图 2.16 所示，$m=4$ kg 的小球挂在小车后壁上，细线与竖直方向成 37°角。求：

（1）小车以 $a=g$ 向右加速；

（2）小车以 $a=g$ 向右减速

时，细线对小球的拉力 $\boldsymbol{F}_1$ 和后壁对小球的压力 $\boldsymbol{F}_2$ 各多大？

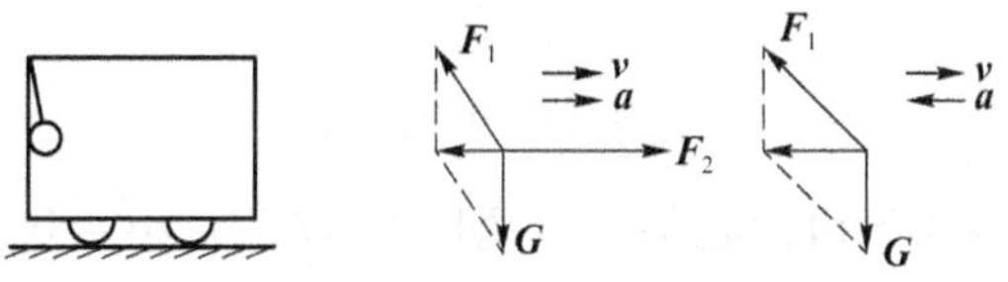

图 2.16　例 2.6 用图

解　（1）向右加速时小球对后壁必然有压力，球在三个共点力作用下向右加速。合外力向右，$\boldsymbol{F}_2$ 向右，因此 $\boldsymbol{G}$ 和 $\boldsymbol{F}_1$ 的合力一定水平向左，所以 $\boldsymbol{F}_1$ 的大小可以用平行四边形定则求出：$F_1=50$ N，可见向右加速时 $\boldsymbol{F}_1$ 的大小与 $\boldsymbol{a}$ 无关；$\boldsymbol{F}_2$ 可在水平方向上用牛顿第二定律列方程：$F_2-0.75G=ma$，计算得 $F_2=70$ N。可以看出 $\boldsymbol{F}_2$ 将随 $\boldsymbol{a}$ 的增大而增大。（这种情况下用平行四边形定则比用正交分解法简单。）

（2）必须注意：向右减速时，$\boldsymbol{F}_2$ 有可能减为零，这时小球将离开后壁"飞"起来。这时细线跟竖直方向的夹角会改变，因此 $\boldsymbol{F}_1$ 的方向会改变。所以必须先求出这个临界值。此时 $\boldsymbol{G}$ 和 $\boldsymbol{F}_1$ 的合力刚好等于 $m\boldsymbol{a}$，所以 a 的临界值为 $a=\frac{3}{4}g$。当 $a=g$ 时小球将离开后壁。不难看出，这时 $F_1=\sqrt{2}mg=56$ N，$F_2=0$。

例 2.7　质量为 m_1、倾角为 q 的斜面可以在光滑水平面上运动。斜面上放一小木块，质量为 m_2。斜面与小木块之间有摩擦，摩擦因数为 μ。现有水平力 $\boldsymbol{F}$ 作用在斜面上，如图 2.17(a)

所示。欲使小木块 m_2 与斜面 m_1 以相同的加速度一起运动，水平力 $\boldsymbol{F}$ 的大小应该满足什么条件？

解　在本例中，虽然斜面 m_1 和小木块 m_2 之间没有相对运动，但小木块欲与斜面以相同的加速度运动，就必须要考虑斜面对小木块的静摩擦力作用，因此仍应将 m_1、m_2 分别选作两个研究对象，隔离物体进行受力分析。

由题意分析，如果水平力 $\boldsymbol{F}$ 过小因而加速度 $\boldsymbol{a}$ 过小，小木块 m_2 有沿斜面下滑的趋势，此时斜面对小木块的静摩擦力沿斜面向上，如图 2.17(b)所示。如果水平力 $\boldsymbol{F}$ 过大从而加速度 $\boldsymbol{a}$ 过大，小木块就有沿斜面上滑的趋势，此时小木块受到的静摩擦力沿斜面向下，如图 2.17(c)所示。下面分别就两种情况列方程。

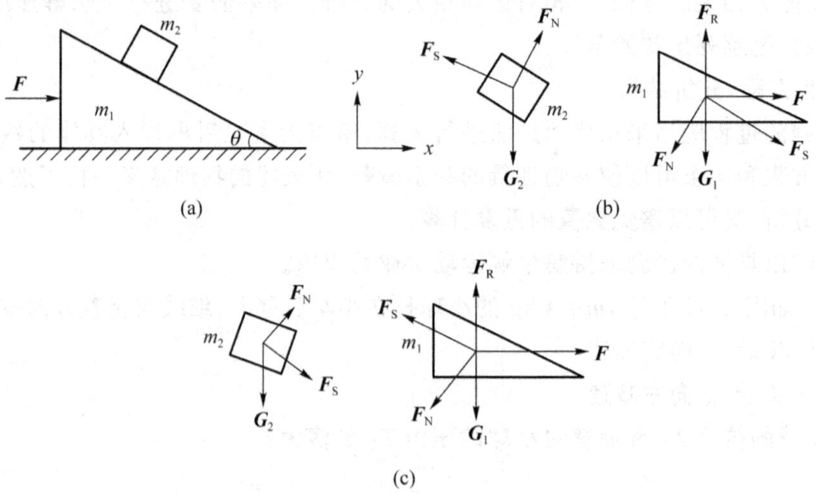

图 2.17　例 2.7 图

(1) 小木块 m_2 有沿斜面下滑的趋势。对照图 2.17(b)，小木块受到的力有重力 $\boldsymbol{G}_2$、斜面对它的正压力 $\boldsymbol{F}_{\mathrm{N}}$、斜面对它的静摩擦力 $\boldsymbol{F}_{\mathrm{S}}$，按图示坐标，有

$$F_{\mathrm{N}}\sin\theta-F_{\mathrm{S}}\cos\theta=m_2a$$

$$F_{\mathrm{N}}\cos\theta+F_{\mathrm{S}}\sin\theta-m_2g=0$$

斜面受到的力有重力 $\boldsymbol{G}_1$、水平力 $\boldsymbol{F}$、小木块给予的正压力 $\boldsymbol{F}_{\mathrm{N}}$，小木块只沿水平方向运动，故只需列出 x 方向的方程就可以了。

$$F+F_{\mathrm{S}}\cos\theta-F_{\mathrm{N}}\cos\theta=m_1a$$

再考虑到 m_1、m_2 相对静止，摩擦力为静摩擦力，应有

$$F_{\mathrm{S}}\leqslant\mu F_{\mathrm{N}}$$

联立以上方程求解可得

$$F\geqslant(m_1+m_2)g\,\frac{\sin\theta-\mu\cos\theta}{\cos\theta+\mu\sin\theta}$$

(2) 小木块 m_2 有沿斜面上滑的趋势。参照图 2.17(c)，对小木块来说，除了静摩擦力 $\boldsymbol{F}_{\mathrm{S}}$ 改为沿斜面向下外，其他力方向不变，因此有

$$F_{\mathrm{N}}\sin\theta+F_{\mathrm{S}}\cos\theta=m_2a$$

$$F_N\cos\theta-F_S\sin\theta-m_2g=0$$

对于斜面来说，静摩擦力改为沿斜面向上，在 x 方向上有

$$F-F_S\cos\theta-F_N\cos\theta=m_1a$$

静摩擦力 F_S 仍然应满足

$$F_S\leqslant\mu F_N$$

联立以上方程求解可得

$$F\leqslant(m_1+m_2)g\frac{\sin\theta+\mu\cos\theta}{\cos\theta-\mu\sin\theta}$$

因此，水平力 $\boldsymbol{F}$ 的大小应满足

$$(m_1+m_2)g\frac{\sin\theta-\mu\cos\theta}{\cos\theta+\mu\sin\theta}\leqslant F\leqslant(m_1+m_2)g\frac{\sin\theta+\mu\cos\theta}{\cos\theta-\mu\sin\theta}$$

例 2.8　如图 2.18 所示为质量 m 的人乘电梯上升，若电梯以数值为 a 的加速度启动，求人对电梯的压力。

解　选地面为惯性参考系，取人作为研究对象。N 表示电梯对人的支持力，mg 表示人所受的重力。

建立竖直向上的坐标轴 Oy，写出牛顿第二定律的投影式：

$$N-mg=ma$$

解得

$$N=m(g+a)$$

根据牛顿第三定律，人对电梯的压力为

$$N'=-N=-m(g+a)$$

方向竖直向下。

图 2.18　例 2.8 用图

此例中，若令电梯的加速度向下，则加速度在 y 轴上的投影为 $-a$，由此解出人对电梯的压力

$$N'=-N=-m(g-a)$$

这就表明人与电梯间的挤压弹性力的大小与加速度 a 的大小、方向有关，需要根据物体受力和物体运动的加速度，由牛顿第二定律求出。

如果在例 2.8 中，电梯中放一个弹簧磅秤，人站在秤上称体重，测得的重量称为“**视重**”。电梯未启动时，人和磅秤相对于地面静止，人所受重力的方向垂直向下，其大小在数值上等于人对磅秤的压力。在此情形中，人的加速度为零，处于平衡状态，重力是磅秤对人的支持力的平衡力。当人随电梯加速上升时，磅秤读数即视重大于电梯静止时的读数，通常把这种现象称为人处于“**超重**”状态；人随电梯加速下降时磅秤读数则小于电梯静止时的读数，通常把这种现象称为人处于“**失重**”状态。实际上，这里的“重”字是指物体对支持物的压力而言的。因为不论是物体的质量还是物体所受的重力，在上述各种情形中都是一样的。

与质点运动学相似，质点动力学也大体可以分为**两类问题**。

第一类问题是已知质点的运动学方程，或任一时刻的速度或加速度，求质点所受的力。这类问题比较简单，只要对运动学方程求导两次得出加速度，再根据式(2.6)，即可得到质点所受的力。

第二类问题是已知质点受到的力,求质点的运动方程等,包括任意时刻质点的位置、速度、加速度。解决第二类问题的方法是积分法。

例 2.9 阿特伍德(Atwood)机。

(1) 如图 2.19(a)所示,一根细绳跨过定滑轮,在细绳两侧各悬挂质量分别为 m_1 和 m_2 的物体,且 $m_1>m_2$,假设滑轮的质量与细绳的质量均略去不计,滑轮与细绳间的摩擦力以及轮轴的摩擦力亦略去不计。试求重物释放后,物体的加速度和细绳的张力。

(2) 若将上述装置固定在图 2.19 (b)所示的电梯顶部。当电梯以加速度 $\boldsymbol{a}$ 相对地面竖直向上运动时,试求两物体相对电梯的加速度和细绳的张力。

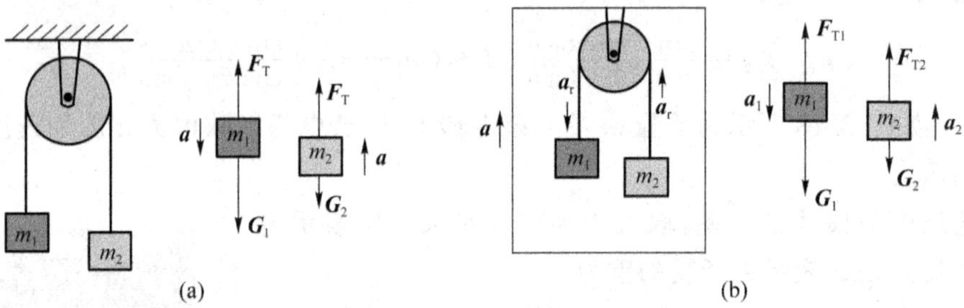

图 2.19　例 2.9 用图

解 (1) 选取地面为惯性参考系,并作图 2.19 (a)所示的示意图,考虑到可忽略细绳和滑轮的质量,故细绳作用在两物体上的力 $\boldsymbol{F}_{T1}$、$\boldsymbol{F}_{T2}$ 与绳的张力 $\boldsymbol{F}_T$ 应相等,即 $\boldsymbol{F}_{T1}=\boldsymbol{F}_{T2}=\boldsymbol{F}_T$。按照图示的加速度 $\boldsymbol{a}$ 的正方向,根据牛顿第二定律,有

$$m_1 g-F_T=m_1 a$$

$$F_T-m_2 g=m_2 a$$

联立以上两式求解可得两物体的加速度的大小和绳的张力分别为

$$a=\frac{m_1-m_2}{m_1+m_2}g,\qquad F_T=\frac{2m_1 m_2}{m_1+m_2}g$$

(2) 仍选取地面为惯性参考系,电梯相对地面的加速度为 $\boldsymbol{a}$,如图 2.19 (b)所示,如以 a_r 为物体 1 相对电梯的加速度,那么物体 1 相对地面的加速度为 $\boldsymbol{a}_1=\boldsymbol{a}_r+\boldsymbol{a}$,由牛顿第二定律,有

$$\boldsymbol{G}_1+\boldsymbol{F}_{T1}=m_1\boldsymbol{a}_1$$

按图 2.19(b)所选的正方向,考虑到物体 1 被限制在 y 轴上运动,且 $a_1=a_r-a$,故上式可写为

$$m_1 g-F_T=m_1 a_1=m_1(a_r-a)$$

由于绳的长度不变,物体 2 相对电梯的加速度的大小也是 a_r,物体 2 相对地面的加速度为 $\boldsymbol{a}_2$,按图 2.19(b)所选的坐标,$\boldsymbol{a}_2=\boldsymbol{a}_r+\boldsymbol{a}$。于是,物体 2 的运动方程为

$$F_T-m_2 g=m_2 a_2=m_2(a_r+a)$$

由上面的式子可得物体 1 和 2 相对电梯的加速度的大小为

$$a_r=\frac{m_1-m_2}{m_1+m_2}(g+a)$$

轻绳的张力为

$$F_T=\frac{2m_1 m_2}{m_1+m_2}(g+a)$$

例 2.10 质量为 m 的质点，在力 $\boldsymbol{F}=bt\boldsymbol{i}$ 的作用下，沿 x 轴正方向做直线运动，在 $t=0$ 时，质点位于 x_0 处，其速度为 $\boldsymbol{v}_0$，求质点在任意时刻的位置。

解 由牛顿第二定律知 $\boldsymbol{F}=m\boldsymbol{a}=m\dfrac{\mathrm{d}\boldsymbol{v}}{\mathrm{d}t}$，质点在直线上运动，则

$$bt=m\frac{\mathrm{d}v}{\mathrm{d}t}$$

作用力 $\boldsymbol{F}$ 是时间 t 的函数，用积分方法可求得速度，即

$$\int_{v_0}^{v}\mathrm{d}v=\int_0^t\frac{b}{m}t\,\mathrm{d}t$$

$$v=v_0+\frac{b}{2m}t^2$$

由速度的定义 $v=\dfrac{\mathrm{d}x}{\mathrm{d}t}$，得 $\dfrac{\mathrm{d}x}{\mathrm{d}t}=v_0+\dfrac{b}{2m}t^2$，有

$$\int_{x_0}^{x}\mathrm{d}x=\int_0^t\left(v_0+\frac{b}{2m}t^2\right)\mathrm{d}t$$

得

$$x=x_0+v_0t+\frac{b}{6m}t^3$$

例 2.11 物体在黏滞液体中的运动如图 2.21 所示，一质量为 m、半径为 r 的球体，由水面静止释放沉入水中，求竖直沉降的速度与时间的函数关系。已知水对运动小球的黏滞阻力 $\boldsymbol{F}_{\mathrm{r}}=-b\boldsymbol{v}$，式中 b 是与水的黏性、小球的半径有关的一个常量。

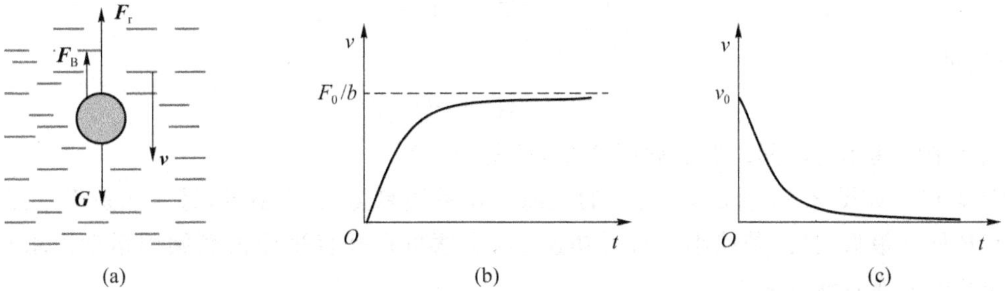

图 2.20 例 2.11 用图

解 如图 2.20(a)所示，球体在水中受到重力 $\boldsymbol{G}$、浮力 $\boldsymbol{F}_{\mathrm{B}}$ 和黏滞阻力 $\boldsymbol{F}_{\mathrm{r}}$ 的作用。浮力 $\boldsymbol{F}_{\mathrm{B}}$ 的大小等于物体所排出的液体的重量，即 $F_{\mathrm{B}}=m'g$。黏滞阻力的大小为 F_{r}。重力 $\boldsymbol{G}$ 与浮力 $\boldsymbol{F}_{\mathrm{B}}$ 的合力称为驱动力 $\boldsymbol{F}_0=\boldsymbol{G}+\boldsymbol{F}_{\mathrm{B}}$，其大小为 $F_0=P-F_{\mathrm{B}}=mg-m'g$，其方向与球体的运动方向相同，为一恒力。由牛顿第二定律可得球体的运动方程为

$$F_0-F_{\mathrm{r}}=ma$$

即

$$F_0-bv=m\frac{\mathrm{d}v}{\mathrm{d}t}$$

因此有

$$\frac{\mathrm{d}v}{\mathrm{d}t}=-\frac{b}{m}\left(v-\frac{F_0}{b}\right)$$

由于球体是由静止释放，即 $t=0$ 时，$v_0=0$，故其速度是随时间的增加而增加的；当 $v=F_0/b$ 时，球体的速度才达到极限值。对上式取分离变量并积分，得

$$\int_0^v \frac{\mathrm{d}v}{v-\left(\frac{F_0}{b}\right)}=-\frac{b}{m}\int_0^t \mathrm{d}t$$

于是有

$$v=\frac{F_0}{b}[1-\mathrm{e}^{-(b/m)t}]$$

根据上式，可作如图2.20(b)所示的曲线。从该曲线可以看出，球体下沉速度随时间的增加而增加；当 $t\to\infty$ 时，$\mathrm{e}^{(b/m)t}\to 0$，这时下沉速度达到极限值 $v_L=F_0/b$。实际上，下沉速度达到极限值并不需要无限长的时间，当 $t=3m/b$ 时，$\mathrm{e}^{-(b/m)t}=\mathrm{e}^{-3}\approx 0.05$，此时的下沉速度为

$$v=\frac{F_0}{b}(1-0.05)=v_L(0-0.05)=0.95v_L$$

这就是说，下沉速度已达极限速度的95%。因此，一般认为 $t\geqslant 3m/b$ 时，下沉速度已达到极限速度，如 $t=5m/b$，则 $v=0.993v_L$。

若球体落在水面上时具有竖直向下的速率 v_0，且在水中所受的浮力 $\boldsymbol{F}_B$ 与重力 $\boldsymbol{G}$ 亦相等，即 $\boldsymbol{F}_0=\boldsymbol{F}_B+\boldsymbol{G}=0$，那么球体在水中仅受黏滞阻力 $\boldsymbol{F}=-b\boldsymbol{v}$ 的作用，则

$$m\frac{\mathrm{d}v}{\mathrm{d}t}=-bv$$

由题意可设时，对上式取分离变量并积分，有

$$\int_{v_0}^v \frac{\mathrm{d}v}{v}=-\frac{b}{m}\int_0^t \mathrm{d}t$$

积分后，可得

$$v=v_0\mathrm{e}^{-(b/m)t}$$

球体在水中的速率与时间的关系如图2.20(c)所示。

例2.12 如图2.21所示，长为 l 的轻绳一端系质量为 m 的小球，另一端系于定点 O，开始时小球处于最低位置，若使小球获得初速 v_0，小球将在垂直平面内做圆周运动。求小球在任意位置的速率及绳的张力。

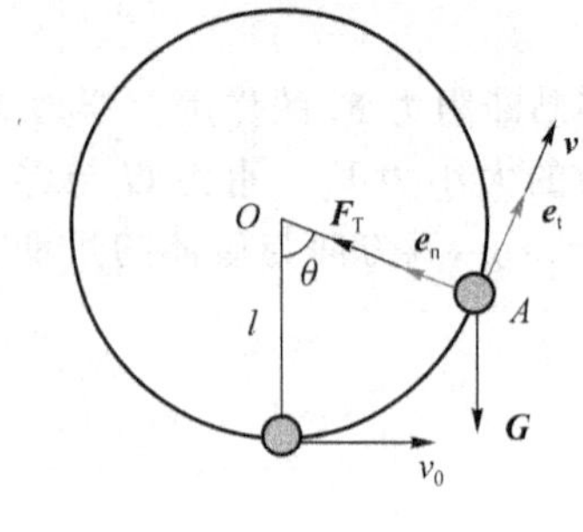

图2.21 例2.12用图

解 由题意知，在 $t=0$ 时，小球位于最低点，速率为 v_0，在时刻 t 时，小球位于点 A，轻绳与铅直线成 θ 角，速率为 v，此时小球受重力 $\boldsymbol{G}$ 和绳的拉力 $\boldsymbol{F}_T$ 的作用。由于绳的质量不计，故绳的张力就等于绳对小球的拉力。由牛顿第二定律知，小球的运动方程为

$$\boldsymbol{F}_T+m\boldsymbol{g}=m\boldsymbol{a}$$

为列出小球运动方程的分量式，我们选取自然坐标系，并以过点 A 与速度 v 同向的轴线为 $\boldsymbol{e}_t$ 轴，过点 A 指向圆心 O 的轴为 $\boldsymbol{e}_n$ 轴，那么上式在两轴上的运动方程分量式分别为

$$F_T-mg\cos\theta=ma_n$$

$$-mg\sin\theta=ma_t$$

由变速圆周运动知，a_n为法向加速度，$a_n=\frac{v^2}{l}$，a_t为切向加速度，$a_t=\frac{dv}{dt}$。这样上面两式可写为

$$F_T-mg\cos\theta=m\frac{v^2}{l}$$

$$-mg\sin\theta=m\frac{dv}{dt}$$

上式中

$$\frac{dv}{dt}=\frac{dv}{d\theta}\frac{d\theta}{dt}$$

由角速度的定义式 $\omega=\frac{d\theta}{dt}$以及角速度 ω 与线速度之间的关系式 $v=l\omega$，可得

$$\frac{dv}{dt}=\frac{v}{l}\frac{dv}{d\theta}$$

于是切向方向的公式可写成

$$v dv=-gl\sin\theta\, d\theta$$

对上式积分，并注意初始条件有

$$\int_{v_0}^{v} v dv=-gl\int_0^{\theta}\sin\theta\, d\theta$$

得

$$v=\sqrt{v_0^2+2lg(\cos\theta-1)}$$

把上式代入法向方向的公式中，得

$$F_T=(m\frac{v_0^2}{l}-2g+3g\cos\theta)$$

从速率 v 的公式可以看出，小球的速率与位置有关，所以小球做变速率圆周运动。

例 2.13　圆锥摆如图 2.22 所示，长为 l 的细绳一端固定在天花板上，另一端悬挂质量为 m 的小球，小球经推动后，在水平面内绕通过圆心 O 的垂直轴作角速率为 ω 的匀速率圆周运动。问绳和铅直方向所成的角度 θ 为多少？空气阻力不计。

解　小球受重力 $\boldsymbol{G}$ 和绳的拉力 $\boldsymbol{F}_T$的作用，其运动方程为

$$\boldsymbol{F}_T+\boldsymbol{G}=m\boldsymbol{a}$$

其中，$\boldsymbol{a}$ 为小球的加速度。

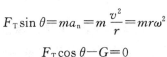

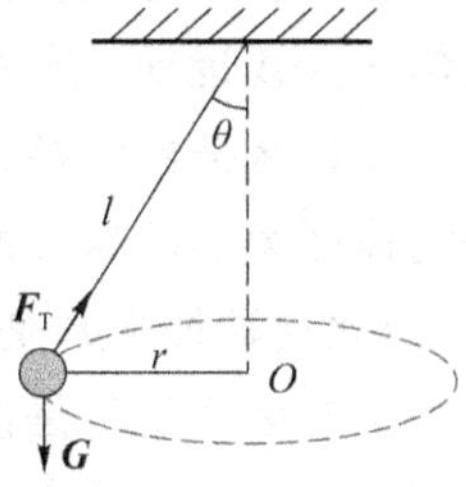

图 2.22　例 2.13 用图

由于小球在水平面内做线速率为 $v=r\omega$ 的匀速率圆周运动，过圆周上任意点 A 取自然坐标系，其轴线方向的单位矢量分别为 $\boldsymbol{e}_n$和 $\boldsymbol{e}_t$，小球的法向加速度的大小为 $a_n=v^2/r$，而切向加速度 $a_t=0$，且小球在任意位置的速度 v 的方向均与 $\boldsymbol{G}$ 和 $\boldsymbol{F}_T$所成的平面垂直。因此，运动方程在法向和竖直方向的分量式分别为

$$F_T\sin\theta=ma_n=m\frac{v^2}{r}=mr\omega^2$$

$$F_T\cos\theta-G=0$$

由图 2.22 知 $r=l\sin\theta$，故由以上两式，得

$$F_T=m\omega^2 l$$

$$\cos\theta=\frac{mg}{m\omega^2 l}=\frac{g}{\omega^2 l}$$

即

$$\theta=\arccos\frac{g}{\omega^2 l}$$

可见，ω 越大，绳与垂直方向所成的夹角 θ 也越大。根据这个道理可以制作蒸汽机的调速器。

2.4　惯性参考系与力学相对性原理

2.4.1　惯性参考系

在运动学中，研究物体的运动可任选参考系，只是所选择的参考系应给物体运动的研究带来方便。那么在动力学中，应用牛顿运动定律研究物体的运动时，参考系还能不能任意选择呢？我们通过下面的例子来进行讨论。

在火车车厢内的一个光滑桌面上放一个小球。当车厢相对地面匀速前进时，这个小球相对桌面处于静止状态，而路基旁的人则看到小球随车厢一起做匀速直线运动。这时，无论是以车厢还是以地面作为参考系，牛顿运动定律都是适用的，因为小球在水平方向不受外力作用，它保持静止或匀速直线运动状态，但当车厢突然相对于地面以向前的加速度 $\boldsymbol{a}$ 运动时，车厢内的乘客观察到此小球相对于车厢内的桌面以加速度 $\boldsymbol{a}$ 向后做加速运动。对于这个现象，处于不同参考系的观察者可以得出不同的结论。站在路基旁的人觉得这件事是很自然的。因为小球和桌面之间非常光滑，它们之间的摩擦力可以忽略不计，当桌面随车厢一起以加速度 $\boldsymbol{a}$ 向前运动时，小球在水平方向并没有受到外力作用，所以它仍保持原来的运动状态，牛顿运动定律此时仍然是适用的。然而对于坐在车厢内的乘客来说，这就很不好理解了，既然小球在水平方向没有受到外力作用，小球怎么会在水平方向具有加速度 $\boldsymbol{a}$ 呢？

由此可见，牛顿运动定律不是对任意的参考系都适用的。我们把**适用牛顿运动定律的参考系叫作惯性参考系，简称惯性系**；反之，就叫作**非惯性系**。例如，前面所述的地面以及相对地面做匀速直线运动的车厢都是惯性系，相对地面做加速运动的车厢则是非惯性系。

具备什么条件的参考系才是惯性系呢？马赫曾经指出：所谓惯性系，其实是相对整个宇宙的平均速度为零的参考系。显然，只有远离其他物体的孤立物体才能满足上述条件而作为惯性系，因此这种惯性系是一种理想的惯性系。

一个参考系是否是惯性系，只能依赖实验确定，如果在所选参考系中，应用牛顿定律所得结果在人们要求的精度要求范围内，与实验相符合，那么我们就可以认为这个参考系是惯性参考系。实验还表明，相对已知惯性系静止或匀速直线运动的参考系都是惯性系。图 2.23 所示为近似的惯性系。

天文学研究结果表明，选取太阳作为参考系，牛顿定律以很高的精确度成立，取地球作为惯性系，牛顿定律也颇为准确地成立。但是太阳绕银河系的中心旋转，地球有绕太阳公转和本身自转，它们与理想的惯性系仍有偏差，因此在研究恒星运动时，这种偏差就会表现出来，于是在天文学常采用选定的 1 535 颗恒星的平均位置作为基准的参考系——FK4 参考系。

地面参考系　　地心参考系

太阳参考系　　FK4参考系

图 2.23　近似的惯性系

2.4.2　力学相对性原理

设有两个参考系 $S(Oxyz)$ 和 $S'(O'x'y'z')$，它们的对应坐标轴都相互平行，且 Ox 轴与 Ox' 轴相重合，图 2.24 所示，其中 S 系是惯性系，S' 系以恒定的速度 $\boldsymbol{u}$ 沿 x 轴正向相对 S 系做匀速直线运动，所以 S' 系也是惯性系。若有一质点 P 相对 S' 系的速度为 $\boldsymbol{v}'$，相对 S 系的速度为 $\boldsymbol{v}$，由 1.3 节关于速度相对性的讨论可知，它们之间的关系为

$$\boldsymbol{v}=\boldsymbol{v}'+\boldsymbol{u}$$

将上式对时间 t 求导数，并考虑到 $\boldsymbol{u}$ 为常数，故可得

$$\frac{\mathrm{d}\boldsymbol{v}}{\mathrm{d}t}=\frac{\mathrm{d}\boldsymbol{v}'}{\mathrm{d}t}$$

即

$$\boldsymbol{a}=\boldsymbol{a}' \tag{2.10}$$

式(2.10)表明，当惯性参考系 S' 以恒定的速度相对惯性参考系 S 做匀速直线运动时，质点在这两个惯性系中的加速度是相同的。由于 S' 系也是惯性系，质点所受的力为 $\boldsymbol{F}'=m\boldsymbol{a}'$。考虑到 $\boldsymbol{a}'=\boldsymbol{a}$，所以

$$\boldsymbol{F}=m\boldsymbol{a}=m\boldsymbol{a}'=\boldsymbol{F}'$$

这就是说，在这两个惯性性系中，牛顿第二定律的数学表达式具有相同形式，即

$$\boldsymbol{F}=m\boldsymbol{a}$$

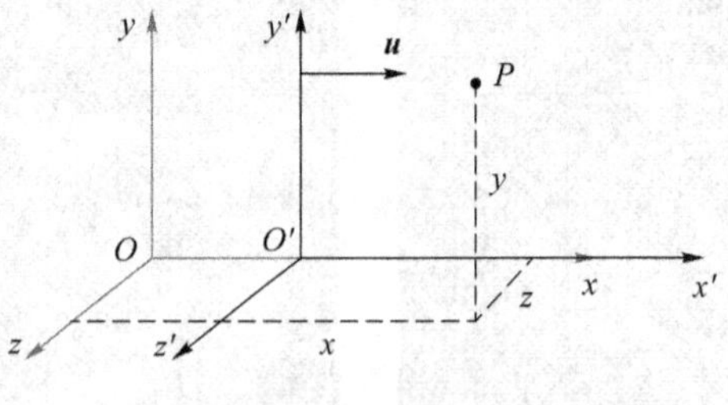

图 2.24 力学相对性原理

当由惯性系 S 变换到惯性系 S' 时，牛顿运动方程的形式不变。换句话说，在**所有惯性系中，牛顿运动定律都是等价的**。对于不同的惯性系，牛顿力学的规律都具有相同的形式，在一惯性系内部所作的任何力学实验，都不能确定该惯性系相对于其他惯性系是否在运动。这个原理叫作**力学相对性原理**或**伽利略相对性原理**。

2.5* 非惯性系与惯性力(包括转动参考系)

2.5.1 非惯性系

从前面关于惯性参考系的讨论中已经知道，牛顿定律只适用于惯性系，而相对惯性系做加速运动的参考系，牛顿定律则是不适用的。这种相对惯性系做加速运动的参考系就是**非惯性系**。相对地面加速运动的火车、升降机以及旋转的圆盘等都是非惯性系。

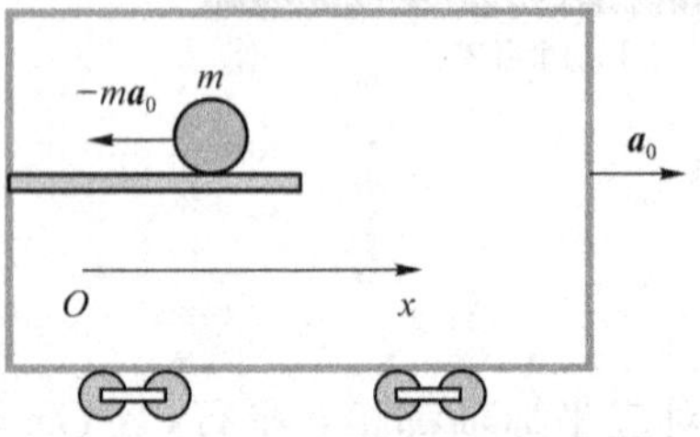

图 2.25 加速运动的车厢

为了方便地求解非惯性系中的力学问题，我们引入惯性力。如图 2.25 所示，火车以加速度 $\boldsymbol{a}_0$ 沿 Ox 轴正向运动。如果我们设想作用在质量为 m 的小球上有一个惯性力，并认为这个惯性力为 $\boldsymbol{F}_\mathrm{i}=-m\boldsymbol{a}_0$，那么对火车这个非惯性参考系也可应用牛顿第二定律了。这就是说，对处于加速度为 $\boldsymbol{a}_0$ 的火车中的观察者来说，他认为有一个大小等于 $m\boldsymbol{a}_0$、方向与 $\boldsymbol{a}_0$ 相反的惯性力作用在小球上。

2.5.2 非惯性系中牛顿第二定律的表达式

一般来说，如果作用在物体上的力含有惯性力 $\boldsymbol{F}_\mathrm{i}$，那么牛顿第二定律的数学表达式为

$$\boldsymbol{F}+\boldsymbol{F}_\mathrm{i}=m\boldsymbol{a} \tag{2.11}$$

或

$$\boldsymbol{F}-(m\boldsymbol{a}_0)=m\boldsymbol{a}$$

式中，$\boldsymbol{a}_0$ 是非惯性系相对于惯性系的加速度，$\boldsymbol{a}$ 是物体相对于非惯性系的加速度，$\boldsymbol{F}$ 是物体所受到的除惯性力以外的合外力。

例 2.14 在图 2.26 所示的车厢内有一根质量可略去不计的细棒，其一端固定在车厢的

顶部，另一端系一小球，当列车以加速度 $\boldsymbol{a}$ 行驶时，细杆偏离竖直线 α 角，试求加速度 $\boldsymbol{a}$ 与摆角 α 之间的关系。

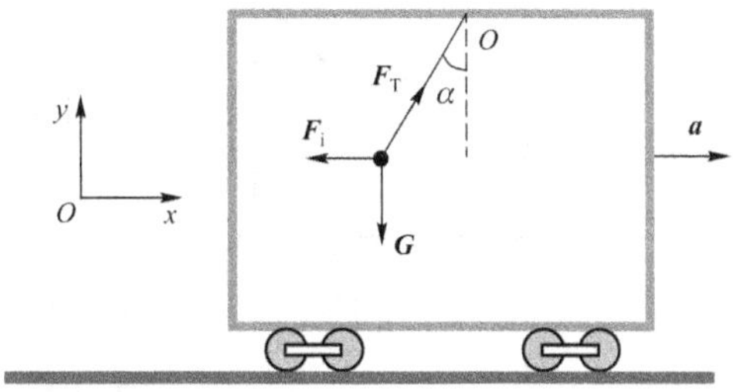

图 2.26　例 2.14 用图

解　设以加速度 $\boldsymbol{a}$ 运动的车厢为参考系，此参考系为非惯性系，在此非惯性系中的观测者认为，当细棒的摆角为 α 时，小球受到重力 $\boldsymbol{G}$、拉力 $\boldsymbol{F}_{\mathrm{T}}$ 和惯性力 $\boldsymbol{F}_{\mathrm{i}}=-m\boldsymbol{a}$ 的作用。由于小球处于平衡状态，所以有

$$m\boldsymbol{g}+\boldsymbol{F}_{\mathrm{T}}=m\boldsymbol{a}=0$$

上式在 x 轴和 y 轴上的分量式为

$$F_{\mathrm{T}}\cos\alpha-mg=0$$

$$F_{\mathrm{T}}\sin\alpha-ma=0$$

解得

$$a=g\tan\alpha$$

惯性力是在非惯性系中物体所受到的一种力，它是**由于非惯性系本身的加速运动所引起的**。惯性力不同于物体间相互作用所产生的力，它**没有施力者**，当然也不存在反作用力，从这个意义上可以说惯性力是“假想力”；然而在非惯性系中这个惯性力又是确实存在的，是可以感受和测量的，从这个意义上可以说惯性力是“真实力”。

事实上，在非惯性系中物体所受到的惯性力，从惯性系角度来看，完全是惯性的一种表现，因此，用“惯性力”来命名，正是考虑到了这一点。

2.5.3　离心力

下面介绍惯性离心力的概念。如图 2.27 所示，在水平放置的转台上，有轻弹簧系在细绳中间，细绳的一端系在转台中心，另一端系一质量为 m 的小球，设转台平面非常光滑，它与小球和弹簧的摩擦力均可略去不计。转台可绕垂直于转台中心的竖直轴以匀角速度 ω 转动。

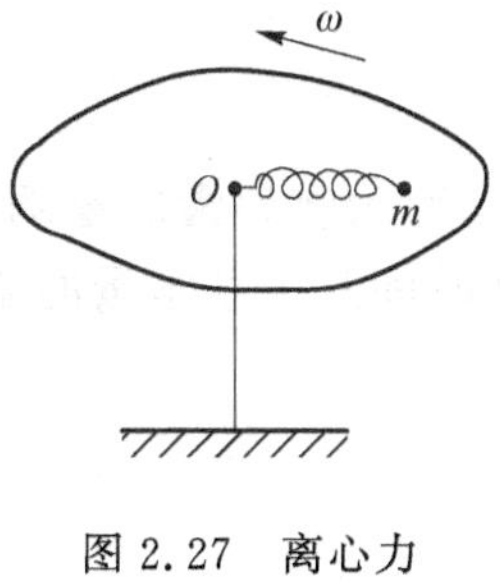

图 2.27　离心力

有两个观察者，一个站在地面上(处在惯性系中)，另一个相对转台静止并随转台一起转动(处在非惯性中)。当转台转动时，站在地面上的观察者观察到弹簧被拉长。这时，绳对小球的作用力为指向转台中心的向心力 F。力 F 的大小为 $ml\omega^2$。从牛顿第二定律来说，这一点是很好理解的，在向心力作用下，小球做匀速率圆周运动。而相对转台静止的另一个观察者虽也观察到弹簧被拉长，有力 F 沿向心方向作用在小球上，但小球却相对转台静止不动，这就不好理解了，为什么有力作用在小球上，小球却静止不动呢？于是这个观察者认为，要使小球保持平衡的事实仍然遵守牛顿第二定律，就必须想象有一个与向心力方向相反、大小相等的力作用在小球上一样，这个力 F_{i} 叫作**惯性离心力**。应当注意，向心力和惯性离心力都是作用在同一小球上的，它们不是作用力和反作用力，也就是说，它们不遵守牛顿第三定律。

例 2.15　三棱柱以加速度 a 水平向左运动，它的斜面是光滑的，若质量为 m 的物体恰好能静止于斜面上，如图 2.28(a)所示，求物体对三棱柱的压力。

解　解法一：若以地面为参考系，物体受到重力 $m\boldsymbol{g}$ 和支持力 $\boldsymbol{N}$ 的作用，如图 2.28 (b)所

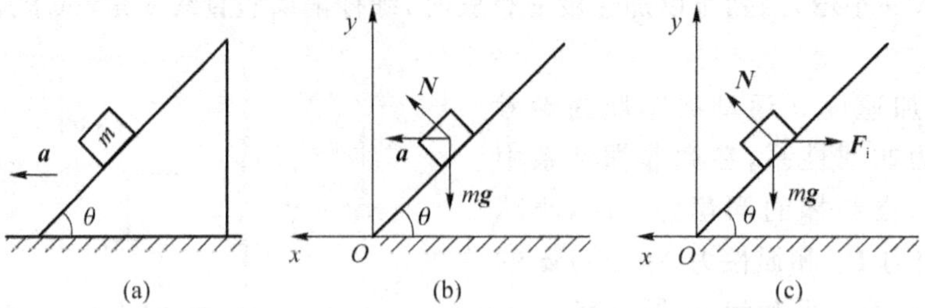

图 2.28　例 2.15 用图

示。由牛顿第二定律得

$$N\cos\theta - mg = 0$$

$$N\sin\theta = ma$$

由以上两式得

$$N = m\sqrt{g^2 + a^2}$$

解法二：若以三棱柱为参考系（非惯性系），那么物体除受重力 $m\boldsymbol{g}$ 和支承力 $\boldsymbol{N}$ 的作用外，还受惯性力 $\boldsymbol{F}_i$ 的作用，如图 2.28(c)所示。由牛顿第二定律得

$$N\cos\theta - mg = 0$$

$$N\sin\theta - F_i = 0$$

其中

$$F_i = ma$$

解上面两式可得与解法一一样的结果。

此例进一步说明，重力、压力、摩擦力等是真实的力，在惯性系和非惯性系中都存在，而惯性力则是虚拟的力，它只出现在非惯性系中。以下各章节若不特殊说明，仅讨论惯性系中物体的运动。

2.6　量　　纲

表示一个物理量如何由基本量（包括这些量的幂数）组成的式子，称为**物理量的量纲**。例如，在国际单位制中，我们常用字母 L、M 和 T 分别表示长度、质量和时间三个基本量的量纲。其他各物理量的量纲就可用这三个字母的某种组合来表示，即

$$[Q] = L^p M^q T^s$$

例如，速度的量纲表示是

$$[v] = \frac{[r]}{[t]} = LT^{-1}$$

加速度的量纲表示是

$$[a] = \frac{[v]}{[t]} = \frac{LT^{-1}}{T} = LT^{-2}$$

力的量纲表示是

$$[F] = [m][a] = MLT^{-2} = LMT^{-2}$$

量纲概念的引入不仅为物理量的换算带来了方便，而且可以利用等式两边量纲是否相同

来验证等式的正确性。

量纲也可用来校核等式，在复杂的方程中，常包括若干项，每一项必然具有相同的量纲，因此校核各项的量纲，就可以明确等式是否正确。例如，匀变速直线运动的方程是

$$x=x_0+v_0t+\frac{1}{2}at^2$$

我们很容易看出，上式中每一项应具有长度的量纲 L，所以可知该方程是正确的（式中数字系数正确与否，不能用量纲检验出来）。同理，有时从量纲的分析，可以明确方程中某一比例系数（实际上是一物理量）的量纲，从而定出该比例系数的单位。例如，在万有引力定律的表达式

$$F=G_0\frac{m_1m_2}{r^2}$$

中，G_0 表示万有引力常量，F 表示力，m_1、m_2 表示质量，r 表示距离。从 F、m、r 的量纲可知，G_0 的量纲为 $M^{-1}L^3T^{-2}$；相应地，在国际单位制中，G_0 的单位为米^3/(千克・秒^2)。

在基本量选定以后，任何物理量都有确定的量纲和量纲式，而且在任何物理方程中，等号两边的量纲和量纲式必须相等。同一物理量在不同的单位制中可能具有不同的量纲和量纲式。

阅读材料

物理学中四种最基本的相互作用

力是物体间的相互作用，目前所知道的基本相互作用有四种，即引力相互作用、电磁相互作用、弱相互作用和强相互作用。

引力相互作用是存在于任何两个物体之间的吸引力；电磁相互作用从本质上来说是运动电荷间产生的；弱相互作用是产生于放射性衰变过程和其他一些"基本"粒子衰变等过程之中的；强相互作用则能使像质子、中子这样的一些粒子结合在一起。弱相互作用和强相互作用是微观粒子间的相互作用。现在我们常遇到的力，如重力、摩擦力、弹力、库仑力、安培力、分子力、原子力、核力等，都可归结为这四种基本相互作用。然而，这四种相互作用的范围（即力程）是不一样的。万有引力作用和电磁作用的作用范围，原则上讲是不限制的，即可达无限远；强相互作用的范围为 10^{-15} m；而弱相互作用的有效作用范围仅为 10^{-18} m。这四种力的强度相差也很大，如距离 10^{-15} m 处，强相互作用的力强度为 1，则其他力的相对强度分别为：电磁力是 10^{-2}，弱相互作用力是 10^{-13}，万有引力仅是 10^{-38}，由此可见，万有引力的强度是这四种相互作用中强度最弱的一种，而且相差悬殊。因此，通常在论及电磁力时，如不特别指明，万有引力所产生的影响可以略去不计。

长期以来，人们对物理理论的归纳进行了深入探索，能否找到上面所讲的四种基本相互作用之间的联系呢？许多物理学家为此进行了不懈的努力。1967—1968 年，温伯格（S. Weinberg）、萨拉姆（A. Salam）和格拉肖（S. L. Glashow）提出，把弱相互作用与电磁相互作用统一为电弱相互作用。后来这个电弱相互作用和理论为实验所证实。这个发现把原先的四种基本相互作用统一为三种。为此，他们三人在 1979 年获诺贝尔物理学奖。鲁比亚（C. Rubbia）和范德米尔（Vander Meer）两人因通过实验证实了弱电相互作用，在 1984 年获诺贝尔物理学奖。由于受到发现电弱相互作用的鼓舞，许多物理学家正在进行电弱相互作用和强相互作用之间统一

的研究,并期盼把万有引力作用也包括进去,以实现相互作用理论的“大统一”。

自然界的相互作用可归结为4种基本相互作用,如表2.1所示。

表2.1　4种基本相互作用

类型	相互作用的物体	强度	作用距离	宏观表现
引力相互作用	一切微粒和物体	10^{-38}	长	有
弱相互作用	大多数微粒	10^{-13}	短($\sim 10^{-18}$ m)	无
电磁相互作用	电荷微粒或物体	10^{-2}	长	有
强相互作用	核子、介子等	1	短($\sim 10^{-15}$ m)	无

本章小结

1. 牛顿三定律

牛顿第一定律:任何质点都保持静止或匀速直线运动状态,直到其他物体对它作用的力迫使它改变这种状态为止。第一定律给出了惯性和力的概念。

牛顿第二定律:物体运动状态的变化与物体所受的合力成正比。

$$\boldsymbol{F} = \sum_i \boldsymbol{F}_i = \frac{\mathrm{d}(m\boldsymbol{v})}{\mathrm{d}t}$$

当m为常量时,

$$\boldsymbol{F}=\sum_i \boldsymbol{F}_i = m\frac{\mathrm{d}\boldsymbol{v}}{\mathrm{d}t} = m\frac{\mathrm{d}^2\boldsymbol{r}}{\mathrm{d}t^2} = m\boldsymbol{a}$$

牛顿第三定律:当物体A以力$\boldsymbol{F}_1$作用于物体B时,物体B也同时以力$\boldsymbol{F}_2$作用于物体A,力$\boldsymbol{F}_1$和$\boldsymbol{F}_2$总是大小相等,方向相反,且作用在同一直线上,其关系式为

$$\boldsymbol{F}_1 = -\boldsymbol{F}_2$$

2. 运动学解题基本思路

(1) 选择研究对象;

(2) 分析受力情况(画出受力图);

(3) 选择适当的坐标系;

(4) 列方程;

(5) 求解,分析结果。

3. 牛顿运动定律应用的两大类问题

(1) 已知质点运动状态($\boldsymbol{a},\boldsymbol{v},\boldsymbol{r}$)求力。

(2) 已知质点受力情况($\boldsymbol{F}$)求运动状态。

思　考　题

1. 有人说:“牛顿第一定律只是第二定律在合外力等于零情况下的一个特例,因而它是多余的。”你的看法如何?

2. 有人说:“马拉车的力和车拉马的力大小相等方向相反,因此抵消。马拉车的力必须大于车拉马的力,才能把车拉动。”试评论这一论断,并解释:车为什么能被拉动?马为什么能够

拉车前进？

3. 你的重量可以等于零吗？在什么情况下会出现这种情况？这与参考系的选择有关系吗？

4. 有一人肩负着一个重物从高台上往下跳。问：当他在空中运动时，重物压在肩膀上的力是多大？是大于、小于还是等于物体本身的重力？

5. 当升降机加速上升时，在升降机内用弹簧秤和用等臂天平称同一物体，结果有无不同？为什么？

6. 将一轻绳跨过无摩擦的定滑轮，一只猴子抓住轻绳的一端，轻绳的另一端悬挂一个质量和高度均与猴子相等的镜子。开始时，猴子与镜子在同一水平面上，猴子为了不看到镜子中的自己，它作了下面三种尝试：

(1) 向上爬；

(2) 向下爬；

(3) 松开绳子自由下落，这样猴子是否就看不到它在镜子中的像？

7. 如何判断静摩擦力的方向？如何计算它的大小？摩擦力总是阻碍物体的运动吗？

习　　题

一、选择题

1. 下列说法中正确的是(　　)。

A. 运动的物体有惯性，静止的物体没有惯性

B. 物体不受外力作用时，必定静止

C. 物体做圆周运动时，合外力不可能是恒量

D. 牛顿运动定律只适用于低速、微观物体

2. 如习题图 2.1 所示，P 是一圆的竖直直径 PC 的上端点，一质点从 P 开始分别沿不同的弦无摩擦地下滑时，把到达各弦的下端所用的时间相比较(　　)。

A. 到 A 用的时间最短

B. 到 B 用的时间最短

C. 到 C 用的时间最短

D. 所用的时间都一样

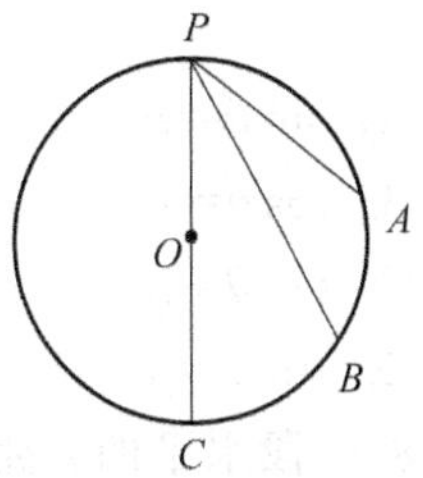

习题图 2.1

3. 假设质量为 70 kg 的飞机驾驶员由于动力俯冲得到 6 g 的净加速度，问作用于驾驶员上的力最接近下列哪一个值？(　　)。

A. 10 N　　B. 70 N　　C. 420 N　　D. 4 100 N

4. 在平面直角坐标系 xOy 中，质量为 0.25 kg 的质点受到力 $\boldsymbol{F}=t\boldsymbol{i}$(N)的作用。$t=0$ 时，该质点以 $v=2\boldsymbol{j}$ (m/s)的速度通过坐标原点 O，则该质点在任意时刻的位置矢量为(　　)。

A. $2t^2\boldsymbol{i}+2\boldsymbol{j}$(m)　　B. $\frac{2}{3}t^3\boldsymbol{i}+2t\boldsymbol{j}$(m)

C. $\frac{3}{4}t^4\boldsymbol{i}+\frac{2}{3}t^3\boldsymbol{j}$(m)　　D. 不能确定

5. 如习题图 2.2 所示，一根轻绳跨过一个定滑轮，绳的两端各系一个重物，它们的质量分别为 m_1 和 m_2，且 $m_1>m_2$(滑轮质量和一切摩擦不计)，系统的加速度为 $\boldsymbol{a}$。今用一竖直向下的恒力 $F=m_1g$ 代替重物 m_1，系统的加速度为 $\boldsymbol{a}'$，则有(　　)。

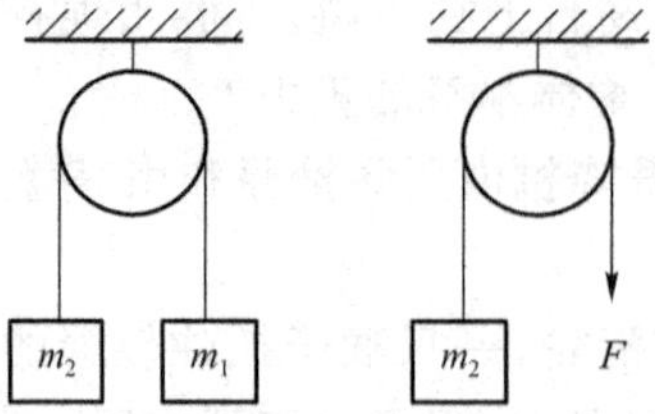

习题图 2.2

A. $\boldsymbol{a}'=\boldsymbol{a}$　　B. $\boldsymbol{a}'>\boldsymbol{a}$　　C. $\boldsymbol{a}'<\boldsymbol{a}$　　D. 不能确定

6. 如习题图 2.3 所示，一只质量为 m 的猴子抓住一根用绳吊在天花板上的质量为 m_0 的直杆，在绳子突然断开的同时，猴子沿杆竖直向上爬，猴子在攀爬过程中，始终保持它离地面的高度不变，此时直杆下落的加速度应为(　　)。

A. g

B. $\dfrac{m}{m_0}g$

C. $\dfrac{m_0+m}{m_0}g$

D. $\dfrac{m_0+m}{m_0-m}g$

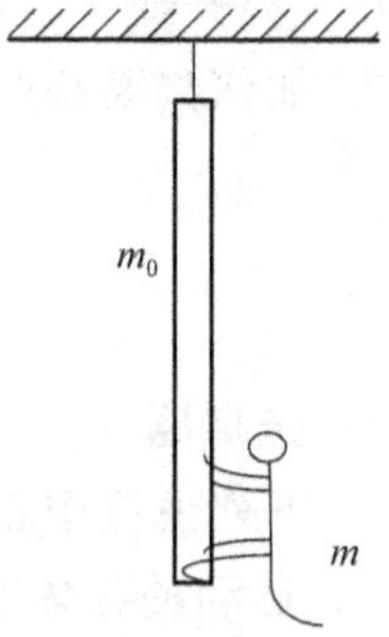

习题图 2.3

7. 如习题图 2.4 所示，水平地面上放一物体 A，它与地面间的动摩擦因数为 μ。现加一恒力 $\boldsymbol{F}$，欲使物体 A 有最大加速度，则恒力 $\boldsymbol{F}$ 与水平方向的夹角 θ 应满足(　　)。

A. $\sin\theta=\mu$

B. $\cos\theta=\mu$

C. $\tan\theta=\mu$

D. $\cot\theta=\mu$

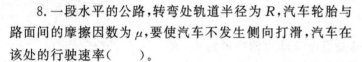

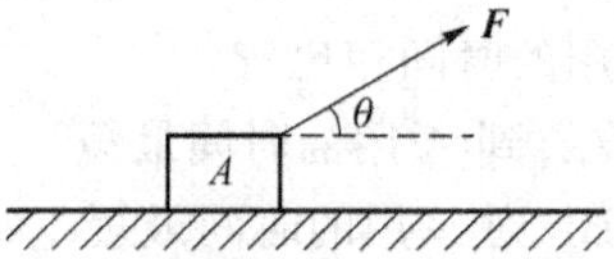

习题图 2.4

8. 一段水平的公路，转弯处轨道半径为 R，汽车轮胎与路面间的摩擦因数为 μ，要使汽车不发生侧向打滑，汽车在该处的行驶速率(　　)。

A. 不得小于 $\sqrt{\mu gR}$　　B. 不得大于 $\sqrt{\mu gR}$

C. 必须等于 $\sqrt{2gR}$　　D. 还应由汽车的质量决定

二、填空题

1. 一质量为 2 kg 的质点在力 $F=20t+8$(N)的作用下，沿 Ox 轴做直线运动。在 $t=0$ 时，质点的速度为 3 m/s。质点在任意时刻的速度为________。

2. 质量为 m 的小艇在即将靠岸时关闭发动机，此刻的船速为 v_0，设水对小艇的阻力 F 正比于船速 v，即 $F=kv$(k 为比例系数)，小艇在关闭发动机后还能行驶的距离为________。

3. 一热气球的总质量为 m，以大小为 a 的加速度竖直下降，今欲使它以大小为 a 的加速度竖直上升，则应从该热气球中抛掉压舱沙袋的质量为________。(忽略空气阻力)

4. 如习题图 2.5 所示，质量为 m 的物体 A 用平行于斜面的细线连接置于光滑的斜面上，若斜面向左做加速运动，当物体 A 刚好脱离斜面时，它的加速度大小为________。

5. 已知水星的半径是地球半径的 0.4 倍，质量为地球的 0.04 倍。设在地球表面的重力加速度为 g，则水星表面的重力加速度为________。

6. 如习题图 2.6 所示，在一只半径为 R 的半球形碗内，有一粒质量为 m 的钢球，当小球以角速度 ω 在水平面内沿碗内壁做匀速圆周运动时，它距碗底的高度为________。(不计一切摩擦)

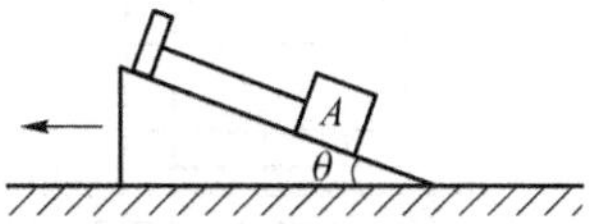

习题图 2.5

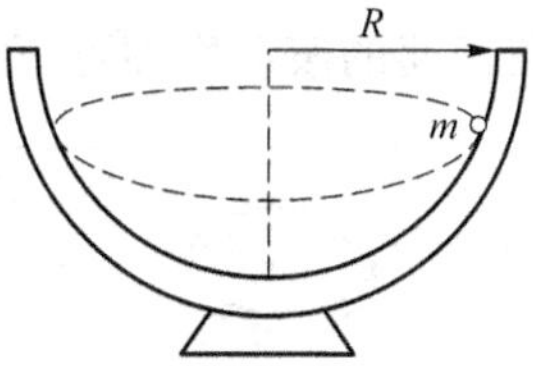

习题图 2.6

7. 如习题图 2.7 所示，一人在平地上拉一个质量为 m 的木箱匀速前进，木箱与地面间的动摩擦因数 $\mu=0.6$。设此人前进时，肩上绳的支撑点距地面的高度为 $h=0.5$ m，不计箱高，为使人最省力，绳的长度 l 应为________。

8. 如习题图 2.8 所示，系统置于以 $a=\frac{1}{2}g$ 的加速度上升的升降机内，A、B 两物体质量相同，均为 m，A 所在的桌面是水平的，绳子和定滑轮质量均不计，若忽略滑轮轴上和桌面上的摩擦，并不计空气阻力，则绳中的张力为________。

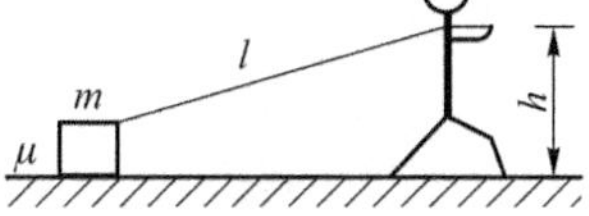

习题图 2.7

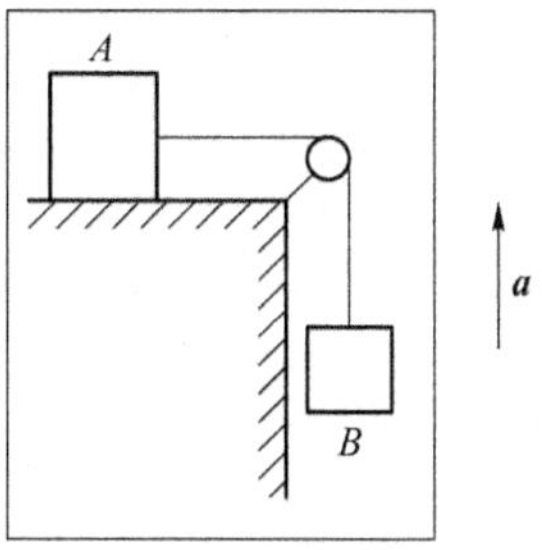

习题图 2.8

三、计算题

1. 质量为 16 kg 的质点在 xOy 平面内运动，受一恒力作用，力的分量为 $f_x=6$ N，$f_y=7$ N。当 $t=0$ 时，$x=y=0$，$v_x=-2$ m/s，$v_y=0$。当 $t=2$ s 时，求：

(1) 质点的位矢；

(2) 质点的速度。

2. 摩托快艇以速率 v_0 行驶，它受到的摩擦阻力与速率的平方成正比，可表示为 $F=-kv^2$ (k 为正值常量)。设摩托快艇的质量为 m，当摩托快艇发动机关闭后，求：

(1) 速率 v 随时间 t 的变化规律；

(2) 路程 x 随时间 t 的变化规律；

(3) 证明速率 v 与路程 x 之间的关系为 $v=v_0\mathrm{e}^{-k'x}$，其中 $k'=k/m$。

3. 如习题图 2.9 所示，在水平面上固定一半径为 R 的圆环形围屏，质量为 m 的滑块沿环形内壁在水平面上转动，滑块与环形内壁间的动摩擦因数为 μ，不计滑块与水平面之间的摩擦力。

(1) 当滑块速度为 v 时，求它与壁间的摩擦力及滑块的切向加速度；

(2) 求滑块速率由 v 变为 $\frac{v}{3}$ 所需的时间。

4. 如习题图 2.10 所示，用质量为 m_1 的板车运载一质量为 m_2 的木箱，车板与箱底间的摩擦系数为 μ，车与路面间的滚动摩擦可不计，拉车的力 F 为多少才能保证木箱不滑动？

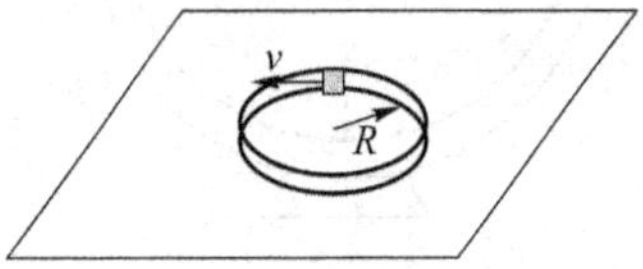

习题图 2.9

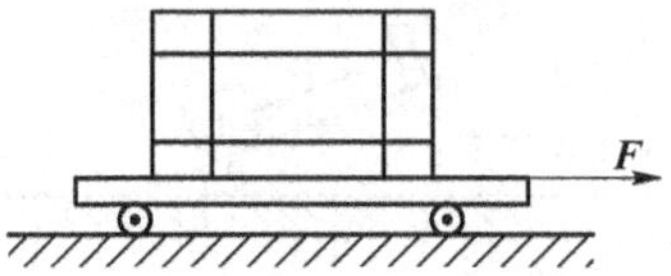

习题图 2.10

第 3 章　动量守恒与角动量守恒

本章将在牛顿第二定律的基础上，介绍质点和质点系的动量定理。对于质点系，引入质心的概念。为了描述转动问题，引入角动量的概念，并由牛顿第二定律导出角动量定理。质点的角动量守恒定律、质点系的角动量守恒定律也是普遍的守恒定律。

3.1　动量与质点的动量定理

3.1.1　冲量与动量

牛顿定律是瞬时的规律。但在有些问题中，如碰撞（宏观）、散射（微观），我们往往只关心过程中力的效果，即只关心始末态间的关系，对过程的细节不感兴趣；而有些问题我们甚至尚不清楚过程的细节。作为一个过程，我们关心的是力对时间和空间的积累效应。

我们将力与时间的乘积定义为冲量。

恒力的冲量：对于恒力的作用，有

$$\boldsymbol{I}=\boldsymbol{F}(t_2-t_1)=\boldsymbol{F}\Delta t \tag{3.1}$$

变力的冲量：若质点受变力 $\boldsymbol{F}$ 的作用，可取无限短的时间间隔 $\mathrm{d}t$，在 $\mathrm{d}t$ 时间内可把 $\boldsymbol{F}$ 看成恒力，则力 $\boldsymbol{F}$ 在 $\mathrm{d}t$ 时间内的元冲量可写为

$$\mathrm{d}\boldsymbol{I}=\boldsymbol{F}\mathrm{d}t \tag{3.2}$$

一般来说，质点在合力 $\boldsymbol{F}$ 作用下沿曲线运动，则在 t_1 到 t_2 的作用时间内变力 $\boldsymbol{F}$ 的冲量为

$$\boldsymbol{I}=\int_{t_1}^{t_2}\boldsymbol{F}\mathrm{d}t \tag{3.3}$$

力的冲量是矢量。元冲量 $\boldsymbol{F}\mathrm{d}t$ 的方向与力 $\boldsymbol{F}$ 的方向相同，总冲量是许多元冲量的矢量和，其方向不是由某一时刻的 $\boldsymbol{F}$ 方向所确定，而是元冲量之和 $\sum_i \boldsymbol{F}\mathrm{d}t$ 的方向。

力的冲量体现了力对时间的积累，是个过程量。

一个质点的质量与其速度的乘积称为该质点的动量，用 $\boldsymbol{p}$ 表示，即

$$\boldsymbol{p}=m\boldsymbol{v}$$

质点的动量是矢量，方向与速度的方向相同，是个瞬时量。动量具有相对性，与选取的参考系有关。动量的单位是 kg · m/s。

3.1.2　质点的动量定理

设有一质量为 m 的质点，所受合力为 $\boldsymbol{F}$，将牛顿第二定律的导数形式

$$\boldsymbol{F}=\frac{\mathrm{d}\boldsymbol{p}}{\mathrm{d}t} \tag{3.4}$$

写成微分形式,即

$$\boldsymbol{F}\mathrm{d}t=\mathrm{d}\boldsymbol{p} \tag{3.5}$$

式中,$\boldsymbol{F}\mathrm{d}t$ 为合力 $\boldsymbol{F}$ 的元冲量,$\mathrm{d}\boldsymbol{p}$ 为质点在 $\mathrm{d}t$ 时间内动量的变化。式(3.5)为**质点动量定理的微分形式**,可表述为:质点动量的微分等于作用在质点上合力的元冲量。因此,要使质点的动量发生变化,必须在冲量的作用下才有可能,仅有力的作用是不够的,力还必须累积作用一定时间。

对于在合力 $\boldsymbol{F}$ 作用下沿曲线运动的质点 m,设质点在 t_1 时刻速度为 $\boldsymbol{v}_1$,在 t_2 时刻速度为 $\boldsymbol{v}_2$,将质点动量定理的微分形式积分可得

$$\boldsymbol{I}=\int_{t_1}^{t_2}\boldsymbol{F}\mathrm{d}t=\int_{\boldsymbol{p}_1}^{\boldsymbol{p}_2}\mathrm{d}\boldsymbol{p}=\boldsymbol{p}_2-\boldsymbol{p}_1=m\boldsymbol{v}_2-m\boldsymbol{v}_1 \tag{3.6}$$

式(3.6)表明,质点所受合外力在某段时间内的冲量等于该质点在这段时间内动量的增量。这就是质点**动量定理的积分形式**。

只要外力的冲量一样,就会产生同样的动量增量。因此,要产生同样的动量增量,力大或者力小都可以。力大,需要的时间短些;力小,需要持续的时间长些。

动量定理是矢量方程,在直角坐标系中的分量式为

$$\begin{cases} I_x=\int_{t_1}^{t_2}F_x\mathrm{d}t=p_{2x}-p_{1x} \\ I_y=\int_{t_1}^{t_2}F_y\mathrm{d}t=p_{2y}-p_{1y} \\ I_z=\int_{t_1}^{t_2}F_z\mathrm{d}t=p_{2z}-p_{1z} \end{cases} \tag{3.7}$$

式(3.7)表明,质点在某方向受到冲量,该方向上的动量就会改变。

在碰撞、冲击等问题中,力的作用时间极短,但相互作用力很大且随时间急速变化,这种力通常叫作**冲力**。例如,球拍反击乒乓球的力、两汽车相撞时的力都是冲力。为了估算冲力的大小,常常需引入**平均冲力 $\overline{\boldsymbol{F}}$**。$\overline{\boldsymbol{F}}$ 是冲力在碰撞时间内的平均值,在冲力作用时间内,平均冲力的冲量等于变化冲力的冲量,即

$$\boldsymbol{I}=\int_{t_1}^{t_2}\boldsymbol{F}\mathrm{d}t=\overline{\boldsymbol{F}}(t_2-t_1)$$

因此,平均冲力为

$$\overline{\boldsymbol{F}}=\frac{\int_{t_1}^{t_2}\boldsymbol{F}\mathrm{d}t}{t_2-t_1}=\frac{m\boldsymbol{v}_2-m\boldsymbol{v}_1}{\Delta t} \tag{3.8}$$

如图 3.1 所示,$\overline{\boldsymbol{F}}$-$t$ 曲线下的面积与 $\boldsymbol{F}$-t 曲线下的面积相等。

例 3.1　如图 3.2 所示,质量为 m 的物体,由水平面上的点 O 以初速为 v_0 抛出,v_0 与水平面成仰角 α。若不计空气阻力,求:

(1) 物体从发射点 O 到最高点的过程中重力的冲量;

(2) 物体从发射点到落回至同一水平面的过程中重力的冲量。

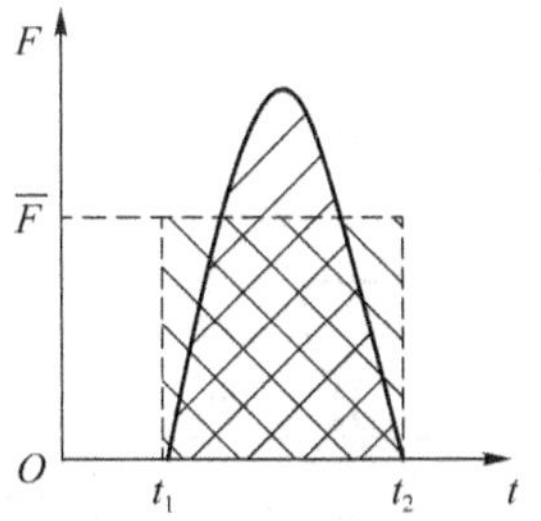

图 3.1　方向恒定的变力的冲量

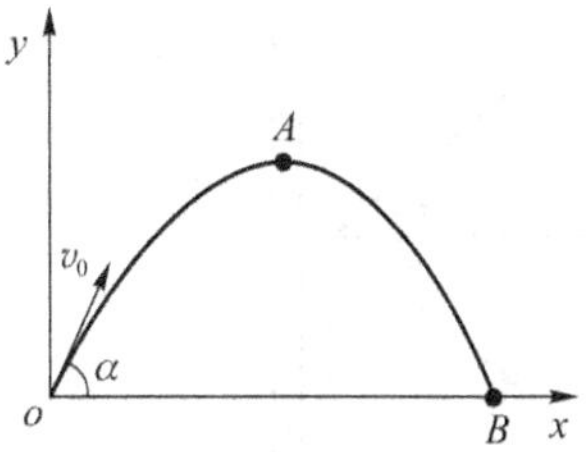

图 3.2　例 3.1 用图

分析：重力是恒力，因此求其在一段时间内的冲量时，只需求出时间间隔即可。由抛体运动规律可知，物体到达最高点的时间 $\Delta t_1=\dfrac{v_0\sin\alpha}{g}$，物体从出发到落回至同一水平面所需的时间是到达最高点时间的 2 倍。这样，按冲量的定义即可求出结果。

另一种解的方法是根据过程的始、末动量，由动量定理求出。

解　解法一：物体从出发到到达最高点所需的时间为

$$\Delta t_1=\frac{v_0\sin\alpha}{g}$$

则物体落回地面的时间为

$$\Delta t_2=2\Delta t_1=\frac{2v_0\sin\alpha}{g}$$

于是，在相应的过程中重力的冲量分别为

$$\boldsymbol{I}_A=-mg\Delta t_1\boldsymbol{j}=-mv_0\sin\alpha\boldsymbol{j}$$

$$\boldsymbol{I}_B=-mg\Delta t_2\boldsymbol{j}=-2mv_0\sin\alpha\boldsymbol{j}$$

解法二：根据动量定理，物体由发射点 O 运动到 A、B 的过程中，重力的冲量分别为

$$\boldsymbol{I}_A=mv_{Ay}\boldsymbol{j}-mv_{Oy}\boldsymbol{j}=-mv_0\sin\alpha\boldsymbol{j}$$

$$\boldsymbol{I}_B=mv_{By}\boldsymbol{j}-mv_{Oy}\boldsymbol{j}=-2mv_0\sin\alpha\boldsymbol{j}$$

例 3.2　如图 3.3 所示，一质量为 0.05 kg、速率为 10 m/s 的钢球以与钢板法线呈 45°角的方向撞击在钢板上，并以相同的速率和角度弹回来。设碰撞时间为 0.01 s。求在此时间内钢板所受到的平均冲力。

解　取钢球为研究对象，建立图 3.3 所示的坐标系。由动量定理得

$$\overline{F}_x\Delta t=mv_{2x}-mv_{1x}=mv\cos\alpha-(-mv\cos\alpha)=2mv\cos\alpha$$

$$(mg+\overline{F}_y)\Delta t=mv_{2y}-mv_{1y}=mv\sin\alpha-mv\sin\alpha=0$$

$$\overline{F}_x=\frac{2mv\cos\alpha}{\Delta t}=70.5\ \text{N}$$

$$\overline{F}_y=-mg=0.49\ \text{N}$$

$\overline{F}=\overline{F}_x=70.5$ N，方向与 Ox 轴正向相同。根据牛顿第三定律，$\overline{F}'=-\overline{F}$，钢板受到的平均冲力 $\overline{\boldsymbol{F}}_1'$ 与钢球受到的平均冲力 $\overline{F}$ 大小相等，$\overline{\boldsymbol{F}}'$ 的方向与 x 轴正向相反。

例 3.3　一辆装煤车以 $v=3$ m/s 的速率从煤斗下面通过，如图 3.4 所示，每秒落入车厢的煤为 $\Delta m=500$ kg。如果使车厢的速率保持不变，应用多大的牵引力拉车厢？（车厢与钢轨

间的摩擦忽略不计。）

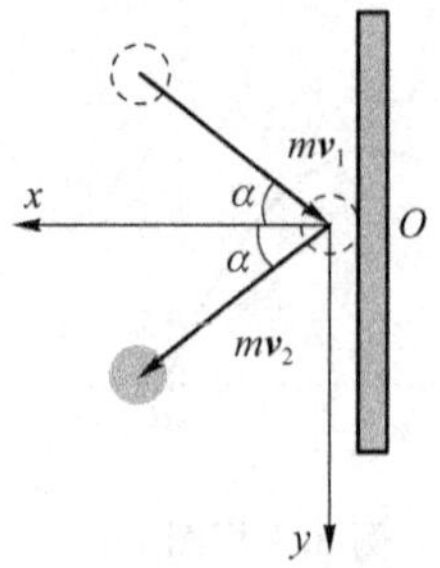

图 3.3　例 3.2 用图

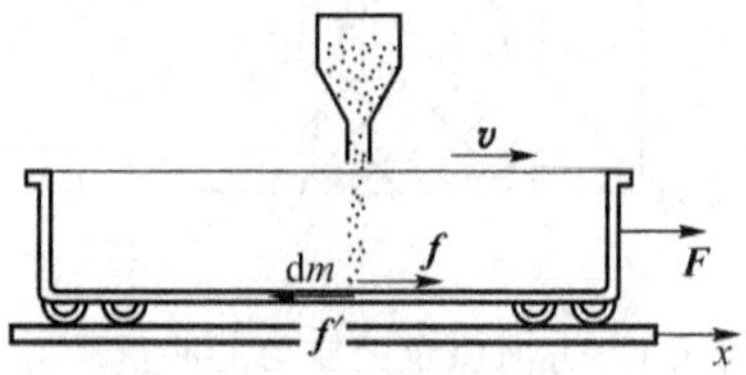

图 3.4　例 3.3 用图

解　先考虑煤落入车厢后运动状态的改变。用 dm 表示在 dt 时间内落入车厢的煤的质量。它在车厢对它的力 $\boldsymbol{f}$ 的带动下在 dt 时间内沿 x 方向的速率由零增加到与车厢速率相同，而动量由零增加到 vdm，由动量定理得，对 dm 在 x 方向应有

$$f\mathrm{d}t=\mathrm{d}p=v\mathrm{d}m$$

对于车厢，在 dt 时间内，它受水平拉力 $\boldsymbol{F}$ 和煤 dm 对它的反作用力 $\boldsymbol{f}'$ 的作用。此二力的合力沿 x 方向，为 $\boldsymbol{F}-\boldsymbol{f}'$。由于车厢速度不变，所以动量也不变，则有

$$(F-f')\mathrm{d}t=0$$

由牛顿第三定律可知，$f'=f$。所以

$$F=\frac{\mathrm{d}m}{\mathrm{d}t}\cdot v$$

代入 $\mathrm{d}m/\mathrm{d}t=500$ kg，$v=3$ m/s，可得

$$F=1.5\times10^3\ \mathrm{N}$$

3.2　质点系的动量定理与动量守恒定律

3.2.1　质点系的动量定理

在一个问题中，如果我们考虑的对象包括几个物体，则它们整体上常被称为一个**物体系统**，简称为**系统**。系统外的其他物体统称为**外界**。系统内各物体间的相互作用力称为**内力**，外界物体对系统内任意物体的作用力称为**外力**。例如，把桌子和桌子上放置的物体看成一个系统，则它们之间相互挤压的力称为内力，系统以外的力（如重力）都是外力。下面讨论一个系统的动量变化规律。

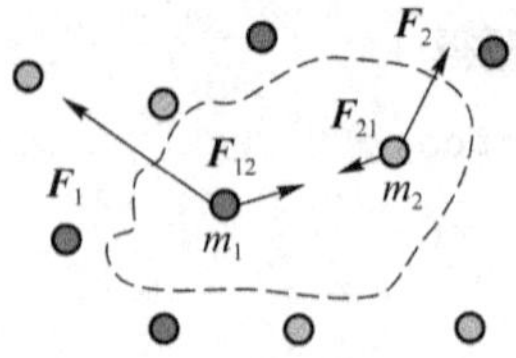

图 3.5　质点系动量定理

先讨论一个简单的系统，如图 3.5 所示，对于由两个质点组成的质点系，设它们的质量分别为 m_1、m_2。它们分别受外力 $\boldsymbol{F}_1$ 和 $\boldsymbol{F}_2$，内力分别为 $\boldsymbol{F}_{12}$ 和 $\boldsymbol{F}_{21}$，由质点 1、2 的动量定理有

$$\int_{t_1}^{t_2}(\boldsymbol{F}_1+\boldsymbol{F}_{12})\mathrm{d}t=m_1\boldsymbol{v}_1-m_1\boldsymbol{v}_{10} \tag{3.9}$$

$$\int_{t_1}^{t_2}(\boldsymbol{F}_2+\boldsymbol{F}_{21})\mathrm{d}t=m_2\boldsymbol{v}_2-m_2\boldsymbol{v}_{20} \tag{3.10}$$

因内力 $\boldsymbol{F}_{12}+\boldsymbol{F}_{21}=0$,故将两式相加后得

$$\int_{t_1}^{t_2}(\boldsymbol{F}_1+\boldsymbol{F}_2)\mathrm{d}t=(m_1\boldsymbol{v}_1+m_2\boldsymbol{v}_2)-(m_1\boldsymbol{v}_{10}+m_2\boldsymbol{v}_{20}) \tag{3.11}$$

推广到 n 个质点,则有

$$\int_{t_1}^{t_2}\boldsymbol{F}_{外}\,\mathrm{d}t=\sum_{i=1}^{n}m_i\boldsymbol{v}_i-\sum_{i=1}^{n}m_i\boldsymbol{v}_{i0}=\boldsymbol{p}-\boldsymbol{p}_0 \tag{3.12}$$

记 $\boldsymbol{I}=\int_{t_1}^{t_2}\boldsymbol{F}_{外}\,\mathrm{d}t$,$\boldsymbol{p}=\sum_{i=1}^{n}m_i\boldsymbol{v}_i$,$\boldsymbol{p}_0=\sum_{i=1}^{n}m_i\boldsymbol{v}_{i0}$,则有

$$\boldsymbol{I}=\boldsymbol{p}-\boldsymbol{p}_0 \tag{3.13}$$

式(3.13) 表明,作用于系统的合外力的冲量等于系统动量的增量。这就是**质点系的动量定理**。

在无限小的时间间隔内,质点系的动量**定理的微分形式**可写成

$$\boldsymbol{F}_{外}\,\mathrm{d}t=\mathrm{d}\boldsymbol{p} \tag{3.14}$$

或

$$\boldsymbol{F}_{外}=\frac{\mathrm{d}\boldsymbol{p}}{\mathrm{d}t} \tag{3.15}$$

式(3.14)中,$\boldsymbol{p}=\sum_{i=1}^{n}m_i v_i$,$\boldsymbol{F}_{外}$ 为质点系所受外力的合力。式(3.15)表明,作用于质点系的合外力等于质点系的动量随时间的变化率。

动量定理与牛顿定律的关系为:对于一个质点,牛顿定律表示的是力的瞬时效应,而动量定理表示的是力对时间的积累效果;牛顿定律只适用于质点,不能直接用于质点系,而动量定理可用于质点系。

例 3.4　长为 l、线密度为 λ 的绳子堆在地上,如图 3.6 所示,若用手握一端以 v 匀速向上提,求当端点距地面为 x 时,提力的大小。

解　解法一:以提起部分为研究对象,因为绳子是柔软的,地面上的绳子对提起部分的绳子既无拉力又无支持力。故提起部分只受拉力 F 和自身重力的作用。设 $\mathrm{d}x$ 提起时间为 $\mathrm{d}t$,根据动量定理有

$$(F-\lambda xg)\mathrm{d}t=(x+\mathrm{d}x)\lambda v-x\lambda v$$

$$F-\lambda xg=\lambda v\frac{\mathrm{d}x}{\mathrm{d}t}=\lambda v^2$$

$$F=\lambda v^2+\lambda xg$$

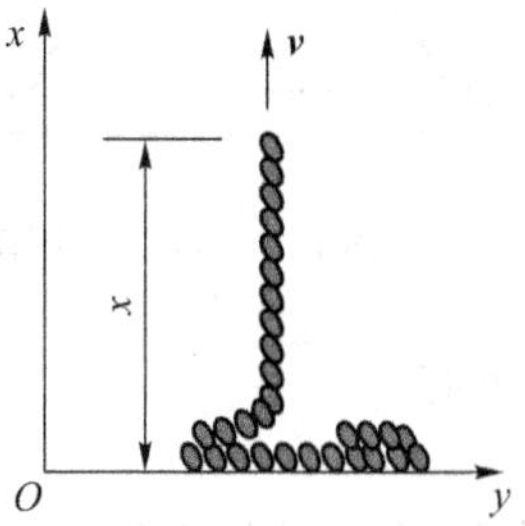

图 3.6　例 3.4 用图

解法二:若选全部绳子为研究对象,地面上的绳子与支持力平衡,故外力只有 $F-\lambda xg$。而

$$p=\lambda vx$$

所以

$$\frac{\mathrm{d}p}{\mathrm{d}t}=\lambda v\frac{\mathrm{d}x}{\mathrm{d}t}=\lambda v^2$$

$$F-\lambda xg=\frac{\mathrm{d}p}{\mathrm{d}t}=\lambda v^2$$

即

$$F=\lambda v^2+\lambda xg$$

3.2.2 动量守恒定律

由质点系动量定理知，在一过程中，若质点系所受合外力为零，则质点系的总动量不随时间改变。这就是**质点系的动量守恒定律**，即若

$$\boldsymbol{F}_{外}=\sum_i \boldsymbol{F}_{外i}=0$$

则

$$\sum_{i=1}^{n} m_i \boldsymbol{v}_i=\boldsymbol{C} \tag{3.16}$$

几点说明如下。

(1) 动量定理及动量守恒定律只适用于惯性系。

(2) 在牛顿力学中，因为力与惯性系的选择无关，故若在某一惯性系中动量守恒，则在其他任何惯性系中均守恒(这样的结论并非对所有守恒定律都适用，能否适用要看其守恒条件的成立是否不依赖于惯性系的选择)。

(3) 若某个方向上合外力为零，则该方向上的分动量守恒，尽管总动量可能并不守恒。

(4) 在一些实际问题中，当外力远小于内力且作用时间极短时(如两物体的碰撞)，往往可以略去外力的冲量，而认为动量守恒。

(5) 在牛顿力学的理论体系中，动量守恒定律是牛顿定律的推论。但动量守恒定律是比牛顿定律更普遍、更基本的定律，它在宏观和微观领域、低速和高速范围均适用。

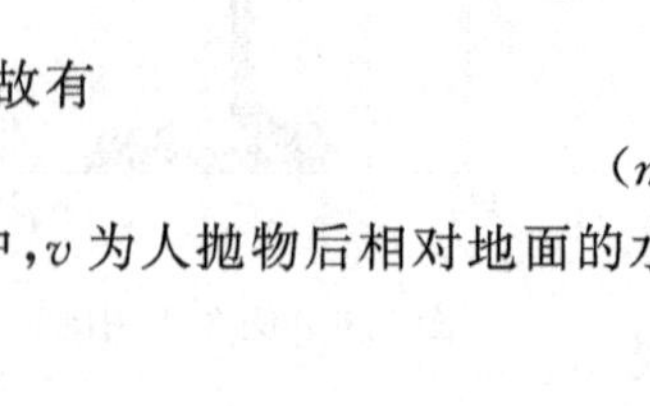

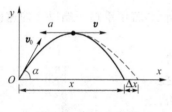

图 3.7 例 3.5 用图

例 3.5 质量为 m' 的人手里拿着一个质量为 m 的物体，此人用与水平面成 α 角的速率 $\boldsymbol{v}_0$ 向前跳去。当他达到最高点时，他将物体以相对于人为 u 的水平速率向后抛出。问：由于人抛出物体，他跳跃的距离增加了多少？(假设人可视为质点。)

解 取图 3.7 所示的坐标系。把人与物体视为一个系统，当人跳跃到最高点处向左抛物过程中，满足动量守恒，故有

$$(m+m')v_0\cos\alpha=m'v+m(v-u)$$

其中，v 为人抛物后相对地面的水平速度，$v-u$ 为抛出物对地面的水平速度，得

$$v=v_0\cos\alpha+\frac{m}{m+m'}u$$

人的水平速度的增量为

$$\Delta v=v-v_0\cos\alpha=\frac{m}{m+m'}u$$

而人从最高点到地面的运动时间为

$$t=\frac{v_0\sin\alpha}{g}$$

所以，人跳跃后增加的距离为

$$\Delta x=\Delta vt=\frac{mv_0\sin\alpha}{(m'+m)g}u$$

例 3.6　如图 3.8 所示，设炮车以仰角 θ 发射一炮弹，炮车和炮弹的质量分别为 M 和 m，炮弹的出口速度为 $\boldsymbol{v}$，求炮车的反冲速度 $\boldsymbol{V}$。炮车与地面间的摩擦力不计。

解　把炮车和炮弹看成一个系统。发炮前系统在竖直方向上的外力有重力和地面支持力，而在发射过程中重力与地面支持力虽反向但大小并不相等(想一想为什么)，系统所受的外力矢量和不为零，所以这一系统的总动量不守恒。经分析，对地面参考系而言，炮弹相对地面的速度 $\boldsymbol{u}$，按速度变换，水平分量为

$$u_x=v\cos\theta-V$$

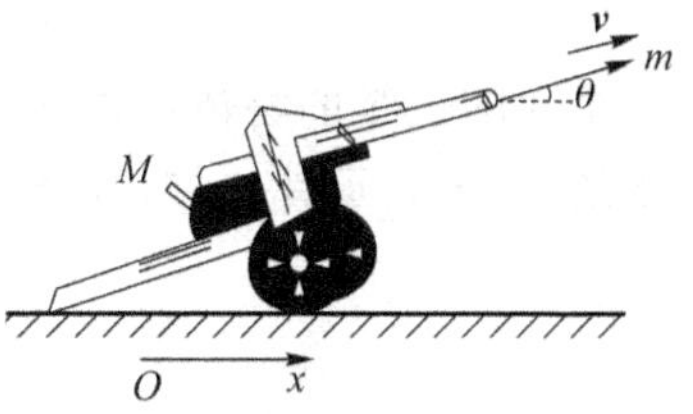

图 3.8　例 3.6 用图

于是，炮弹在水平方向的动量为 $m(v\cos\theta-V)$，而炮车在水平方向的动量为 $-MV$。根据动量守恒定律有

$$-MV+m(v\cos\theta-V)=0$$

由此得炮车的反冲速度为

$$V=\frac{m}{m+M}v\cos\theta$$

前面从表述宏观物体运动规律的牛顿运动定律出发导出了动量守恒定律。对可以用作用力与反作用力描述其相互作用的质点系所发生的过程，动量守恒定律成立；大量实验证明，对其内部的相互作用不能用力的概念描述的系统所发生的过程，如光子和电子的碰撞、光子转化为电子、电子转化为光子等过程，只要过程不受外界影响，它们的动量都是守恒的。动量守恒定律是关于自然界一切物理过程的基本守恒定律之一。

3.3　质心与质心运动定理

在跳水运动员高台跳水、汽车碰撞、炮弹在飞行中爆炸等实际问题中，质点系中各质点的运动情况并不相同，给研究工作带来不便。处理此类问题时，必须透过复杂的表面现象，抓住事物的本质。本节引入质量中心的概念，简称**质心**。

3.3.1　质心

设一个质点系由 N 个质点组成，以 $m_1,m_2,\cdots,m_i,\cdots,m_N$ 分别表示各质点的质量，以 $\boldsymbol{r}_1,\boldsymbol{r}_2,\cdots,\boldsymbol{r}_i,\cdots,\boldsymbol{r}_N$ 分别表示各质点对某一坐标原点的位矢，如图 3.9 所示。设**质心** C **的位矢为** $\boldsymbol{r}_C$**，它的定义式**如下：

$$\boldsymbol{r}_C=\frac{\sum m_i\boldsymbol{r}_i}{m}\tag{3.17}$$

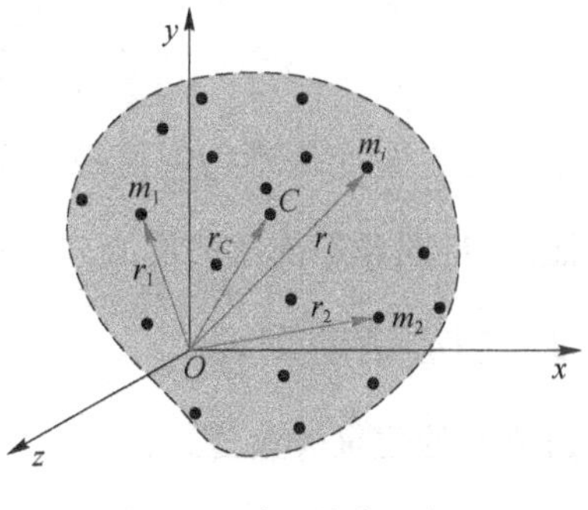

图 3.9　质心的位置矢量

m 是质点系的总质量，即

$$m=\sum m_i\tag{3.18}$$

$\boldsymbol{r}_C$ 是质点位矢以质量为权重的平均值。

质心位矢与坐标系的选择有关,但可以证明,质心相对于质点系各质点的相对位置是不会随坐标系的选择而变化的,即质心是相对于质点系本身一个特定位置的。

利用位矢沿直角坐标系各坐标轴的分量,可以得到质心坐标的分量式如下:

$$x_C = \frac{\sum m_i x_i}{m}, \quad y_C = \frac{\sum m_i y_i}{m}, \quad z_C = \frac{\sum m_i z_i}{m} \tag{3.19}$$

一个大的连续的物体可以认为是由许多质点(或称**质元**)组成的,以 dm 表示其中任一质元的质量,以 $\boldsymbol{r}$ 表示其位矢,则质量连续分布的大物体的质心位置可用积分法求得,即有

$$\boldsymbol{r}_C = \frac{\int \boldsymbol{r}\mathrm{d}m}{m} \tag{3.20}$$

其在直角坐标系下的三个坐标分量式分别为

$$x_C = \frac{\int x\mathrm{d}m}{m}, \quad y_C = \frac{\int y\mathrm{d}m}{m}, \quad z_C = \frac{\int z\mathrm{d}m}{m} \tag{3.21}$$

从上面的公式可以发现,均匀直棒、均匀圆环、均匀圆盘、均匀球体等物体的质心在它们的几何对称中心上。

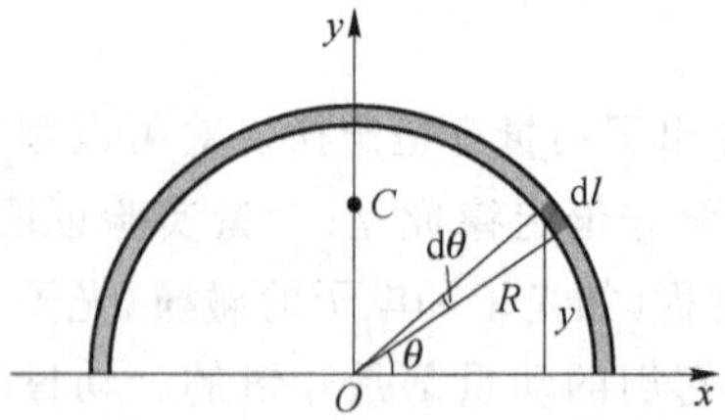

图 3.10　例 3.7 用图

物体的重心与质心有区别。重心是物体各部分所受重力的合力作用点。对于小线度物体(其上各处重力加速度相等),质心和重心是重合的。

例 3.7　将一均匀细铁丝弯成半径为 R 的半圆环,求其质心。

解　建立图 3.10 所示的直角坐标系。设铁丝的线密度为 λ。根据对称性,质心在其对称轴 y 轴上,显然 $x_C=0$。

任一线元的质量为

$$\mathrm{d}m=\lambda\mathrm{d}l, \quad \mathrm{d}l=R\mathrm{d}\theta$$

位置为

$$y=R\sin\theta$$

$$y_C = \frac{\int y\mathrm{d}m}{m} = \frac{\int_0^\pi R\sin\theta \cdot \lambda R\,\mathrm{d}\theta}{\lambda\pi R} = \frac{2R}{\pi}$$

半径为 R 的半圆形均匀薄板的质心坐标为 $\left(0,\frac{2R}{\pi}\right)$。

注意,半圆环形铁丝的质心并不在铁丝上,但它相对于铁丝的位置是确定的。

3.3.2　质心运动定理

由质心的位置矢量公式:

$$\boldsymbol{r}_C = \frac{\sum_i m_i \boldsymbol{r}_i}{\sum_i m_i} = \frac{\sum_i m_i \boldsymbol{r}_i}{m}$$

两边对时间求导，可得质心运动的速度为

$$\boldsymbol{v}_C=\frac{\mathrm{d}\boldsymbol{r}_C}{\mathrm{d}t}=\frac{\sum\limits_i m_i\frac{\mathrm{d}\boldsymbol{r}_i}{\mathrm{d}t}}{m}=\frac{\sum\limits_i m_i\boldsymbol{v}_i}{m} \tag{3.22}$$

即

$$m\boldsymbol{v}_C=\sum_i m_i\boldsymbol{v}_i=\boldsymbol{p}_{总} \tag{3.23}$$

$$\boldsymbol{p}_{总}=m\boldsymbol{v}_C \tag{3.24}$$

因此，质点系的总动量等于质点系的总质量与质心的运动速度之积，即**质心的动量** $\boldsymbol{p}_C$。

由质点系的动量定理即式(3.15)可知

$$\boldsymbol{F}=\frac{\mathrm{d}\boldsymbol{p}_{总}}{\mathrm{d}t}=m\frac{\mathrm{d}\boldsymbol{v}_C}{\mathrm{d}t}=m\boldsymbol{a}_C \tag{3.25}$$

$$\boldsymbol{F}=m\boldsymbol{a}_C \tag{3.26}$$

式(3.26)即为**质心运动定理**（质点系的牛顿第二定律）：作用在一个质点系的合外力等于系统总质量与质心加速度之积。

由质心运动定理知，质心的运动等同于一个质点的运动，这个质点具有质点系的总质量，它所受的外力是质点系所受的所有外力的和。它告诉我们，无论系统内各质点的运动如何复杂，质心的运动可能都相当简单，只由外力的矢量和决定，内力不会影响质心的运动状态。

若外力矢量和为零，则质心速度不变，则系统的总动量守恒，即

$$\boldsymbol{p}=\sum_i m_i\boldsymbol{v}_i=\text{恒矢量}$$

而

$$\sum_i m_i\boldsymbol{v}_i=m\cdot\frac{\sum\limits_i m_i\boldsymbol{v}_i}{m}=m\boldsymbol{v}_C$$

由此可得到动量守恒定律的另一种表述形式：当质点系不受外力或所受外力矢量和为零时，系统的质心保持静止或匀速直线运动。它通常被用来求解距离问题，如下面的两个例题。

例 3.8　设有一质量为 2 m 的弹丸从地面斜抛出去，它飞行在最高点处爆炸成质量相等的两个碎片，如图 3.11 所示，其中一个碎片竖直下落，另一碎片水平抛出，它们同时落地，试问第二个碎片落地点在何处？

解　考虑弹丸为一系统，空气阻力略去不计。设 m_1 和 m_2 为第一个和第二个碎片的质量，且 $m_1=m_2=m$；x_1 和 x_2 为两碎片落地时距原点 O 的距离，x_C 为两碎片落地时它们的质心距原点 O 的距离。由图 3.11 可知 $x_1=0$，于是可得

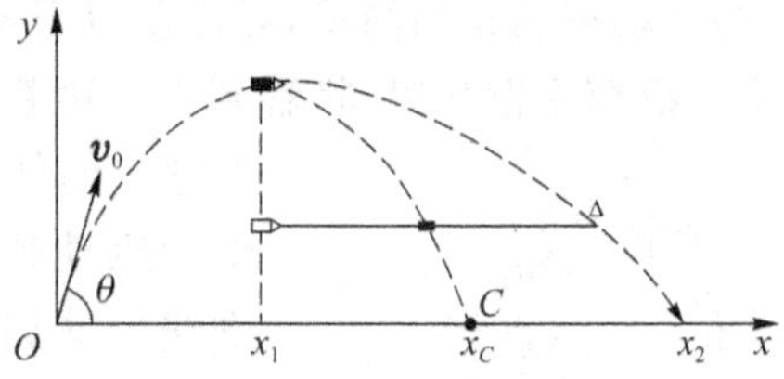

图 3.11　例 3.8 用图

$$x_C=\frac{m_1x_1+m_2x_2}{m_1+m_2}$$

由于 $m_1=m_2=m$，所以由上式有

$$x_2=2x_C$$

即第二个碎片的落地点与第一个碎片的落地点的水平距离为碎片的质心与第一个碎片水平距离的两倍。

例 3.9　如图 3.12 所示,质量为 $m_1=50\ \mathrm{kg}$ 的人站在一条质量 $m_2=350\ \mathrm{kg}$、长 $L=5.6\ \mathrm{m}$ 的船头,开始时船静止。忽略水的阻力,试求当人走到船尾时船移动的距离。

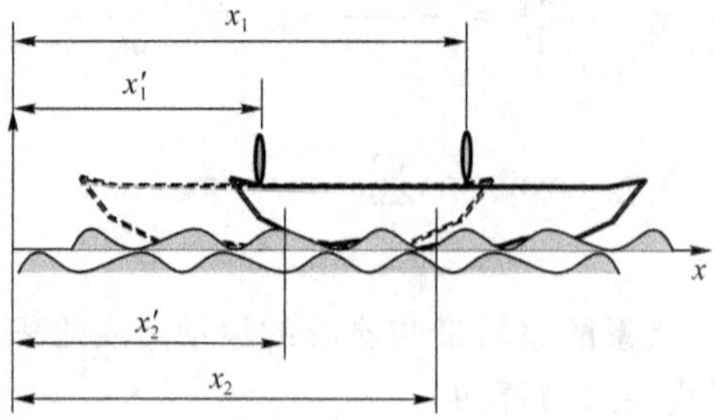

图 3.12　例 3.9 用图

解　水平方向不受力,质心速度不变,即在人从船头走到船尾过程中系统质心的位置不变。设船向左移动 d,人在船头时

$$x_C=\frac{m_1x_1+m_2x_2}{m_1+m_2}$$

人在船尾时

$$x_C'=\frac{m_1x_1'+m_2x_2'}{m_1+m_2}$$

联立上面两式得

$$m_1(x_1'-x_1)=m_2(x_2-x_2')$$

又由相对运动的位移变换式

$$\Delta x_{\text{人对地}}=\Delta x_{\text{人对船}}+\Delta x_{\text{船对地}}$$

得

$$x_1'-x_1=L+(x_2'-x_2)=L-d$$

代入上面的公式可得

$$d=\frac{m_1L}{m_1+m_2}=0.7\ \mathrm{m}$$

质心运动定理体现了"质心"这一概念的重要性。这一定理告诉我们,一个质点系内各个质点由于内力和外力的作用,运动情况可能很复杂,但相对于此质点系有一个特殊的点,即质心,它的运动可能相当简单,只由质点系所受的合外力决定。例如,一颗手榴弹可以看作一个质点系。投掷手榴弹时,将看到它一边翻转,一边前进,其中各点的运动情况相当复杂。但由于它受的外力只有重力(忽略空气阻力的作用),它的质心在空中的运动却和一个质点被抛出后的运动一样,其轨迹是一个抛物线。又如,高台跳水运动员离开跳台后,他的身体可以做各种优美的翻滚伸缩动作,但是他的质心却沿着一条抛物线运动(图 3.13)。

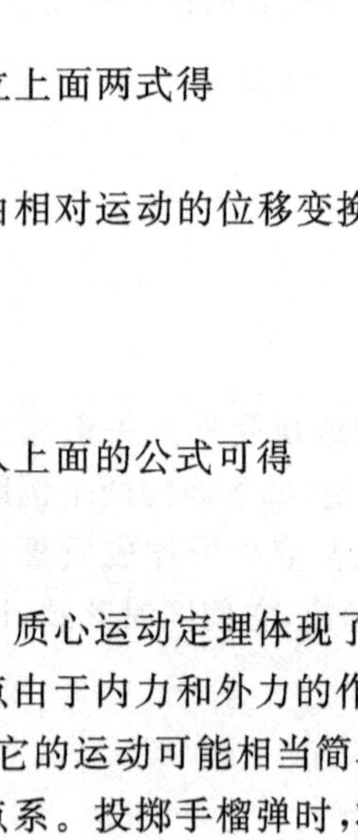

图 3.13　跳水运动员

此外,我们知道,当质点系所受的合外力为零时,该质点系的总动量保持不变。由式(3.26)可知,该质点系质心的速度也将保持不变。因此,系统的动量守恒定律也可以表述为:当一质点系所受的合外力等于零时,其质心速度保持不变。

需要指出的是，在这以前我们常常用“物体”一词来代替“质点”。在某些问题中，物体并不能当成质点看待，但我们还是用了牛顿定律来分析研究它们的运动。严格来说，我们是对物体用了式(3.26)所示的质心运动定理，而所分析的运动实际上是物体质心的运动。在物体做平动的条件下，因为物体中各质点的运动相同，所以完全可以用质心的运动来代表整个物体的运动。

3.4　质点的角动量定理和角动量守恒定律

两个矢量 $\boldsymbol{A}$ 和 $\boldsymbol{B}$ 的**矢积**定义为一个矢量 $\boldsymbol{C}$，写作

$$\boldsymbol{C}=\boldsymbol{A}\times\boldsymbol{B}$$

$\boldsymbol{C}$ 的大小为

$$C=AB\sin\theta$$

其中，A、B 分别为矢量 $\boldsymbol{A}$ 和 $\boldsymbol{B}$ 的模，θ 为矢量 $\boldsymbol{A}$ 和 $\boldsymbol{B}$ 之间小于 180°的夹角。

$\boldsymbol{C}$ 的方向满足右手螺旋定则，即伸开右手，四指从 $\boldsymbol{A}$ 沿小于 180°的角转向 $\boldsymbol{B}$，拇指所指的方向即是 $\boldsymbol{C}$ 的方向。如果以矢量 $\boldsymbol{A}$ 和 $\boldsymbol{B}$ 组成平行四边形的邻边，则 $\boldsymbol{C}$ 垂直于平行四边形所在的平面，$\boldsymbol{C}$ 的大小等于平行四边形的面积，如图 3.14 所示。

根据定义，有

$$\boldsymbol{A}\times\boldsymbol{B}=-\boldsymbol{B}\times\boldsymbol{A}$$

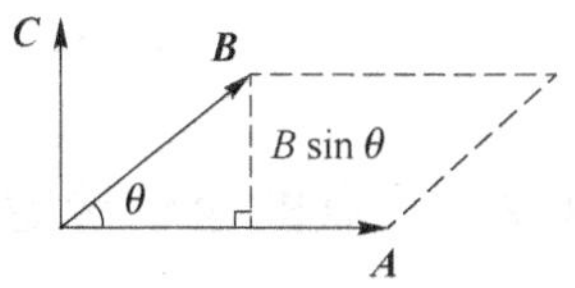

图 3.14　矢积

研究物体的运动时，人们经常遇到质点或质点系绕某一确定点或轴线运动的情况，并且在这类运动中也存在着某些共同的重要规律。对于这种运动，可以用角动量来描述其运动状态，本节引入一个新的物理量——角动量来描述质点相对于某一参考点的运动状态，更有利于揭示这类运动的规律性。例如，天文观测表明，行星绕太阳运动遵从开普勒第二定律，在近日点附近绕行速度较快，远日点速度较慢，这个特点如果用角动量及其规律很容易说明。特别是在有些过程中，动量和机械能都不守恒，却遵守角动量守恒定律，这就为求解这类运动问题开辟了新途径。

角动量不但能描述经典力学中的运动状态，在近代物理理论中也是表征微观运动状态的重要物理量，如原子核的角动量，通常称为原子核的自旋，就是描写原子核特性的。

3.4.1　质点的角动量

当我们以某固定点为参考点来考察质点的运动时，相对选定的参考点，除质点动量外，质点到参考点的距离及方向也在变化，这个变化因素可以用质点的位矢 $\boldsymbol{r}$ 来反映。总体来看，为了描述质点相对于某一固定参考点的运动规律，我们引入角动量的概念。

如图 3.15 所示，若质点 m 在某时刻的动量为 $\boldsymbol{p}=m\boldsymbol{v}$，该时刻质点对某定点 O 的矢径为 $\boldsymbol{r}$，则此时刻质点 m 对固定点 O 的**角动量定义**为

$$\boldsymbol{L}=\boldsymbol{r}\times\boldsymbol{p}=\boldsymbol{r}\times(m\boldsymbol{v}) \tag{3.27}$$

角动量 $\boldsymbol{L}$ 的大小为

$$L=rp\sin\theta=rmv\sin\theta \tag{3.28}$$

其中，θ 为 $\boldsymbol{r}$ 与 $\boldsymbol{v}$(或 $\boldsymbol{p}$)之间的夹角。角动量的单位是 $\mathrm{kg\cdot m^2/s}$。

质点的角动量 $\boldsymbol{L}$ 是一个矢量，它的方向垂直于 $\boldsymbol{r}$ 和 $\boldsymbol{v}$ 的平面，并遵守右手定则：右手拇指伸直，当四指由 $\boldsymbol{r}$ 经小于 180°的角 θ 转向 $\boldsymbol{v}$（或 $\boldsymbol{p}$）时，拇指的指向就是 $\boldsymbol{L}$ 的方向。

应当指出，质点的角动量与位矢 $\boldsymbol{r}$ 和动量 $\boldsymbol{p}$ 有关，也就是与参考点 O 的选择有关。因此在讲述质点的角动量时，必须指明是对哪一点的角动量。

质点在半径为 r 的圆周上运动，在某一时刻，质点位于某点，速度为 $\boldsymbol{v}$。如果以圆心 O 为参考点（图 3.16），那么 $\boldsymbol{r}$ 与 $\boldsymbol{v}$（或 $\boldsymbol{p}$）总是相互垂直的。于是质点对圆心 O 的角动量 $\boldsymbol{L}$ 的大小为

$$L=rmv \tag{3.29}$$

因为 $v=r\omega$，式(3.29)也可写成

$$L=mr^2\omega \tag{3.30}$$

$\boldsymbol{L}$ 的方向应平行于过圆心且垂直于运动平面的 z 轴。质点做匀速圆周运动时，角动量的大小、方向均不变。

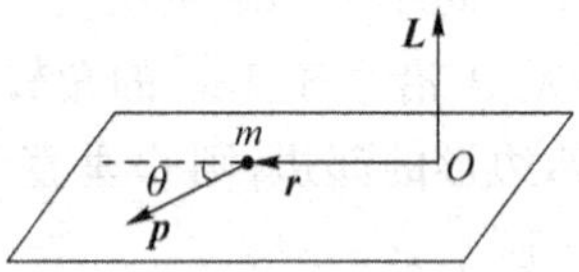

图 3.15 质点的角动量

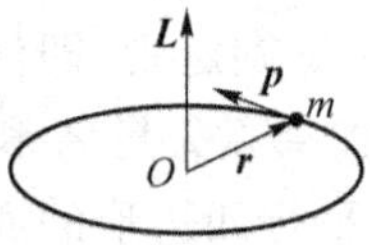

图 3.16 圆周运动对圆心的角动量

3.4.2 质点的角动量定理 力矩

我们引入动量来描述物体的平动状态，它的变化是由力所引起的，二者满足动量定理；对于转动，我们引入角动量来描述物体的运动状态，转动状态也随时间发生变化，这种变化是由谁引起的呢？二者有何规律呢？下面我们来分析质点相对于某一参考点的角动量随时间的变化率与什么因素有关。

一质点在合力 $\boldsymbol{F}$ 的作用下某瞬间的动量为 $\boldsymbol{p}=m\boldsymbol{v}$，质点相对于参考点 O 的位置矢量为 $\boldsymbol{r}$，显然此时质点相对于参考点 O 的角动量为

$$\boldsymbol{L}=\boldsymbol{r}\times\boldsymbol{p}=\boldsymbol{r}\times(m\boldsymbol{v})$$

两边对时间 t 求一阶导数，则有

$$\frac{\mathrm{d}\boldsymbol{L}}{\mathrm{d}t}=\frac{\mathrm{d}}{\mathrm{d}t}(\boldsymbol{r}\times\boldsymbol{p})=\frac{\mathrm{d}\boldsymbol{r}}{\mathrm{d}t}\times\boldsymbol{p}+\boldsymbol{r}\times\frac{\mathrm{d}\boldsymbol{p}}{\mathrm{d}t} \tag{3.31}$$

根据速度的定义

$$\boldsymbol{v}=\frac{\mathrm{d}\boldsymbol{r}}{\mathrm{d}t}$$

及牛顿第二定律

$$\boldsymbol{F}=\frac{\mathrm{d}\boldsymbol{p}}{\mathrm{d}t}$$

可得

$$\frac{\mathrm{d}\boldsymbol{L}}{\mathrm{d}t}=\boldsymbol{v}\times\boldsymbol{p}+\boldsymbol{r}\times\boldsymbol{F}$$

由于速度与动量同向，所以二者的矢量积为零，即

$$\boldsymbol{v}\times\boldsymbol{p}=0$$

于是得到质点的角动量随时间的变化率的表达式为

$$\frac{\mathrm{d}\boldsymbol{L}}{\mathrm{d}t}=\boldsymbol{r}\times\boldsymbol{F} \tag{3.32}$$

式(3.32) 中的 $\boldsymbol{r}\times\boldsymbol{F}$ 引起质点对同一参考点的角动量随时间的变化。

令

$$\boldsymbol{M}=\boldsymbol{r}\times\boldsymbol{F}$$

称为作用于质点的合力 $\boldsymbol{F}$ 对某参考点 O 的**力矩**，如图 3.17 所示，于是有

$$\frac{\mathrm{d}\boldsymbol{L}}{\mathrm{d}t}=\boldsymbol{M} \tag{3.33}$$

式(3.33)表明，作用于质点的合力对参考点 O 的力矩等于质点对该点 O 的角动量随时间的变化率。这与牛顿第二定律 $\boldsymbol{F}=\frac{\mathrm{d}\boldsymbol{p}}{\mathrm{d}t}$ 形式上是相似的，只是用 $\boldsymbol{M}$ 代替了 $\boldsymbol{F}$，用 $\boldsymbol{L}$ 代替了 $\boldsymbol{p}$。

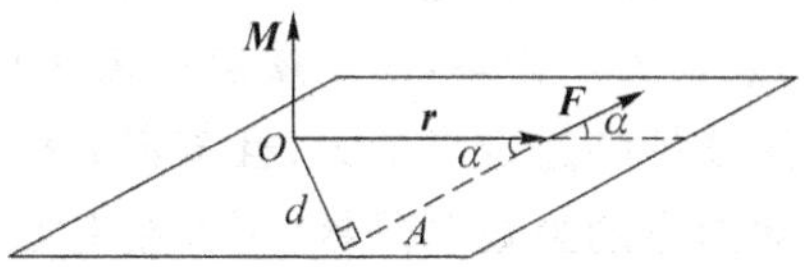

图 3.17　力矩的定义

在一般意义上，力矩是对某一参考点而言的。如图 3.17 所示，力 $\boldsymbol{F}$ 的作用点相对于参考点 O 的位矢为 $\boldsymbol{r}$，质量为 m 的质点在力 $\boldsymbol{F}$ 的作用下做曲线运动，则 $\boldsymbol{F}$ 对参考点 O 的力矩 $\boldsymbol{M}$ 为

$$\boldsymbol{M}=\boldsymbol{r}\times\boldsymbol{F} \tag{3.34}$$

力矩的大小为 $M=Fr\sin\alpha=Fd$，d 为力臂，即 O 到力作用线的垂直距离。力矩是一个矢量。$\boldsymbol{M}$ 的方向垂直于 $\boldsymbol{r}$ 与 $\boldsymbol{F}$ 所构成的平面，也可由右手定则确定：把右手拇指伸直，其余四指弯曲，弯曲的方向是由径矢 $\boldsymbol{r}$ 通过小于 180°的角 α 转向力 $\boldsymbol{F}$ 的方向，这时拇指所指的方向就是力矩的方向。

从力矩的定义可以看出，力矩依赖于参考点 O 的选择。

作用于质点的合外力矩等于合外力的力矩。

$$\sum\boldsymbol{M}_i=\boldsymbol{r}\times\boldsymbol{F}_1+\boldsymbol{r}\times\boldsymbol{F}_2+\cdots+\boldsymbol{r}\times\boldsymbol{F}_n=\boldsymbol{r}\times(\boldsymbol{F}_1+\boldsymbol{F}_2+\cdots+\boldsymbol{F}_n)=\boldsymbol{r}\times\boldsymbol{F}_{合}=\boldsymbol{M} \tag{3.35}$$

式 (3.33) 反映了力矩的瞬时作用，现在考虑它对时间的累积效果，即力矩作用在质点上一段时间后对角动量的影响。

将式(3.33) 两边同时乘以时间微元 $\mathrm{d}t$，得**质点角动量定理的微分形式**：

$$\boldsymbol{M}\mathrm{d}t=\mathrm{d}\boldsymbol{L} \tag{3.36}$$

$\boldsymbol{M}\mathrm{d}t$ 为力矩 $\boldsymbol{M}$ 与作用时间 $\mathrm{d}t$ 的乘积，叫作**冲量矩**。

对式(3.36)取积分，得**质点角动量定理的积分形式**：

$$\int_{t_1}^{t_2}\boldsymbol{M}\mathrm{d}t=\int_{\boldsymbol{L}_1}^{\boldsymbol{L}_2}\mathrm{d}\boldsymbol{L}=\boldsymbol{L}_2-\boldsymbol{L}_1 \tag{3.37}$$

式中，$\boldsymbol{L}_1$ 和 $\boldsymbol{L}_2$ 分别为质点在时刻 t_1 和 t_2 对参考点 O 的角动量，$\int_{t_1}^{t_2}\boldsymbol{M}\mathrm{d}t$ 为质点在时间间隔 t_1 至 t_2 内对参考点 O 所受的冲量矩，表示作用于质点上的力矩在这段时间间隔内的时间积累效应。因此，式(3.37)的物理意义是：对同一参考点 O，质点所受的冲量矩等于质点角动量的增量。这就是质点的**角动量定理**。

3.4.3　质点的角动量守恒定律

由式(3.33) 可以看出,若质点所受合力矩为零,即$\boldsymbol{M}=0$,则有

$$\boldsymbol{L}=\boldsymbol{r}\times m\boldsymbol{v}=\text{恒矢量} \tag{3.38}$$

式(3.38)表明,**当质点所受对参考点O的合力矩为零时,质点对该参考点O的角动量为一恒矢量**。这就是**质点的角动量守恒定律**。

应当注意,质点的角动量守恒的条件是合力矩$\boldsymbol{M}=0$。这可能有两种情况:一种是合力$\boldsymbol{F}=0$;另一种是合力$\boldsymbol{F}$虽不为零,但合力$\boldsymbol{F}$的作用线通过参考点O,致使合力矩为零。质点做匀速圆周运动就是一个例子。质点做匀速圆周运动时,作用于质点的合力是指向圆心的有心力,故其力矩为零,所以质点做匀速圆周运动时,它对圆心的角动量是守恒的。**有心力**即力的作用线始终过定点的力,且该定点称为力心。不仅如此,只要作用于质点的力是有心力,**有心力对力心的力矩总是零**,所以**在有心力作用下质点对力心的角动量都是守恒**的。太阳系中行星的轨道为椭圆,太阳位于两焦点之一,太阳作用于行星的引力是指向太阳的有心力,因此如以太阳为参考点O,则行星的角动量是守恒的。

例3.10　已知地球的质量$m=6.0\times10^{24}$ kg,地球与太阳的中心距离$r=1.5\times10^{11}$ m,若近似认为地球绕太阳做匀速圆周运动,$v=3\times10^{4}$ m/s,求地球对太阳中心的角动量。

解　如图3.18所示,O点为太阳中心,地球对太阳中心的角动量$\boldsymbol{L}=\boldsymbol{r}\times m\boldsymbol{v}$。因为$\boldsymbol{r}$与$\boldsymbol{v}$垂直,$\theta=\frac{\pi}{2}$,故角动量的大小为

$$\begin{aligned}L&=r\cdot mv\cdot\sin\frac{\pi}{2}\\&=rmv\\&=1.5\times10^{11}\times6.0\times10^{24}\times3\times10^{4}=2.7\times10^{40}\ \text{kg}\cdot\text{m}^2/\text{s}\end{aligned}$$

在图3.18所示的情况下$\boldsymbol{L}$垂直于$\boldsymbol{r}$、$\boldsymbol{v}$构成的平面,方向向上。

由例3.10可见,对于做圆周运动的质点,由于矢径$\boldsymbol{r}$与速度$\boldsymbol{v}$时刻都彼此垂直,故质点对圆心O的角动量的大小$L=mrv$。如果是做匀速率圆周运动,角动量的大小是一常量。

例3.11　如图3.19所示,一质点以速度$\boldsymbol{v}$沿l方向做直线运动,求质点对直线外一点O的角动量。已知质点的质量为m,O点到直线的垂直距离为d。

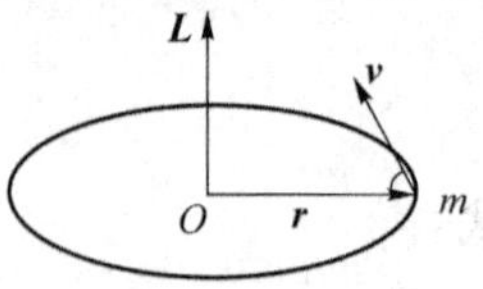

图3.18　例3.10用图

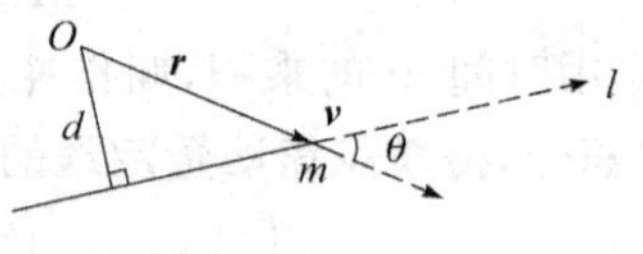

图3.19　例3.11用图

解　设任一时刻质点到O点的矢径为$\boldsymbol{r}$,质点角动量的大小为

$$L=rmv\sin\theta=mvd$$

d为O点到直线l的垂直距离,也是O点到速度$\boldsymbol{v}$(或动量$\boldsymbol{p}$)矢量延长线的垂直距离,可以称为**动量臂**,因此角动量的大小也可以表示为动量与动量臂的乘积,故而角动量也称为**动量矩**。

在例3.11中,若质点做匀速直线运动,任意时刻质点对O点的角动量的大小和方向都是

恒定的，是一个守恒量。

例 3.12　如图 3.20 所示，竖直平面内有一半径为 R 的光滑圆环，一质量为 m 的小球穿在圆环上，从与环心 O 水平的 A 点开始自由下滑。求小球滑动角度 θ 时对环心 O 的角动量和角速度。

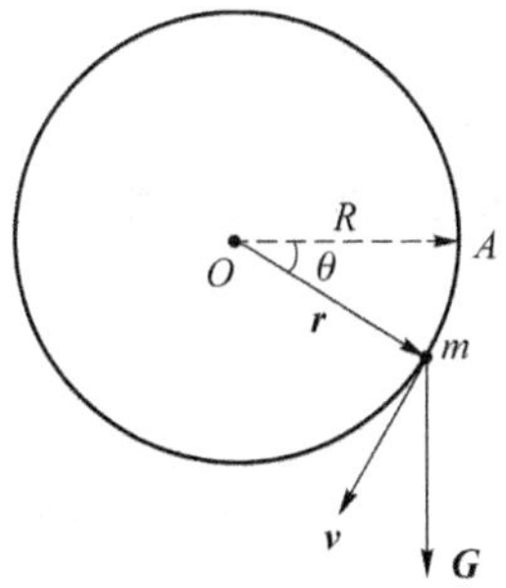

图 3.20　例 3.12 用图

解　小球受重力和支持力的作用。

力矩的定义为 $\boldsymbol{M}=\boldsymbol{r}\times\boldsymbol{F}$，支持力沿半径方向，力矩为 0；重力矩垂直纸面向里，大小为

$$M=mgR\cos\theta$$

由质点的角动量定理 $\boldsymbol{M}=\dfrac{\mathrm{d}\boldsymbol{L}}{\mathrm{d}t}$ 得

$$mgR\cos\theta=\frac{\mathrm{d}L}{\mathrm{d}t}=\frac{\mathrm{d}L}{\mathrm{d}\theta}\frac{\mathrm{d}\theta}{\mathrm{d}t}=\omega\frac{\mathrm{d}L}{\mathrm{d}\theta}$$

由角动量的定义 $\boldsymbol{L}=\boldsymbol{r}\times\boldsymbol{p}$ 得

$$L=Rmv=R^2m\omega$$

可得积分关系

$$\int_0^\theta mgR\cos\theta\mathrm{d}\theta=\int_0^L\omega\mathrm{d}L=\int_0^\omega R^2m\omega\mathrm{d}\omega$$

解得

$$\omega=\left(\frac{2g\sin\theta}{R}\right)^{1/2}$$

$$L=mR^{3/2}(2g\sin\theta)^{1/2}$$

例 3.13　我国第一颗人造地球卫星“东方红”绕地球运行的轨道为一椭圆，地球在椭圆的一个焦点上，卫星在近地点和远地点时距地心分别为 $r_1=6.82\times10^6$ m 和 $r_2=8.76\times10^6$ m，在近地点时的速度 $v_1=8.1\times10^3$ m/s，求卫星在远地点时的速度 v_2。

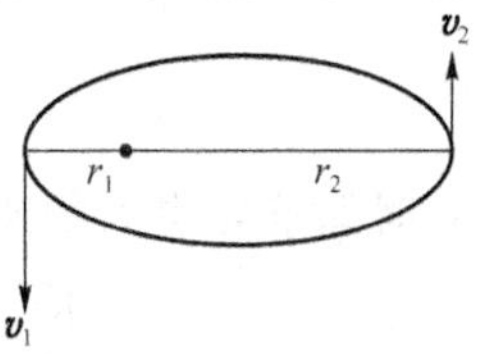

图 3.21　例 3.13 用图

解　作示意图如图 3.21 所示，卫星在轨道上任一处受地球的引力始终指向地心，引力对地心的力矩为零，因此卫星对地心的角动量守恒，在近地点的角动量等于在远地点的角动量。设卫星质量为 m，在近地点，

$$L_1=mr_1v_1$$

在远地点，

$$L_2=mr_2v_2$$

由角动量守恒，即

$$L_1=L_2$$

得

$$v_2=\frac{r_1}{r_2}v_1=\frac{6.82\times10^6}{8.76\times10^6}\times8.1\times10^3=6.3\times10^3\ \mathrm{m/s}$$

在例 3.13 中，卫星受到地球的引力作用，引力的冲量要改变卫星的动量，动量是不守恒的。但是引力对地心的力矩为零，卫星对地心的角动量守恒，这就显示出在这一类问题的处理

中角动量守恒的重要性。

例 3.14 光滑水平台面上有一质量为 m 的物体拴在轻绳的一端，轻绳的另一端穿过台面上的小孔被一只手拉紧，并使物体以初始角速度作半径为 r_0 的圆周运动，如图 3.22 所示。手拉着绳以匀速率 v 向下运动，使半径逐渐减小，求半径减小为 r 时物体的角速度 ω；若以向下开始拉动时为计时起点($t=0$)，求角速度与时间的关系 $\omega(t)$。

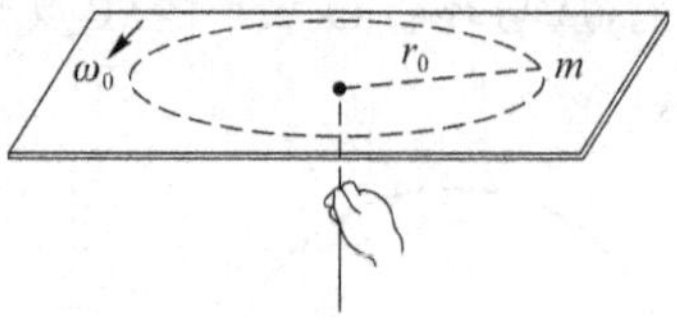

图 3.22 例 3.14 用图

解 在水平方向上，物体 m 只受绳的拉力作用，拉力对小孔的力矩为零，物体对小孔的角动量守恒，有

$$mrv=mr_0v_0$$

考虑到 $v_0=r_0\omega_0$，$v=r\omega$，应有

$$mr^2\omega=mr_0^2\omega_0$$

所以

$$\omega=\frac{r_0^2}{r^2}\omega_0$$

再按题意，$r=r_0-vt$，代入上式得

$$\omega=\frac{r_0^2}{(r_0-vt)^2}\omega_0$$

例 3.15 利用角动量守恒定律证明开普勒第二定律：行星相对太阳的位矢在单位时间内扫过的面积(面积速度)是常量。

解 行星在太阳引力作用下沿椭圆轨道运动，Δt 时间内行星径矢扫过的面积(图 3.23)为

$$\Delta S\approx\frac{1}{2}r|\Delta\boldsymbol{r}|\sin\alpha$$

面积对时间求导得面积速度为

$$\frac{\mathrm{d}S}{\mathrm{d}t}=\lim_{\Delta t\to 0}\frac{\Delta S}{\Delta t}=\lim_{\Delta t\to 0}\frac{1}{2}\frac{r|\Delta\boldsymbol{r}|\sin\alpha}{\Delta t}=\frac{1}{2}r\sin\alpha\lim_{\Delta t\to 0}\frac{|\Delta\boldsymbol{r}|}{\Delta t}$$

$$=\frac{1}{2}r\sin\alpha\lim_{\Delta t\to 0}\left|\frac{\Delta\boldsymbol{r}}{\Delta t}\right|=\frac{1}{2}rv\sin\alpha=\frac{L}{2m}$$

$$L=mrv\sin\alpha$$

由于行星只受有心力的作用，其角动量守恒，$L=$常量，所以$\frac{\mathrm{d}S}{\mathrm{d}t}=$常量，行星对太阳的径矢在单位时间扫过的面积不变。我们把$\frac{\mathrm{d}S}{\mathrm{d}t}$称为行星的略面速度。

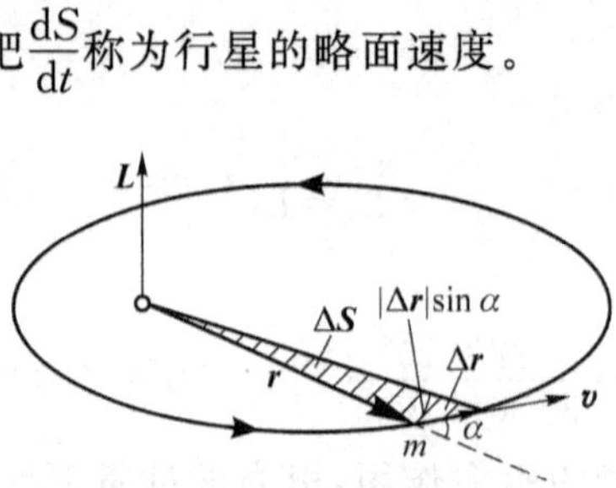

图 3.23 例 3.15 用图

3.5　质点系的角动量定理和角动量守恒定律

3.5.1　质点系的角动量定理

上述针对单个质点得到的角动量定理还可以推广到多个质点构成的质点系中去。如图 3.24 所示，设有 $n(n=1,2,\cdots)$ 个质点构成质点系，质点系的角动量为系统中各质点对同一参考点(坐标原点)的角动量的矢量和：

$$\boldsymbol{L} = \sum_i \boldsymbol{L}_i = \Sigma \boldsymbol{r}_i \times m_i \boldsymbol{v}_i \tag{3.39}$$

作用于质点系各质点的力可分为外力和内力。外力形成外力矩，内力形成内力矩，合力矩为外力矩和内力矩(对同一参考点)的矢量和。

现在考虑质点系中第 i 个质点，该质点受到的合力矩 $\boldsymbol{M}_i=\boldsymbol{M}_{外i}+\boldsymbol{M}_{内i}$，角动量为 $\boldsymbol{L}_i$，由质点的角动量定理有

$$\boldsymbol{M}_i=\boldsymbol{M}_{外i}+\boldsymbol{M}_{内i}=\frac{\mathrm{d}\boldsymbol{L}_i}{\mathrm{d}t} \tag{3.40}$$

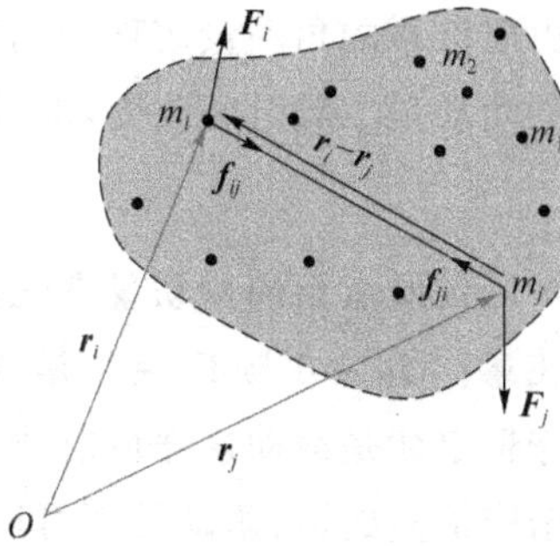

图 3.24　质点系的角动量定理

质点系有 n 个质点，$i=1,2,\cdots n$，一共可以列出 n 个这样的方程，现在对这 n 个方程求和：

$$\sum_i \boldsymbol{M}_i = \sum_i \boldsymbol{M}_{外i} + \sum_i \boldsymbol{M}_{内i} = \sum_i \frac{\mathrm{d}\boldsymbol{L}_i}{\mathrm{d}t} \tag{3.41}$$

其中，$\sum\limits_i \boldsymbol{M}_{外i} = \boldsymbol{M}_{外}$ 为作用于整个质点系的合外力矩，$\sum\limits_i \boldsymbol{M}_{内i}$ 为质点系中各质点彼此相互作用的内力矩之和。

如图 3.24 所示，一对内力 $\boldsymbol{f}_{ij}$ 和 $\boldsymbol{f}_{ij}(=-\boldsymbol{f}_{ji})$ 的力矩和为

$$\boldsymbol{r}_i\times\boldsymbol{f}_{ij}+\boldsymbol{r}_j\times\boldsymbol{f}_{ji}=(\boldsymbol{r}_i-\boldsymbol{r}_j)\times\boldsymbol{f}_{ij}=0 \tag{3.42}$$

故对整个系统而言，$\sum\limits_i \boldsymbol{M}_{内i} = 0$，等式右侧的求和项

$$\sum_i \frac{\mathrm{d}\boldsymbol{L}_i}{\mathrm{d}t} = \frac{\mathrm{d}}{\mathrm{d}t}\sum_i \boldsymbol{L}_i = \frac{\mathrm{d}\boldsymbol{L}}{\mathrm{d}t} \tag{3.43}$$

其中，$\boldsymbol{L}$ 为质点系的总角动量，$\dfrac{\mathrm{d}\boldsymbol{L}}{\mathrm{d}t}$ 为质点系角动量对时间的变化率。现在式(3.41) 可以表示为

$$\boldsymbol{M}_{外}=\frac{\mathrm{d}\boldsymbol{L}}{\mathrm{d}t} \tag{3.44}$$

这就是**质点系的角动量定理**：作用于质点系的合外力矩等于质点系对同一参考点的角动量对时间的变化率。

也可以将式(3.44)改写为微分形式：

$$\boldsymbol{M}_{外}\mathrm{d}t=\mathrm{d}\boldsymbol{L} \tag{3.45}$$

考虑从 t_1 时刻到 t_2 时刻，质点系角动量从 $\boldsymbol{L}_1$ 变化到 $\boldsymbol{L}_2$，对式(3.45)积分得

$$\int_{t_1}^{t_2}\boldsymbol{M}_{外}\,\mathrm{d}t=\int_{L_1}^{L_2}\mathrm{d}\boldsymbol{L}=\boldsymbol{L}_1-\boldsymbol{L}_2 \tag{3.46}$$

等号左侧的积分是合外力矩对时间的累积，即冲量矩，等号右侧 $\boldsymbol{L}_1-\boldsymbol{L}_2=\Delta\boldsymbol{L}$ 是相同时间内质点系角动量的增量，这是与式(3.44)相对应的**质点系的角动量定理的积分形式**。

式(3.45)和式(3.46)都说明只有作用于系统的合外力矩才改变系统的角动量，内力矩并不改变系统的角动量。内力矩起的作用只是在系统内各质点间彼此交换角动量。这个规律与质点系的动量定理相似。

3.5.2 质点系的角动量守恒定律

由质点系的角动量定理知，若对于某点而言，质点系所受的外力矩之和为零，则质点系对该点的角动量不随时间改变，即若 $\boldsymbol{M}_{外}=0$，则

$$\boldsymbol{L}=\sum\boldsymbol{L}_i=常矢量 \tag{3.47}$$

这是扩展到**质点系的角动量守恒定律**。

注意：$\boldsymbol{M}_{外}=0$ 与 $\boldsymbol{F}_{外}=0$ 是独立的，故质点系角动量守恒和动量守恒也是相互独立的。角动量守恒定律是继动量守恒定律之后得到的又一重要守恒定律，如果说动量是与平动相联系的一个守恒量的话，角动量则可以认为是与转动相联系的守恒量。

例 3.16 如图 3.25 所示，长为 a 的轻质细杆可在光滑水平面上绕过中心的竖直轴转动，细杆的两端分别固定质量为 m_1 和 m_2 的小球，且静止不动。有一质量为 m_3 的黏性泥团以水平速度 v_0 且与杆成 θ 角的方向射向 m_2，并黏在 m_2 上，设 $m_1=m_2=m_3$，求杆开始旋转时的角速度 ω。

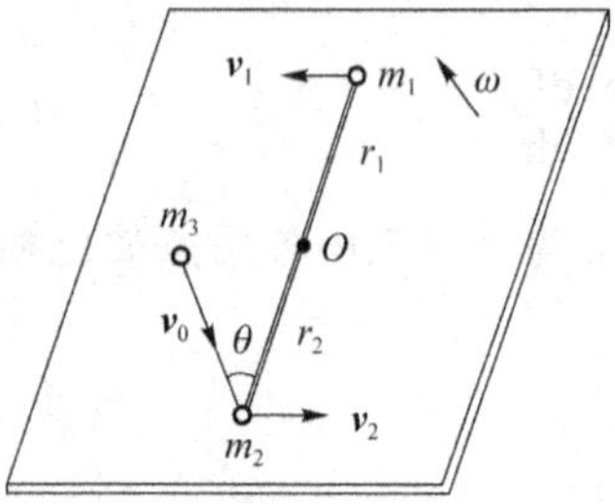

图 3.25 例 3.16 用图

解 将三个质点 m_1、m_2 和 m_3 设想为一个质点系，在 m_3 与 m_2 碰撞的过程中，作用在轴 O 上的合外力矩为零。系统对 O 轴角动量守恒。碰撞前 m_1 和 m_2 静止，系统角动量 $L_0=r_2\cdot m_3v_0\sin\theta$，碰撞后三个质点都在运动并且有相同的角速度，系统角动量 $L=r_1\cdot m_1v_1+r_2\cdot m_2v_2+r_3\cdot m_3v_3$，角动量守恒，故应用

$$r_2\cdot m_3v_0\sin\theta=r_1\cdot m_1v_1+r_2\cdot m_2v_2+r_3\cdot m_3v_3$$

由于

$$r_1=r_2=r_3=\frac{a}{2},m_1=m_2=m_3,v_1=v_2=v_3=\frac{a}{2}\omega$$

可以解出

$$\omega=\frac{2v_0}{3a}\sin\theta$$

值得注意的是，在 m_3 与 m_2 碰撞的过程中，由于轴 O 上存在着冲力(外力)，系统的动量不守恒，但对 O 轴的合外力矩为零，故对 O 轴的角动量是守恒量。

阅读材料

火箭飞行原理

在火箭发射过程中，燃料不断燃烧变成热气体，并以高速从火箭尾部向后喷出，因而推动火箭向前作加速运动。

设火箭在外层空间飞行，在 t_0 时刻的速度为 v_0，火箭(包括燃料)的总质量为 M_0，热气体相对火箭的喷射速度为 u。

随着燃料的消耗，火箭质量不断减少，火箭速度不断加快，燃料用尽后的火箭质量为 M，此时火箭所获得的速度 v 是多少呢？下面具体计算。

第一步：讨论在任意时刻火箭的飞行情况，选取某一时刻 t 的火箭(包括火箭体和其中尚存的燃料)作为研究的系统，分析此系统的运动情况。设某一时刻 t，火箭的质量为 m，相对地面的速度为 v；在 $t+\mathrm{d}t$ 时间内，火箭喷出的质量为 $\mathrm{d}m$ ($\mathrm{d}m$ 是质量 m 在 $\mathrm{d}t$ 时间内所喷出的质量)的气体。喷出的气体相对火箭的速度为 u，方向与 v 相反。

选择火箭和喷气所组成的部分为系统。

- 喷气前：总动量为 mv。
- 喷气后：火箭动量为 $(m-\mathrm{d}m)(v+\mathrm{d}v)$；喷出的气体的动量为 $\mathrm{d}m(v+\mathrm{d}v-u)$。

忽略空气阻力和重力，系统动量守恒。

第二步：应用动量守恒定律，有

$$mv=(m-\mathrm{d}m)(v+\mathrm{d}v)+\mathrm{d}m(v+\mathrm{d}v-u)$$

忽略高阶无穷小，并整理后得 $m\mathrm{d}v+u\mathrm{d}m=0$，即

$$\mathrm{d}v=-u\frac{\mathrm{d}m}{m}$$

对上式两边积分，从 t_0 到 t 时刻的时间内，其速度变化为 $v_0\to v$，其质量由 M_0 变化为 M，于是有

$$\int_{v_0}^{v}\mathrm{d}v=\int_{M_0}^{M}-u\frac{\mathrm{d}m}{m}$$

所以

$$v-v_0=-u\ln\frac{M}{M_0}=u\ln\frac{M_0}{M}$$

即

$$v=v_0+u\ln\frac{M_0}{M}$$

这就是从 t_0 时刻到 t 时刻，火箭的质量从 M_0 变为 M 时火箭的速度公式。

第三步：求火箭在全部燃料用完时的速度。

如果设火箭开始飞行时速度为零($v_0=0$)，燃料用尽时质量为 M，那么根据上式解得火箭能够达到的速度为

$$v=\ln\frac{M_0}{M}$$

其中，$\frac{M_0}{M}$称为火箭的质量比。

要把航天器发射上天，则火箭获得的速度至少要大于第一宇宙速度。若要使航天器离开地球到达其他行星或脱离太阳系到其他星系，则火箭获得的速度应分别大于第二宇宙速度和第三宇宙速度。但是按计算可得一级火箭的速度是 $v_f \approx 10.8\ \text{km/s}$，由于此式导出时未计入地球引力和空气摩擦力产生的影响，加上各种技术的原因，单级火箭的末速度 v_f 将小于第一宇宙速度 $v_1 = 7.9\ \text{km/s}$。这就是说，单级火箭并不能把航天器送上天。运载火箭通常为多级火箭，多级火箭是用多个单级火箭串联、并联或串并联组合而成的一个飞行整体。

本章小结

1. 冲量

(1) 恒力的冲量

对于恒力，有

$$\boldsymbol{I}=\boldsymbol{F}(t_2-t_1)=\boldsymbol{F}\Delta t$$

(2) 变力的冲量

元冲量为

$$\mathrm{d}\boldsymbol{I}=\boldsymbol{F}\mathrm{d}t$$

一般来说，质点在合力 $\boldsymbol{F}$ 作用下沿曲线运动，则在 t_1 到 t_2 的作用时间内变力 $\boldsymbol{F}$ 的冲量为

$$\boldsymbol{I}=\int_{t_1}^{t_2}\boldsymbol{F}\mathrm{d}t$$

2. 动量定理

(1) 质点的动量定理

微分形式为

$$\boldsymbol{F}\mathrm{d}t=\mathrm{d}\boldsymbol{p}$$

或

$$\boldsymbol{F}=\frac{\mathrm{d}\boldsymbol{p}}{\mathrm{d}t}$$

积分形式为

$$\int_{t_1}^{t_2}\boldsymbol{F}\mathrm{d}t=\boldsymbol{p}_2-\boldsymbol{p}_1=m\boldsymbol{v}_2-m\boldsymbol{v}_1$$

(2) 质点系的动量定理

微分形式为

$$\boldsymbol{F}_{外}\mathrm{d}t=\mathrm{d}\boldsymbol{p}$$

或

$$\boldsymbol{F}_{外}=\frac{\mathrm{d}\boldsymbol{p}}{\mathrm{d}t}$$

其中，$\boldsymbol{p}=\sum_{i=1}^{n}m_i\boldsymbol{v}_i$，$\boldsymbol{F}_{外}$ 为质点系所受外力的合力。

积分形式为

$$\int_{t_1}^{t_2} \boldsymbol{F}\mathrm{d}t = \boldsymbol{p}_2 - \boldsymbol{p}_1 = \sum_{i=1}^{n} m_i \boldsymbol{v}_i - \sum_{i=1}^{n} m_i \boldsymbol{v}_{i0}$$

3. 动量守恒定律

当系统所受合外力为零时，即 $\boldsymbol{F}_{外}=0$ 时，系统的总动量保持不变，即

$$\boldsymbol{p} = \sum_{i=1}^{n} m_i \boldsymbol{v}_i = 常矢量$$

4. 质心、质心运动定律

质心的位置矢量为

$$\boldsymbol{r}_C = \frac{\sum_{i=1}^{n} m_i \boldsymbol{r}_i}{\sum_{i=1}^{n} m_i}$$

在直角坐标系中

$$x_C = \frac{\sum_{i=1}^{n} m_i x_i}{\sum_{i=1}^{n} m_i}, \quad y_C = \frac{\sum_{i=1}^{n} m_i y_i}{\sum_{i=1}^{n} m_i}, \quad z_C = \frac{\sum_{i=1}^{n} m_i z_i}{\sum_{i=1}^{n} m_i}$$

或

$$x_C = \frac{1}{m'}\int x\mathrm{d}m, \quad y_C = \frac{1}{m'}\int y\mathrm{d}m, \quad z_C = \frac{1}{m'}\int z\mathrm{d}m$$

质心运动定律为

$$\boldsymbol{F} = m\boldsymbol{a}_C$$

5. 角动量

力矩为

$$\boldsymbol{M} = \boldsymbol{r} \times \boldsymbol{F}$$

力对参考点的力矩大小为

$$M = rF\sin\theta$$

(1) 单个质点

质点的角动量为

$$\boldsymbol{L} = \boldsymbol{r} \times \boldsymbol{p} = \boldsymbol{r} \times m\boldsymbol{v}$$

质点的角动量定理为

$$\boldsymbol{M} = \frac{\mathrm{d}\boldsymbol{L}}{\mathrm{d}t}$$

质点所受的合外力矩等于它的角动量对时间的变化率。

质点的角动量守恒定律：若质点所受的合力矩为零，即 $\boldsymbol{M}=0$，则质点的角动量保持不变。

(2) 质点系

质点系的角动量定理为

$$\boldsymbol{M}_{外}=\frac{\mathrm{d}\boldsymbol{L}}{\mathrm{d}t}$$

$$\boldsymbol{M}_{外}\mathrm{d}t=\mathrm{d}\boldsymbol{L}\quad\text{（质点系角动量定理的微分形式）}$$

$$\int_{t_1}^{t_2}\boldsymbol{M}_{外}\mathrm{d}t=\int_{L_1}^{L_2}\mathrm{d}\boldsymbol{L}=\boldsymbol{L}_1-\boldsymbol{L}_2\quad\text{（质点系角动量定理的积分形式）}$$

质点系的角动量守恒定律：若质点系所受的外力矩之和为零，则质点系对该点的角动量不随时间改变，即若 $\boldsymbol{M}_{外}=0$，则

$$\boldsymbol{L}=\sum\boldsymbol{L}_i=\text{常矢量}$$

思　考　题

1. 小力作用在一个静止的物体上，只能使它产生小的速度吗？大力作用在一个静止的物体上，一定能使它产生大的速度吗？

2. 一个人躺在地上，身上压一块石板，另一个人用重锤猛击石板，但见石板碎裂，而下面的人毫无损伤，为什么？

3. 你自己身体的质心固定在身体内某一点吗？你能把自己身体的质心移到身体外面吗？

4. 人造地球卫星沿着一个椭圆轨道绕地球运行，地心是椭圆的一个焦点，卫星对地心角动量守恒，那么卫星对椭圆轨道的另一个焦点的角动量是否守恒？为什么？

5. 电子绕原子核旋转，电子对原子核的角动量是否守恒？为什么？

习　　题

一、选择题

1. 一质量为 m_0 的斜面原来静止于水平光滑平面上，将一质量为 m 的木块轻轻放于斜面上，如习题图 3.1 所示。如果此后木块能静止于斜面上，则斜面将(　　)。

A. 保持静止　　B. 向右加速运动

C. 向右匀速运动　　D. 向左加速运动

2. 如习题图 3.2 所示，圆锥摆的摆球质量为 m，速率为 v，圆半径为 R，当摆球在轨道上运动半周时，摆球所受重力冲量的大小为(　　)。

A. $2mv$　　B. $\sqrt{(2mv)^2+(mg\pi R/v)^2}$

C. $\pi Rmg/v$　　D. 0

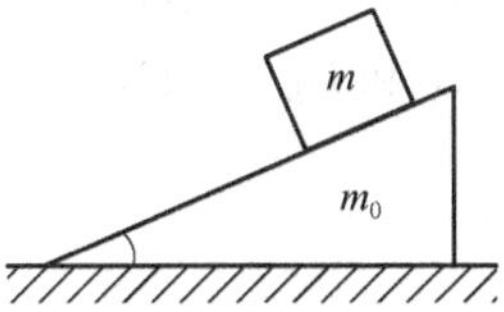

习题图 3.1

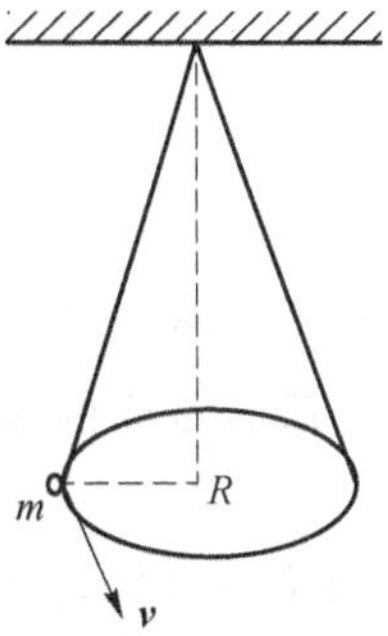

习题图 3.2

3. 质量为 20 g 的子弹以 400 m/s 的速率沿习题图 3.3 所示的方向射入一原来静止的质量为 980 g 的摆球中，摆线长度不可伸缩，子弹射入后开始与摆球一起运动的速率为（　　）。

A. 2 m/s

B. 4 m/s

C. 7 m/s

D. 8 m/s

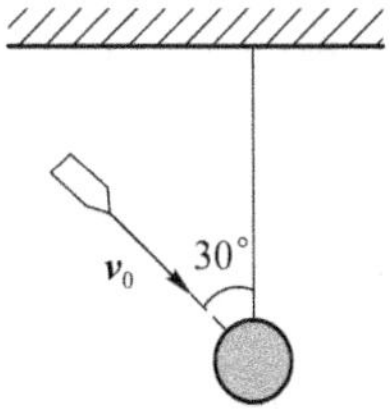

习题图 3.3

4. 用一根细线吊一重物，重物质量为 5 kg，重物下面再系一根同样的细线，细线只能经受 70 N 的拉力。现在突然向下拉一下下面的线，设力最大值为50 N，则（　　）。

A. 下面的线先断　　B. 上面的线先断

C. 两根线一起断　　D. 两根线都不断

5. 一力 $\boldsymbol{F}=12t\boldsymbol{i}$(SI)作用在质量 $m=2$ kg 的物体上，使物体由原点从静止开始运动，则它在 3 秒末的动量应为（　　）

A. $-54\boldsymbol{i}$ kg·m/s　　B. $54\boldsymbol{i}$ kg·m/s

C. $-27\boldsymbol{i}$ kg·m/s　　D. $27\boldsymbol{i}$ kg·m/s

6. 粒子 B 的质量是粒子 A 的质量的 4 倍，开始时粒子 A 的速度为 $3\boldsymbol{i}+4\boldsymbol{j}$，粒子 B 的速度为 $2\boldsymbol{i}-7\boldsymbol{j}$，由于两者的相互作用，粒子 A 的速度为 $7\boldsymbol{i}-4\boldsymbol{j}$，此时粒子 B 速度等于（　　）。

A. $\boldsymbol{i}-5\boldsymbol{j}$　　B. $2\boldsymbol{i}-7\boldsymbol{j}$　　C. 0　　D. $5\boldsymbol{i}-3\boldsymbol{j}$

7. 如习题图 3.4 所示，静止在光滑水平面上的一质量为 M_0 的车上悬挂一单摆，摆球质量为 m，摆线长为 l。开始时，摆线处于水平位置，且摆球静止于 A 点，突然放手，当摆球运动到摆线处于铅直位置的瞬间，摆球相对于地面的速度为（　　）。

A. 0　　B. $\sqrt{2gl}$

C. $\sqrt{\dfrac{2gl}{1+m/M_0}}$　　D. $\sqrt{\dfrac{2gl}{1+M_0/m}}$

8. 已知地球的质量为 m，太阳的质量为 M，地心与日心的距离为 R，引力常数为 G，则地球绕太阳做圆周运动的角动量为（　　）。

A. $m\sqrt{GMR}$　　B. $\sqrt{\dfrac{GMm}{R}}$

C. $Mm\sqrt{\dfrac{G}{R}}$　　D. $\sqrt{\dfrac{GMm}{2R}}$

9. 如习题图 3.5 所示，质点沿直线 AB 做匀速运动，A、B 为轨道直线上任意两点，O 为线外的任一定点(可视为垂直纸面的轴与纸面的交点)，$\boldsymbol{L}_A$ 和 $\boldsymbol{L}_B$ 代表质点在 A、B 两点处对定点 O 的角动量，则(　　)。

A. $\boldsymbol{L}_A$ 和 $\boldsymbol{L}_B$ 方向不同，但 $L_A=L_B$

B. $\boldsymbol{L}_A$ 和 $\boldsymbol{L}_B$ 方向相同，但 $L_A\neq L_B$

C. $\boldsymbol{L}_A$ 和 $\boldsymbol{L}_B$ 的方向和大小都不同

D. $\boldsymbol{L}_A$ 和 $\boldsymbol{L}_B$ 的方向和大小都相同

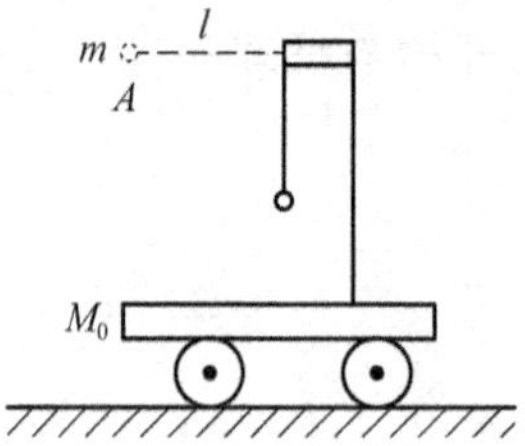

习题图 3.4

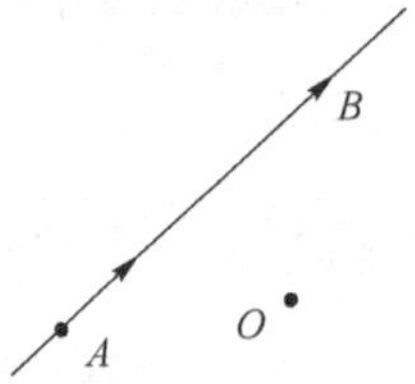

习题图 3.5

10. 对于质点组，内力可以改变的物理量是(　　)。

A. 总动量　　B. 总角动量　　C. 总动能　　D. 总质量

11. 如习题图 3.6 所示，一绳穿过水平桌面中心的小孔连接桌面上的小物块，令物块先在桌面上做以小孔为圆心的圆周运动，然后将绳的下端缓慢向下拉，则小物块的(　　)。

A. 动量、动能、角动量都改变

B. 动量不变，动能、角动量都改变

C. 动能不变，动量、角动量都改变

D. 角动量不变，动量、动能都改变

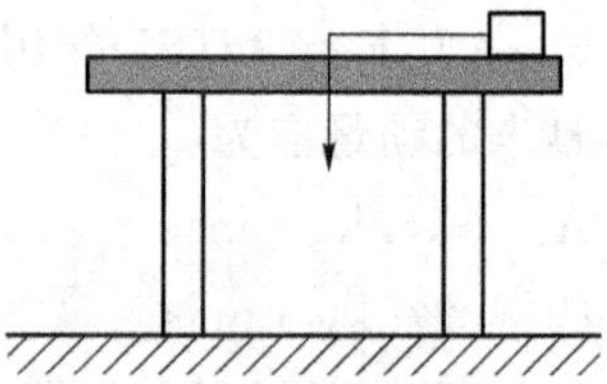

习题图 3.6

二、填空题

1. 静水中停泊着两只质量皆为 m_0 的小船，第一只船在左边，其上站一质量为 m 的人，该人以水平向右速度的 $\boldsymbol{v}$ 从第一只船上跳到其右边的第二只船上，然后又以同样的速率 v 水平向左地跳回到第一只船上，此后：

(1) 第一只船运动的速度为 $\boldsymbol{v}_1=$________；

(2) 第二只船运动的速度为 $\boldsymbol{v}_2=$________。(水的阻力不计，所有速度都相对地面而言。)

2. 将一质量为 m 的小球，系于轻绳的一端，绳的另一端穿过光滑水平桌面上的小孔用手拉住。先使小球以角速度 ω_1 在桌面上做半径为 r_1 的圆周运动，然后缓慢将绳下拉，使半径缩小为 r_2，在此过程中小球的动能增量是________。

3. 质量为 m 的小球自高为 y_0 处沿水平方向以速率 v_0 抛出，与地面碰撞后跳起的最大高度为 $\dfrac{1}{2}y_0$，水平速率为 $\dfrac{1}{2}v_0$，如习题图 3.7 所示。

（1）地面对小球的竖直冲量的大小为________；

（2）地面对小球的水平冲量的大小为________。

4. 一物体质量 $M=2$ kg，在合外力 $\boldsymbol{F}=(3+2t)\ \boldsymbol{i}$(SI)的作用下从静止开始运动，式中 $\boldsymbol{i}$ 为方向一定的单位矢量，则当 $t=1$ s 时物体的速度 $\boldsymbol{v}_1=$________。

5. 两球质量分别为 $m_1=2.0$ g，$m_2=5.0$ g，在光滑的水平桌面上运动，用直角坐标 xOy 描述其运动，两者的速度分别为 $\boldsymbol{v}_1=10\boldsymbol{i}$ cm/s，$\boldsymbol{v}_2=(3.0\boldsymbol{i}+5.0\boldsymbol{j})$ cm/s。若碰撞后两球合为一体，则碰撞后两球速度 $\boldsymbol{v}$ 的大小 $v=$________，$\boldsymbol{v}$ 与 x 轴的夹角 $\alpha=$________。

6. 如习题图 3.8 所示，质量为 m 的小球，自距离斜面高度为 h 处自由下落到倾角为 30°的光滑固定斜面上。设碰撞是完全弹性的，则小球对斜面的冲量的大小为________，方向为________。

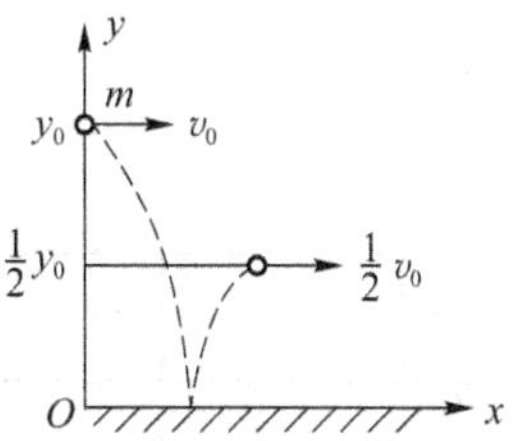

习题图 3.7

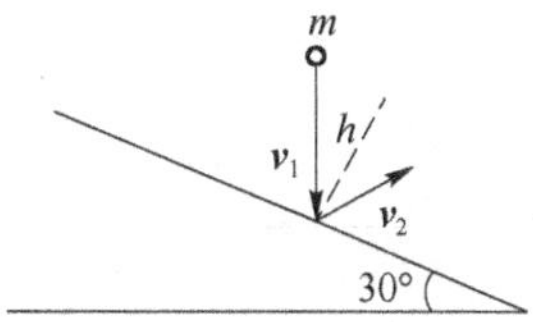

习题图 3.8

7. 一颗子弹在枪筒里前进时所受的合力大小为 $F=400-\frac{4\times10^5}{3}t$(SI)，子弹从枪口射出的速率为 300 m/s。假设子弹离开枪口时合力刚好为零，则

（1）子弹走完枪筒全长所用的时间 $t=$ ________；

（2）子弹在枪筒中所受的冲量 $I=$________；

（3）子弹的质量 $m=$ ________。

8. 如习题图 3.9 所示，已知质点 m 在 t 时刻在 P 点的速度为 $\boldsymbol{v}$，AP 相距为 d_1，AB 相距为 d_2，相对于参考点 A 重力矩的大小为________；m 相对于 B 点的角动量大小为________。

9. 如习题图 3.10 所示，质点 P 的质量为 2 kg，位置矢量为 $\boldsymbol{r}$，速度为 $\boldsymbol{v}$，它受到力 $\boldsymbol{F}$ 的作用。三个矢量均在 xOy 平面内，且 $r=3.0$ m，$v=4.0$ m/s，$F=2$ N，则该质点对原点 O 的角动量 $\boldsymbol{L}=$________；作用在质点上的力对原点的力矩 $\boldsymbol{M}=$________。

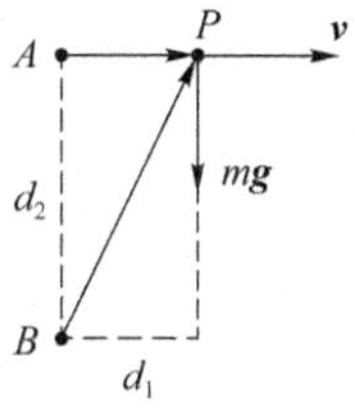

习题图 3.9

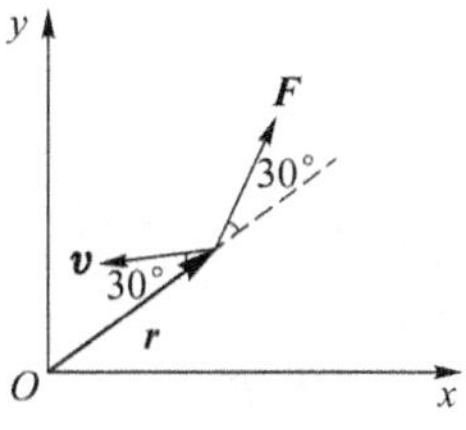

习题图 3.10

三、计算题

1. 一炮弹发射后在其运行轨道上的最高点 $h=19.6$ m 处炸裂成质量相等的两块，其中一

块在爆炸后1秒落到爆炸点正下方的地面上。设此处与发射点的距离 $S_1=1\,000\ \mathrm{m}$，问另一块落地点与发射地点间的距离是多少？（空气阻力不计，$g=9.8\ \mathrm{m/s^2}$。）

2. 如习题图 3.11 所示，质量为 m 的小球与桌面碰撞，碰撞前、后小球的速率都是 v，入射方向和出射方向与桌面法线的夹角都是 α。若小球与桌面作用的时间为 Δt，求小球对桌面的平均冲力。

3. 如习题图 3.12 所示，有两个长方形的物体 A 和 B 紧靠着静止放在光滑的水平桌面上，已知 $m_A=2\ \mathrm{kg}$，$m_B=3\ \mathrm{kg}$。现有一质量 $m=100\ \mathrm{g}$ 的子弹以速率 $v_0=800\ \mathrm{m/s}$ 水平射入长方体 A，经 $t=0.01\ \mathrm{s}$，又射入长方体 B，最后停留在长方体 B 内未射出。设子弹射入 A 时所受的摩擦力为 $F=3\times10^3\ \mathrm{N}$，求：

(1) 子弹在射入 A 的过程中，B 受到 A 的作用力的大小；

(2) 当子弹留在 B 中时，A 和 B 的速度大小。

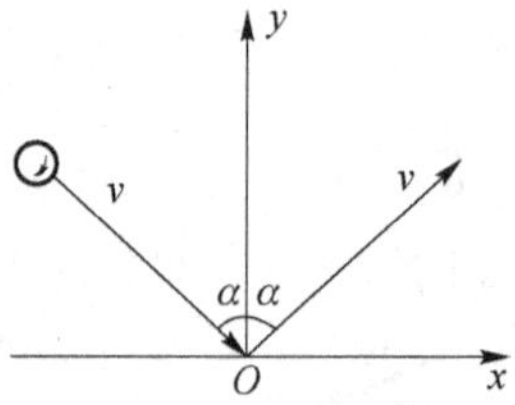

习题图 3.11

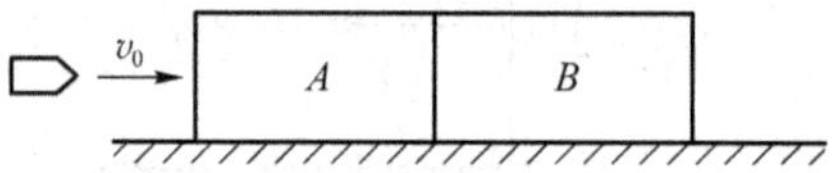

习题图 3.12

4. 如习题图 3.13 所示，一质量为 m 的匀质链条，长为 L，手持其上端，使下端离桌面的高度为 h。现使链条自静止释放落于桌面上，试计算链条落到桌面上的长度为 l 时，桌面对链条的作用力。

5. 质量为 m 的质点在 xOy 平面内运动，运动学方程为 $\boldsymbol{r}=a\cos\omega t\boldsymbol{i}+b\sin\omega t\boldsymbol{j}$，求：

(1) 质点在任一时刻的动量；

(2) 从 $t=0$ 到 $t=2\pi/\omega$ 的时间内质点受到的冲量。

6. 如习题图 3.14 所示，光滑斜面与水平面的夹角为 $\alpha=30°$，轻质弹簧上端固定。今在弹簧的另一端轻轻地挂上质量为 $M=1.0\ \mathrm{kg}$ 的木块，木块沿斜面从静止开始向下滑动。当木块向下滑 $x=30\ \mathrm{cm}$ 时，恰好有一质量 $m=0.01\ \mathrm{kg}$ 的子弹沿水平方向以速率 $v=200\ \mathrm{m/s}$ 射中木块并嵌在其中。设弹簧的劲度系数为 $k=25\ \mathrm{N/m}$。求子弹打入木块后它们的共同速度。

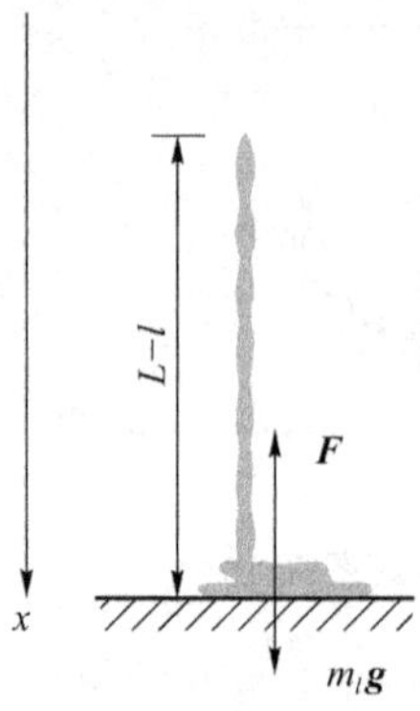

习题图 3.13

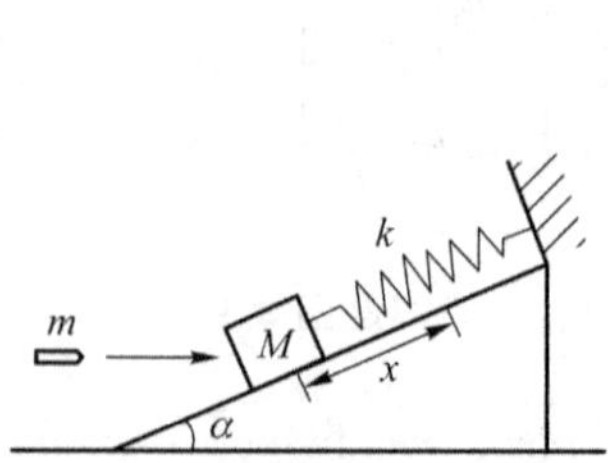

习题图 3.14

7. 如习题图 3.15 所示，质量为 M 的滑块沿着光滑水平地面向右滑动，一质量为 m 的小球水平向右飞行，以速度 $\boldsymbol{v}_1$（对地）与滑块斜面相碰，碰后竖直向上弹起，速率为 v_2（对地）。若碰撞时间为 Δt，试计算此过程中滑块对地的平均作用力和滑块速度增量的大小。

8. 如习题图 3.16 所示，x 轴沿水平方向，y 轴竖直向下，将质量为 m 的质点由 a 处静止释放，让它自由下落，求在任意时刻，质点所受的对原点 O 的力矩 $\boldsymbol{M}$ 和该质点对原点 O 的角动量。

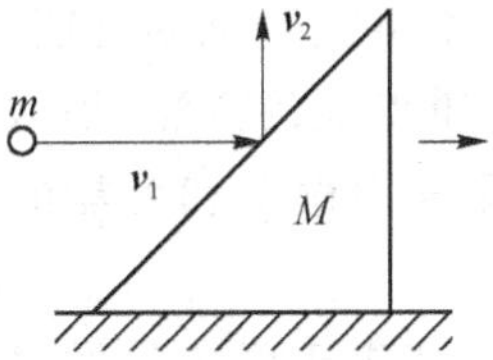

习题图 3.15

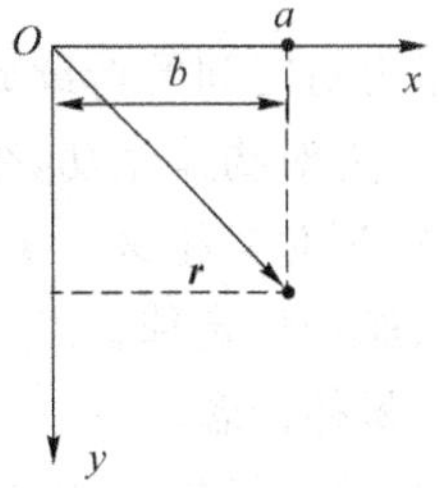

习题图 3.16

9. 质量分别为 m_1、m_2 的两质点用一长为 l 的轻质细杆相连，细杆上 O 点与 m_1 相距 d，两质点绕固定点 O 稳定旋转，求系统对 O 点的角动量的大小。

10. 如习题图 3.17 所示，质量为 m 的人造卫星围绕质量为 M 的地球做半径为 r 的等速率圆周运动，G 为万有引力常数，则 m 对地心的角动量为多少？

11. 如习题图 3.18 所示，已知在水平面内做匀速圆周运动的圆锥摆小球质量为 m，速率为 v，用长为 l 的细绳系在 O' 点，绳与竖直方向夹角为 α，求：

（1）作用在圆锥摆上的合力 F 和重力 mg 分别对 O' 点、O 点的力矩；

（2）m 对 O 点和 O' 点的角动量；

（3）m 对 O 点和 O' 点的角动量守恒吗？

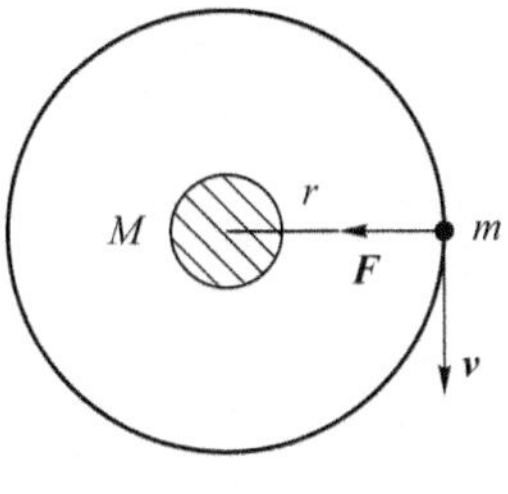

习题图 3.17

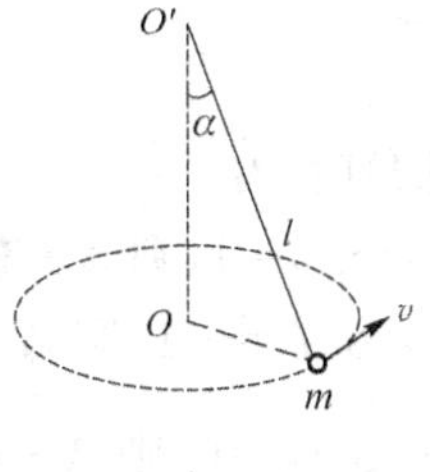

习题图 3.18

12. 一质量为 $m=2\ 200$ kg 的汽车以 $v=60$ km/h 的速度沿一平直公路行驶，求汽车对公路一侧距公路垂直距离 $d=50$ m 的一点的角动量是多大？汽车对公路上任一点的角动量又是多大？

13. 哈雷彗星绕太阳的轨道是一个椭圆，它离太阳最近时到太阳球心距离为 8.75×10^{10} m，速率为 5.46×10^{4} m/s。它距离太阳最远时的速率为 9.08×10^{2} m/s，这时距太阳球心的距离为多少？

14. 将质量为 m 的小球以水平 v_0 抛出，求 t 秒末对抛出点的角动量大小为多少？

第4章　功和机械能守恒

上一章讨论了力对时间的持续即冲量会带来物体动量的变化。本章讨论力在空间上的持续，引入功的概念。力对物体做功，带来动能的变化。本章将复习巩固动能定理，并引入新的概念——保守力，加深对势能这一重要概念的理解；采用质点系的方法，引入质点系的动能定理、功能原理、机械能守恒定律。其中，一对内力做功、保守力做功和势能的关系是学习的难点。下面先介绍标积的概念。

如图4.1所示，两个矢量$\boldsymbol{A}$、$\boldsymbol{B}$的标积是一个标量，其值等于两矢量的模与它们之间夹角(取小于等于180°的角)余弦的乘积，写作

$$\boldsymbol{A}\cdot\boldsymbol{B}=AB\cos\theta$$

当$\boldsymbol{A}$、$\boldsymbol{B}$之间的夹角为锐角时，标积为正；当$\boldsymbol{A}$、$\boldsymbol{B}$之间的夹角为钝角时，标积为负。

如图4.1所示，$\boldsymbol{A}\cdot\boldsymbol{B}$相当于一个矢量的模与另一个矢量的模在前者上投影的乘积。

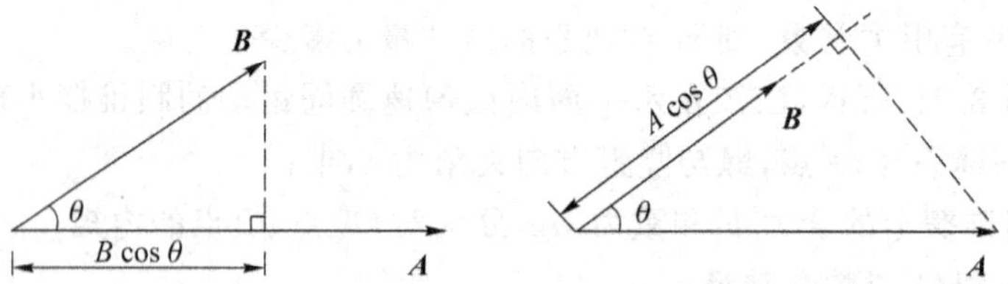

图4.1　矢量的标积

根据定义，则有

$$\boldsymbol{A}\cdot\boldsymbol{B}=\boldsymbol{B}\cdot\boldsymbol{A}$$

当夹角为特殊角时，有

- 当$\theta=0$时，$\cos\theta=1$，则$\boldsymbol{A}\cdot\boldsymbol{B}=AB$；
- 当$\theta=\pi$时，$\cos\theta=-1$，则$\boldsymbol{A}\cdot\boldsymbol{B}=-AB$；
- 当$\theta=\dfrac{\pi}{2}$时，$\cos\theta=0$，则$\boldsymbol{A}\cdot\boldsymbol{B}=0$。

4.1　功

恒力的功的定义为：力$\boldsymbol{F}$在质点位移方向上的投影与位移大小$|\Delta\boldsymbol{r}|$的乘积(即$A=F\cos\theta|\Delta\boldsymbol{r}|$)是力对空间的积累效应，如图4.2所示，写成矢量式即

$$A=\boldsymbol{F}\cdot\Delta\boldsymbol{r} \tag{4.1}$$

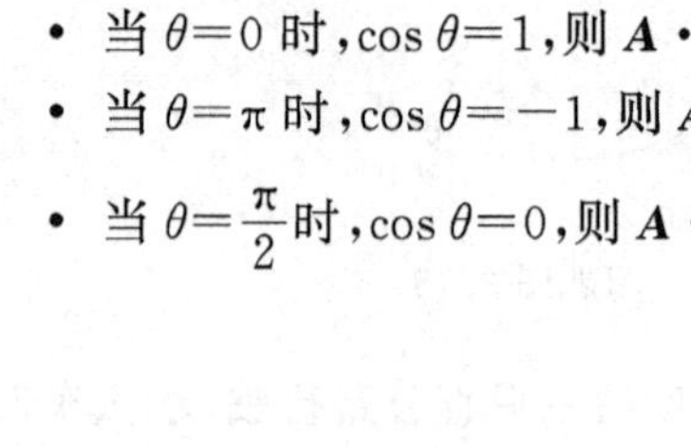

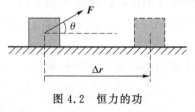

图4.2　恒力的功

那么变力的功如何计算呢？

当物体受一变力在空间中持续一个过程，如持续一段曲线，如图4.3所示，且$\boldsymbol{F}$随空间变化，这时需要将物

体经过的路径无限分割成很多微小的曲线段，每个微小曲线段上的位移为 $\Delta\boldsymbol{r}_i$，微小曲线段的长度近似为微小位移 $\Delta\boldsymbol{r}_i$ 的大小，即 $|\Delta\boldsymbol{r}_i|$。每个微小曲线段上的变力近似地用恒力 $\boldsymbol{F}_i$ 代替。这里采用以直线段代替曲线段、以恒力代替变力的方法。则任一曲线段上变力做的功就可以近似地表示为

$$\boldsymbol{F}_i \cdot \Delta\boldsymbol{r}_i = F_i\,|\Delta\boldsymbol{r}_i|\cos\theta_i$$

那么，变力 $\boldsymbol{F}$ 在空间中从 a 到 b 的曲线段上做的总功可近似为

$$\boldsymbol{A}_{ab} \approx \sum \boldsymbol{F}_i \cdot \Delta\boldsymbol{r}_i = \sum F_i\,|\Delta\boldsymbol{r}_i|\cos\theta_i$$

当物体所经路线在空间上分割越细，即分割的微小曲线段越多，且每个微小曲线段越小，小到所有微小曲线段长度都趋于 0 时，上式的极限值即为变力 $\boldsymbol{F}$ 从 a 位置到 b 位置做功的精确值。此方法为定积分计算变力做功的基本思想。

上述思想还可以简化为，沿路径进行无限分割，得到很多元位移 $\mathrm{d}\boldsymbol{r}$，如图 4.4 所示，在每个元位移 $\mathrm{d}\boldsymbol{r}$ 内，可以近似认为 $\boldsymbol{F}$ 是恒定的。

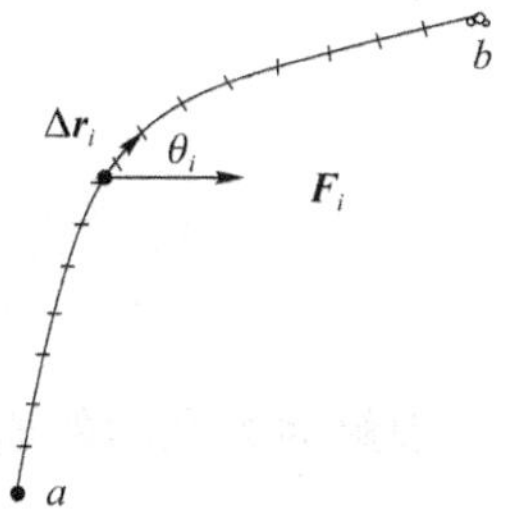

图 4.3　变力的功

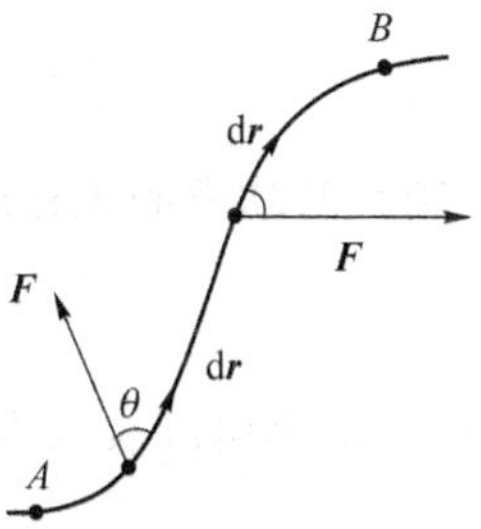

图 4.4　元功

在元位移 $\mathrm{d}\boldsymbol{r}$ 内 $\boldsymbol{F}$ 做的元功为

$$\mathrm{d}A = \boldsymbol{F} \cdot \mathrm{d}\boldsymbol{r} = F\cos\theta\,|\mathrm{d}\boldsymbol{r}| \tag{4.2}$$

又因为 $\mathrm{d}s = |\mathrm{d}\boldsymbol{r}|$，所以

$$\mathrm{d}A = F\cos\theta\ \mathrm{d}s \tag{4.3}$$

功是标量，它没有方向，但有正负。当 $\theta < \frac{\pi}{2}$ 时，$\mathrm{d}A > 0$，表示力 $\boldsymbol{F}$ 对物体做正功或力对质点做功；当 $\theta > \frac{\pi}{2}$ 时，$\mathrm{d}A < 0$，表示力 $\boldsymbol{F}$ 对物体做负功或质点反抗力做功；当 $\theta = \frac{\pi}{2}$ 时，$\mathrm{d}A = 0$，力对质点不做功。

质点从 A 到 B 外力所做的功为

$$A = \int_A^B \boldsymbol{F} \cdot \mathrm{d}\boldsymbol{r} = \int_A^B F\cos\theta\mathrm{d}s = \int_A^B F\cos\theta\,|\mathrm{d}\boldsymbol{r}| \tag{4.4}$$

这一积分在数学上叫作力 $\boldsymbol{F}$ 沿路径从 A 到 B 的线积分。功是一个过程量，本质上是描述力作用于物体的空间积累效应的物理量。

不论是恒力还是变力，不论是引力、电磁力、核力还是弹力、张力、摩擦力、理想气体对活塞的压力做功等，各种情况下功的计算都可以用式(4.4)。

若质点做直线运动，受与速度方向成 θ 的恒力作用，可以得出

$$A=\int_A^B \boldsymbol{F}\cdot \mathrm{d}\boldsymbol{r}=F\cos\theta\int_A^B|\mathrm{d}\boldsymbol{r}|=Fs_{AB}\cos\theta$$

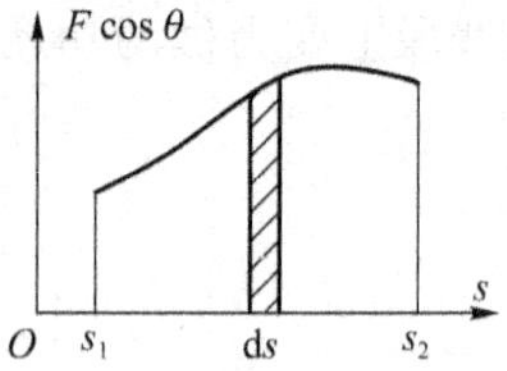

图 4.5 变力的功

其中，s_{AB}是质点从 A 到 B 经过的位移大小。这即时我们中学所熟知的公式。

根据上述分析可以知道，重力对沿水平方向运动的物体不做功；匀速圆周运动的物体，向心力不做功。

根据积分式的几何意义，可以得到功的几何意义，即功在数值上等于图 4.5 所示曲线下的面积。

在直角坐标系下，功的计算公式为

$$\boldsymbol{F}=F_x\boldsymbol{i}+F_y\boldsymbol{j}+F_z\boldsymbol{k},\quad \mathrm{d}\boldsymbol{r}=\mathrm{d}x\boldsymbol{i}+\mathrm{d}y\boldsymbol{j}+\mathrm{d}z\boldsymbol{k}$$

$$A=\int_A^B \boldsymbol{F}\cdot \mathrm{d}\boldsymbol{r}=\int_A^B(F_x\mathrm{d}x+F_y\mathrm{d}y+F_z\mathrm{d}z)\tag{4.5}$$

功率定义为单位时间力对物体所做的功。设 Δt 时间内力 $\boldsymbol{F}$ 做功 ΔA，则平均做功快慢可用**平均功率**表示，即

$$\bar{P}=\frac{\Delta A}{\Delta t}$$

取 $\Delta t\to 0$ 的极限，则**瞬时功率**的表达式为

$$P=\lim_{\Delta t\to 0}\frac{\Delta A}{\Delta t}$$

瞬时功率简称**功率**。功率用以表示力做功的快慢，也可以理解为力做功的速率。功率又可以表示为

$$P=\lim_{\Delta t\to 0}\frac{\Delta A}{\Delta t}=\lim_{\Delta t\to 0}\frac{\boldsymbol{F}\cdot\Delta\boldsymbol{r}}{\Delta t}=\boldsymbol{F}\cdot\boldsymbol{v}=Fv\cos\theta$$

功率为力与质点速度的标积。当力的方向与物体运动的速度方向垂直时，这个力对物体是不做功的。上面的表达式有很重要的实用价值。任何机器往往有其额定的功率，由上式可知，如果要求机器提供的力越大，速度就会越小。汽车在行驶过程中常常需要换挡就是由于这个原因。

在国际单位制中，功率的单位为 W(瓦)。

4.2 动能定理

4.2.1 质点的动能定理

如图 4.6 所示，质量为 m 的物体在力 $\boldsymbol{F}$ 的作用下由 A 到 B，速度由 $\boldsymbol{v}_1$ 到 $\boldsymbol{v}_2$，元功为

$$\mathrm{d}A=\boldsymbol{F}\cdot\mathrm{d}\boldsymbol{r}=F\cos\theta|\mathrm{d}\boldsymbol{r}|$$

由牛顿第二定律及切向加速度 a_t 的定义

$$F\cos\theta=F_t=ma_t=m\frac{\mathrm{d}v}{\mathrm{d}t}\tag{4.6}$$

又

$$|\mathrm{d}\boldsymbol{r}|=\mathrm{d}s=v\mathrm{d}t$$

所以

$$dA = m\frac{dv}{dt}ds = mvdv \tag{4.7}$$

质点自 A 到 B 这一过程中，合外力所做的总功为

$$A_{AB} = \int_A^B \boldsymbol{F} \cdot d\boldsymbol{r} = \int_{v_1}^{v_2} mv\,dv = \frac{1}{2}mv_2^2 - \frac{1}{2}mv_1^2 \tag{4.8}$$

定义**动能**为 $E_k = \frac{1}{2}mv^2$，它是标量、状态量，与参考系的选择有关。式(4.8)可写为

$$A_{AB} = \frac{1}{2}mv_2^2 - \frac{1}{2}mv_1^2 = E_{k2} - E_{k1} \tag{4.9}$$

合外力对质点所做的功等于质点动能的增量，这就是**质点的动能定理**。

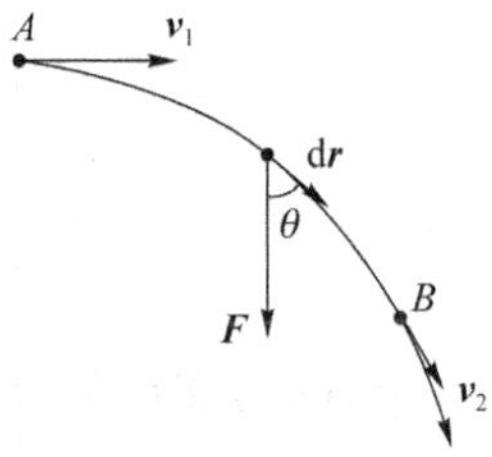

图 4.6　动能定理

动能是机械能的一种形式，是由于物体运动而具有的一种能量。动能的单位与功相同，但意义不一样。功是力的空间累积，与过程有关，是过程量；动能则取决于物体的运动状态，或者说是物体机械运动状态的一种表示，因此是状态量，也称为态函数。

质点系的动能定义为系统中各个质点动能之和(代数和)。数学表达式为

$$E_k = \sum E_{ki} = \sum_i \frac{1}{2}m_i v_i^2$$

我们可以看到，研究对象的总动能常用 E_k 表示，而对系统中各个质点的动能则使用下标 i 来区分。由于动能与物体运动速度有关，一般来讲不同时刻质点或系统的动能是不同的，因此有初动能和末动能等概念。

说明：A_{AB} 为合外力做的功；从广义上说，合外力所做的功在数值上等于物体总能量的改变，功是能量改变的量度；动能是标量，只有正值；A_{AB} 只与始末状态的动能改变有关，不管是恒力还是变力，过程如何复杂。

例 4.1　如图 4.7 所示，质量为 1.0 kg 的小球系在长为 1.0 m 细绳下端，绳的上端固定在天花板上。起初把绳子放在与竖直线成角 θ_0 处，然后放手使小球沿圆弧下落。试求绳与竖直线成角 θ 时小球的速率。

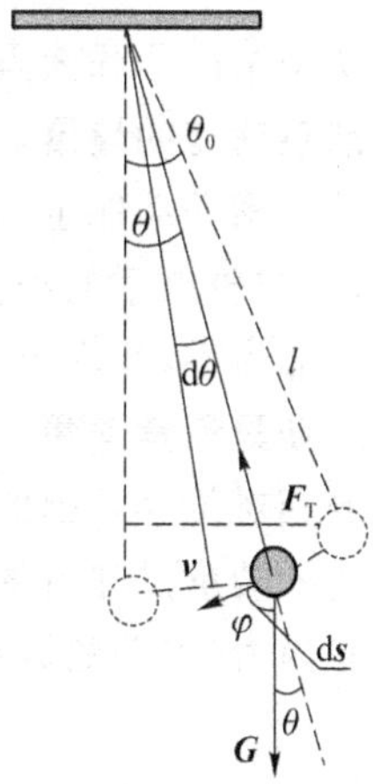

图 4.7　例 4.1 用图

解　在合外力作用下，小球在圆弧上有无限小位移 d$\boldsymbol{r}$ 时，合外力 $\boldsymbol{F}$ 做的功为

$$dA = \boldsymbol{F} \cdot d\boldsymbol{r} = \boldsymbol{F}_T \cdot d\boldsymbol{r} + \boldsymbol{G} \cdot d\boldsymbol{r} = \boldsymbol{G} \cdot d\boldsymbol{r}$$

因为

$$ds = -l d\theta$$

所以

$$\boldsymbol{G} \cdot d\boldsymbol{r} = -mgl d\theta \cos\varphi = -mgl \sin\theta d\theta$$

在摆角由 θ_0 改变为 θ 的过程中，合外力所做的功为

$$A = -mgl\int_{\theta_0}^{\theta}\sin\theta \mathrm{d}\theta = mgl(\cos\theta - \cos\theta_0)$$

已知 $m=1.0\ \mathrm{kg}, l=1.0\ \mathrm{m}, \theta_0=30°, \theta=10°$，由动能定理 $A=\frac{1}{2}mv^2-\frac{1}{2}mv_0^2$，得

$$v=\sqrt{2gl(\cos\theta-\cos\theta_0)}=1.53\ \mathrm{m/s}$$

4.2.2　质点系的动能定理

在讨论质点系的动能定理时，既要考虑外力的功，也要考虑内力的功。

设某系统有 n 个质点。对系统中第 i 个质点，外力做的功 $A_{外i}=\int \boldsymbol{F}_{外i}\cdot \mathrm{d}\boldsymbol{r}_i$，内力做的功 $A_{内i}=\int \boldsymbol{F}_{内i}\cdot \mathrm{d}\boldsymbol{r}_i$，质点的动能从 E_{ki1} 变化到 E_{ki2}，应用质点的动能定理得

$$A_{外i}+A_{内i}=E_{ki2}-E_{ki1} \tag{4.10}$$

再对系统中所有质点求和

$$\sum_i A_{外i}+\sum_i A_{内i}=\sum_i E_{ki2}-\sum_i E_{ki1} \tag{4.11}$$

其中，$\sum_i A_{外i}=A_{外}$ 为所有外力对质点系做的功(外力的总功)，$\sum_i A_{内i}=A_{内}$ 为质点系内各质点间的内力做的功(内力的总功)，$\sum_i E_{ki2}=E_{k2}$ 和 $\sum_i E_{ki1}=E_{k1}$ 分别为系统末态和初态的动能，这样式(4.11)又可以表述为

$$A_{外}+A_{内}=E_{k2}-E_{k1} \tag{4.12}$$

这个结论称**作质点系的动能定理**。它表明:**所有外力对质点系做的功与内力做功之和等于质点系动能的增量。**

质点系的动能定理指出，系统的动能既可以因为外力做功而改变，又可以因为内力做功而改变，这与质点系的动量定理和质点系的角动量定理不同，一对内力由于作用时间相同，其冲量之和必为零，又由于对同一参考点的力臂相同，其冲量矩之和也必为零，因此**内力不改变系统总的动量和角动量**。但是通过一对内力做功的讨论可知，它的**做功并不一定为零**(取决于两质点的相对位移)，因此内力的功会改变系统的总动能。例如，飞行中的炮弹发生爆炸，爆炸前后系统的动量是守恒的，但爆炸后各碎片的动能之和必定远远大于爆炸前炮弹的动能，这就是爆炸时内力(炸药的爆破力)做功的结果。

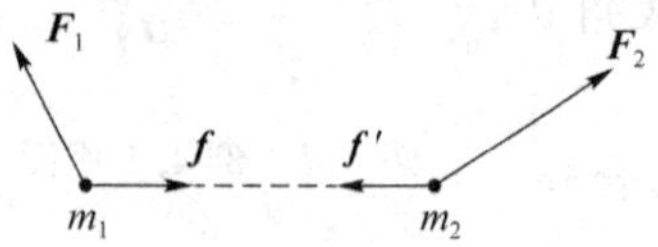

图 4.8　一对内力的功

一对内力特指两个物体之间的作用力和反作用力。一对内力的功是指在一个过程中作用力与反作用力做功之和(代数和)，即总功。如果将彼此作用的两个物体视为一个系统，作用力与反作用力就是系统的内力。

现在考虑系统内两个质点 m_1 和 m_2，它们各自受到系统外的力 $\boldsymbol{F}_1$ 和 $\boldsymbol{F}_2$，如图 4.8 所示，它们之间有相互作用的内力 $\boldsymbol{f}'$ 和 $\boldsymbol{f}$，有 $\boldsymbol{f}=-\boldsymbol{f}'$。在很短的时间 Δt 内，质点 m_1 在 $\boldsymbol{F}_1$ 和 $\boldsymbol{f}$ 的作用下移动 $\Delta\boldsymbol{r}_1$，同一时间内，质点 m_2 在 $\boldsymbol{F}_2$ 和 $\boldsymbol{f}'$ 的作用下移动 $\Delta\boldsymbol{r}_2$，则 $\boldsymbol{f}$ 对 m_1 做的功为 $A_1=\boldsymbol{f}\cdot\Delta\boldsymbol{r}_1$；$\boldsymbol{f}'$ 对 m_2 做的功为 $A_2=\boldsymbol{f}'\cdot\Delta\boldsymbol{r}_2$，这一对内力做功之和为

$$A=A_1+A_2=\boldsymbol{f}\cdot\Delta\boldsymbol{r}_1+\boldsymbol{f}'\cdot\Delta\boldsymbol{r}_2=\boldsymbol{f}\cdot(\Delta\boldsymbol{r}_1-\Delta\boldsymbol{r}_2)=\boldsymbol{f}\cdot\Delta\boldsymbol{r}_{12}$$

其中，$\Delta \boldsymbol{r}_{12}$ 为 m_1 相对于 m_2 的位移。上式说明：一对内力的功（它们都为恒力）等于其中一个质点受的力与该质点对另一质点相对位移的点积（脚标 1、2 是可以交换的），即取决于力和相对位移。由于相对位移与参考系的选择没有关系，因此一对力做的总功与参考系的选择无关。根据这一特点，计算一对内力做功的时候，可以先假定其中的一个质点不动，另一个质点受力并沿着相对位移的路径运动，计算它相对移动时力做的功就行了。

例 4.2　质量为 m_B 的木板静止在光滑桌面上，质量为 m_A 的物体放在木板 B 的一端，现给物体 A 一初始速度 v_0 使其在 B 板上滑动，如图 4.9(a)所示，设 A、B 之间的摩擦因数为 μ，$m_A=m_B$，并设 A 滑到 B 的另一端时 A、B 恰好具有相同的速度，求 B 板的长度以及 B 板走过的距离。（A 可视为质点。）

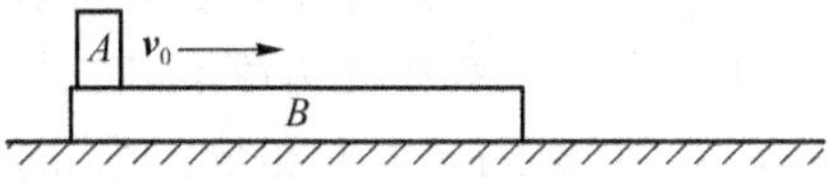

(a)

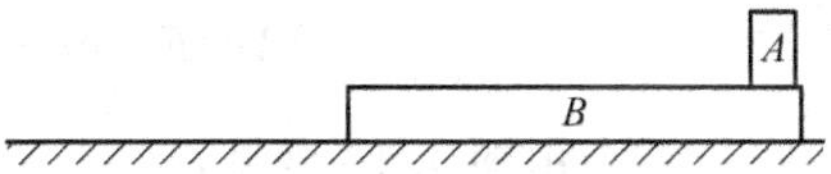

(b)

图 4.9　例 4.2 用图

解　A 向右滑动时，B 给 A 一向左的摩擦力，A 给 B 一向右的摩擦力，摩擦力的大小为 $\mu m_A g$，将 A、B 视为一系统，摩擦力是内力，因此系统水平方向动量守恒。取向右为正，设 A 滑到 B 的右端时二者的共同速度为 v，则

$$m_A v_0=(m_A+m_B)v$$

解得

$$v=\frac{v_0}{2}$$

再对 A、B 系统应用质点系动能定理，注意到摩擦力的功是一对内力的功，可设 B 不动，A 相对 B 移动了 B 的长度为 L，摩擦力的功应为 $-\mu m_A g L$，代入质点系动能定理

$$-\mu m_A g L=\frac{1}{2}(m_A+m_B)v^2-\frac{1}{2}m_A v_0^2$$

可得

$$L=\frac{v_0^2}{4\mu g L}$$

为了计算 B 板走过的距离 Δx，再单独对 B 板应用质点的动能定理，此时 B 板受的摩擦力做正功 $\mu m_A g\cdot\Delta x$，得

$$\mu m_A g\cdot\Delta x=\frac{1}{2}mv^2-0$$

所以

$$\Delta x=\frac{v_0^2}{8\mu g}$$

4.3 保守力与非保守力 势能

4.3.1 万有引力做功

一对质量分别为 m_1 和 m_2 的质点，彼此之间存在万有引力的作用，当二者相距 r 时，根据万有引力定律，它们之间的引力大小为

$$F=G\frac{m_1m_2}{r^2} \tag{4.13}$$

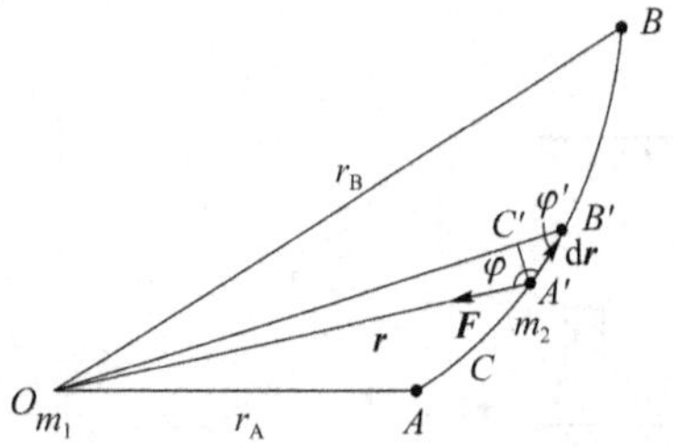

图 4.10 万有引力势能的推导

引力方向沿两质点的连线。如图 4.10 所示，以 m_1 所在处为原点，某时刻 m_2 对 m_1 的位矢为 $\boldsymbol{r}$，引力 $\boldsymbol{F}$ 与 $\boldsymbol{r}$ 方向相反。当 m_2 在引力作用下完成元位移 $\mathrm{d}\boldsymbol{r}$ 时，引力做的元功

$$\mathrm{d}A=\boldsymbol{F}\cdot\mathrm{d}\boldsymbol{r}=G\frac{m_1m_2}{r^2}|\mathrm{d}\boldsymbol{r}|\cos\varphi \tag{4.14}$$

由图 4.10 可见，

$$|\mathrm{d}\boldsymbol{r}|\cos\varphi=|\mathrm{d}\boldsymbol{r}|\cos(\pi-\varphi)=-|\mathrm{d}\boldsymbol{r}|\cos\varphi=-\mathrm{d}r$$

此处 $\mathrm{d}r$ 为位矢大小的增量，故式(4.14)可以写为

$$\mathrm{d}A=\boldsymbol{F}\cdot\mathrm{d}\boldsymbol{r}=-G\frac{m_1m_2}{r^2}\mathrm{d}r \tag{4.15}$$

这样，m_2 在 m_1 的引力作用下由 A 点沿任意路线运动到 B 点时，**万有引力所做的功**为

$$A=\int\mathrm{d}A=-\int_{r_A}^{r_B}G\frac{m_1m_2}{r^2}\mathrm{d}r=-Gm_1m_2\left(\frac{1}{r_A}-\frac{1}{r_B}\right) \tag{4.16}$$

由式(4.16)可知，**万有引力做功也是与做功路径无关**的，不论物体由 A 点经历何种路径到达 B 点，万有引力做功都一样。如果物体由 A 点出发经历任何闭合路径最后又回到 B 点万有引力的功一定等于零。

4.3.2 弹力做功

图 4.11 所示是一放置在光滑平面上的弹簧，弹簧的一端固定，另一端与一质量为 m 的物体相连接。当弹簧在水平方向不受外力作用时，它将不发生形变，此时物体位于点 O(即位于 $x=0$ 处)，这个位置叫作平衡位置。现以平衡位置 O 为坐标原点，向右为 Ox 轴正向。

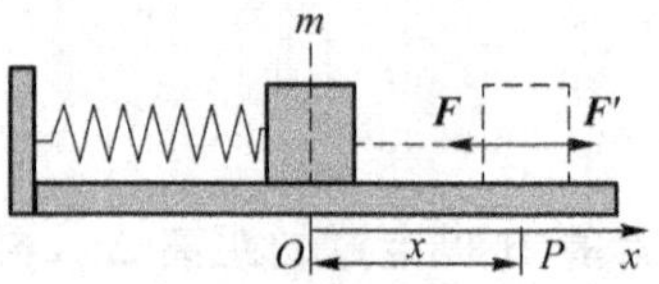

图 4.11 弹簧的弹性势能

若物体受到沿 Ox 轴正向的外力 F' 作用，弹簧将沿 Ox 轴正向被拉长，弹簧的伸长量即 x。根据胡克定律，在弹性限度内，弹簧的弹力 $\boldsymbol{F}$ 与弹簧的伸长量 x 之间的关系为

$$\boldsymbol{F}=-kx\boldsymbol{i} \tag{4.17}$$

其中，k 称为弹簧的劲度系数。在弹簧被拉长的过程中，弹力是变力。但弹簧位移为 $\mathrm{d}x$ 时的弹力 $\boldsymbol{F}$ 可近似看成是不变的。于是，弹簧位移为 $\mathrm{d}x\boldsymbol{i}$ 时，弹力做的元功为

$$\mathrm{d}A=\boldsymbol{F}\cdot\mathrm{d}\boldsymbol{r}=-kx\boldsymbol{i}\cdot\mathrm{d}x\boldsymbol{i}=-kx\mathrm{d}x \tag{4.18}$$

这样，弹簧的伸长量由 x_1 变为 x_2 时，弹力所做的功就等于各个元功之和。由积分计算可得

$$A=\int \mathrm{d}A=\int_{x_1}^{x_2}(-kx)\mathrm{d}x \tag{4.19}$$

计算此积分，可得**弹簧弹力对物体做的功**为

$$A=-\left(\frac{1}{2}kx_2^2-\frac{1}{2}kx_1^2\right) \tag{4.20}$$

从式(4.20)可以看出，对在弹性限度内具有给定劲度系数的弹簧来说，弹力做的功只由弹簧起始和终止的位置(x_1 和 x_2) 决定，而与弹性形变的过程无关。

4.3.3　保守力与非保守力　保守力做功的数学表达式

从上述对万有引力和弹力做功的讨论中可以看出，它们做功与中学我们所学过的重力做功特点一样，**所做的功只与系统的始、末位置有关，而与路径无关**。这是它们做功的一个共同特点。我们把具有这种特点的力叫作**保守力**。除了上面所讲的重力、万有引力和弹力是保守力外，电荷间相互作用的库仑力和原子间相互作用的分子力也是保守力。

保守力做功与路径无关的特性还可以用另一种方式来表示：**物体沿任意闭合路径运动一周时，保守力对它做功为零**，即

$$A=\oint \boldsymbol{F}\cdot \mathrm{d}\boldsymbol{r}=0 \tag{4.21}$$

式(4.21) 是反映**保守力做功特点的数学表达式**。

然而，在物理学中并非所有的力都具有做功与路径无关这一特点，如常见的摩擦力，它所做的功就与路径有关，路径越长，摩擦力做的功也越大。显然，摩擦力就不具有保守力做功的特点，属于非保守力。

4.3.4　势能

从上面关于万有引力、重力和弹力做功的讨论中我们知道，这些保守力做功均只与系统的始末位置有关，为此，可以引入一物理量，它是位置的函数，我们把这种与系统相对位置(一般称作**位形**)有关的能量定义为系统的势能或势函数，用 E_p 表示。这样，与初态位形相关的势能用 E_{pa} 表示，与末态位形相关的势能用 E_{pb} 表示，重力做功、弹力做功、万有引力做功就可以归纳成

$$A_{ab}=E_{pa}-E_{pb}=-(E_{pb}-E_{pa})=-\Delta E_p \tag{4.22}$$

式(4.22)为**势能的定义式，即保守力对物体做的功等于物体势能增量的负值**，该表述也被称为势能定理。由此可知，势能的绝对值是没有物理意义的，只有势能差才有物理意义。势能是由系统相互作用力和系统的位形(相对位置)决定的能量，因此势能只能是一个相对值，要确定系统处于某一位形(通常简称为物体在空间某点)的势能，需要选择一个参考位形(简称为参考点)，叫作**势能零点**，可用 $\boldsymbol{r}_0$ 表示，势能零点的势能 $E_p(\boldsymbol{r}_0)=0$。现在利用势能定理，令 b 为势能的零点，$E_{pb}=0$，a 为任意一点，位形为 $\boldsymbol{r}$，则

$$E_p(r)=\int_r^{r_0}\boldsymbol{F}_{保守}\cdot \mathrm{d}\boldsymbol{r} \tag{4.23}$$

式(4.23)是**势能计算的普遍公式**，根据这个公式，**空间某点(某位形)的势能等于保守力由该点**

(r)到势能零点(r_0)的功。

一个复杂的系统可能包含有不止一种势能。例如，一个竖直悬挂的弹簧振子就既有重力势能，又有弹性势能。这时可以把各种势能的总和定义为系统的势能，势能定理依然成立。

于是，三种势能分别为

- 重力势能

$$E_p = mgh$$

- 引力势能

$$E_p = -\frac{Gm_1 m_2}{r} \tag{4.24}$$

- 弹性势能

$$E_p = \frac{1}{2}kx^2$$

同重力势能一样，万有引力势能和弹性势能也是与势能零点选取有关的。显然，上述公式表示的万有引力势能的零点在两个质点的距离为无限大时($r=\infty$)，弹性势能的零点对应弹簧的原长，重力势能的零点为 $y=0$ 处。当然，势能零点也可以任意选取，选取不同的势能零点，物体的势能就将具有不同的值。势能可正可负，势能为负表明其势能大小比选作零点的势能小。所以，通常说势能具有相对意义。但也应当注意，任意两点间的势能之差却是具有绝对性的。

势能是属于系统的。势能是由于系统内各物体间具有保守力作用而产生的，因而它是属于系统的。单独谈单个物体的势能是没有意义的。例如，重力势能就是属于地球和物体所组成的系统的。如果没有地球对物体的作用，也就谈不上重力做功和重力势能的问题，离开了地球作用范围的宇宙飞船，也就无所谓重力势能。同样，弹性势能和引力势能也是属于有弹性力和引力作用的系统的。应当注意，在日常叙述时，常将地球与物体系统的重力势能说成物体的，这只是为了叙述上的简便，其实它是属于地球和物体系统的。物体的引力势能和弹性势能也都是这样。

4.4　功能原理　机械能守恒定律

4.4.1　质点系的功能原理

根据质点系的动能定理，有

$$A^{ex} + A^{in} = E_{kB} - E_{kA} \tag{4.25}$$

因此，内力有保守力和非保守力之分。如以 A_c^{in} 表示质点系内各保守内力做功之和，A_{nc}^{in} 表示质点系内各非保守内力做功之和，那么质点系内一切**内力所做的功**应为

$$A^{in} = \sum_i A_i^{in} = A_c^{in} + A_{nc}^{in} \tag{4.26}$$

此外，从式(4.22)可知，系统内保守力做的功等于势能增量的负值，因此质点系内各内力的保守力所做的功应为

$$A_c^{in} = -\left(\sum_i E_{pi} - \sum_i E_{pi0}\right) = -(E_p - E_{p0})$$

考虑了以上两点，质点系的动能定理可写为

$$A^{ex}+A_{nc}^{in}=(E_k+E_p)-(E_{k0}+E_{p0}) \tag{4.27}$$

在力学中，动能和势能统称为机械能，即

$$E=E_k+E_p$$

若以 E_0 和 E 分别代表质点系的初机械能和末机械能，那么式(4.27)可写成

$$A^{ex}+A_{nc}^{in}=E-E_0 \tag{4.28}$$

式(4.28)表明，**质点系机械能的增量等于外力与非保守内力做功之和**。这就是**质点系的功能原理**。

功能原理是从动能定理中推得的，无非是用势能代替内保守力的功，两者无本质区别。但这在对能量的认识上又进了一步，我们引入了机械能——动能和势能之和，这是力学中所涉及的能量的一种形式，引入机械能更能从“能”的角度来讨论问题。另外，用功能原理在计算上更为简单，因为势能比内保守力的功易于计算。但需要注意，应用功能原理，右边为机械能的增量，左边是外力和非保守内力的功；而用动能定理，右边是动能的增量，左边则是外力、保守内力、非保守内力的功。不要在应用功能原理时，把势能增量和保守内力的功重复计算进去。

功能原理指出，机械能的增量用外力和非保守内力的功来量度；动能定理指出，动能的增量用外力和一切内力的功来量度；而势能的增量用内保守力的功来量度。其实质均是用功来量度能量的变化，这使我们更加理解“功”这个概念——**功是能量变化的量度**。

4.4.2　机械能守恒定律

从质点系的功能原理式(4.28)可以看出，当 $A^{ex}+A_{nc}^{in}=0$ 时，有

$$E=E_0 \tag{4.29}$$

即

$$\sum E_{ki}+\sum E_{pi}=\sum E_{ki0}+\sum E_{pi0} \tag{4.30}$$

它的物理意义是：**当作用于质点系的外力和非保守内力做功之和为零时，质点系的总机械能是守恒的**。这就是**机械能守恒定律**。

机械能守恒定律的数学表达式(4.30)还可以写成

$$\sum E_{ki}-\sum E_{ki0}=-\left(\sum E_{pi}-\sum E_{pi0}\right)$$

即

$$\Delta E_k=-\Delta E_p \tag{4.31}$$

式(4.31)指出，在满足机械能守恒的条件下，质点系内的动能和势能都不是不变的，两者之间可以相互转换，但动能和势能之和却是不变的，所以说，在机械能守恒定律中，机械能是不变量或守恒量。而质点系内的动能和势能之间的转换则是通过质点系内的保守力做功来实现的。

4.4.3　能量守恒定律

在长期的生产实践和科学实验中，人们总结出一条重要的结论：**对于孤立的系统来说，系统内各种形式的能量是可以相互转换的，但是不论如何转换，能量既不能产生，也不能消失。**

这一结论叫作**能量守恒定律**，它是自然界中的普遍规律。能量守恒不仅适用于物体的机械运动、热运动、电磁运动、核子运动等物理运动形式，而且也适用于化学运动、生物运动等运动形式。它体现了运动的守恒。应当指出，在能量转换的过程中，能量的变化常用功来量度。在机械运动范围内，功是机械能变化的唯一量度。但是，不能把功与能量等同起来，因为功是和能量转换过程联系在一起的，而能量则只和系统的状态有关，是系统状态的函数。

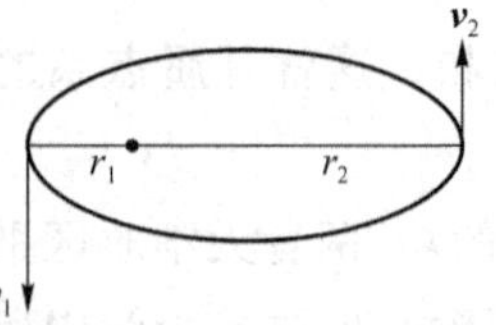

图 4.12 例 4.3 用图

例 4.3 行星在椭圆轨道上绕太阳运动，如图 4.12 所示，太阳质量为 m_1，行星质量为 m_2，行星在近日点和远日点时离太阳中心的距离分别为 r_1 和 r_2，求行星在轨道上运动时的总能量。

解 将行星与太阳视为一个系统，由于只有引力做功，系统机械能守恒。设行星在近日点和远日点时的速率分别为 v_1 和 v_2，有

$$\frac{1}{2}m_2v_1^2-G\frac{m_1m_2}{r_1}=\frac{1}{2}m_2v_2^2-G\frac{m_1m_2}{r_2}$$

行星在轨道上运动时，受太阳的万有引力作用，引力的方向始终指向太阳，以太阳为参考点，行星所受力矩为零，故行星对太阳的角动量守恒，即

$$m_2r_1v_1=m_2r_2v_2$$

行星在轨道上运动时的总能量

$$E=\frac{1}{2}m_2v_1^2-G\frac{m_1m_2}{r_1}=\frac{1}{2}m_2v_2^2-G\frac{m_1m_2}{r_2}$$

联立以上三式解得

$$E=-\frac{Gm_1m_2}{r_1+r_2}$$

例 4.4 如图 4.13 所示，雪橇从高 50 m 的山顶 A 点沿冰道由静止下滑，坡道 AB 长 500 m，滑至 B 点后，又沿水平冰道继续滑行若干米后停止在 C 点处。若 $\mu=0.050$，求雪橇沿水平冰道滑行的路程。

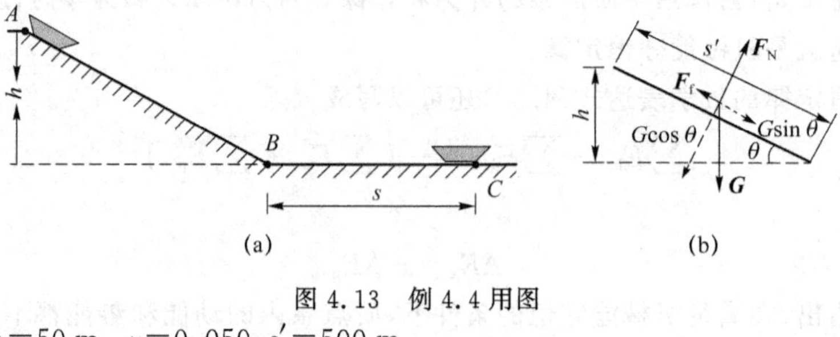

图 4.13 例 4.4 用图

解 已知 $h=50$ m，$\mu=0.050$，$s'=500$ m，

$$W_f=-\mu mg\cos\theta\, s'-\mu mgs\approx-\mu mg(s'+s)$$

$$E_2-E_1=-mgh$$

整个滑行过程摩擦力做的功为

$$A_f=-\mu mg\cos\theta\, s'-\mu mgs\approx-\mu mg(s'+s)$$

系统机械能的变化为

$$E_2-E_1=-mgh$$

根据功能原理 $A_f=E_2-E_1$，解得

$$s=\frac{h}{\mu}-s'=500\ \text{m}$$

例 4.5　如图 4.14 所示，一轻弹簧一端系在铅直放置的圆环的顶点 P，另一端系一质量为 m 的小球，小球穿过圆环并在环上运动($\mu=0$)。开始时球静止于 A 点，弹簧处于自然状态，其长为环半径 R，当球运动到环的底端 B 点时，球对环没有压力。求弹簧的劲度系数。

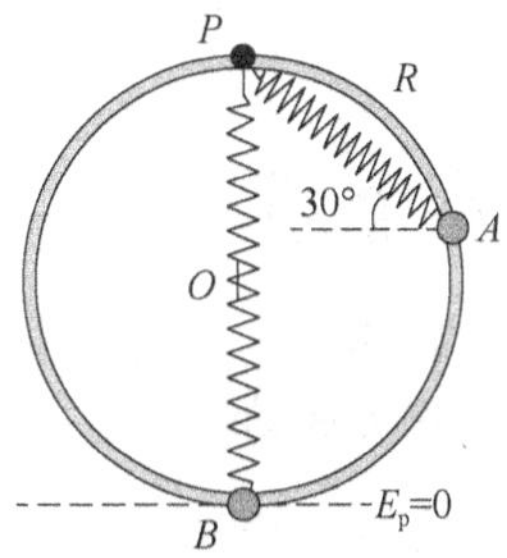

图 4.14　例 4.5 用图

解　以弹簧、小球和地球为一个系统。根据已知条件推出，弹簧的原长为 R。

因为从 A 到 B 只有重力和弹簧弹力这两个保守内力做功，所以系统 $E_B=E_A$。

取点 B 为重力势能零点，在 B 点弹簧的伸长量为 R，有

$$\frac{1}{2}mv_B^2+\frac{1}{2}kR^2=mg(2R-2R\sin 30°)$$

又在最低点 B 点，弹力和重力的合力提供了向心力，即

$$kR-mg=m\frac{v_B^2}{R}$$

所以

$$k=\frac{2mg}{R}$$

例 4.6　如图 4.15 所示，在光滑的水平桌面上 A 点处放有质量为 m_0 的木块，木块与弹簧相连，弹簧的另一端固定在 O 点，其劲度系数为 k。开始时弹簧处于自由长度 l_0。设有一质量为 m 的子弹以速度 v_0 沿垂直于 OA 方向射入木块，并嵌在其中。当木块运动到 B 点时，弹簧长度为 l，试求木块在 B 点时的速度 $\boldsymbol{v}$ 的大小和方向。

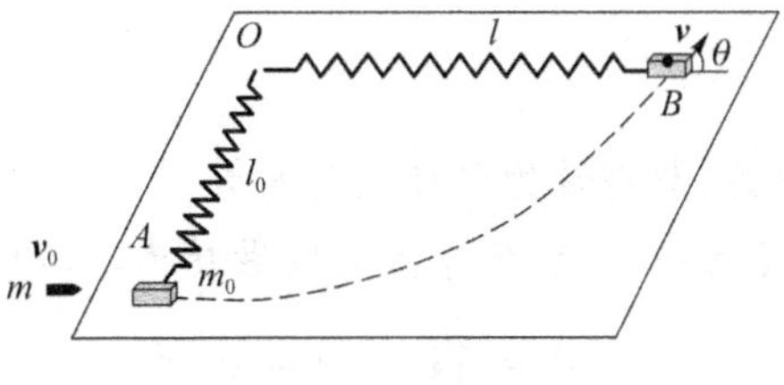

图 4.15　例 4.6 用图

解　本题可分为两个过程：子弹射入木块以及子弹和木块一起从 A 点运动到 B 点。

在第一个过程中，子弹和木块的总动量守恒，取子弹初速度方向为正，有

$$mv_0=(m+m_0)v_1$$

在第二个过程中，子弹、木块和弹簧的机械能和角动量守恒，取 O 点为参考点，弹簧原长为零势能点，有

$$\frac{1}{2}(m+m_0)v_1^2=\frac{1}{2}(m+m_0)v^2+\frac{1}{2}k(l-l_0)^2$$

$$(m+m_0)v_1l_0=(m+m_0)vl\sin\theta$$

解得

$$v=\sqrt{\frac{m^2v_0^2}{(m+m_0)^2}-\frac{k(l-l_0)^2}{m+m_0}}$$

$$\theta=\arcsin\frac{l_0mv_0}{l\sqrt{m^2v_0^2-k(l-l_0)^2(m+m_0)}}$$

本章小结

1. 功

恒力的功为

$$A=\boldsymbol{F}\cdot\Delta\boldsymbol{r}$$

元功为

$$\mathrm{d}A=\boldsymbol{F}\cdot\mathrm{d}\boldsymbol{r}=F\cos\theta|\mathrm{d}\boldsymbol{r}|$$

变力的功:质点从 A 到 B 外力所做的功为

$$A=\int_A^B\boldsymbol{F}\cdot\mathrm{d}\boldsymbol{r}=\int_A^B F\cos\theta\mathrm{d}s=\int_A^B F\cos\theta|\mathrm{d}\boldsymbol{r}|$$

在直角坐标系中,

$$A=\int_A^B\boldsymbol{F}\cdot\mathrm{d}\boldsymbol{r}=\int_A^B(F_x\mathrm{d}x+F_y\mathrm{d}y+F_z\mathrm{d}z)$$

2. 动能定理

质点的动能定理为

$$A_{AB}=\int_A^B\boldsymbol{F}\cdot\mathrm{d}\boldsymbol{r}=\int_{v_1}^{v_2}mv\mathrm{d}v=\frac{1}{2}mv_2^2-\frac{1}{2}mv_1^2$$

质点系的动能定理为

$$A_{外}+A_{内}=E_{k2}-E_{k1}$$

3. 保守力和势能

(1) 保守力

做功只与始、末位置有关,与经过的路径无关的力。

物体沿任意闭合路径运动一周时,保守力对它做功为零,即

$$A=\oint\boldsymbol{F}\cdot\mathrm{d}\boldsymbol{r}=0$$

(2) 势能

势能的定义为

$$A_{ab}=E_{pa}-E_{pb}=-(E_{pb}-E_{pa})=-\Delta E_p$$

势能的计算公式为

$$E_p(r)=\int_r^{r_0}\boldsymbol{F}_{保守}\cdot\mathrm{d}\boldsymbol{r}$$

上式是**势能计算的普遍公式**,根据这个公式,**空间某点(某位形)的势能等于保守力由该点(r)到势能零点(r_0)所做的功**。

(3) 几种势能及零势能点

• 重力势能为

$$E_p=mgh(h=0\text{ 处为势能零点})$$

• 弹簧的弹性势能为

$$E_p=\frac{1}{2}kx^2(\text{弹簧原长处为势能零点})$$

• 万有引力势能为

$$E_p=-\frac{Gm_1m_2}{r}(\text{与 }m_1\text{、}m_2\text{ 相距无限远处为势能零点})$$

4. 质点系的功能原理和机械能守恒定律

质点系的功能原理为

$$A^{ex}+A_{nc}^{in}=(E_k+E_p)-(E_{k0}+E_{p0})$$

即

$$A^{ex}+A_{nc}^{in}=E-E_0$$

其中，$E=\sum_{i=1}^{n}E_{ki}+\sum_{i=1}^{n}E_{pi}$。

机械能守恒定律：当 $A^{ex}+A_{nc}^{in}=0$ 时，有

$$E=E_0$$

即

$$\sum_{i=1}^{n}E_{ki}+\sum_{i=1}^{n}E_{pi}=\sum_{i=1}^{n}E_{ki0}+\sum_{i=1}^{n}E_{pi0}$$

或

$$\Delta E_k=-\Delta E_p$$

思　考　题

1. 你能否举出其他像"功"这样的字或词语，它的日常用语意义不同于它的科学意义？

2. 判断下列说法是否正确：

(1) 作用力的功恒等于反作用力的功。

(2) 若某力对物体不做功，则对物体的运动状态不产生影响。

3. 起重机将物体匀速提升或加速提升到一定的高度，这两种情况下起重机所做的功是否相同？

4. 甲将弹簧拉伸 0.03 m，乙继甲之后，再将弹簧继续拉伸 0.02 m，甲、乙二人谁做功多些？

5. 什么是保守力？举例说明。

6. 摩擦力为什么不能定义相应的摩擦力势能？什么是势能？势能存在的条件是什么？

7. 力所做的功是否与参考系的选取有关？动能和参考系的选取有关吗？势能呢？

8. 系统所受合外力为零，系统的机械能一定守恒吗？请举例说明。

习　　题

一、选择题

1. 一个质点在几个力同时作用下的位移为 $\Delta \boldsymbol{r}=4\boldsymbol{i}-5\boldsymbol{j}+6\boldsymbol{k}$（SI），其中一个力为恒力 $\boldsymbol{F}=-3\boldsymbol{i}-5\boldsymbol{j}+9\boldsymbol{k}$（SI），则此力在该位移过程中所做的功为（　　）。

A. -67 J　　B. 91 J　　C. 17 J　　D. 67 J

2. 一质点在如习题图 4.1 所示的坐标平面内做圆周运动，有一力 $\boldsymbol{F}=F_0(x\boldsymbol{i}+y\boldsymbol{j})$ 作用在质点上。在该质点从坐标原点运动到 $(0,2R)$ 位置过程中，力 $\boldsymbol{F}$ 对它所做的功为（　　）。

A. F_0R^2　　B. $2F_0R^2$　　C. $3F_0R^2$　　D. $4F_0R^2$

3. 在习题图 4.2 所示系统中（滑轮质量不计，轴光滑），外力 $\boldsymbol{F}$ 通过不可伸长的绳子和一劲度系数 $k=200$ N/m 的轻弹簧缓慢地拉地面上的物体。物体的质量 $M=2$ kg，初始时弹簧为自然长度，在把绳子拉下 20 cm 的过程中，$\boldsymbol{F}$ 所做的功（重力加速度 g 取 10 m/s²）为（　　）。

A. 2 J　　B. 1 J　　C. 3 J　　D. 4 J

E. 20 J

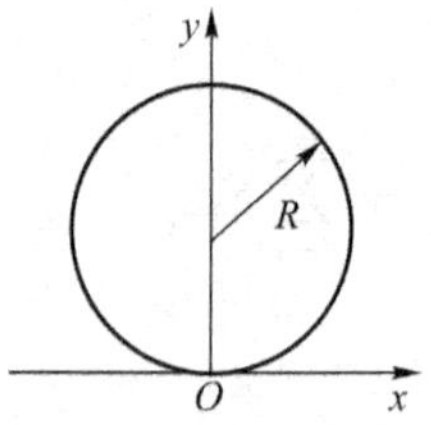

习题图 4.1

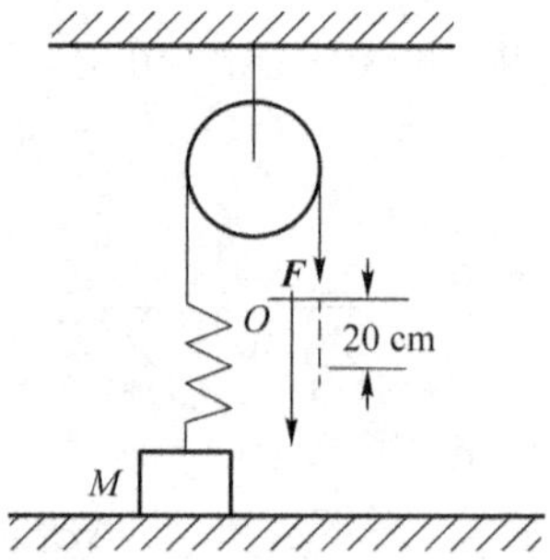

习题图 4.2

4. 一艘宇宙飞船的质量为 m，在关闭发动机返回地球时，可认为该飞船只在地球的引力场中运动。已知地球质量为 m_e，万有引力恒量为 G，则当它从距地球中心为 R_1 处下降到 R_2 处时，飞船动能的增量为（　　）。

A. $\dfrac{Gm_em}{R_2}$　　B. $\dfrac{Gm_em}{R_2^2}$

C. $Gm_em\dfrac{R_1-R_2}{R_1R_2}$　　D. $Gm_em\dfrac{R_1-R_2}{R_1^2}$

E. $Gm_em\dfrac{R_1-R_2}{R_1^2R_2^2}$

5. 对质点组有以下几种说法：

(1) 质点组总动量的改变与内力无关；

(2) 质点组总动量的改变与内力无关；

(3) 质点组机械能的改变与保守内力无关。

在上述说法中，（　　）。

A. 只有(1)是正确的　　　　B. (1)和(3)是正确的

C. (1)和(2)是正确的　　　　D. (2)和(3)是正确的

6. 一质点由原点从静止出发沿 x 轴运动，它在运动过程中受到指向原点的力的作用，此力的大小正比于它与原点的距离，比例系数为 k，那么当质点离开原点为 x 时，它相对原点的势能值是(　　)。

A. $-\frac{1}{2}kx^2$　　　　B. $\frac{1}{2}kx^2$

C. $-kx^2$　　　　D. kx^2

7. 一水平放置的轻弹簧劲度系数为 k，其一端固定，另一端系一质量为 m 的滑块 A，A 旁又有一质量相同的滑块 B，如习题图 4.3 所示。设两滑块与桌面间无摩擦，若用外力将 A、B 一起推压使弹簧压缩量为 d 而静止，然后撤去外力，则 B 离开时的速度大小为(　　)。

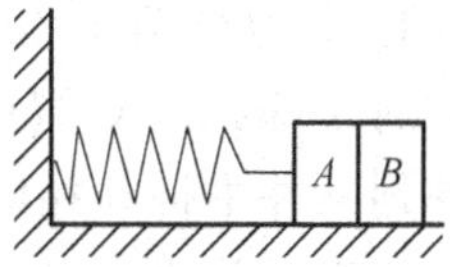

习题图 4.3

A. 0　　　　B. $d\sqrt{\frac{k}{2m}}$

C. $d\sqrt{\frac{k}{m}}$　　　　D. $d\sqrt{\frac{2k}{m}}$

二、填空题

1. 如习题图 4.4 所示，一长为 l、质量为 m 的匀质链条放在光滑的桌面上，若其长度的 1/5 悬挂于桌边下，将其慢慢拉回桌面，外力需做功________。

2. 已知地球质量为 M，半径为 R，一质量为 m 的火箭从地面上升到距地面高度为 $2R$ 处，在此过程中，地球引力对火箭做的功为________。

3. 如习题图 4.5 所示，劲度系数为 k 的弹簧上端固定，下端悬挂重物。当弹簧伸长 x_0 时，重物在 O 处达到平衡，现取重物在 O 处时各种势能均为零，则当弹簧长度为原长时，系统的重力势能为________，系统的弹性势能为________，系统的总势能为________。

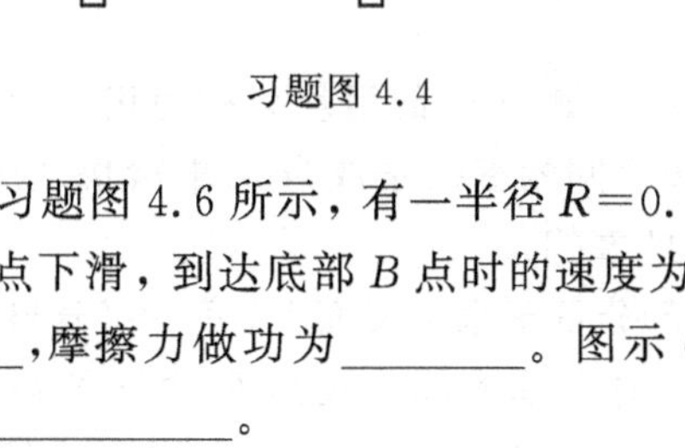

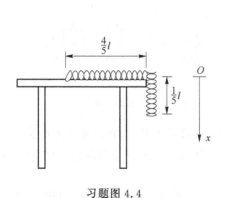

习题图 4.4

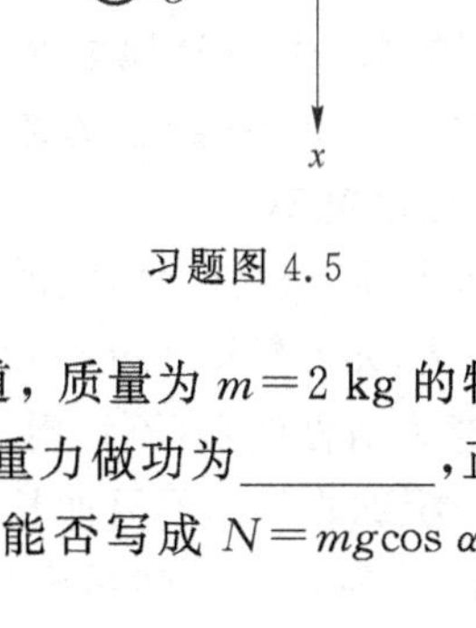

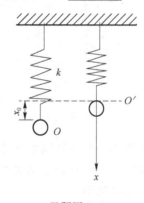

习题图 4.5

4. 如习题图 4.6 所示，有一半径 $R=0.5$ m 的圆弧轨道，质量为 $m=2$ kg 的物体从轨道的上端 A 点下滑，到达底部 B 点时的速度为 $v=2$ m/s，则重力做功为________，正压力做功为________，摩擦力做功为________。图示 C 点的正压 N 能否写成 $N=mg\cos\alpha=mg\sin\theta$？答：________________。

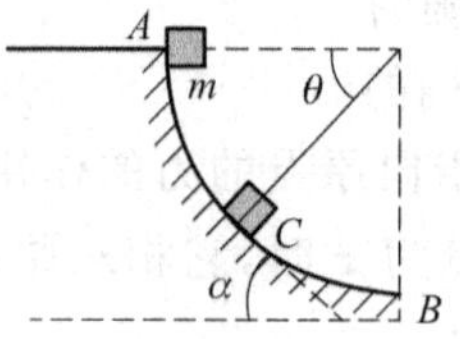

习题图 4.6

5. 一物体按规律 $x=ct^2$ 在媒质中做直线运动，式中 c 为常量，t 为时间。设媒质对物体的阻力正比于速度的平方，阻力系数为 k，则物体由 $x=0$ 运动到 $x=L$ 时，阻力所做的功为________。

6. 一质量为 m 的陨石从距地面高 $h=5R$（R 为地球半径）处由静止开始落向地面，忽略空气阻力，则陨石下落过程中，万有引力做的功 $A=$________，陨石落地的速度 $v=$________。

三、计算题

1. 如习题图 4.7 所示，一人从 10 m 深的井中提水，开始时桶中装有 10 kg 的水，桶的质量为 1 kg，由于水桶漏水，每升高 1 m 要漏掉 0.2 kg 的水。求水桶匀速地从井中提到井口，人所做的功。

2. 某弹簧不遵守胡克定律，若施力 F，则相应伸长为 x，力与伸长量的关系为 $F=52.8x+38.4x^2$（SI），求：

（1）将弹簧从定长 $x_1=0.50$ m 拉伸到定长 $x_2=1.00$ m 时，外力所需做的功。

（2）将弹簧放在水平光滑的桌面上，一端固定，另一端系一个质量为 2.17 kg 的物体，然后将弹簧拉伸到一定长 $x_2=1.00$ m，再将物体由静止释放，求当弹簧回到 $x_1=0.50$ m 时物体的速率。

（3）此弹簧的弹力是保守力吗？

3. 如习题图 4.8 所示，劲度系数为 k 的弹簧一端固定于墙上，另一端与一质量为 m_1 的木块 A 相接，A 又与质量为 m_2 的木块 B 用轻绳相连，整个系统放在光滑水平面上。然后以不变的力 F 向右拉 m_2，使 m_2 自平衡位置由静止开始运动，求木块 A、B 系统所受合外力为零时的速度，以及此过程中绳的拉力 T 对 m_1 所做的功和恒力 F 对 m_2 所做的功。

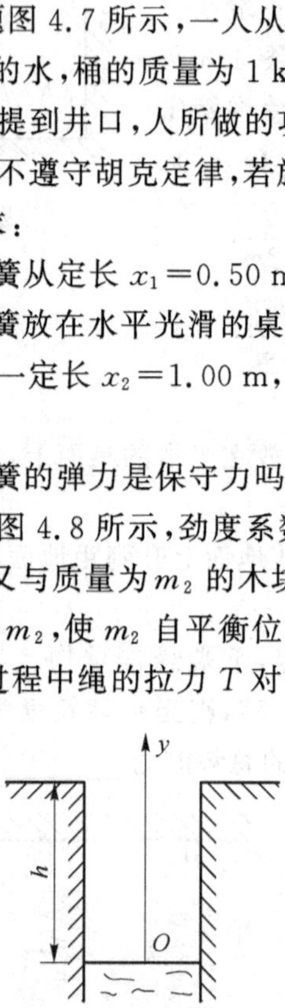

习题图 4.7

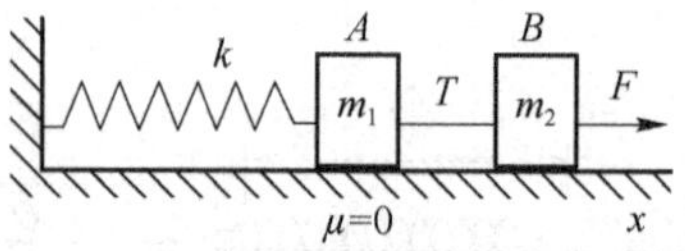

习题图 4.8

4. 我国的第一颗人造地球卫星于 1970 年 4 月 24 日发射升空，其近地点离地面 $r_1=439$ km，远地点离地面 $r_2=2\,384$ km。如果将地球看作半径为 6 378 km 的均匀球体，试求卫星在近地点和远地点的运动速率。

5. 在水平面上放置一固定的半圆形屏障，有一质量为 m 的滑块以初速度 v_0 沿切线方向射入屏障一端，如习题图 4.9 所示。设滑块与屏障之间的摩擦系数为 v，求滑块从屏障另一端滑出时，摩擦力所做的功（不计滑块与水平面之间的摩擦）。

6. 有一粗细均匀的不可伸长的柔软绳索，一部分置于水平桌面上，另一部分自桌边下垂，如习题图 4.10 所示。已知绳索的全长为 L，开始时下垂的部分长为 h，绳索的初速度为零。试求整根绳索全部离开桌面的瞬间，其速率为多大？（设绳索与桌面之间的动摩擦因数为 μ。）

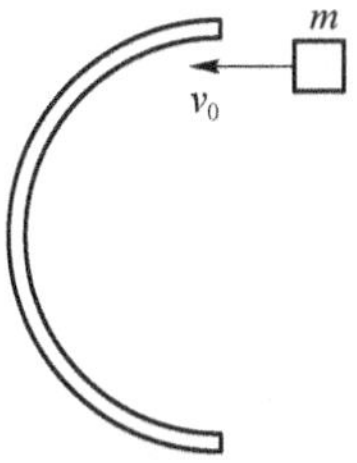

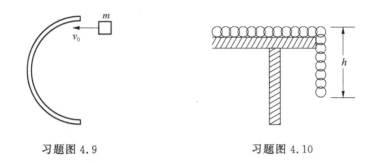

习题图 4.9

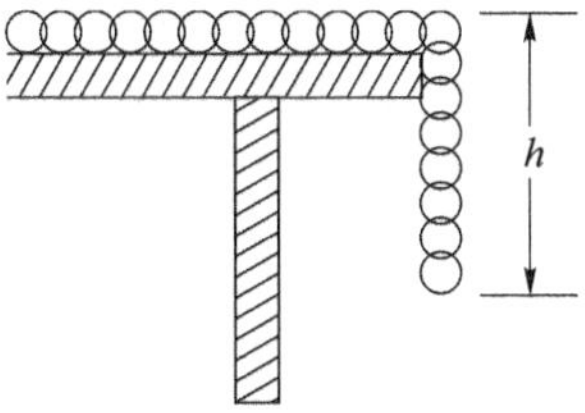

习题图 4.10

7. 如习题图 4.11 所示，一质量为 M 的木块，系在一固定于墙壁的弹簧的末端，静止在光滑水平面上，弹簧的劲度系数为 k。一质量为 m 的子弹射入木块后，弹簧长度被压缩了 L。

(1) 求子弹的速度；

(2) 若子弹射入木块的深度为 s，求子弹所受的平均阻力。

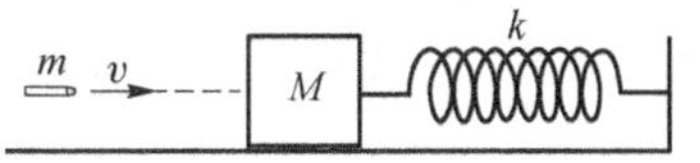

习题图 4.11

8. 在一光滑水平面上有一轻弹簧，一端固定，另一端连接一质量为 $m=1$ kg 的滑块，如习题图 4.12 所示，弹簧自然长度 $L_0=0.2$ m，劲度系数 $k=100$ N/m。设 $t=0$ 时，弹簧长度为 L_0，滑块速度 $v_0=5$ m/s，方向与弹簧垂直，在某一时刻弹簧位于与初始位置垂直的位置，长度为$L=0.5$ m，求该时刻滑块 $\boldsymbol{v}$ 的大小和方向。

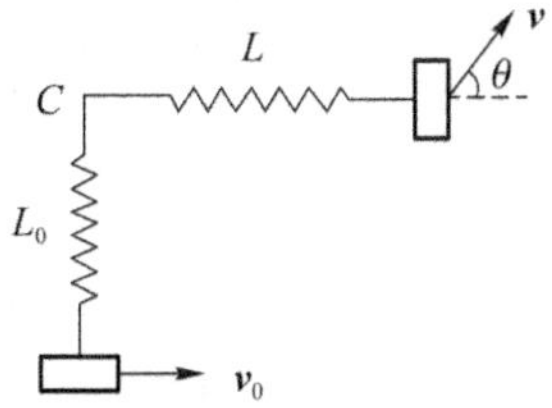

习题图 4.12

9. 火箭以第二宇宙速度 $v_2=\sqrt{2Rg}$沿地球表面切向飞出，如习题图 4.13 所示。在飞离地球过程中，火箭发动机停止工作，不计空气阻力，求火箭在距地心 $4R$ 的 A 处的速度。

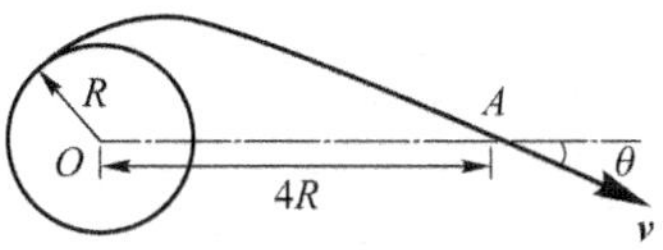

习题图 4.13

第2篇 电 磁 学

电磁学研究电场和磁场的产生、运动规律，电场和磁场的相互联系，电磁场对电荷和电流的作用，电磁场对实物的作用及所引起各种效应。电磁相互作用广泛存在于自然界，它涉及的方面很广泛，从人们的日常生活到一般的生产部门，从各种新技术的开发和应用到尖端的科学研究，无一不和电磁学有关。电磁学是大学物理中非常重要的内容。本书侧重从“场”的观点阐述电磁场。场具有空间分布，不同于实物物质。关于矢量场的特性以及矢量场的描述，引入了“通量”和“环流”两个概念，以及电场和磁场分别对应的通量定理和环路定理。

第5章　真空中的静电场

电学是研究电磁现象及其基本规律的一门学科。在日常生活和工农业生产的电气化、自动化方面以及医疗、生物等各个领域中，电学规律得到了广泛的应用。电的广泛应用是和电所具有的各种特性分不开的。第一，电能较容易转变为机械能、光能、化学能等其他形式的能量，所以利用电作为能源最为简便；第二，大功率的电能便于远距离传输，而且能量的损耗较少；第三，电磁信号可借电磁波的形式在空中传播，能够在极短的时间内把信号传送到遥远的地方，因而便于远距离控制和自动控制，使工业自动化成为可能。电学对现代生产技术的发展起着十分重要的作用，也是人类深入研究物质结构、发展近代科学理论必不可少的基础理论之一。

本章作为电磁学部分的开端，将讲述静止电荷的相互作用规律。静止电荷是通过它的电场对其他电荷产生作用的，所以关于电场的概念及规律就具有基础性意义。本章将进一步深入学习描述静电场的两个基本物理量，即场强和电势，以及静电场的两个基本定律，即高斯定理与环路定理。在基本概念的引入、定律的描述、分析方法尤其是对称性分析方法的应用方面，本章在思想上、方法上，对整个电磁学部分都具有典型意义。

5.1　电荷　库仑定律　电场强度

5.1.1　电荷

人类有关电磁现象的认识可追溯到公元前6世纪。古代希腊人发现用毛皮摩擦过的琥珀能够吸引碎草等轻小物体。后来，人们发现，不仅琥珀具有这种性质，还有相当多的物质，如金刚石、蓝宝石、硬树脂和明矾等都具有这种性质。这些物质经摩擦后有了吸引轻小物体的性质，我们就说物体带了电，或者说有了电荷。用摩擦的方法可以使物体带电，叫作**摩擦起电**。

自然界中只存在两种电荷。美国物理学家富兰克林把用丝绸摩擦过的玻璃棒所带的电荷叫作**正电荷**，用毛皮摩擦过的硬橡胶棒所带的电荷叫作**负电荷**。这种区分电荷的方法一直沿用到现在。实验发现，电荷之间存在着相互作用力，**同种电荷互相排斥，异种电荷互相吸引**。

物体所带电荷的多少叫作**电量**。在国际单位制中，电量的单位是库仑，简称库(C)。

从现代物理学的观点来看，物质结构的主要组成是**电子、质子和中子**。质子和中子是原子核的主要组成部分，统称为**核子**。电子在核外运动，质量约为 9.91×10^{-31} kg。电子带负电，其电量 e 是电荷的最小单元，叫**基元电荷**，$e=1.602\times10^{-19}$ C。至今尚未发现电荷电量比一个电子的电量更小的稳定带电体。到目前为止的所有实验表明，e 是最小的电荷单元，所有带电体或其他微观粒子的电量都是电子电量的整数倍。这个事实说明，物体所带的电荷是以一个个不连续的量值出现的，这称为**电荷的量子化**，是电荷的基本属性之一。

通常物体是由分子、原子构成的。原子由带正电的原子核和带负电的电子组成。原子核中含有质子和中子。质子带正电，其量值和电子的负电相等。中子不带电。在正常状态下，原子核外围的电子数目等于原子核内的质子数目，所以原子呈现中性，这样整个宏观物体也呈电中性，即正负电荷电量的代数和为零。若把一些电子从一个物体移到另一个物体上，则前者带正电，后者带负电，不过这两个物体的正负电荷的代数和仍为零。相反，如果让两个带有等量异号电荷的导体互相接触，则带负电的导体上的多余电子将移到带正电的导体上去，从而使两个导体对外部不显电性。在这个过程中，正负电荷的代数和始终不变，即总是为零。大量实验表明：**在孤立系统内，不论发生什么过程，该系统电量的代数和总保持不变。这就是电荷守恒定律**。电荷守恒定律是物理学中的基本定律之一。

电荷最基本的性质是与其他电荷的相互作用。实验发现，在研究任意两个带电体之间的静电相互作用规律时，力的大小和方向与带电体的几何形态、电荷的种类、电量的多少、电荷的分布及相对位置等许多因素有关，非常复杂。但是当两个带电体相距足够远，以至于带电体本身的线度比起两者间的距离可以忽略不计时，我们可以把带电体当作一个几何点。这时，带电体的形状、大小和电荷分布等因素已无关紧要，而且两者间的距离就有了完全确定的意义，从而使问题的研究大大简化。这种把带电体抽象为电荷集中于一个几何点的理想化模型叫作**点电荷**。

5.1.2　库仑定律

1785 年库仑通过对实验结果的分析，总结出如下的规律（即**库仑定律**）：**真空中两个静止点电荷之间相互作用的静电力 F 的大小与它们的带电量 q_1、q_2 的乘积成正比，与它们之间的距离 r 的平方成反比，作用力的方向沿着两个点电荷的连线**。在国际单位制中，它的数学表达式为

$$F=\frac{1}{4\pi\varepsilon_0}\frac{q_1q_2}{r^2}$$

式中，$\frac{1}{4\pi\varepsilon_0}$为比例系数，它的数值和单位取决于式中各量所采用的单位。在国际单位制中，力的单位为牛(N)，距离的单位为米(m)，电量的单位为库仑(C)。因为式中所有物理量的单位都已选定，所以比例系数需由实验测定。测量结果为

$$\varepsilon_0=8.854\,187\,817\times10^{-12}\ \mathrm{C^2/(N\cdot m^2)}\approx8.85\times10^{-12}\ \mathrm{C^2/(N\cdot m^2)}$$

因此

$$\frac{1}{4\pi\varepsilon_0}=8.99\times10^9\ \mathrm{N\cdot m^2/C^2}\approx9.0\times10^9\ \mathrm{N\cdot m^2/C^2}$$

ε_0 叫作**真空电容率**（又称真空介电常量或真空电系数），是自然界基本常量之一。

库仑定律的**矢量表达式**为

$$\boldsymbol{F}_{21}=\frac{q_1q_2}{4\pi\varepsilon_0r^2}\boldsymbol{e}_{r_{21}}\tag{5.1}$$

其中，$\boldsymbol{F}_{21}$ 为 q_1 对 q_2 的作用力，$\boldsymbol{e}_{r_{21}}$ 是从电荷 q_1 指向电荷 q_2 的单位矢量。

当空间存在多个静止的点电荷时。实验表明，两个点电荷之间的作用力并不因第三个电荷的存在而改变。因此，n 个点电荷同时存在时，施于某一点电荷的静电力等于每个点电荷单独存在时施于该点电荷的静电力的矢量和。这个结论叫作**静电力叠加原理**。

库仑定律是静电学的理论基础，也是电磁学的基本实验定律之一。库仑定律是物理学中著名的平方反比定律之一。库仑定律只适用于点电荷间的相互作用力。对于一般的带电体，可以把它划分为许许多多的电荷元，每个电荷元可视为点电荷。实验证明，整个带电体受到的力是所有电荷元所受力的矢量和。

5.1.3　电场强度的概念

库仑定律只说明两个点电荷相互作用力的大小和方向是怎样确定的，并没有说明它们之间的作用是怎样进行的。关于这一问题，历史上曾有两种不同的观点：一种是超距作用的观点，它认为一个电荷所受到的作用力是由另一个电荷直接作用的结果，这种作用既不需要中间物质，也不需要传递时间，而是从一个电荷即时地到达另一个电荷，这种作用方式可表示如下：

电荷⇆电荷

另一种是近距作用的观点，它认为在带电体周围空间存在着电场，其他带电体所受到的力（即电场力）是由电场给予的，这种作用方式可表示如下；

电荷⇆电场⇆电荷

近代物理学证明，后一种观点是正确的。

理论和实验还证明，电磁波能够脱离电荷和电流而独立存在；和原子、分子组成的实物一样，电磁场也具有动量、能量和质量。这说明电磁场具有物质性，场也是物质的一种形态。

相对于观察者静止的带电体周围所存在的场，称为静电场。静电场的对外表现主要有：

① 引入电场中的任何带电体都将受到电场的作用力，称为**电场力**；

② 当带电体在电场中移动时，电场所作用的力将对带电体做功，这表示电场具有能量。

我们将从力和功这两个方面，分别引出描述电场性质的两个重要物理量——电场强度和电势。

实验表明，电荷周围存在着电场。

要研究静电场的性质和特点，首先应该定义一个物理量来定量描述静电场，那就需要从静电场的特点入手。静电场的特点是它对其他电荷有作用力。我们将抓住这个特点来定义描写电场的物理量——**电场强度**。

设有这样一种电荷，它满足：

① 体积足够小，可以看成是点电荷，以至于可以把它放到电场中的某一个点（称为场点）上去测试它受到的电场力；

② 电量足够小，以至于把它放进电场中时对原来的电场几乎没有影响，这种电荷叫作**试验电荷**（常用 q_0 表示）。

当我们将试验电荷放进各种各样的电场来测量它所受的电场力时我们会发现如下的结果。

① 在同一个电场中不同地方的受力大小和方向一般不同（如图 5.1 所示），这说明电场是有强弱分布的，并且有方向性，描写电场的物理量应该是一个矢量。

图 5.1　电荷的场强

② 在同一个电场中的同一点处试验电荷所受的力 $\boldsymbol{F}$ 与其电量 q_0 成正比，这个结果表明试验电荷的受力与其电量的比值是一个与试验电荷无关，只与考察点处的电场特性有关的量。

我们定义比值(及其方向)

$$\boldsymbol{E}=\frac{\boldsymbol{F}}{q_0} \tag{5.2}$$

叫作**电场的电场强度**(简称为场强)。将试验电荷放置在静电场中不同的地方,测量它的受力大小和方向,然后通过上面的定义式就可以得到该点处电场强度的大小和方向。

在国际单位制中,电场强度的单位是伏特每米,符号为 V/m。也可以用牛顿每库仑(N/C)表示。

从上面的定义式(5.1)我们可以知道,**电场强度的物理意义是:单位正电荷所受到的电场力**。例如,电场中某点处的场强大小为 5 V/m,则一个单位正电荷在该点处所受到的电场力的大小为5 N,电场力的方向就是该点处场强的方向。

5.1.4　电场强度的计算

1. 点电荷产生的电场

点电荷产生电场的规律可以通过库仑定律直接得到。如图 5.2 所示,一个静止的点电荷 q 在其周围产生电场,设场点 P 相对于 q 的位置矢量为 $\boldsymbol{r}$,简称矢径 $\boldsymbol{r}$。

现在假设有一个试验电荷 q_0 处于 P 点,根据库仑定律,试验电荷 q_0 所受的电场力为

$$\boldsymbol{F}=\frac{qq_0}{4\pi\varepsilon_0 r^2}\boldsymbol{e}_r$$

于是根据场强的定义我们可以得到

$$\boldsymbol{E}=\frac{\boldsymbol{F}}{q_0}=\frac{q}{4\pi\varepsilon_0 r^2}\boldsymbol{e}_r \tag{5.3}$$

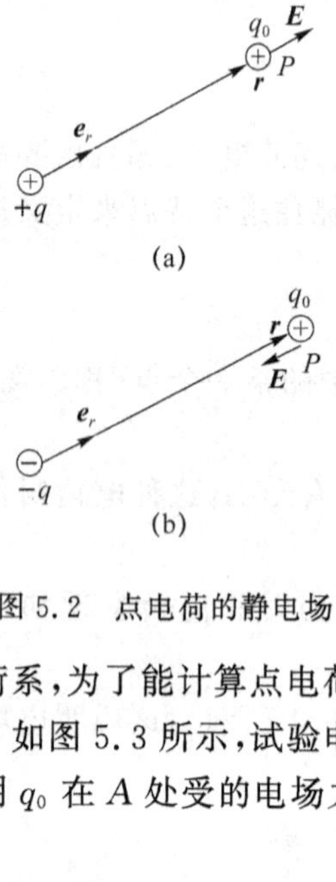

图 5.2　点电荷的静电场

式(5.3)给出点电荷场中任意一点的场强的大小和方向,称作**点电荷场强公式**,从中可以看出点电荷产生电场的规律。$\boldsymbol{r}=r\boldsymbol{e}_r$,$\boldsymbol{r}$ 为 P 点的位置矢量,是从 q 指向 P 点的矢量。由式(5.3)可知,若 $q>0$,则 $\boldsymbol{E}$ 与 $\boldsymbol{r}$ 同向,即在正电荷周围的电场中,任意一点的场强沿该点的矢径方向(图 5.2(a));若 $q<0$,则 $\boldsymbol{E}$ 与 $\boldsymbol{r}$ 反向,即在负电荷周围的电场中,任意点的场强沿该点矢径的负方向(图 5.2(b))。式(5.3)还说明点电荷的电场具有球对称性,即在以 q 为球心的任意球面上场强大小相等,方向均与该球面正交。在各向同性的自由空间内,一个本身无任何方向特征的点电荷的电场分布必然具有这种对称性。

2. 电场强度的叠加原理

一般来说,在某一个空间可能存在由许多个点电荷组成的点电荷系,为了能计算点电荷系的电场强度,下面我们先介绍电场强度的叠加原理。

如图 5.3 所示,试验电荷 q_0 放在点电荷系 $q_1,q_2,q_3,\cdots,q_n$ 所产生的电场中的 A 点,实验表明 q_0 在 A 处受的电场力 $\boldsymbol{F}$ 是各个点电荷各自对 q_0 作用力 $\boldsymbol{F}_1,\boldsymbol{F}_2,\boldsymbol{F}_3,\cdots,\boldsymbol{F}_n$的矢量和,即

$$\boldsymbol{F}=\boldsymbol{F}_1+\boldsymbol{F}_2+\boldsymbol{F}_3+\cdots+\boldsymbol{F}_n \tag{5.4}$$

按照场强定义有

$$\boldsymbol{E}=\frac{\boldsymbol{F}}{q_0}=\frac{\boldsymbol{F}_1}{q_0}+\frac{\boldsymbol{F}_2}{q_0}+\frac{\boldsymbol{F}_3}{q_0}+\cdots+\frac{\boldsymbol{F}_n}{q_0}=\boldsymbol{E}_1+\boldsymbol{E}_2+\boldsymbol{E}_3+\cdots+\boldsymbol{E}_n$$

$$\boldsymbol{E}=\sum_{i=1}^{n}\boldsymbol{E}_i \tag{5.5}$$

式(5.5)表明，点电荷系电场中任一点处的场强等于各个点电荷单独存在时在该点产生的场强的矢量和。

上述结论虽然是从点电荷系得出的，但显然容易推广到更一般的情况并得出如下普遍的结论：任意带电体系所激发的电场中某点的电场强度，等于该带电体系各个部分单独存在时在该点激发的电场强度的矢量和。这就是电场强度的叠加原理。

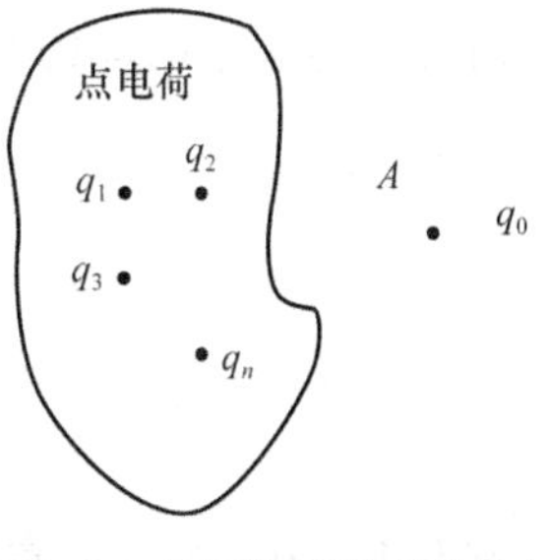

图 5.3　点电荷系场强的叠加

根据电场强度的叠加原理，点电荷系所产生的总电场的场强应等于各个点电荷场强的矢量和。对于包含 n 个点电荷的点电荷系，第 i 个点电荷 q_i 在场点 P 产生的场强为

$$\boldsymbol{E}_i=\frac{q_i}{4\pi\varepsilon_0 r_i^2}\boldsymbol{e}_{r_i}$$

式中，r_i 为场点 P 到点电荷 q_i 的距离，$\boldsymbol{e}_{r_i}$ 为 P 到 q_i 矢径的单位矢量。按场强叠加原理，总场强为

$$\boldsymbol{E}=\frac{q_1}{4\pi\varepsilon_0 r_1^2}\boldsymbol{e}_{r_1}+\frac{q_2}{4\pi\varepsilon_0 r_2^2}\boldsymbol{e}_{r_2}+\cdots+\frac{q_n}{4\pi\varepsilon_0 r_n^2}\boldsymbol{e}_{r_n}=\sum_{i=1}^{n}\frac{q_i}{4\pi\varepsilon_0 r_i^2}\boldsymbol{e}_{r_i} \tag{5.6}$$

这就是点**电荷系电场强度的计算公式**。

3. 连续带电体产生的电场

对于连续带电体所产生的电场，我们可以根据场强叠加原理和数学中的微积分方法计算。这种计算电场强度的方法叫作用叠加原理计算场强。

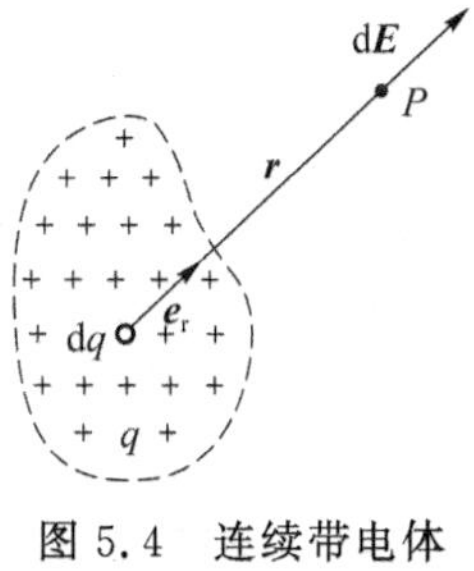

图 5.4　连续带电体的电场计算

我们知道任何连续带电体都可以微分成点电荷 dq，如图 5.4 所示。由前面所介绍的点电荷产生电场的规律，dq 产生的场强为

$$\mathrm{d}\boldsymbol{E}=\frac{\mathrm{d}q}{4\pi\varepsilon_0 r^2}\boldsymbol{e}_r \tag{5.7}$$

图 5.4 中 $\boldsymbol{r}$ 为 dq 指向场点 P 的矢量，式(5.7)中 r 为 $\boldsymbol{r}$ 的大小，$\boldsymbol{e}_r$ 为 $\boldsymbol{r}$ 的单位矢量。不同的元电荷指向 P 点的矢量 $\boldsymbol{r}$ 是不同的，因此 $\boldsymbol{r}$ 是一个变量。根据场强的叠加原理，带电体在 P 点处产生的总场强应该为各个元电荷在 P 点产生的场强的矢量和。这种无限多个无限小矢量的矢量和是一个矢量积分，即

$$\boldsymbol{E}=\int\mathrm{d}\boldsymbol{E}=\int_q\frac{\mathrm{d}q}{4\pi\varepsilon_0 r^2}\boldsymbol{e}_r \tag{5.8}$$

根据带电体的几何特点，可以通过单位空间量度上分布的电荷电量——电荷密度求电荷元。

体电荷密度为

$$\rho=\frac{\mathrm{d}q}{\mathrm{d}V},\quad \mathrm{d}q=\rho\mathrm{d}V \tag{5.9}$$

面电荷密度为

$$\sigma=\frac{dq}{dS},\quad dq=\sigma dS \tag{5.10}$$

线电荷密度为

$$\lambda=\frac{dq}{dl},\quad dq=\lambda dl \tag{5.11}$$

对应于连续带电体的**体分布、面分布和线分布**，可以写为如下三种形式：

$$\boldsymbol{E}=\int d\boldsymbol{E}=\int_V \frac{\rho dV}{4\pi\varepsilon_0 r^2}\boldsymbol{e}_r$$

$$\boldsymbol{E}=\int d\boldsymbol{E}=\int_S \frac{\sigma dS}{4\pi\varepsilon_0 r^2}\boldsymbol{e}_r$$

$$\boldsymbol{E}=\int d\boldsymbol{E}=\int_l \frac{\lambda dl}{4\pi\varepsilon_0 r^2}\boldsymbol{e}_r$$

例 5.1 电偶极子的静电场。

相距为 l、带有等量异号电量的点电荷对构成一对电偶极子。

如图 5.5 所示，由 $-q$ 指向 $+q$ 的矢量 $\boldsymbol{l}$ 称为电偶极子的轴；$\boldsymbol{p}=q\boldsymbol{l}$，称为**电偶极矩**(简称电矩)。

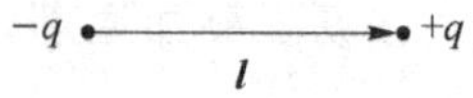

图 5.5 例 5.1 用图(一)

求：电矩 $\boldsymbol{p}=q\boldsymbol{l}$ 的电偶极子在距中心 $r\gg l$ 处，

(1) 轴线延长线上一点 A 处的电场强度；

(2) 轴线中垂线上一点 B 处的电场强度。

解 (1) 如图 5.6(a)所示，建立坐标系，单位矢量 $\boldsymbol{e}_l=\boldsymbol{i}$。

$$\begin{aligned}\boldsymbol{E}_A&=\boldsymbol{E}_+ + \boldsymbol{E}_-\\&=\left[\frac{q}{4\pi\varepsilon_0\left(r-\frac{l}{2}\right)^2}-\frac{q}{4\pi\varepsilon_0\left(r+\frac{l}{2}\right)^2}\right]\boldsymbol{i}\\&=\frac{q}{4\pi\varepsilon_0}\left[\frac{1}{\left(r-\frac{l}{2}\right)^2}-\frac{1}{\left(r+\frac{l}{2}\right)^2}\right]\boldsymbol{i}\\&=\frac{q}{4\pi\varepsilon_0}\frac{\left(r+\frac{l}{2}\right)^2-\left(r-\frac{l}{2}\right)^2}{\left(r-\frac{l}{2}\right)^2\left(r+\frac{l}{2}\right)^2}\boldsymbol{i}\\&=\frac{q}{4\pi\varepsilon_0}\frac{2rl}{r^4\left(1-\frac{l}{2r}\right)^2\left(1+\frac{l}{2r}\right)^2}\boldsymbol{i}\end{aligned}$$

当 $r\gg l$ 时，

$$\boldsymbol{E}_A=\frac{2q\boldsymbol{l}}{4\pi\varepsilon_0 r^3}=\frac{\boldsymbol{p}}{2\pi\varepsilon_0 r^3}$$

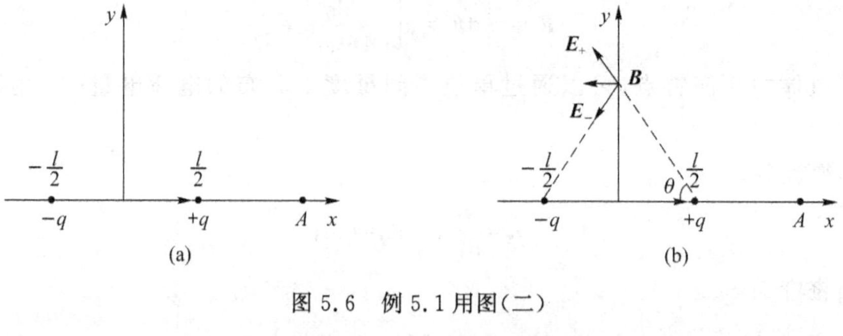

图 5.6 例 5.1 用图(二)

(2) 建立坐标系,如图 5.6(b)所示。

两点电荷在 B 点产生的场强大小为

$$E_+ = E_- = \frac{q}{4\pi\varepsilon_0\left(r^2+\frac{l^2}{4}\right)}$$

$$\begin{aligned}\boldsymbol{E}_B &= -2E_+\cos\theta\ \boldsymbol{i}\\ &= -2E_+\frac{\frac{l}{2}}{\sqrt{r^2+\frac{l^2}{4}}}\ \boldsymbol{i}\\ &= -\frac{q\boldsymbol{l}}{4\pi\varepsilon_0\left(r^2+\frac{l^2}{4}\right)^{\frac{3}{2}}}\end{aligned}$$

当 $r \gg l$ 时,

$$\boldsymbol{E}_B = -\frac{q\boldsymbol{l}}{4\pi\varepsilon_0 r^3} = -\frac{\boldsymbol{p}}{4\pi\varepsilon_0 r^3}$$

从以上计算结果可知,电偶极子产生的场强 $\boldsymbol{E}$ 的大小与电矩 $\boldsymbol{p}$ 成正比,与电偶极子到观察点的距离的三次方成反比。另外可证明,电偶极子在外电场中所受到的电场力、力矩都与电偶极子的电矩 $\boldsymbol{p}$ 成正比。因此,电矩 $\boldsymbol{p}$ 是电偶极子的一个重要特征量。

例 5.2　有一均匀带电直线,长为 l,电量为 q,求距它 r 处 p 点的场强。

解　建立坐标系,如图 5.7 所示,把带电体分成一系列点电荷,dy 段在 p 点处产生的场强为

$$\mathrm{d}E = \frac{\mathrm{d}q}{4\pi\varepsilon_0 r'^2}\ \left(\lambda = \frac{q}{l}\right)$$

由图 5.7 可知

$$\begin{cases} y = r\tan\beta = r\tan\left(\theta - \frac{\pi}{2}\right) = -r\tan\left(\frac{\pi}{2}-\theta\right) = -r\cot\theta \\ \mathrm{d}y = r\csc^2\theta\mathrm{d}\theta \\ r' = \frac{r}{\cos\beta} = \frac{r}{\sin\theta} = r\csc\theta \end{cases}$$

代入场强公式中有

$$\mathrm{d}E = \frac{\lambda\mathrm{d}y}{4\pi\varepsilon_0 r'^2} = \frac{\lambda\mathrm{d}\theta}{4\pi\varepsilon_0 r}$$

$$\begin{aligned}\mathrm{d}E_x &= \mathrm{d}E\cos\beta = \mathrm{d}E\cos\left(\theta-\frac{\pi}{2}\right)\\ &= \mathrm{d}E\cos\left(\frac{\pi}{2}-\theta\right) = \mathrm{d}E\sin\theta = \frac{\lambda\mathrm{d}\theta}{4\pi\varepsilon_0 r}\sin\theta\end{aligned}$$

所以

$$E_x = \int\mathrm{d}E_x = \int_{\theta_1}^{\theta_2}\frac{\lambda\sin\theta\mathrm{d}\theta}{4\pi\varepsilon_0 r} = \frac{\lambda}{4\pi\varepsilon_0 r}(\cos\theta_1 - \cos\theta_2)$$

$$\mathrm{d}E_y = -\mathrm{d}E\sin\beta = \mathrm{d}E\cos\theta$$

$$E_y = \int\mathrm{d}E_y = \int_{\theta_1}^{\theta_2}\frac{\lambda\cos\theta\mathrm{d}\theta}{4\pi\varepsilon_0 r} = \frac{\lambda}{4\pi\varepsilon_0 r}(\sin\theta_2 - \sin\theta_1)$$

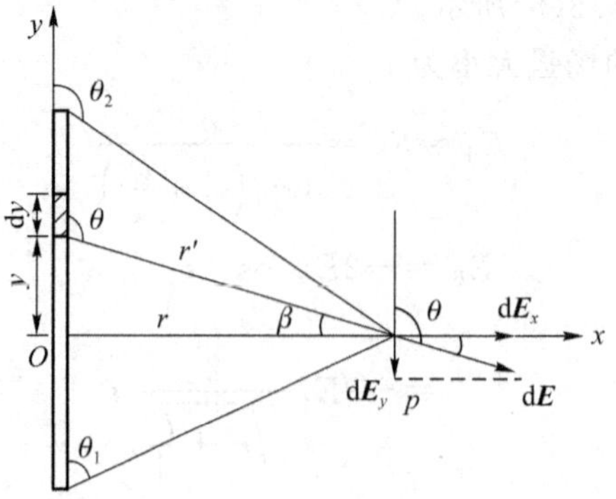

图 5.7 例 5.2 用图(均匀带电直线的场强)

讨论:无限长均匀带电直线 $\theta_1=0,\theta_2=\pi$,则 $E_x=\dfrac{\lambda}{2\pi\varepsilon_0 r}$,$E_y=0$。即无限长均匀带电直线电场垂直于直线,$\lambda>0$,$\boldsymbol{E}$ 背向直线;$\lambda<0$,$\boldsymbol{E}$ 指向直线。

例 5.3 设电荷 q 均匀分布在半径为 R 的圆环上,计算在环的轴线上与环心相距 x 的 p 点的场强。

解 建立坐标系,如图 5.8 所示,x 轴在圆环轴线上,把圆环分成一系列长为 dl 的点电荷,dl 部分在 p 点产生的电场为

$$dE=\frac{\lambda dl}{4\pi\varepsilon_0 r^2}=\frac{\lambda dl}{4\pi\varepsilon_0(x^2+R^2)}$$

电荷线密度

$$\lambda=\frac{q}{2\pi R}$$

$$dE_{/\!/}=dE\cos\theta=\frac{\lambda x\,dl}{4\pi\varepsilon_0\ (x^2+R^2)^{\frac{3}{2}}}$$

$$E_{/\!/}=\int_0^{2\pi R}\frac{\lambda x\,dl}{4\pi\varepsilon_0\ (x^2+R^2)^{\frac{3}{2}}}=\frac{(\lambda\times 2\pi R)x}{4\pi\varepsilon_0\ (x^2+R^2)^{\frac{3}{2}}}=\frac{qx}{4\pi\varepsilon_0\ (x^2+R^2)^{\frac{3}{2}}}$$

根据对称性可知,$E_{\perp}=0$,因此

$$E=E_{/\!/}=\frac{qx}{4\pi\varepsilon_0\ (x^2+R^2)^{\frac{3}{2}}}$$

若 $q>0$ 则 $\boldsymbol{E}$ 沿 x 轴正向;若 $q<0$,则 $\boldsymbol{E}$ 沿 x 轴负向(x 轴上 $\boldsymbol{E}$ 关于原点对称)。

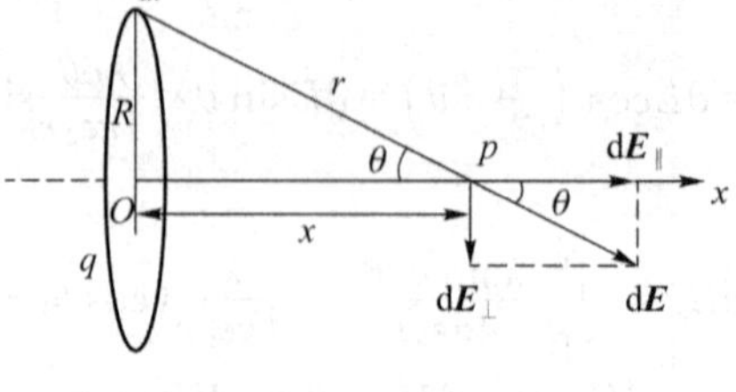

图 5.8 例 5.3 用图(均匀带电圆环的场强)

结论：$\boldsymbol{E}$ 与圆环平面垂直，环中心处 $\boldsymbol{E}=0$，也可用对称性判断。

当 $x \gg R$ 时，

$$E=\frac{q}{4\pi\varepsilon_0 x^2}$$

例 5.4　半径为 R 的均匀带电圆盘，电荷面密度为 σ，计算轴线上与盘心相距 x 的 p 点的场强。

解　如图 5.9 所示，x 轴在圆盘轴线上，把圆盘分成一系列的同心圆环，半径为 r、宽度为 $\mathrm{d}r$ 的圆环在 p 点产生的场强为

$$E=\mathrm{d}E_{/\!/}=\frac{x\mathrm{d}q}{4\pi\varepsilon_0(x^2+r^2)^{\frac{3}{2}}}\text{（均匀带电圆环）}$$

$$=\frac{x\cdot\sigma 2\pi r\mathrm{d}r}{4\pi\varepsilon_0(x^2+r^2)^{\frac{3}{2}}}=\frac{\sigma}{2\varepsilon_0}\cdot\frac{xr\mathrm{d}r}{(x^2+r^2)^{\frac{3}{2}}}$$

因为各环在 p 点产生的场强方向均相同，所以整个圆盘在 p 点产生的场强为

$$E=E_{/\!/}=\int\mathrm{d}E_{/\!/}=\int_0^R\frac{\sigma}{2\varepsilon_0}\cdot\frac{xr\,\mathrm{d}r}{(x^2+r^2)^{\frac{3}{2}}}=\frac{\sigma x}{2\varepsilon_0}\int_0^R\frac{r\mathrm{d}r}{(x^2+r^2)^{\frac{3}{2}}}=\frac{\sigma x}{2\varepsilon_0}\cdot\frac{1}{2}\int_0^R\frac{\mathrm{d}(x^2+r^2)}{(x^2+r^2)^{\frac{3}{2}}}$$

$$=\frac{\sigma x}{2\varepsilon_0}\cdot\frac{1}{2}\cdot\frac{1}{-\frac{1}{2}}\cdot\frac{1}{(x^2+r^2)^{\frac{1}{2}}}\Bigg|_0^R=\frac{\sigma x}{2\varepsilon_0}\left(\frac{1}{x}-\frac{1}{\sqrt{x^2+R^2}}\right)$$

$$=\frac{\sigma}{2\varepsilon_0}\left(1-\frac{x}{\sqrt{x^2+R^2}}\right)$$

若 $\sigma>0$，则场强背离圆盘；若 $\sigma<0$，则场强指向圆盘。两种情况下 $\boldsymbol{E}$ 都与盘面垂直（$\boldsymbol{E}$ 关于盘面对称）。当 $x \gg R$ 时，有 $E=\frac{\sigma}{2\varepsilon_0}$。

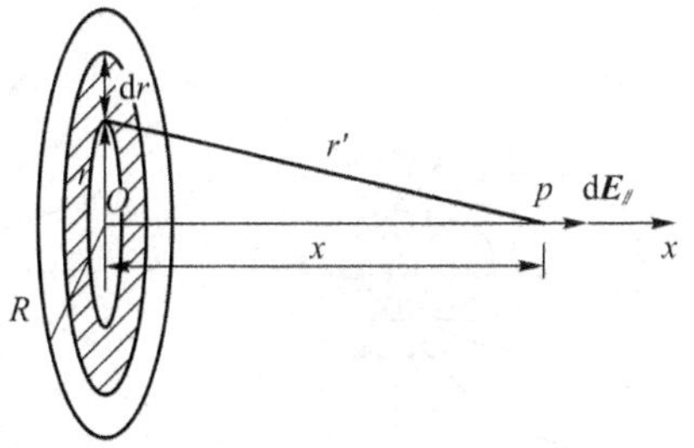

图 5.9　例 5.4 用图（均匀带电圆盘的场强）

综合上面的例子，使用微积分计算场强的步骤如下：

① 建立坐标系，目的是便于表示场强的方向和选择积分的变量；

② 选取元电荷，即对连续带电体进行微分；

③ 写出元电荷在考察点的场强大小；

④ 分析元电荷在考察点场强的方向，为写分量做准备；

⑤ 写出元电荷在考察点场强的各个分量，为对各个分量积分做准备；

⑥ 分别对各个分量积分，并在积分过程中选择恰当的积分变量和统一变量。

5.2 电场线和电场强度通量

5.2.1 电场线

为了形象地表示电场及其分布状况，可以将电场用一种假想的几何曲线来表示，这就是**电场线，也称 $\boldsymbol{E}$ 线**。电场线最早是由法拉第提出来的。严格来讲，电场线是在电场中人为地做出的有向曲线，它满足：

(1) 电场线上每一点的切线方向与该点场强的方向一致；

(2) 电场中每一点的电场线密度表示该点场强的大小。

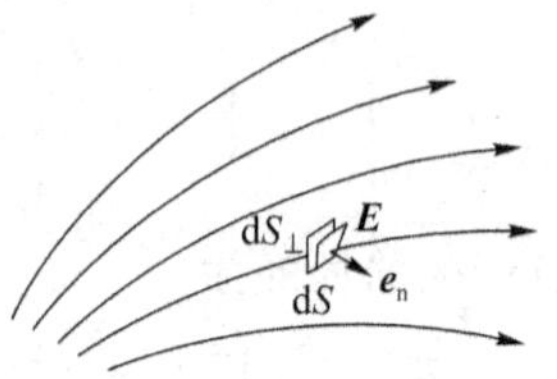

图 5.10 电场线数密度与场强大小的关系

为了使电场线不仅能表示电场中场强的方向而且能表示场强的大小，对电场线的疏密程度作如下规定：如图 5.10 所示，在电场中某点附近，取一个与场强 $\boldsymbol{E}$ 垂直的面积元 $\Delta S_\perp$，通过它的电场线条数为 $\Delta\Phi_e$，在该点场强大小与电场线的关系定义为

$$E=\lim_{\Delta S_\perp\to 0}\frac{\Delta\Phi_e}{\Delta S_\perp}=\frac{d\Phi_e}{dS_\perp} \tag{5.12}$$

这就是说，电场中某点电场强度的大小等于该点处的电场线密度，即该点附近垂直于电场方向的单位面积所通过的电场线条数。按照这样的规定，电场线既可以定性地描述电场的方向，又可以定量地表示电场的大小。事实上，对于所有的矢量分布(矢量场)，都可以用相应的矢量线来进行形象描述。例如，电流场可以用电流线来描述，磁感应强度场可以用磁感应线来描述等，其描述方法基本上相同。图 5.11 为几种常见带电体系产生的电场的电场线。

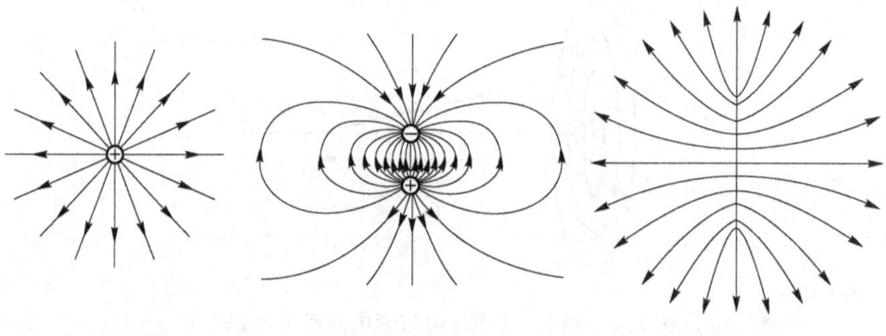

(a) 点电荷　(b) 电偶极子　(c) 带电直线

图 5.11 电场线

通过对各种各样电场的电场线的分析，我们会发现，静电场的电场线具有如下特点。

(1) 静电场的电场线起自正电荷(或来自无限远处)，终于负电荷(或伸向无限远处)，不会在没有电荷的地方终止。

(2) 静电场的电场线不能形成闭合曲线。

(3) 任何两条电场线不能相交，即在同一电场中所作的电场线不会相交。事实上，若同一电场的电场线相交就意味着在交点处的场强会有两个方向，即一个点电荷在该点受到的电场力会有两个方向，这是不符合物理实际的。

5.2.2　电场强度通量

电场强度通量也叫电通量，是我们对静电场进行理论分析时所必需的一个重要物理量。为了能严格地定义电场强度通量，我们首先介绍有向曲面的概念。

通过电场中某一个曲面的电场线条数叫作通过这个面的电通量，用由 Φ_e 表示。下面我们分几种情况来说明计算电通量的方法。

1. 均匀电场中，平面与场强 $\boldsymbol{E}$ 垂直

在场强为 $\boldsymbol{E}$ 的匀强电场中，与场强 $\boldsymbol{E}$ 垂直的平面面积为 $S_{\perp}$，如图 5.12(a)所示。根据作电场线的规定，通过与场强垂直的单位面积上的电力线条数等于场强的大小，这样通过 $S_{\perp}$ 面的电通量为

$$\Phi_e = ES_{\perp}$$

2. 均匀电场中，平面法线与场强夹角为 θ

由图 5.12(b)可见，通过平面 S 的电通量等于通过它在垂直于 $\boldsymbol{E}$ 的平面上的投影 $S_{\perp}$ 面的电通量，所以通过平面 S 的电通量为

$$\Phi_e = ES_{\perp} = ES\cos\theta = \boldsymbol{E}\cdot\boldsymbol{S} \tag{5.13}$$

式中，$\boldsymbol{S}=S\boldsymbol{e}_n$，$\boldsymbol{e}_n$ 为 $\boldsymbol{S}$ 的单位法线向量。

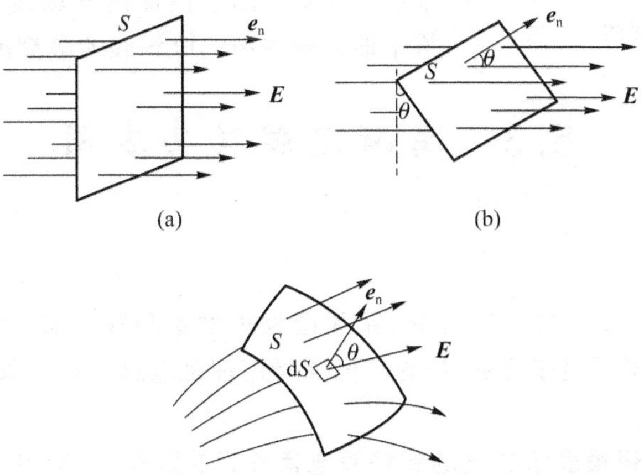

图 5.12　电通量

3. 非均匀电场中的任意曲面

先把曲面 S 划分成无限多个面积元 $\mathrm{d}S$，如图 5.12(c)所示，每个面积元都可看成无限小平面，它上面的场强可当作均匀的。设面积元 $\mathrm{d}S$ 的法线 $\boldsymbol{e}_n$ 与该处场强 $\boldsymbol{E}$ 成 θ 角，则通过面积元 $\mathrm{d}S$ 的电通量为

$$\mathrm{d}\Phi_e = E\cos\theta\mathrm{d}S$$

通过曲面 S 的电通量 Φ_e 应等于曲面上所有面积元的电通量 $\mathrm{d}\Phi_e$ 的代数和，即

$$\Phi_e = \int_S \mathrm{d}\Phi_e = \int_S E\cos\theta\mathrm{d}S \tag{5.14}$$

式中，$\int_S$ 表示对整个曲面 S 进行积分。

4. 非均匀电场中的闭合曲面

通过闭合曲面的电通量为

$$\Phi_e = \oint_S E\cos\theta \mathrm{d}S \tag{5.15}$$

若引入面积元矢量 $\mathrm{d}\boldsymbol{S}$（大小等于 $\mathrm{d}S$ 而方向是 $\mathrm{d}S$ 的正法线 $\boldsymbol{e}_n$ 方向），$\mathrm{d}\boldsymbol{S}=\mathrm{d}S\boldsymbol{e}_n$，由矢量的标积定义可知，$E\cos\theta\mathrm{d}S$ 为矢量 $\boldsymbol{E}$ 和 $\mathrm{d}\boldsymbol{S}$ 的标积，即有 $E\cos\theta\mathrm{d}S=\boldsymbol{E}\cdot\mathrm{d}\boldsymbol{S}$，那么

$$\Phi_e = \oint_S E\cos\theta \mathrm{d}S = \oint_S \boldsymbol{E}\cdot\mathrm{d}\boldsymbol{S} \tag{5.16}$$

式中，$\oint_S$ 表示对整个闭合曲面进行积分。对于不闭合的曲面，面上各处法向单位矢量的正向可以任意取这一侧或另一侧。对于闭合曲面，通常规定面积元 $\mathrm{d}S$ 的法线方指向曲面外侧为正方向，这时通过闭合曲面上各面积元的电通量可正可负。如图 5.13 所示，在面积元 A 处，电力线从曲面外穿进曲面内，由于 $\theta_2>90°$，所以电通量 $\mathrm{d}\Phi_e$ 为负；在面积元 B 处电场线从曲面内穿出到曲面外，由于 $\theta_1<90°$，所以电通量 $\mathrm{d}\Phi_e$ 为正。因此，式(5.16)表示的通过整个闭合曲面的电通量，就等于穿入与穿出闭合曲面的电场线条数之差，即**电通量就等于该闭合曲面的电场线的净穿出。**

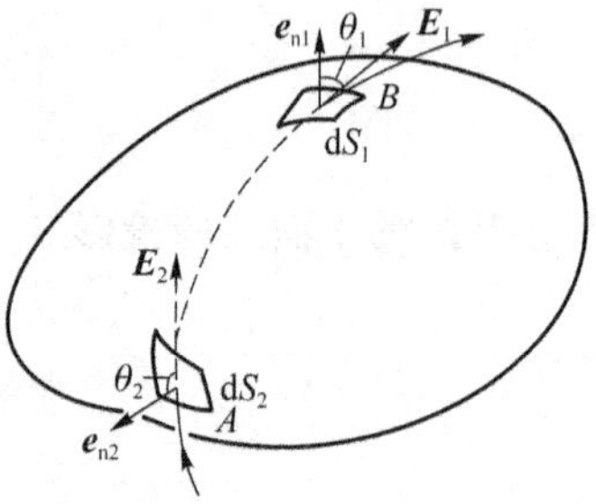

图 5.13　闭合曲面的电通量

5.3　高斯定理及其应用

5.3.1　高斯定理

高斯(K. F. Gauss，1777—1855 年)是德国物理学家和数学家，他在实验物理和理论物理以及数学方面都作出了很多贡献，他导出的高斯定理是电磁学的一条重要规律，是静电场有源性的完美数学表达。

高斯定理是用 $\boldsymbol{E}$ 通量表示的电场和场源电荷关系的定理，它给出了通过任意闭合曲面的 $\boldsymbol{E}$ 通量与闭合曲面内部所包围的电荷的关系。

高斯定理是静电学中的一个重要原理，下面我们分几步导出高斯定理。

(1) 以点电荷 q 为球心，以任意半径 r 作一球面，计算通过该球面的电通量。

由于点电荷 q 的电场具有球对称性，球面上任一点场强 $\boldsymbol{E}$ 的量值都是 $E=\dfrac{q}{4\pi\varepsilon_0 r^2}$，场强的方向都沿矢径方向，且处处与球面正交。如图 5.14(a)所示，根据式(5.16)可求得通过球面的电通量为

$$\begin{aligned}\Phi_e &= \oint_S \boldsymbol{E}\cdot\mathrm{d}\boldsymbol{S} = \oint_S E\cos\theta\mathrm{d}S = \oint_S \frac{q}{4\pi\varepsilon_0 r^2}\mathrm{d}S = \frac{q}{4\pi\varepsilon_0 r^2}\oint \mathrm{d}S \\ &= \frac{q}{4\pi\varepsilon_0 r^2}4\pi r^2 = \frac{q}{\varepsilon_0}\end{aligned}$$

上式指出，点电荷 q 在球心时，通过任意球面的电通量都等于 q/ε_0，而与球面半径 r 的大小无关。

(2) 通过包围点电荷 q 的任意闭合曲面 S' 的电通量。

如图 5.14(a)所示，作任意闭合曲面 S'，S' 与球面 S 包围同一电荷 q，根据电场线在没有电荷的地方不能中断的性质，容易看出，通过球面 S 和 S' 的电通量相等，都是 q/ε_0，由此证明了通过包围点电荷 q 的任意闭合曲面的电通量等于 q/ε_0，即

$$\Phi_e = \oint_S \boldsymbol{E} \cdot d\boldsymbol{S} = \frac{q}{\varepsilon_0}$$

(3) 闭合曲面外的点电荷，通过闭合曲面的电通量。

如图 5.14(b)所示，点电荷 q 在闭合曲面外，在 S 面内没有其他电荷，由于电场线的连续性，有几条电场线穿入闭合曲面，必有几条电场线从闭合曲面内穿出，所以当点电荷 q 在闭合曲面外时，它通过该闭合面的电通量的代数和为零，即

$$\Phi_e = \oint_S \boldsymbol{E} \cdot d\boldsymbol{S} = 0$$

应当指出，当点电荷位于闭合曲面外时，穿过闭合曲面的电通量虽然为零，但闭合曲面上各点处的场强 $\boldsymbol{E}$ 并不为零。

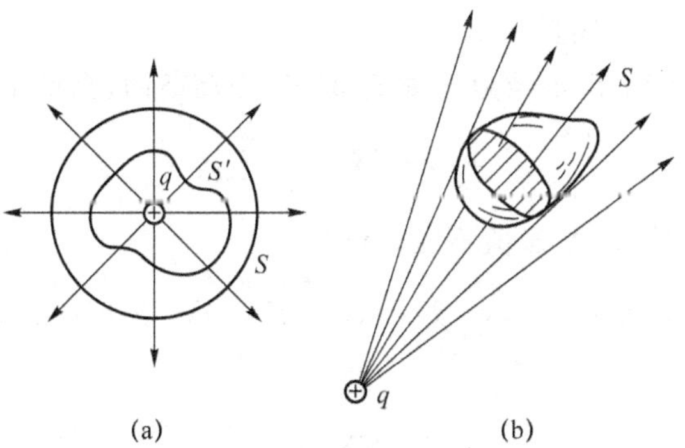

图 5.14　高斯定理的说明

(4) 点电荷系通过闭合曲面的电通量。

如果电场是由 n 个点电荷共同激发的，按电场强度的叠加原理，空间任意一点的电场强度是各个电荷(或电荷元)所激发的电场强度的叠加，即

$$\boldsymbol{E} = \boldsymbol{E}_1 + \boldsymbol{E}_2 + \boldsymbol{E}_3 + \cdots + \boldsymbol{E}_n$$

这时通过电场中任一闭合曲面 $\boldsymbol{S}$ 的电场强度通量为

$$\begin{aligned}\Phi_e &= \oint_S \boldsymbol{E} \cdot d\boldsymbol{S} = \oint_S \boldsymbol{E}_1 \cdot d\boldsymbol{S} + \oint_S \boldsymbol{E}_2 \cdot d\boldsymbol{S} + \cdots + \oint_S \boldsymbol{E}_n \cdot d\boldsymbol{S} \\ &= \Phi_{e1} + \Phi_{e2} + \cdots + \Phi_{en}\end{aligned}$$

其中，Φ_{e1}，Φ_{e2}，…，Φ_{en} 为单个点电荷的电场通过封闭曲面的电通量。由上述关于单个点电荷的结论可知，当 q_i 在封闭曲面内时，$\Phi_{ei} = \dfrac{q_i}{\varepsilon_0}$。当 q_i 在封闭曲面外时，$\Phi_{ei} = 0$。所以上式可以写成

$$\Phi_e = \oint_S \boldsymbol{E} \cdot d\boldsymbol{S} = \frac{1}{\varepsilon_0} \sum q_{in} \tag{5.17}$$

即在真空中，通过任一闭合曲面的电通量等于该面所包围的所有电荷的代数和除以 ε_0。这就**是真空中的高斯定理**。式(5.17)**是高斯定理的数学表达式**。

为了正确理解高斯定理，有必要指出以下几点。

① 式(5.17)表明，通过闭合曲面的电通量仅是它所包围的电荷的贡献，与闭合曲面外的电荷无关。然而，闭合曲面上各点的场强 $\boldsymbol{E}$ 是闭合曲面内、外所有电荷产生的总场强。

② 式(5.17)指出，当 $\sum q_{\text{in}} > 0$ 时，$\Phi_e>0$ 表示有电场线从闭合面内穿出，故称正电荷为静电场的源头。当 $\sum q_{\text{in}} < 0$ 时，$\Phi_e<0$，表示有电场线穿入闭合面内终止，故称负电荷为静电场的尾闾。因此，高斯定理表明电场线起始于正电荷，终止于负电荷，亦即**静电场是有源场**。

高斯定理不仅反映了静电场的性质，对于具有对称性的电场，用高斯定理计算场强可以避免复杂的积分运算。

5.3.2 高斯定理的应用

例 5.5 如图 5.15 所示，一均匀带电球面，半径为 R，电量为 $+q$，求球面内外任意一点的场强。

解 由题意知，电荷分布是球对称的，产生的电场是球对称的，场强方向沿半径向外，以 O 为球心，任意球面上的各点 $\boldsymbol{E}$ 值相等。

(1) 球面内任一点 P_1 的场强

以 O 为圆心，通过点 P_1 作半径为 r_1 的球面 S_1 为高斯面，高斯定理为

$$\oint_S \boldsymbol{E}\cdot \mathrm{d}\boldsymbol{S} = \frac{1}{\varepsilon_0}\sum_{S_{1内}} q$$

因为 $\boldsymbol{E}$ 与 $\mathrm{d}\boldsymbol{S}$ 同向，且 S_1 上 $\boldsymbol{E}$ 值不变，所以

$$\oint_{S_1} \boldsymbol{E}\cdot \mathrm{d}\boldsymbol{S} = \oint_{S_1} E\cdot \mathrm{d}S = E\oint_{S_1}\mathrm{d}S = E\cdot 4\pi r_1^2$$

因为

$$\frac{1}{\varepsilon_0}\sum_{S_{1内}} q = 0$$

所以

$$E\cdot 4\pi r_1^2 = 0$$
$$E = 0$$

即均匀带电球面内任一点 P_1 场强为零。

注意：①不是每个面元上的电荷在球面内产生的场强为零，而是所有面元上的电荷在球面内产生场强的矢量和为零。

②非均匀带电球面在球面内任一点产生的场强不可能都为零(在个别点有可能为零)。

(2) 球面外任一点的场强

以 O 为圆心，通过点 P_2 以半径 r_2 作一球面 S_2 作为高斯面，由高斯定理有

$$E\cdot 4\pi r_2^2 = \frac{1}{\varepsilon_0}q$$

$$E = \frac{q}{4\pi\varepsilon_0 r^2}$$

方向：沿半径方向且向外(若 $q<0$，则沿半径方向且向内)。

均匀带电球面外任一点的场强，如同电荷全部集中在球心处的点电荷在该点产生的场强一样，即

$$E=\begin{cases}0 & (r<R)\\ \dfrac{q}{4\pi\varepsilon_0 r^2} & (r>R)\end{cases}$$

E-r 曲线如图 5.16 所示。

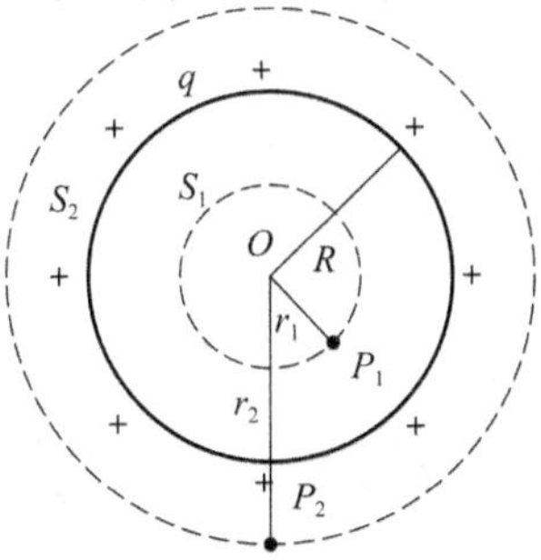

图 5.15　例 5.5 用图
（均匀带电球面的场强）

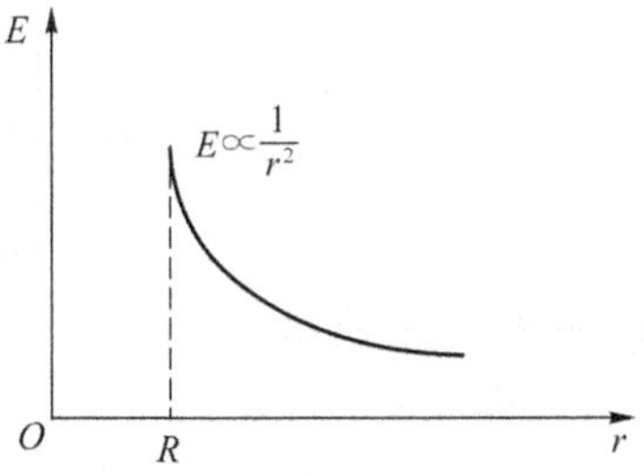

图 5.16　例 5.5 中均匀带电球面的 E-r 曲线

例 5.6　有均匀带电的球体，半径为 R，电量为 $+q$，求球内、外的场强。

解　由题意知，电荷分布具有球对称性，所以电场也具有对称性，场强方向由球心向外辐射，在以 O 为球心的任意球面上各点的 $\boldsymbol{E}$ 大小相等。

(1) 如图 5.17 所示，以 O 为球心，过 P_1 点作半径为 r_1 的高斯球面 S_1，由高斯定理知

$$\oint_{S_1}\boldsymbol{E}\cdot \mathrm{d}\boldsymbol{S}=\frac{1}{\varepsilon_0}\sum_{S_{1内}}q$$

因为 $\boldsymbol{E}$ 与 $\mathrm{d}\boldsymbol{S}$ 同向，且 S_1 上各点 E 大小相等，所以

$$\oint_{S_1}\boldsymbol{E}\cdot \mathrm{d}\boldsymbol{S}=\oint_{S_1}E\cdot \mathrm{d}S=E\oint_{S_1}\mathrm{d}S=E\cdot 4\pi r_1^2$$

$$\frac{1}{\varepsilon_0}\sum_{S_{1内}}q=\frac{q}{\varepsilon_0\cdot\frac{4}{3}\pi R^3}\cdot\frac{4}{3}\pi r_1^3=\frac{q}{\varepsilon_0 R^3}r_1^3$$

因为

$$E\cdot 4\pi r_1^2=\frac{q}{\varepsilon_0 R^3}r_1^3$$

所以

$$E=\frac{q}{4\pi\varepsilon_0 R^3}r_1$$

$\boldsymbol{E}$ 的方向从 O 指向 P_1（若 $q<0$，则 $\boldsymbol{E}$ 从 P_1 指向 O）。

注意：不要认为 S_1 外任一电荷元在 P_1 点处产生的场强为 0，而是 S_1 外所有电荷元在 P_1 点产生的场强的叠加为 0。

(2) 球外任意一点 P_2。

以 O 为球心，过 P_2 点作半径为 r_2 的球形高斯面 S_2，由高斯定理知

$$\oint_{S_2}\boldsymbol{E}\cdot \mathrm{d}\boldsymbol{S}=\frac{1}{\varepsilon_0}\sum_{S_{2内}}q$$

由此有

$$E \cdot 4\pi r_2^2 = \frac{1}{\varepsilon_0} q$$

$$E = \frac{q}{4\pi\varepsilon_0 r_2^2}$$

结论:均匀带电球体外任一点的场强,如同电荷全部集中在球心处的点电荷产生的场强一样,即

$$E = \begin{cases} \dfrac{q}{4\pi\varepsilon R^3} r_1 & (r_1 < R) \\ \dfrac{q}{4\pi\varepsilon_0 r_2^2} & (r > R) \end{cases}$$

E-r 曲线如图 5.18 所示。

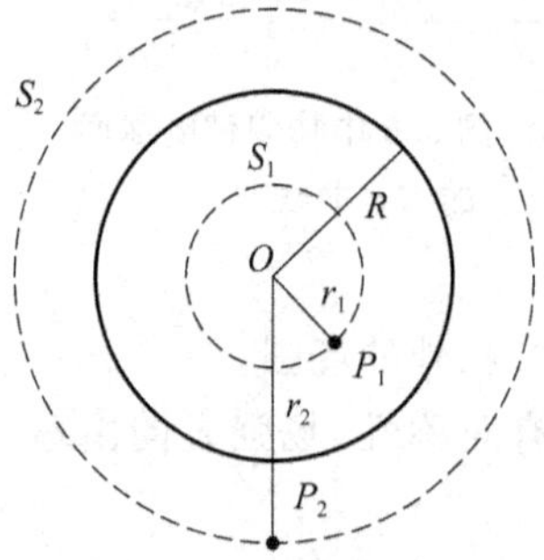

图 5.17 例 5.6 用图(均匀带电球体)

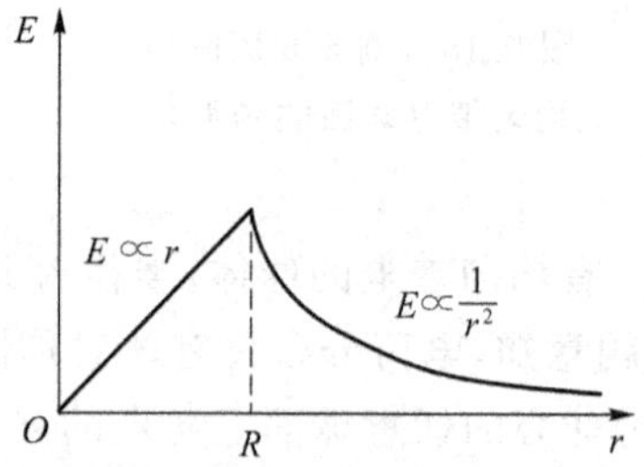

图 5.18 例 5.6 中均匀带电球体的 E-r 曲线

例 5.7 如图 5.19 所示,一无限长均匀带电直线,设电荷线密度为$+\lambda$,求直线外任一点的场强。

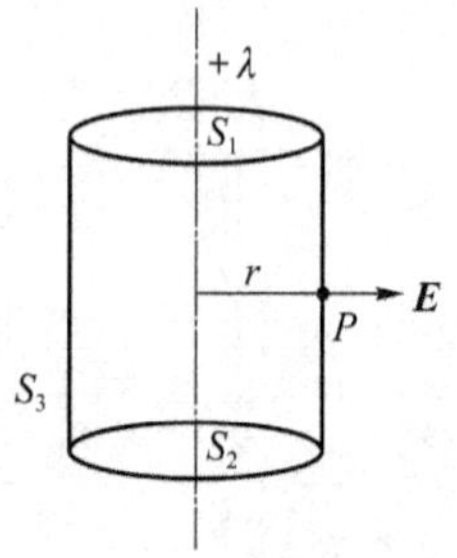

图 5.19 例 5.17 用图
(均匀带电直线)

解 由题意知,这里的电场是关于直线轴对称的,$\boldsymbol{E}$ 的方向垂直直线。在以直线为轴的任一圆柱面上的各点场强大小是等值的。以直线为轴线,过考察点 P 作半径为 r、高为 h 的圆柱高斯面,上底为 S_1,下底为 S_2,侧面为 S_3。

由高斯定理得

$$\oint_S \boldsymbol{E} \cdot \mathrm{d}\boldsymbol{S} = \frac{1}{\varepsilon_0} \sum q_{内}$$

在此,有

$$\oint_S \boldsymbol{E} \cdot \mathrm{d}\boldsymbol{S} = \oint_{S_1} \boldsymbol{E} \cdot \mathrm{d}\boldsymbol{S} + \oint_{S_2} \boldsymbol{E} \cdot \mathrm{d}\boldsymbol{S} + \oint_{S_3} \boldsymbol{E} \cdot \mathrm{d}\boldsymbol{S}$$

因为在 S_1、S_2 上各面元 $\mathrm{d}\boldsymbol{S} \perp \boldsymbol{E}$,所以前两项积分为 0。又因为在 S_3 上 $\boldsymbol{E}$ 与 $\mathrm{d}\boldsymbol{S}$ 方向一致,且 E=常数,所以

$$\oint_S \boldsymbol{E} \cdot \mathrm{d}\boldsymbol{S} = \oint_{S_3} \boldsymbol{E} \cdot \mathrm{d}\boldsymbol{S} = \int_{S_3} E\mathrm{d}S = E\int_{S_3} \mathrm{d}S = E \cdot 2\pi rh$$

因为

$$\frac{1}{\varepsilon_0} \sum q_{内} = \frac{1}{\varepsilon_0} \lambda h$$

所以

$$E \cdot 2\pi rh = \frac{1}{\varepsilon_0}\lambda h$$

即

$$E=\frac{\lambda}{2\pi\varepsilon_0 r}$$

$\boldsymbol{E}$ 由带电直线指向考察点(若 $\lambda<0$,则 $\boldsymbol{E}$ 由考察点指向带电直线)。

例 5.8　图 5.20 所示的无限长均匀带电圆柱面半径为 R,电荷面密度为 $\sigma>0$,求柱面内、外任一点的场强。

解　由题意知,柱面产生的电场具有轴对称性,场强方向由柱面轴线向外辐射,并且任意以柱面轴线为轴的圆柱面上各点 $\boldsymbol{E}$ 值相等。

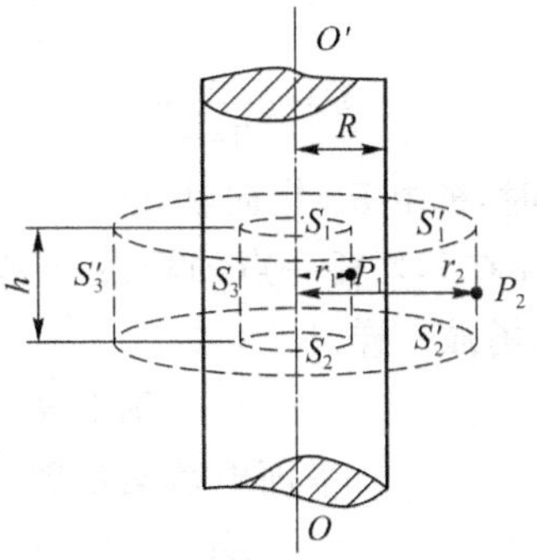

图 5.20　例 5.8 用图(均匀带电圆柱面)

(1) 带电圆柱面内任一点 P_1 的场强。

以 OO'为轴,过点 P_1 作以 r_1 为半径、高为 h 的圆柱高斯面,上底为 S_1,下底为 S_2,侧面为 S_3。由高斯定理知

$$\oint_S \boldsymbol{E}\cdot \mathrm{d}\boldsymbol{S} = \frac{1}{\varepsilon_0}\sum q_{内}$$

在此,有

$$\oint_S \boldsymbol{E}\cdot \mathrm{d}\boldsymbol{S} = \int_{S_1}\boldsymbol{E}\cdot \mathrm{d}\boldsymbol{S} + \int_{S_2}\boldsymbol{E}\cdot \mathrm{d}\boldsymbol{S} + \int_{S_3}\boldsymbol{E}\cdot \mathrm{d}\boldsymbol{S}$$

因为在 S_1、S_2 上各面元 $\mathrm{d}\boldsymbol{S}_1 \perp \boldsymbol{E}$,所以上式前两项积分为 0。又因为在 S_3 上 $\mathrm{d}\boldsymbol{S}$ 与 $\boldsymbol{E}$ 同向,且 $E=$常数,所以

$$\oint_S E\cdot \mathrm{d}S = \int_{S_3} E\mathrm{d}S = E\int_{S_3}\mathrm{d}S = E\cdot 2\pi r_1 h$$

因为

$$\frac{1}{\varepsilon_0}\sum q_{内} = 0$$

所以

$$E\cdot 2\pi r_1 h = 0$$

即

$$E = 0$$

结论:无限长均匀带电圆柱内任一点场强为 0。

(2) 带电柱面外任一点的场强。

以 OO' 为轴，过点 P_2 作半径为 r_2、高为 h 的圆柱形高斯面，上底为 S_1'，下底为 S_2'，侧面为 S_3'。由高斯定理有

$$E \cdot 2\pi r_2 h = \frac{1}{\varepsilon_0} \cdot \sigma \cdot 2\pi R h$$

可得

$$E = \frac{\sigma \cdot 2\pi R}{2\pi\varepsilon_0 r_2}$$

因为

$$\sigma \cdot 2\pi R = \sigma \cdot (2\pi R \cdot 1) = \text{单位长柱面的电荷(电荷线密度)} = \lambda$$

所以

$$E = \frac{\lambda}{2\pi\varepsilon_0 r_2}$$

$\boldsymbol{E}$ 由轴线指向 P_2。当 $\sigma < 0$ 时，$\boldsymbol{E}$ 由 P_2 指向轴线。

结论：无限长均匀带电圆柱面在其外任一点的场强，与全部电荷都集中在带电柱面的轴线上的无限长均匀带电直线产生的场强一样。

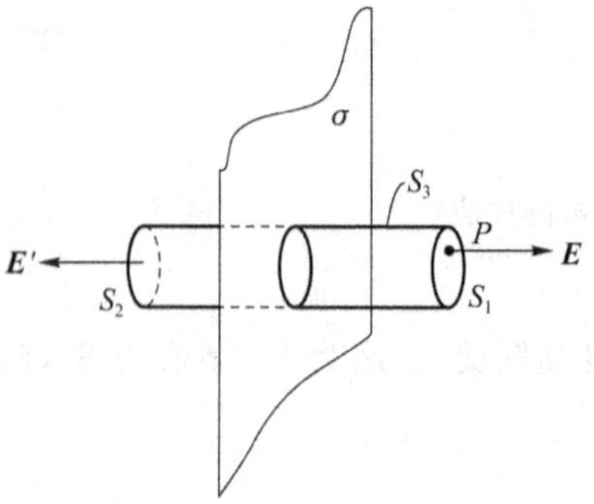

图 5.21 例 5.9 用图(无限大均匀带电平面)

例 5.9 如图 5.21 所示，无限大均匀带电平面电荷面密度为 $+\sigma$，求平面外任一点的场强。

解 由题意知，平面产生的电场是关于平面两侧对称的，场强方向垂直于平面，与平面距离相等的任意两点处的 $\boldsymbol{E}$ 值相等。设 P 为考察点，过点 P 作一底面平行于平面、关于平面对称的圆柱形高斯面，右端面为 S_1，左端面为 S_2，侧面为 S_3，由高斯定理知

$$\oint_S \boldsymbol{E} \cdot d\boldsymbol{S} = \frac{1}{\varepsilon_0} \sum q_{内}$$

在此，有

$$\oint_S \boldsymbol{E} \cdot d\boldsymbol{S} = \oint_{S_1} \boldsymbol{E} \cdot d\boldsymbol{S} + \oint_{S_2} \boldsymbol{E} \cdot d\boldsymbol{S} + \oint_{S_3} \boldsymbol{E} \cdot d\boldsymbol{S}$$

因为在 S_3 上的各面元 $d\boldsymbol{S} \perp \boldsymbol{E}$，所以第三项积分为 0。又因为在 S_1、S_2 上各面元 $d\boldsymbol{S}$ 与 $\boldsymbol{E}$ 同向，且在 S_1、S_2 上 E 的大小是常数，所以有

$$\begin{aligned}\oint_S \boldsymbol{E} \cdot d\boldsymbol{S} &= \int_{S_1} E dS + \int_{S_2} E dS \\ &= E\int_{S_1} dS + E\int_{S_2} dS = ES_1 + ES_2 = 2ES_1\end{aligned}$$

因为

$$\frac{1}{\varepsilon_0}\sum q_{内} = \frac{1}{\varepsilon_0} \cdot \sigma S_1$$

所以

$$E \cdot 2S_1 = \frac{1}{\varepsilon_0} \cdot \sigma S_1$$

即

$$E=\frac{\sigma}{2\varepsilon_0}\text{(均匀电场)}$$

$\boldsymbol{E}$ 垂直于平面指向考察点(若 $\sigma<0$,则 $\boldsymbol{E}$ 由考察点指向平面)。此结论与例 5.4 完全一致。

前面我们应用高斯定理求出了几种带电体产生的场强,从这几个例子可以看出,用高斯定理求场强是比较简单的。但是,我们应该明确,虽然高斯定理是普遍成立的,但并不是任何带电体产生的场强都能由它计算出,因为这样的计算是有条件的,它要求电场分布具有一定的对称性,在具有某种对称性时,才能适选高斯面,从而很方便地计算。应用高斯定理时,一般步骤如下:

① 分析对称性;

② 选择适当的高斯面;

③ 计算 $\oint_S \boldsymbol{E}\cdot \mathrm{d}\boldsymbol{S}=?$ 和 $\frac{1}{\varepsilon_0}\sum_{S_内} q=?$;

④ 由高斯定理 $\oint_S \boldsymbol{E}\cdot \mathrm{d}\boldsymbol{S}=\frac{1}{\varepsilon_0}\sum_{S_内} q$ 求出 E。

利用高斯定理可以求解具有高度对称性的带电体系所产生的电场的场强。具体的方法是:首先通过对已知电荷分布的对称性分析确定它产生的电场的对称性,然后选取一个恰当的闭合曲面(简称为高斯面),并将高斯定理用于高斯面就可以求出该带电体系所产生的电场的场强。使用这种方法计算场强的关键有两个:一是电荷分布有高度的对称性;二是高斯面的选取要恰当。高斯面选取的技巧是使得 $\oint_S \boldsymbol{E}\cdot \mathrm{d}\boldsymbol{S}$ 中的 $\boldsymbol{E}$ 能以标量的形式从积分号内提出来。一般有三种情况,即球(点)对称、轴对称和面对称。

5.4　静电场的保守性和静电场的环路定理

力学中引进了保守力和非保守力的概念。保守力的特征是其功只与始末位置有关,而与路径无关。因此,在保守力场中可以引进势能的概念,保守力的功等于势能增量的负值,即

$$A_{\mathrm{P}}=-\Delta E_{\mathrm{p}}$$

那么,静电力是否为保守力呢?

5.4.1　静电场力的功

1. 点电荷

如图 5.22 所示,点电荷 $+q$ 置于 O 点,实验电荷 q_0 由 a 点运动到 b 点。在 c 点处,q_0 在位移 $\mathrm{d}\boldsymbol{r}$ 内,静电力 $\boldsymbol{F}$ 对 q_0 做的功为

$$\mathrm{d}A=\boldsymbol{F}\cdot \mathrm{d}\boldsymbol{r}=q_0\boldsymbol{E}\cdot \mathrm{d}\boldsymbol{r}=\frac{qq_0}{4\pi\varepsilon_0 r^3}\boldsymbol{r}\cdot \mathrm{d}\boldsymbol{r} \tag{5.18}$$

从图 5.22 可以看出,

$$\boldsymbol{r}\cdot \mathrm{d}\boldsymbol{r}=r\cos\theta\,|\mathrm{d}\boldsymbol{r}|=r\mathrm{d}r \tag{5.19}$$

$$\mathrm{d}A=\frac{qq_0}{4\pi\varepsilon_0 r^2}\mathrm{d}r \tag{5.20}$$

$$A = \int dA = \frac{qq_0}{4\pi\varepsilon_0}\int_{r_a}^{r_b}\frac{1}{r^2}dr = \frac{qq_0}{4\pi\varepsilon_0}\left(\frac{1}{r_a}-\frac{1}{r_b}\right) \tag{5.21}$$

其中，r_a 和 r_b 分别表示从点电荷 q 到路径的起点和终点的距离。可见，在点电荷的电场中，试验电荷 q_0 沿任意路径移动时，电场力做的功只与试验电荷的起点和终点位置以及 q_0 的电量有关，而与路径无关。

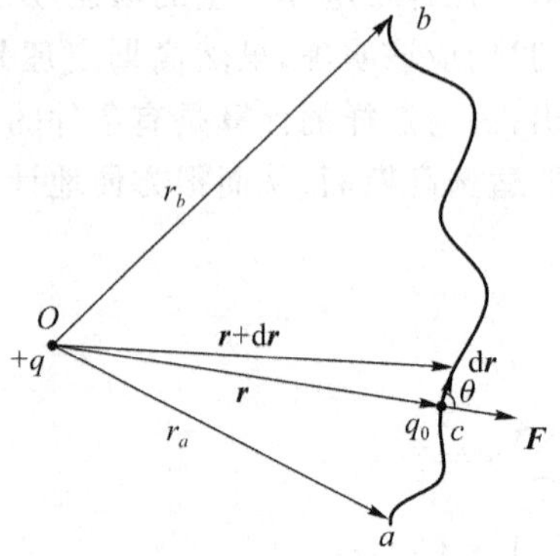

图 5.22　点电荷电场中电场力做功

2. 点电荷系

设 q_0 在 $q_1,q_2,\cdots,q_n$ 的电场中，由场强叠加原理有

$$\boldsymbol{E}=\boldsymbol{E}_1+\boldsymbol{E}_2+\cdots+\boldsymbol{E}_n$$

在任意静电场中，q_0 经路径 L 从 a 点到 b 点时，静电场力做的功为

$$A_{ab} = \int_L \boldsymbol{F}\cdot d\boldsymbol{r} = \int_L q_0\boldsymbol{E}\cdot d\boldsymbol{r} = \int_L q_0\,\boldsymbol{E}_1\cdot d\boldsymbol{r} + \int_L q_0\,\boldsymbol{E}_2\cdot d\boldsymbol{r} + \cdots + \int_L q_0\,\boldsymbol{E}_n\cdot d\boldsymbol{r} \tag{5.22}$$

式(5.22)等号右边每一项都只与 q_0 始末位置有关，而与过程无关，所以点电荷系静电力对 q_0 做的功只与 q_0 始末位置有关，而与过程无关。

3. 连续带电体

连续带电体可看作很多个点电荷组成的点电荷系，所以上面的结论仍然成立。

通过上面的分析可以得出，**在任意静电场中，电场力做功都与路径无关，只与始末位置有关。因此，静电力是保守力，静电场是保守场。**

5.4.2　静电场的环路定理

在静电场中将试验电荷 q_0 从 a 点绕任一闭合回路再回到 a 点，由式(5.22)可知，电场力做的功为零，即

$$\oint q_0\boldsymbol{E}\cdot d\boldsymbol{r} = 0 \tag{5.23}$$

因为 q_0 不等于零，所以

$$\oint \boldsymbol{E}\cdot d\boldsymbol{r} = 0 \tag{5.24}$$

这是静电场力做功与路径无关的必然结果。$\oint \boldsymbol{E}\cdot d\boldsymbol{r}$ 是静电场强 $\boldsymbol{E}$ 沿闭合路径的线积分，叫作场强 $\boldsymbol{E}$ 的**环流**。式(5.24)指出，**静电场中场强 $\boldsymbol{E}$ 的环流恒等于零，称为静电场的环路定理。**

它反映了静电场的一个重要性质，这一性质表明静电场力和重力相似，也是保守力，所以静电场是保守场。由于静电场有这种特性，我们才能引入电势能的概念。

静电场环路定理的意义：静电场的环路定理说明了在静电场中任何地方都不会有旋涡存在，即电场线是永远不闭合的。因此，**常常称静电场为无旋场**。任何无旋场所对应的场线都不能闭合。

5.5　电势能、电势差和电势

5.5.1　电势能

由于静电场力与重力相似，是保守力，因此我们仿照重力势能，认为电荷在电场中任一位置也具有电势能，电场力所做的功就是电势能改变的量度。设分别以 W_a 和 W_b 表示试验电荷 q_0 在起点 a 和终点 b 处的电势能，则

$$W_a - W_b = A_{ab} = q_0 \int_a^b \boldsymbol{E} \cdot \mathrm{d}\boldsymbol{r} \tag{5.25}$$

式(5.25)只说明了 a、b 两点的电势能的变化量，而不能确定 q_0 在电场中某点的电势能，因为电势能和重力势能一样，是一个相对量，只有选定了零势能点(参考点)的位置，才能确定 q_0 在电场中某一点的电势能。电势能零点的选择是任意的。当电荷分布在有限空间时，通常选择 q_0 在无限远处的电势能为零，亦即令式(5.25)中的 b 为无穷远，$W_\infty=0$，则

$$W_a = W_a - W_\infty = A_{a\infty} = q_0 \int_a^\infty \boldsymbol{E} \cdot \mathrm{d}\boldsymbol{r} \tag{5.26}$$

式(5.26)表明，**当选定无限远处的电势能为零时，电荷 q_0 在电场中某点 a 处的电势能 W_a 在量值上等于 q_0 从 a 点移到无限远处电场力所做的功 $A_{a\infty}$**。由于静电场的保守性，上述积分中从 a 到∞的积分路径可以是任意的，积分的结果一定与所选择的路径无关(在实际计算中我们常常选择一条容易积分的路径)。电场力做的功有正有负，所以电势能也有正有负。与重力势能相似，电势能也是属于一定系统的。式(5.26)表示的电势能是试验电荷 q_0 与电场之间的相互作用能量。电势能是属于试验电荷 q_0 和电场这个系统的。

5.5.2　电势

由式(5.26)可知，电荷 q_0 在电场中某点 a 的电势能与 q_0 的大小成正比。而比值$\frac{W_a}{q_0}$却与 q_0 无关，它只决定于电场的性质以及电场中给定点 a 的位置，所以可以用它来描述电场。我们定义：**电荷 q_0 在电场中某点 a 的电势能 W_a 与它的电量的比值叫作该点的电势(电位)，用 V_a 表示**，即

$$V_a=\frac{W_a}{q_0} \tag{5.27}$$

当 $q_0=+1$ C 时，$V_a=W_a$，即**电场中某点的电势在量值上等于单位正电荷放在该点时的电势能**。与电势能一样，电势也是相对量，它与零电势位置的选择有关，若电荷分布在有限空间内，通常选取无限远处作为电势的零点，即 $V_\infty=0$。由式(5.26)和式(5.27)可得

$$V_a = \int_a^\infty \boldsymbol{E} \cdot \mathrm{d}\boldsymbol{r}$$

当选定无限远处的电势为零时，电场中某点的电势在量值上等于单位正电荷从该点经过任意路径移到无限远处时电场力做的功。电势是标量，其值可正可负。

电势的物理意义：电场强度是从电场力的角度描写电场的，而电势则等于单位正电荷在电场中所具有的电势能，这是从**能量角度**来看电势的物理意义。另外，电势也等于把单位正电荷从电场中 a 点移到无穷远处电场力所做的功，这是**从电场力做功**的角度看电势的物理意义。**电场强度和电势是描述静电场的两个核心物理量**。

5.5.3　电势差

电势差，顾名思义，就是电场中某两点的电势之差。电势差通常用 U 表示。

式(5.25)两端除以 q_0 可得

$$\frac{W_a}{q_0}-\frac{W_b}{q_0}=\frac{A_{ab}}{q_0}=\int_a^b \boldsymbol{E}\cdot \mathrm{d}\boldsymbol{r}$$

即

$$V_a-V_b=\frac{A_{ab}}{q_0}=\int_a^b \boldsymbol{E}\cdot \mathrm{d}\boldsymbol{r} \tag{5.28}$$

V_a-V_b 为电势之差，即电势差，记为 U_{ab}，即有

$$U_{ab}=V_a-V_b=\frac{A_{ab}}{q_0}=\int_a^b \boldsymbol{E}\cdot \mathrm{d}\boldsymbol{r}$$

在电场中 a、b 两点的电势差在量值上等于单位正电荷从 a 点经过任意路径到达 b 点时电场力所做的功，也可以理解为**单位正电荷在 a、b 两点处所具有的电势能之差**。在静电场中给定两点的电势差具有完全确定的值，而与电势零点的选择没有任何关系。

要注意的是，在物理学中我们通常所说的增量应该为后量减前量，而这里的电势差为前量减后量。

电势的零点 P_0 选择具有任意性，也可以取其他方便的点作为电势零点。因此，电势还可定义为

$$V_a=\frac{W_a}{q_0}=\int_a^{P_0} \boldsymbol{E}\cdot \mathrm{d}\boldsymbol{r} \tag{5.29}$$

电势与电势差具有相同的单位，在国际单位制中，电势和电势差的单位都是伏，用符号 V 表示，1 V=1 J/C。

如果已知 a、b 两点间的电势差，可以很容易地知道电荷 q_0 从 a 点移到 b 点时，静电场力所做的功。根据式(5.28)有

$$A_{ab}=q_0\int_a^b \boldsymbol{E}\cdot \mathrm{d}\boldsymbol{r}=W_a-W_b=q_0(V_a-V_b) \tag{5.30}$$

在实际应用中，需要用到的是两点间的电势差，而不是某一点的电势，所以常取地球的电势为电势量度的起点，即取地球的电势为零。

注意：① 电势 V_a 为标量，可正、可负或为零。

② 电势的零点(电势能零点)任选。在理论上对有限带电体通常取无穷远处电势为 0，实际上通常取地球为电势零点。一方面，因为地球是一个很大的导体，它本身的电势比较稳定，适宜作为电势零点；另一方面，因为任何其他地方都可以方便地将带电体与地球比较，以确定电势。

③ 电势与电势能是两个不同的概念，电势是电场具有的性质，而电势能是电场中电荷与电场组成的系统所共有的，若电场中不引入电荷，就无电势能，但各点电势还是存在的。

5.5.4 电势的计算

计算电势的方法一般说来有两种：一种是根据电势的定义式通过对场强进行积分来计算；另一种是根据下面将要介绍的电势叠加原理来计算。

1. 点电荷的电势

如图 5.23 所示，一个点电荷 q 处于 O 点处。在 q 所产生的电场中，距离 O 点为 r 的 P 点的电势可以根据电势的定义式计算得到。选无限远处作为电势零点，积分路径沿 OP 方向由 P 点延伸到无限远。由于积分方向选取的与场强的方向相同，P 点电势可以很容易地计算出来，即

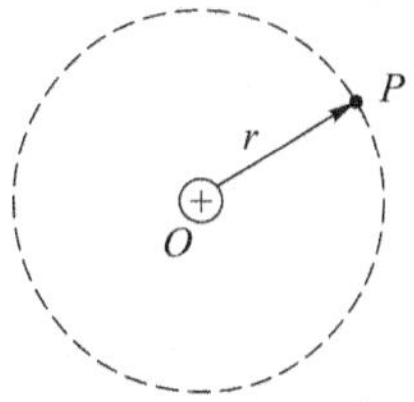

图 5.23 点电荷的电势

$$V_P = \int_P^{\infty} \boldsymbol{E} \cdot \mathrm{d}\boldsymbol{r} = \int_P^{\infty} E\,\mathrm{d}r = \int_r^{\infty} \frac{q}{4\pi\varepsilon_0 r^2}\mathrm{d}r = \frac{q}{4\pi\varepsilon_0 r} \tag{5.31}$$

式(5.31)给出了点电荷电场中任意一点的电势大小，称作点电荷电势公式。视 q 的正负，电势 V_P 可正可负。在正点电荷的电场中，各点电势均为正值，离电荷越远的点，电势越低，与 r 成反比。在负点电荷的电场中，各点的电势均为负，离电荷越远的点，电势越高，无限远处电势为零。容易看出，以点电荷为球心的任意球面上电势都是相等的，这些球面都是等势面。

2. 点电荷系的电势

如图 5.24 所示，设有点电荷 $q_1, q_2, \cdots, q_n$，多个点电荷构成的点电荷系的场强满足场强的叠加原理，即有

$$\boldsymbol{E} = \boldsymbol{E}_1 + \boldsymbol{E}_2 + \boldsymbol{E}_3 + \cdots + \boldsymbol{E}_n = \sum_{i=1}^{n} \boldsymbol{E}_i$$

其中，$\boldsymbol{E}$ 表示总电场，$\boldsymbol{E}_1, \boldsymbol{E}_2, \cdots, \boldsymbol{E}_n$ 为单个点电荷产生的电场。根据电势的定义式，并应用场强叠加原理，电场中 a 点的电势可表示为

$$\begin{aligned} V_a &= \int_a^{\infty} \boldsymbol{E} \cdot \mathrm{d}\boldsymbol{r} = \int_a^{\infty} (\boldsymbol{E}_1 + \boldsymbol{E}_2 + \cdots + \boldsymbol{E}_n) \cdot \mathrm{d}\boldsymbol{r} \\ &= \int_a^{\infty} \boldsymbol{E}_1 \cdot \mathrm{d}\boldsymbol{r} + \int_a^{\infty} \boldsymbol{E}_2 \cdot \mathrm{d}\boldsymbol{r} + \cdots + \int_a^{\infty} \boldsymbol{E}_n \cdot \mathrm{d}\boldsymbol{r} \\ &= \frac{q}{4\pi\varepsilon_0 r_1} + \frac{q_2}{4\pi\varepsilon_0 r_2} + \cdots + \frac{q_n}{4\pi\varepsilon_0 r_n} \\ &= \sum_{i=1}^{n} \frac{q_i}{4\pi\varepsilon_0 r_i} \end{aligned}$$

上式最后面一个等号右侧被求和的每一个积分分别为各个点电荷单独存在时 a 点的电势，即有

$$V_a = \sum_{i=1}^{n} V_{ai} \tag{5.32}$$

其中，V_{ai} 是第 i 个点电荷单独存在时在 a 点的电势。显然，如果我们将带电体系分成若干部分(不一定是点电荷)，上述结论仍然是正确的。即**任意一个电荷体系的电场中任意一点的电势等于带电体系各部分单独存在时在该点产生电势的代数和**。这个结论叫作**电势叠加原理**。

3. 连续带电体的电势

如图 5.25 所示，设连续带电体由无穷多个电荷元组成，每个电荷元可视为点电荷，**取无限远处为零电势点**，$\mathrm{d}q$ 在 a 处产生的电势为

$$\mathrm{d}V_a=\frac{\mathrm{d}q}{4\pi\varepsilon_0 r} \tag{5.33}$$

其中，r 为电荷元 $\mathrm{d}q$ 到 a 点的距离。整个带电体在 a 处产生的电势为

$$V_a=\int \mathrm{d}V_a=\int_q \frac{\mathrm{d}q}{4\pi\varepsilon_0 r} \tag{5.34}$$

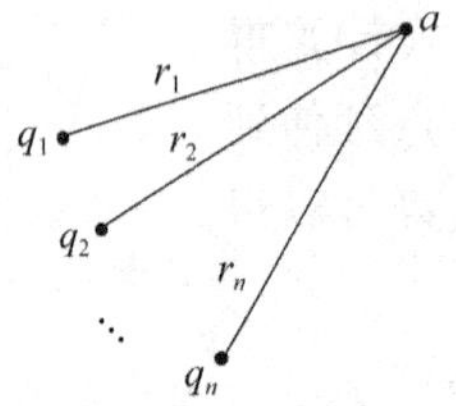

图 5.24 点电荷系

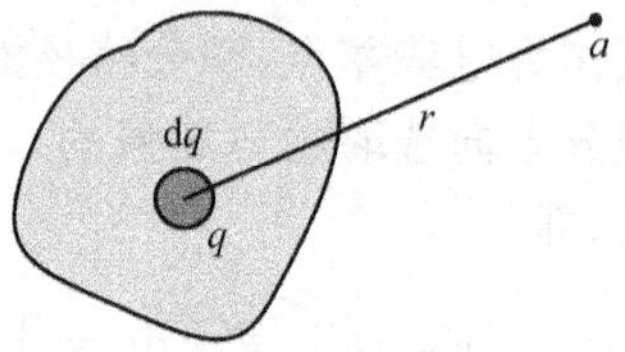

图 5.25 电荷连续分布带电体

例 5.10 均匀带电圆环半径为 R，电荷为 q，求其轴线上任意一点的电势。

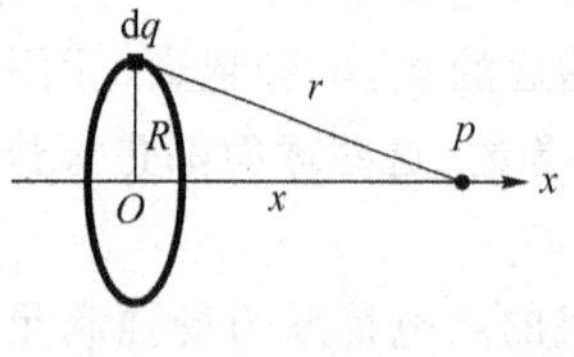

图 5.26 例 5.10 用图（均匀带电圆环）

解 如图 5.26 所示，x 轴在圆环轴线上。

方法一：用 $V_p=\int_x^{\infty}\boldsymbol{E}\cdot\mathrm{d}\boldsymbol{r}$ 求解。

圆环在其轴线上任意一点产生的场强为

$$E=\frac{qx}{4\pi\varepsilon_0 (R^2+x^2)^{\frac{3}{2}}}(\boldsymbol{E} \text{ 与 } x \text{ 轴平行})$$

$$\begin{aligned}V_p&=\int_x^{\infty}\boldsymbol{E}\cdot\mathrm{d}\boldsymbol{r}=\int_x^{\infty}E\,\mathrm{d}x=\int_x^{\infty}\frac{qx}{4\pi\varepsilon_0 (R^2+x^2)^{\frac{3}{2}}}\mathrm{d}x\\&=\frac{q}{4\pi\varepsilon_0}\cdot\frac{1}{2}\int_x^{\infty}\frac{\mathrm{d}(R^2+x^2)}{(R^2+x^2)^{\frac{3}{2}}}\\&=\frac{q}{4\pi\varepsilon_0}\cdot\frac{1}{2}\cdot\frac{1}{-\frac{1}{2}}\frac{1}{\sqrt{R^2+x^2}}\Bigg|_x^{\infty}\\&=\frac{q}{4\pi\varepsilon_0\sqrt{R^2+x^2}}\end{aligned}$$

方法二：用电势叠加原理解 $V_a=\int \mathrm{d}V_a=\int_q \frac{\mathrm{d}q}{4\pi\varepsilon_0 r}$。

把圆环分成一系列电荷元，将每个电荷元视为点电荷，$\mathrm{d}q$ 在 p 点产生的电势为

$$\mathrm{d}V_p=\frac{\mathrm{d}q}{4\pi\varepsilon_0 r}=\frac{\mathrm{d}q}{4\pi\varepsilon_0\sqrt{R^2+x^2}}$$

整个圆环在 p 点产生的电势为

$$V_p=\int \mathrm{d}V_p=\int_q \frac{\mathrm{d}q}{4\pi\varepsilon_0\sqrt{R^2+x^2}}=\frac{q}{4\pi\varepsilon_0\sqrt{R^2+x^2}}$$

讨论：(1) $x=0$ 处，$V_p=\dfrac{q}{4\pi\varepsilon_0 R}$；

(2) $x\gg R$ 时，$V_p=\dfrac{q}{4\pi\varepsilon_0 x}$，圆环可视为点电荷。

例 5.11　一均匀带电球面半径为 R，电荷为 q，求球面外任一点的电势。

解　如图 5.27 所示取坐标系，场强分布为

$$\boldsymbol{E}=\begin{cases}0 & (\text{球面内})\\ \dfrac{q}{4\pi\varepsilon_0 r^3}\boldsymbol{r} & (\text{球面外})\end{cases}$$

球面外任一点 P_1 处的电势为

$$V_{P_1}=\int_{r_1}^{\infty}\boldsymbol{E}\cdot \mathrm{d}\boldsymbol{r}=\int_{r_1}^{\infty}E\mathrm{d}r=\int_{r_1}^{\infty}\frac{q}{4\pi\varepsilon_0 r^2}\mathrm{d}r=\frac{q}{4\pi\varepsilon_0 r}$$

结论：均匀带电球面外任一点的电势，如同全部电荷都集中在球心的点电荷一样。

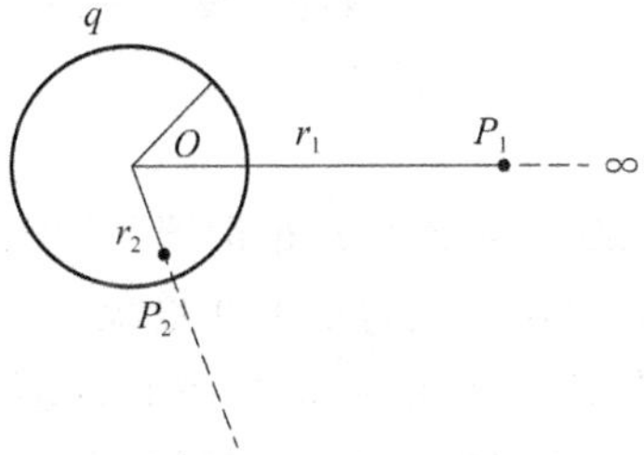

图 5.27　例 5.11 用图(均匀带电球面电势)

球面内任一点 P_2 的电势为

$$V_{P_2}=\int_{r_2}^{\infty}\boldsymbol{E}\cdot \mathrm{d}\boldsymbol{r}=\int_{r_2}^{R}\boldsymbol{E}\cdot \mathrm{d}\boldsymbol{r}+\int_{R}^{\infty}\boldsymbol{E}\cdot \mathrm{d}\boldsymbol{r}=\int_{R}^{\infty}\boldsymbol{E}\cdot \mathrm{d}\boldsymbol{r}=\int_{R}^{\infty}\frac{q}{4\pi\varepsilon_0 r^2}\mathrm{d}r=\frac{q}{4\pi\varepsilon_0 R}$$

可见，球面内任意一点的电势与球面上的电势相等。因为球面内任意一点的场强为零，所以在球面内移动试验电荷时，无电场力做功，即电势差为零，因而电势相等。

例 5.12　有两个同心球面，半径分别为 R_1、R_2，所带电荷为 $+q$、$-q$，求两个球面的电势差。

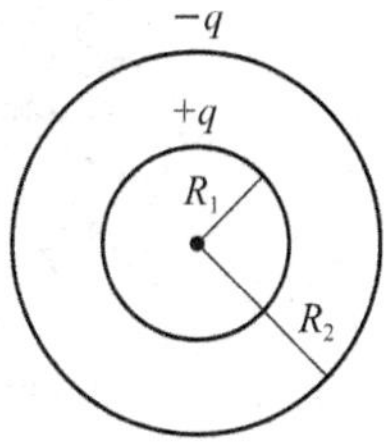

图 5.28　例 5.12 用图
(均匀带电同心球面)

解　方法一：用 $V_{内}-V_{外}=\int_{R_1}^{R_2}\boldsymbol{E}\cdot \mathrm{d}\boldsymbol{r}$ 求解。

在两球面间，场强为

$$\boldsymbol{E}=\frac{q}{4\pi\varepsilon_0 r^3}\boldsymbol{r}$$

$$V_{内}-V_{外}=\int_{R_1}^{R_2}\boldsymbol{E}\cdot \mathrm{d}\boldsymbol{r}=\int_{R_1}^{R_2}\frac{q}{4\pi\varepsilon_0 r^2}\mathrm{d}r$$

$$=\frac{q}{4\pi\varepsilon_0}\left(\frac{1}{R_1}-\frac{1}{R_2}\right)$$

方法二：用电势叠加原理求解。

内球面在两球面上产生的电势分别为

$$V_{+q内}=\frac{q}{4\pi\varepsilon_0 R_1}$$

$$V_{+q外}=\frac{q}{4\pi\varepsilon_0 R_2}$$

外球面在两球面上产生的电势分别为

$$V_{-q内}=\frac{-q}{4\pi\varepsilon_0 R_1}$$

$$V_{-q外}=\frac{-q}{4\pi\varepsilon_0 R_2}$$

所以，根据叠加原理，两球面的电势分别为

$$V_{内}=V_{+q内}+V_{-q内}=\frac{q}{4\pi\varepsilon_0}\left(\frac{1}{R_1}+\frac{-1}{R_2}\right)$$

$$V_{外}=V_{+q外}+V_{-q外}=0$$

$$V_{内}-V_{外}=\frac{q}{4\pi\varepsilon_0}\left(\frac{1}{R_1}-\frac{1}{R_2}\right)$$

5.5.5 等势面

前面曾用电场线描绘电场中各点场强的分布情况，从而对电场有比较形象直观的认识。同样，也可以用绘图的方法来描绘电场中电势的分布情况。

一般来说，静电场中的电势是逐点变化的，但场中有许多电势值相等的点，在静电场中把这些电势相等的点连起来形成的曲面(或平面)叫作等势面。场强和电势是描述静电场性质的两个基本物理量。场强的分布可以用电场线形象地表示，电势的分布则可以用等势面形象地表示。在电场中，由电势相等的点组成的曲面称为**等势面**。图 5.29 用虚线画出几种电场的等势面，实线表示电场线。

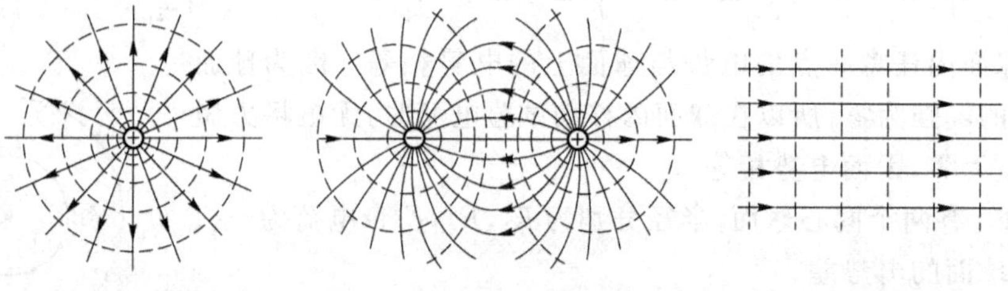

(a) 正点电荷　　(b) 等量异号电荷对　　(c) 匀强电场

图 5.29 几种电场的等势面

等势面有如下性质：

① 在等势面上任意两点间移动电荷时，电场力做功为零；

② 等势面与电场线处处正交；

③ 电场线总是从电势较高的等势面指向电势较低的等势面；

④ 若规定相邻两等势面的电势差相等，则等势面越密的地方，场强越大。

等势面是研究电场的一种极为有用的方法，许多实际电场(如示波管内的加速和聚焦电场)的电势分布往往不能表述成函数的形式，但可用实验的方法测出电场内等势面的分布，并根据等势面画出电场线，从而了解各处电场的强弱和方向。

本章小结

1. 两个重要的物理量

(1) 电场强度 $\boldsymbol{E}$：

$$\boldsymbol{E}=\frac{\boldsymbol{F}}{q_0}$$

(2) 电势 V：

$$V_a=\int_a^{P_0}\boldsymbol{E}\cdot\mathrm{d}\boldsymbol{r}$$

式中，a 点电势为所求的电势，P_0 为选定的参考点，该点的电势取为零(称零电势点)。电势是标量。

(3) 电势差(也叫作电压)：

$$V_a-V_b=\int_a^b\boldsymbol{E}\cdot\mathrm{d}\boldsymbol{r}$$

电场中 a、b 两点的电势差在量值上等于单位正电荷从 a 点经过任意路径到达 b 点时电场力所做的功。故电荷 q_0 从 a 点移到 b 点时，静电场力所做的功为

$$A_{ab}=W_a-W_b=q_0(V_a-V_b)$$

2. 两个基本定理

(1) 高斯定理：

$$\oint_S\boldsymbol{E}\cdot\mathrm{d}\boldsymbol{S}=\frac{1}{\varepsilon_0}\sum_{i=1}^n q_i$$

该定理说明，正电荷是电场的源头，负电荷是电场的尾闾。电力线总是从正电荷出发，到负电荷终止。静电场是有源场。

(2) 环路定理：

$$\oint\boldsymbol{E}\cdot\mathrm{d}\boldsymbol{r}=0$$

该定理说明，场强沿任意闭合路径的线积分等于零，即静电场是保守力场，静电力是保守力。

3. 场强与电势的积分关系

$$V_a=\int_a^{P_0}\boldsymbol{E}\cdot\mathrm{d}\boldsymbol{r}$$

其中，P_0 为零电势点。

4. 求场强 $\boldsymbol{E}$ 和电势 V 的方法

(1) 求场强面的方法，归纳为以下几种。

① 直接积分法。任意一个带电体都可看成由许多点电荷组成的，写出一个点电荷(体元、面元或线元)的场强表达式，进行矢量积分，就可以求出整个带电体的场强。

② 由高斯定理求解。当场强的分布具有高度对称性时，则可选取合适的高斯面来求解。

③ 灵活运用场的迭加原理，采用“挖补法”求不规则带电体的场强。

(2) 求电势 V 的方法有以下几种。

① 由场强的线积分求解：对有限带电体通常选“无限远”为参考点，所以 $V_a=\int_a^{\infty}\boldsymbol{E}\cdot\mathrm{d}\boldsymbol{r}$。

注意：a. 选择合适的积分路径：既然积分与路径无关，在我们选取积分路径时，总是设法选取使得计算比较简单的路径。

b. 分段积分：由 a 到“无限远”。如果沿积分路径不同的区域内场强的函数关系不一样，则需分段进行积分。

② 电势叠加法求解：利用点电荷电势公式，由电势的叠加原理进行标量积分求总电势。

$$V=\int \mathrm{d}V=\int \frac{1}{4\pi\varepsilon_0}\frac{\mathrm{d}q}{r}$$

思　考　题

1. 如果把质量为 m 的点电荷放在均匀电场中，然后从静止释放，它能沿电场线运动吗？如果把点电荷放在非均匀电场中又如何？

2. 电场强度、电场线、电场强度通量的关系是怎样的？计算穿过闭合曲面的电场强度通量时，如何决定其正负？电场强度通量的正、负分别表示什么意义？

3. 在高斯定理中，对高斯面的形状有无特殊要求？在应用高斯定理求电场强度时，对高斯面的形状有无特殊要求？如何选取合适的高斯面？

4. 判断下面几种说法是否正确(下面所说的高斯面，是空间任一闭合曲面)：

(1) 如果高斯面上 $\boldsymbol{E}$ 处处为零，则该面内必无电荷；

(2) 如果高斯面内无电荷，则高斯面上 $\boldsymbol{E}$ 处处为零；

(3) 如果高斯面上 $\boldsymbol{E}$ 处处不为零，则高斯面内必有电荷；

(4) 如果高斯面内有电荷，则高斯面上 $\boldsymbol{E}$ 处处不为零。

5. 静电力的哪种特征是其成为保守力的原因？是静电力大小与距离平方成反比，还是因为静电力的指向沿两带电粒子的连线？或者是静电力与每个粒子所带电荷的大小成正比？

6. 如果一带正电的粒子沿电场方向移动，它的电势能增加、减少还是保持不变？如果是一个带负电的粒子情况又怎样？

7. 电场中两点电势的高低是否与试验电荷的正负有关？电势差的数值是否与试验电荷的电量有关？

8. 电荷 q 从电场中的 A 点移动到 B 点，若使 B 点的电势比 A 点的电势低，而 B 点的电势能又比 A 点的电势能要大，这可能吗？

9. 当我们认为地球的电势为零时，是否意味着地球没有净电荷呢？

习　　题

一、选择题

1. 下列几种说法正确的是(　　)。

A. 电场中某点电场强度的方向就是将点电荷放在该点所受电场力的方向

B. 在以点电荷为中心的球面上，由该点电荷所产生的电场强度处处相等

C. 电场强度的方向可由 $\boldsymbol{E}=\boldsymbol{F}/q$ 求出，其中 q 为试验电荷的电量，q 可正、可负，$\boldsymbol{F}$ 为试验电荷所受的电场力

D. 以上说法都不正确

2. 如习题图 5.1 所示，点电荷 Q 被曲面 S 所包围，从无穷远处引入另一点电荷 q 至曲面外一点，则引入前、后(　　)。

A. 曲面 S 上的 Φ_e 不变，各点电场强度也不变

B. 曲面 S 上的 Φ_e 变化，而各点电场强度不变

C. 曲面 S 上的 Φ_e 变化，各点电场强度也变化

D. 曲面 S 上的 Φ_e 不变，而各点电场强度变化

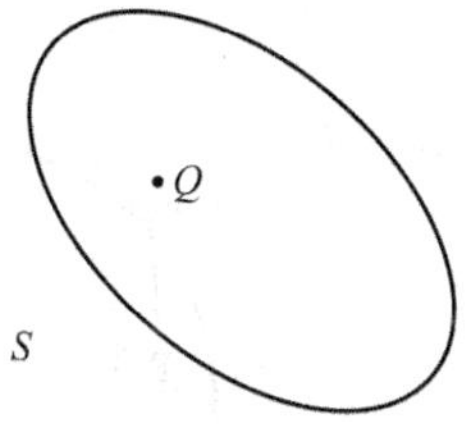

习题图 5.1

3. 如习题图 5.2 所示，一带电量为 q 的点电荷位于立方体的顶点 A 上，则通过侧面 $abcd$ 的电场强度通量等于(　　)。

A. $\dfrac{q}{6\varepsilon_0}$　　B. $\dfrac{q}{12\varepsilon_0}$　　C. $\dfrac{q}{24\varepsilon_0}$　　D. $\dfrac{q}{48\varepsilon_0}$

4. 有一半径为 R 的均匀带电球面，若其电荷面密度为 σ，则在球外距离球面 R 处的电场强度大小为(　　)。

A. $\dfrac{\sigma}{\varepsilon_0}$　　B. $\dfrac{\sigma}{2\varepsilon_0}$　　C. $\dfrac{\sigma}{4\varepsilon_0}$　　D. $\dfrac{\sigma}{8\varepsilon_0}$

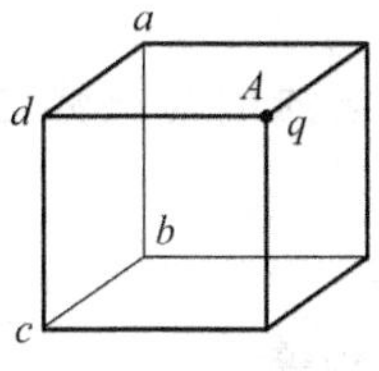

习题图 5.2

5. 如习题图 5.3 所示，有一半径为 R 的均匀带电球面，其所带的总电荷量为 Q，设无穷远处的电势为零，则距离球心为 $r(r\leqslant R)$ 的点 P 处电场强度的大小和电势为(　　)。

A. $E=0,V=\dfrac{Q}{4\pi\varepsilon_0 r}$　　B. $E=0,V=\dfrac{Q}{4\pi\varepsilon_0 R}$

C. $E=\dfrac{Q}{4\pi\varepsilon_0 r^2},V=\dfrac{Q}{4\pi\varepsilon_0 r}$　　D. $E=\dfrac{Q}{4\pi\varepsilon_0 r^2},V=\dfrac{Q}{4\pi\varepsilon_0 R}$

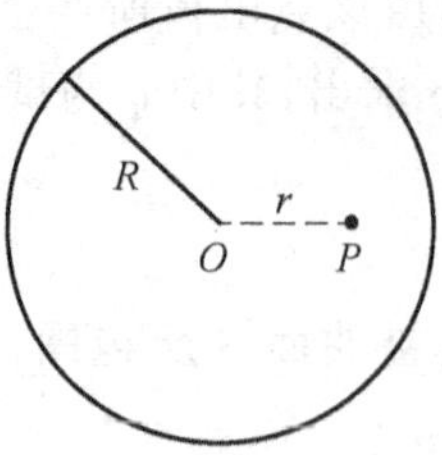

习题图 5.3

6. 一个带正电荷的质点在电场力的作用下从 A 点经 C 点运动到 B 点，其运动轨迹如习题图 5.4 所示。已知质点运动的速率是递增的，下面关于 C 点电场强度方向的四个图示中正确的是(　　)。

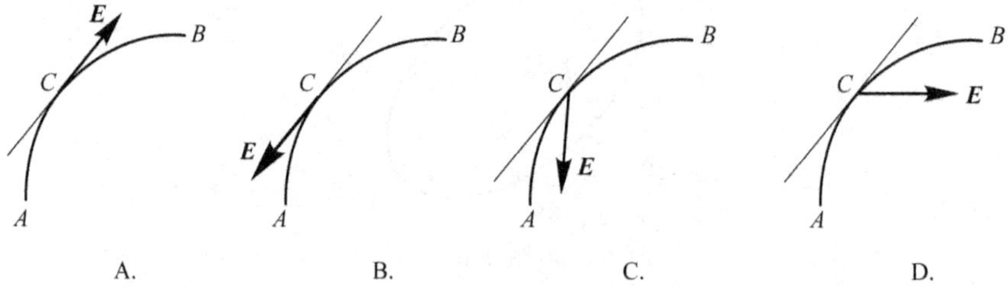

习题图 5.4

7. 如习题图 5.5 所示，在一个点电荷 $+Q$ 的电场中，一个试验电荷 $+q_0$ 从 A 点分别移动到 B、C、D 点，B、C、D 点均在以 $+Q$ 为圆心的周长上，则电场力做功(　　)。

A. 从 A 点到 B 点电场力做功最大

B. 从 A 点到 C 点电场力做功最大

C. 从 A 点到 D 点电场力做功最大

D. 电场力做功一样大

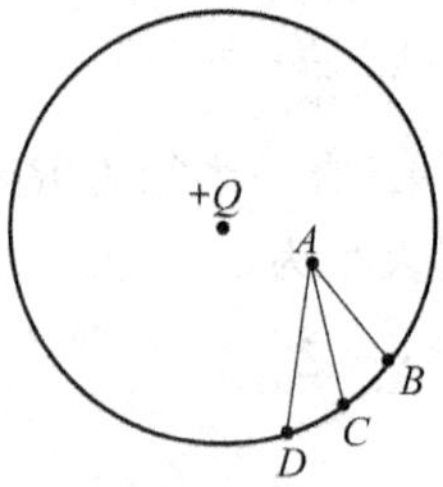

习题图 5.5

8. 在静电场中，有关静电场的电场强度与电势之间的关系，下列说法中正确的是(　　)。

A. 电场强度大的地方电势一定高

B. 电场强度相等的各点电势一定相等

C. 电场强度为零的点电势不一定为零

D. 电场强度为零的点电势一定为零

9. 两个同心均匀带电球面，半径分别为 R_a 和 R_b($R_a<R_b$)，所带电量分别为 Q_a 和 Q_b，设某点与球心相距 r，当 $R_a<r<R_b$ 时，该点的电场强度的大小为(　　)。

A. $\dfrac{1}{4\pi\varepsilon_0}\cdot\dfrac{Q_a+Q_b}{r^2}$　　B. $\dfrac{1}{4\pi\varepsilon_0}\cdot\dfrac{Q_a-Q_b}{r^2}$

C. $\dfrac{1}{4\pi\varepsilon_0}\cdot\left(\dfrac{Q_a}{r^2}+\dfrac{Q_b}{R_b^2}\right)$　　D. $\dfrac{1}{4\pi\varepsilon_0}\cdot\dfrac{Q_a}{r^2}$

10. 如习题图 5.6 所示，两个无限长、半径分别为 R_1 和 R_2 的共轴圆柱面均匀带电，轴线方向单位长度上的带电量分别为 λ_1 和 λ_2，则在内圆柱面里面、距离轴线为 r 处的 P 点的电场强度大小（　　）。

A. $\dfrac{\lambda_1+\lambda_2}{2\pi\varepsilon_0 r}$　　B. $\dfrac{\lambda_1}{2\pi\varepsilon_0 R_1}+\dfrac{\lambda_2}{2\pi\varepsilon_0 R_2}$

C. $\dfrac{\lambda_1}{4\pi\varepsilon_0 R_1}$　　D. 0

11. 有两个点电荷电量都是 $+q$，相距为 $2a$，今以左边的点电荷所在处为球心，以 a 为半径作一球形高斯面，在球面上取两块相等的小面积 S_1 和 S_2，其位置如习题图 5.7 所示，设通过 S_1 和 S_2 的电场强度分别为 Φ_1 和 Φ_2，通过整个球面的电场强度通量为 Φ_S，则（　　）。

A. $\Phi_1>\Phi_2$，$\Phi_S=q/\varepsilon_0$　　B. $\Phi_1<\Phi_2$，$\Phi_S=2q/\varepsilon_0$

C. $\Phi_1=\Phi_2$，$\Phi_S=q/\varepsilon_0$　　D. $\Phi_1<\Phi_2$，$\Phi_S=q/\varepsilon_0$

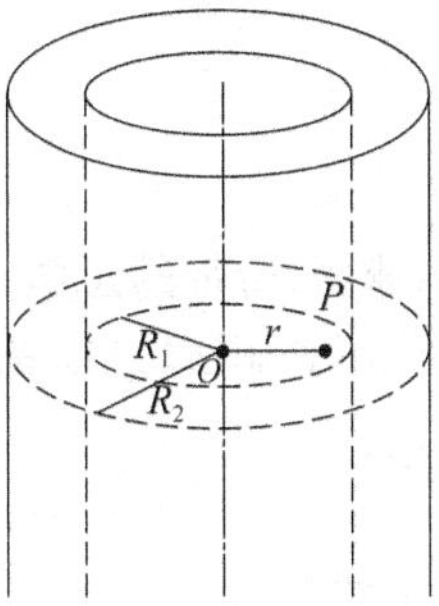

习题图 5.6

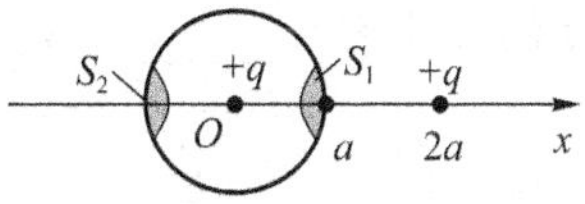

习题图 5.7

12. 关于静电场中某点电势值的正负，下列说法中正确的是（　　）。

A. 电势值的正负取决于置于该点的试验电荷的正负

B. 电势值的正负取决于电场力对试验电荷做功的正负

C. 电势值的正负取决于产生电场的电荷的正负

D. 电势值的正负取决于电势零点的选取

13. 真空中一半径为 R 的球面均匀带电 Q，在球心 O 处有一带电量为 q 的点电荷，如习题图 5.8 所示，设无穷远处为电势零点，则在球内离球心 O 距离为 r 的 P 点处的电势为（　　）。

A. $\dfrac{q}{4\pi\varepsilon_0 r}$　　B. $\dfrac{1}{4\pi\varepsilon_0}\left(\dfrac{q}{r}+\dfrac{Q}{R}\right)$

C. $\dfrac{q+Q}{4\pi\varepsilon_0 r}$　　D. $\dfrac{1}{4\pi\varepsilon_0}\left(\dfrac{q}{r}+\dfrac{Q-q}{R}\right)$

14. 如习题图 5.9 所示，在真空中半径为 R 和 $2R$ 的两个同心球面上分别均匀地带有电量 $+q$ 和 $-3q$。现将一电量为 $+Q$ 的带电粒子从内球面处由静止释放，则该粒子到达外球面时的动能为（　　）。

A. $\dfrac{qQ}{4\pi\varepsilon_0 R}$　　B. $\dfrac{qQ}{2\pi\varepsilon_0 R}$

C. $\dfrac{qQ}{8\pi\varepsilon_0 R}$　　D. $\dfrac{3qQ}{8\pi\varepsilon_0 R}$

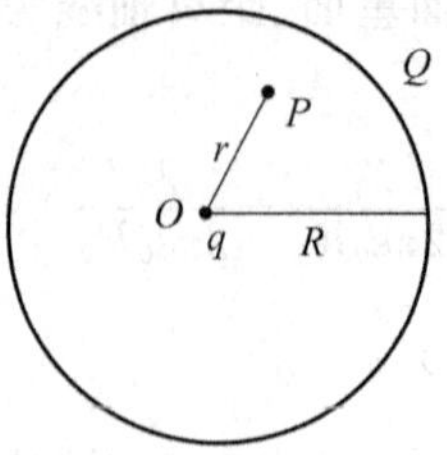

习题图 5.8

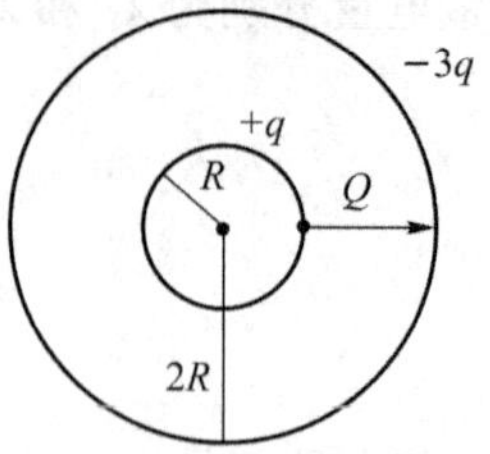

习题图 5.9

二、填空题

1. 如习题图 5.10 所示，两块“无限大”均匀带电平行平板，其电荷面密度分别为 $\sigma(\sigma>0)$ 及 -2σ，试写出各区域的电场强度 E。

Ⅰ区 E 的大小________，方向________；

Ⅱ区 E 的大小________，方向________；

Ⅲ区 E 的大小________，方向________。

2. 如习题图 5.11 所示，真空中有一半径为 R 的均匀带电球面，所带的总电量为 $Q(Q>0)$。今在球面上挖去非常小的一块面积 ΔS（连同电荷），且假设挖去后不影响原来电荷分布，则挖去 ΔS 后球心处电场强度的大小 $E=$________，其方向为________。

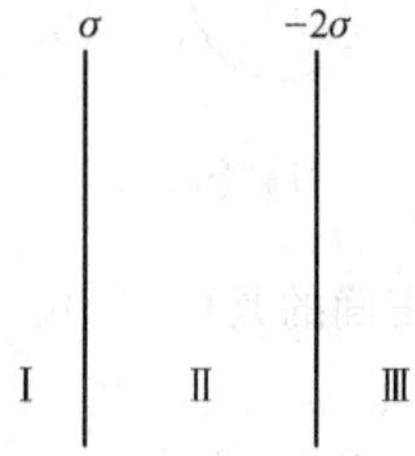

习题图 5.10

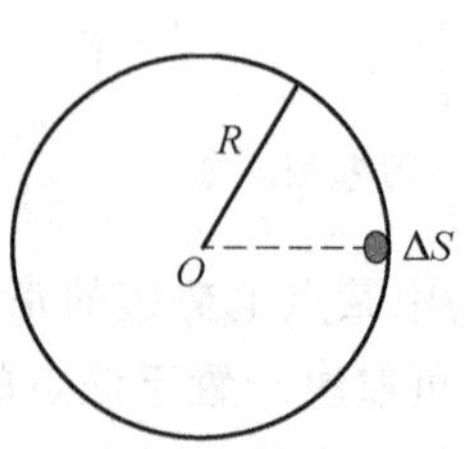

习题图 5.11

3. 在“无限大”的均匀带电平板附近，有一点电荷 q，沿电场方向移动距离 d 时，电场力做的功为 A，则平板上的电荷面密度 $\sigma=$________。

4. 如习题图 5.12 所示，真空中，沿 Ox 轴正方向分布着电场，电场强度为 $E=bx$（b 为正的常量）。作一边长 a 的正方形高斯面，则通过高斯面右侧面 S_1 的电通量 $\Phi_1=$________，通过上表面 S_2 的电通量 $\Phi_2=$________，立方体内的净电荷为 $Q=$________。

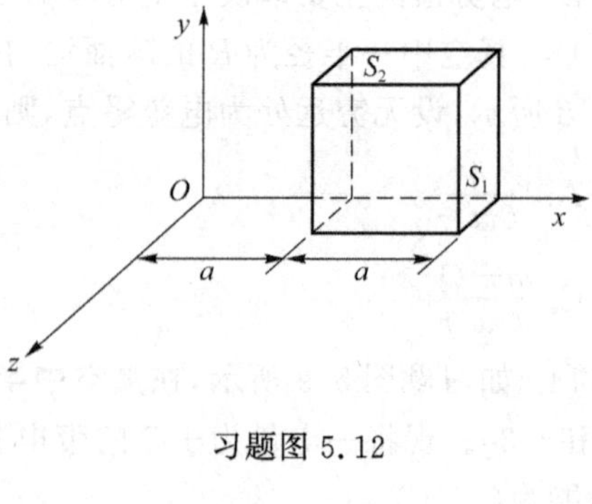

习题图 5.12

5. 一半径为 R 的均匀带电球面所带电荷量为 Q，若规定该球面上电势为零，则球面外距球心为 r 的 P 点处，其电势 $V_P=$________。

6. 如习题图 5.13 所示，有两根与纸面垂直的无限长均匀带电直线，其电荷密度分别为 $+\lambda$ 和 $-\lambda$，分别位于 $x=+a/2$ 及 $x=-a/2$ 处，Oy 轴上任意一点的电场强度大小为________，方向为________。

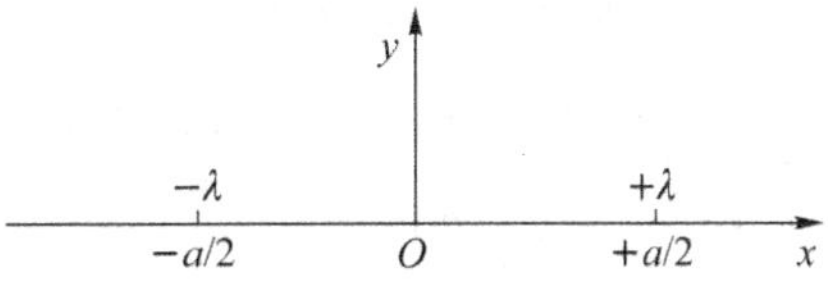

习题图 5.13

7. 把一个均匀带有电荷量$+Q$的球形肥皂泡由半径 r_1 吹胀到 r_2，则半径为 $R(r_1<R<r_2)$ 的高斯球面上任一点的电场强度大小 E 由________变为________；电势 V 由________变为________(选无穷远处为电势零点)。

8. 如习题图 5.14 所示，在电量为$+Q$的点电荷产生的电场中，电量为 q 的试验电荷沿半径为R 的 3/4 圆弧轨道由 a 点移到 b 点，电场力做功为________，再从 b 点移到无穷远处的过程中，电场力做功为________。

9. 如习题图 5.15 所示为一边长均为 a 的等边三角形，其三个顶点分别放置电量为 q、$2q$、$3q$ 的三个正点电荷。若将一电量为Q 的正点电荷从无穷远处移至三角形的中心O 处，则外力需做功 $A=$ ________。

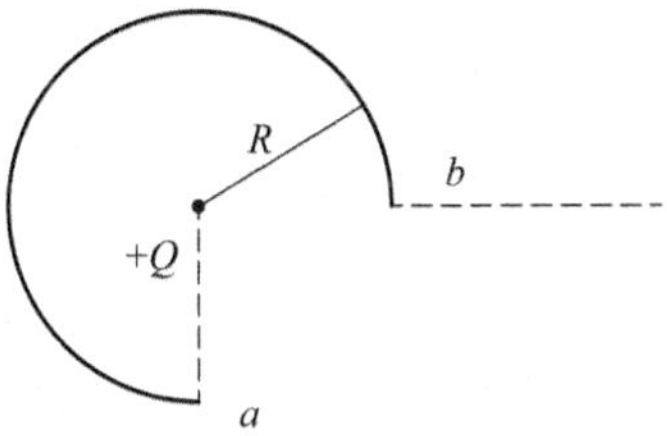

习题图 5.14

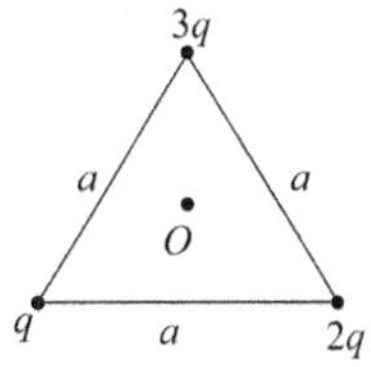

习题图 5.15

三、计算题

1. 如习题图 5.16 所示，一绝缘细棒弯成半径为 R 的半圆形，其上半段均匀带有电量$+q$，下半段均匀带有电量$-q$，求圆心处的电场强度。

2. 如习题图 5.17 所示，一厚为 b 的“无限大”的带电平板，其电荷体密度分布为 $\rho=kx(0\leqslant x\leqslant b)$，式中 k 为一正的常量。求：

(1) 平板外两侧任意一点 P_1 和 P_2 处的电场强度大小；

(2) 平板内任意一点 P 处的电场强度；

(3) 电场强度为零的点在何处？

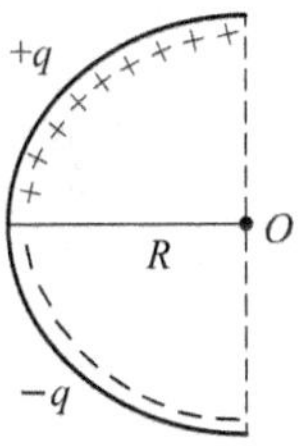

习题图 5.16

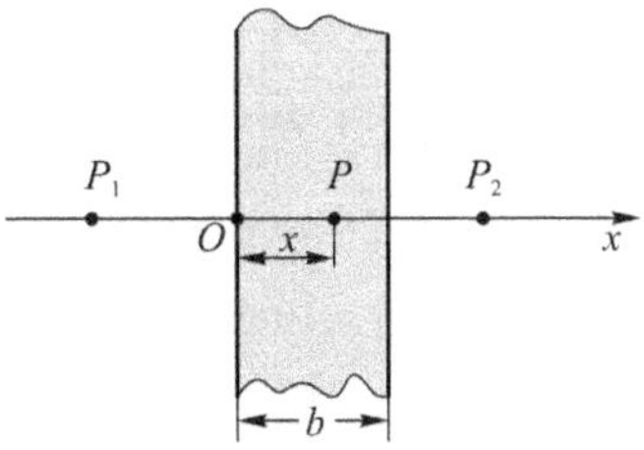

习题图 5.17

3. 一半径为 R 的带电球体，其电荷体密度分布为

$$\rho=\begin{cases}\dfrac{qr}{\pi R^4} & (r\leqslant R,q\text{ 为一正的常量})\\ 0 & (r>R)\end{cases}$$

试求：

(1) 带电球体的总电量；

(2) 球内、外各点的电场强度；

(3) 球内、外各点的电势。

4. 盖革计数管由一内直径为 2 cm 的金属长圆筒和在其中央的一根直径为 0.134 mm 的金属丝构成。如果在金属丝与圆筒之间加上 850 V 的电压，试分别求金属丝表面处和金属圆筒内表面处电场强度的大小。

第6章　静电场中的导体和电介质

上一章讨论了真空中静电场的基本概念和基本性质，本章将进一步讨论有导体和电介质存在时的静电场。导体和电介质放入电场后，在静电场作用下，它们的电荷分布将发生变化，这种电荷的重新分布反过来又对原来的电场施加影响。本章我们将讨论导体静电平衡的条件、静电平衡条件下导体和电介质的电荷以及电场所具有的性质，此外我们还将学习电容器和静电场能量的相关知识。

6.1　静电场中的导体

6.1.1　静电感应 静电平衡

导体就是具有大量能够自由运动的带电粒子、在外电场作用下能够较好地传导电流的物质。本章只讨论金属导体。

从微观角度来看，如图6.1所示，金属导体是由带正电的晶格和带负电的自由电子构成的，晶格不动，相当于骨架，而自由电子可自由运动，充满整个导体。从宏观上看，当没有外电场时，导体中的正负电荷等量均匀分布，无论是整个导体还是其中一部分，都呈电中性。自由电子只做微观的热运动，没有宏观的定向运动。

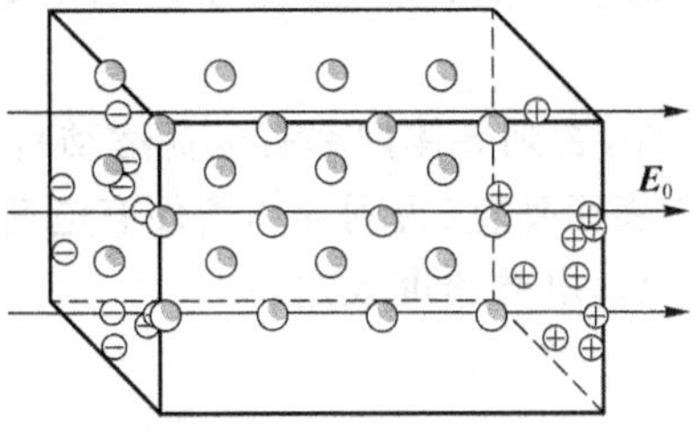

图6.1　金属导体

如图6.2所示，若把金属导体放在外电场中，例如，把一块金属板放在电场强度为$\boldsymbol{E}_0$的匀强电场中，导体中的自由电子在做无规则热运动的同时，还将在电场力作用下做宏观定向运动，自由电子逆着电场方向移动，从而使导体中的电荷重新分布。电荷重新分布的结果使得金属板两侧会出现等量异号的电荷。这种在外电场作用下，引起导体中电荷重新分布而呈现出的带电现象，叫作**静电感应现象**，对应的电荷称为**感应电荷**。

感应电荷在金属板的内部建立起一个附加电场，其电场强度$\boldsymbol{E}'$和外在的电场强度$\boldsymbol{E}_0$的方向相反，这样金属板内部的电场强度$\boldsymbol{E}$就是$\boldsymbol{E}_0$和$\boldsymbol{E}'$的叠加。开始时$E'<E_0$，金属板内部的

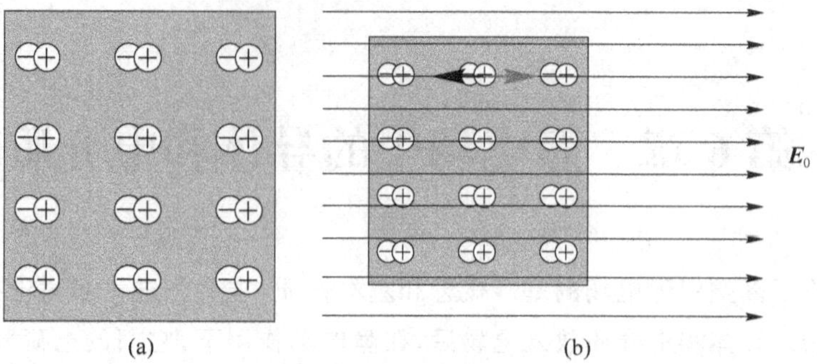

图 6.2　静电感应

电场强度不为零，自由电子会不断地向左移动，从而使 $\boldsymbol{E}'$ 增大。这个过程一直延续到金属板内部的电场强度等于零，即 $\boldsymbol{E}=\boldsymbol{E}_0+\boldsymbol{E}'=0$ 时为止。这时，导体上没有电荷做定向运动，导体处于静电平衡状态(图 6.3)。

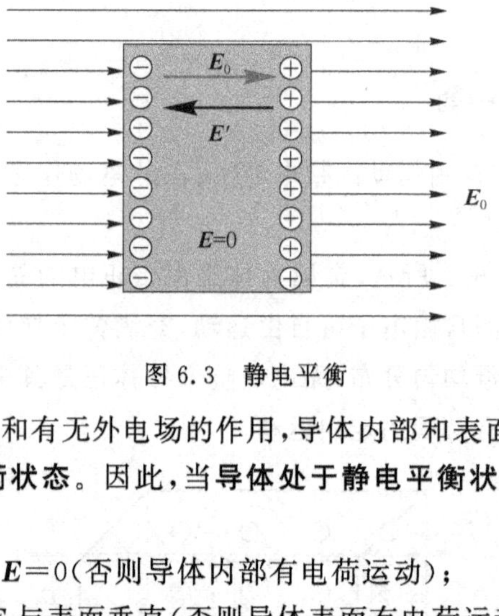

图 6.3　静电平衡

不管导体原来是否带电和有无外电场的作用，导体内部和表面都没有电荷宏观定向运动的状态称为导体的**静电平衡状态**。因此，当**导体处于静电平衡状态时，就必须满足以下条件**(从场强角度表述)：

① 导体内任一点，场强 $\boldsymbol{E}=0$(否则导体内部有电荷运动)；

② 导体表面上任一点 $\boldsymbol{E}$ 与表面垂直(否则导体表面有电荷运动)。

导体的静电平衡条件也可以从电势角度表述：

① 导体内各点电势相等；

② 导体表面为等势面。

用一句话概括说：**静电平衡时导体为等势体**。

6.1.2　导体静电平衡时的电荷分布

已知导体静电平衡时的电场分布，可以应用高斯定理来分析导体的电荷分布。

1. 导体内无空腔时的电荷分布(实心带电导体)

如图 6.4 所示，导体电荷为 Q，在其内作一闭合曲面 S，根据高斯定理，有

$$\oint_S \boldsymbol{E}\cdot \mathrm{d}\boldsymbol{S}=\frac{1}{\varepsilon_0}\sum_{S_{内}} q$$

由于导体静电平衡时其内 $\boldsymbol{E}=0$，所以$\oint_S \boldsymbol{E}\cdot \mathrm{d}\boldsymbol{S}=0$，即$\sum\limits_{S_{内}} q=0$。

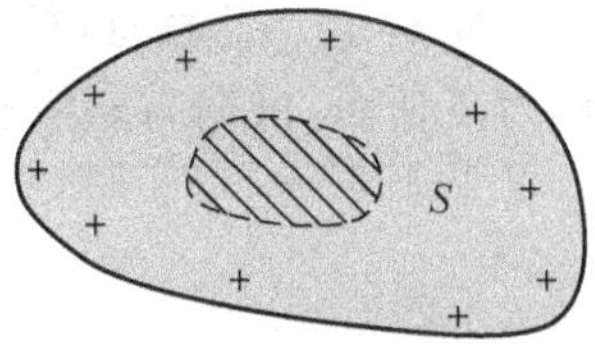

图 6.4　导体内无空腔

S 面是任意的，因此可以任意小，所以导体内处处无净电荷存在。

结论：当带电导体处于静电平衡时，导体内部没有净电荷存在，净电荷都分布在导体表面上。

2. 导体内有空腔时的电荷分布

(1) 空腔内无其他电荷或带电体，此时电荷只分布在导体外表面。

如图 6.5(a)所示，导体电量为 Q，在其内作一高斯面 S_1，因为静电平衡时，导体内 $\boldsymbol{E}=0$，所以$\oint_S \boldsymbol{E}\cdot \mathrm{d}\boldsymbol{S}=0$，那么$\sum\limits_{S_{内}} q=0$，则 S_1 内净电荷为 0。因为 S_1 是任意的，所以导体内无净电荷，电荷只分布在导体表面上。

如图 6.5(a)所示，在导体内部作一高斯面 S_2，使 S_2 包围导体空腔。根据高斯定理，S_2 内所包围电荷代数和为零。因为空腔内无其他电荷，静电平衡时，导体内又无净电荷，所以空腔内表面上的净电荷为 0。

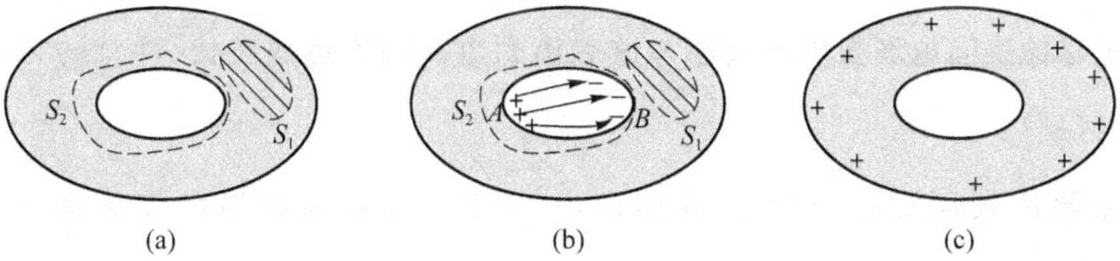

图 6.5　导体内有空腔

在空腔内表面上能否出现等量的正负电荷呢？我们设想有这种可能，如图 6.5(b)所示，这时在腔内就分布着始于正电荷终止于负电荷的电场线。沿电场线方向电势越来越低，$V_A>V_B$，但静电平衡时，导体为等势体，即 $V_A=V_B$，因此，假设不成立。所以，静电平衡时，腔内表面无电荷分布，如图 6.5(c)所示，电荷都分布在外表面上(腔内电势与导体电势相同)。

(2) 空腔内有点电荷

如图 6.6 所示，原来导体带电量为 Q，空腔内放一电荷 $+q$，则导体内表面有感应电荷 $-q$，导体外表面电荷为 $Q+q$。静电平衡时 $\boldsymbol{E}=0$，在导体内作一高斯面 S_1，不包围空腔，$\oint_{S_1} \boldsymbol{E}\cdot \mathrm{d}\boldsymbol{S}=\dfrac{1}{\varepsilon_0}\sum\limits_{S_{内}} q=0$，导体内无净电荷，净电荷分布在导体表面。

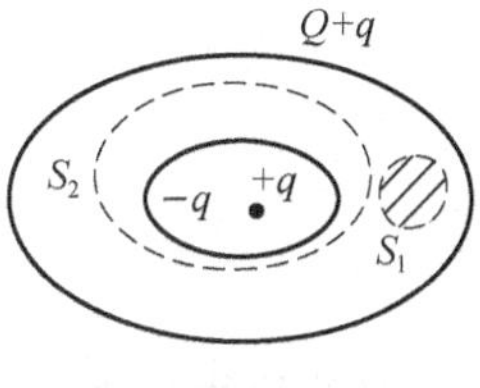

图 6.6　空腔内有点电荷

如图 6.6 所示，在导体内作一包围空腔的高斯面 S_2，因为$\oint_{S_2} \boldsymbol{E}\cdot \mathrm{d}\boldsymbol{S}=\dfrac{1}{\varepsilon_0}\sum\limits_{S_{内}} q=0$，所以有$\sum\limits_{S_{内}} q=0$；又因为此时导体内部无净电荷，而腔内有电荷 $+q$，所以腔内表面必有感应电荷 $-q$。

结论：静电平衡时，腔内表面有感应电荷 $-q$；根据电荷守恒定律，外表面有感应电荷 $+q$，外表面总电荷为 $Q+q$；空腔内电荷会影响外部电场。

3. 导体表面上的电荷分布

设在导体表面的某一面积元 ΔS(很小)上,电荷分布如图 6.7(a)所示,过 ΔS 边界作一小而扁的闭合圆柱 S(硬币形高斯面),上下底 S_1、S_2 均与 ΔS 平行,侧面 S_3 与 ΔS 垂直,柱面的高很小,即 S_1 与 S_2 非常靠近 ΔS,此圆柱是关于 ΔS 对称的。S 作为高斯面,根据高斯定理有

$$\oint_S \boldsymbol{E} \cdot \mathrm{d}\boldsymbol{S} = \frac{1}{\varepsilon_0}\sum_{S_{内}} q$$

$$\oint_S \boldsymbol{E} \cdot \mathrm{d}\boldsymbol{S} = \int_{S_1} \boldsymbol{E} \cdot \mathrm{d}\boldsymbol{S} + \int_{S_2} \boldsymbol{E} \cdot \mathrm{d}\boldsymbol{S} + \int_{S_3} \boldsymbol{E} \cdot \mathrm{d}\boldsymbol{S}$$

$$= \int_{S_1} \boldsymbol{E} \cdot \mathrm{d}\boldsymbol{S} \xlongequal{S\text{ 很小}} ES_1 = E\Delta S$$

$$\frac{1}{\varepsilon_0}\sum_{S_{内}} q = \frac{1}{\varepsilon_0}\sigma\Delta S$$

所以有

$$E\Delta S = \frac{1}{\varepsilon_0}\sigma\Delta S$$

则得

$$E = \frac{\sigma}{\varepsilon_0} \tag{6.1}$$

因此说,**带电导体表面电场强度的大小与该表面的电荷面密度成正比**(注意与无限大带电平面$E=\dfrac{\sigma}{2\varepsilon_0}$的区别)。

结论:在导体表面附近,$E \propto \sigma$,导体内电场 $\boldsymbol{E}=0$,即电场强度在导体表面跃迁,如图 6.7(b)所示。

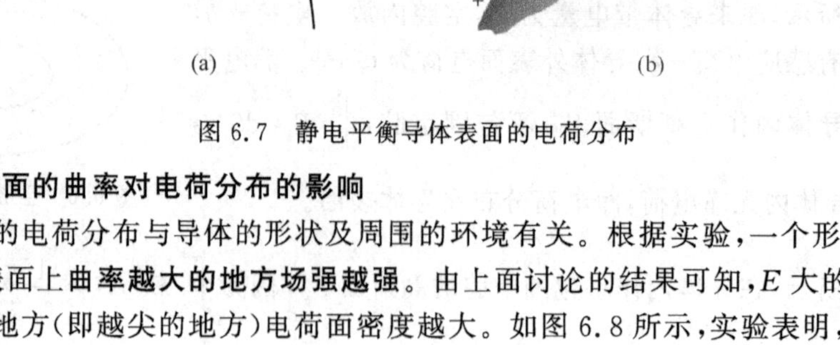

(a) (b)

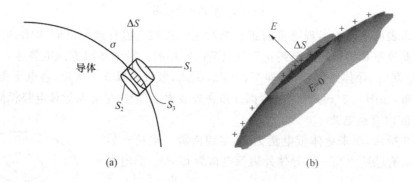

图 6.7 静电平衡导体表面的电荷分布

4. 导体表面的曲率对电荷分布的影响

导体表面的电荷分布与导体的形状及周围的环境有关。根据实验,一个形状不规则的导体带电后,在表面上**曲率越大的地方场强越强**。由上面讨论的结果可知,E 大的地方,σ 必大,所以曲率大的地方(即越尖的地方)电荷面密度越大。如图 6.8 所示,实验表明,把一定量的电荷放到非球形导体上,当达到静电平衡时,导体为一等势体,导体表面为一等势面。在 A 点附近,曲率半径较小,其电荷面密度和电场强度的值较大;而在 B 点附近,曲率半径较大,其电荷面密度和电场强度的值较小。图 6.9 给出了带有等量异号电荷的一个非球形导体和一块平板导体的电场线图像。从图 6.9 中可以看出,曲率半径较小的带电导体表面附近,电场线密集,

电场较强，尖端附近的电场最强。

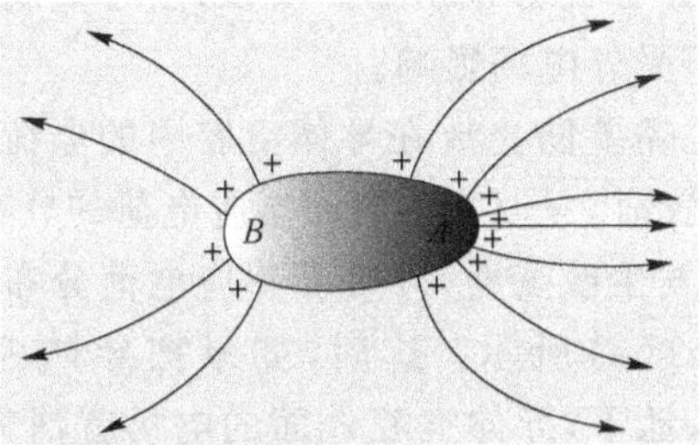

图 6.8　非球形导体表面的电荷分布

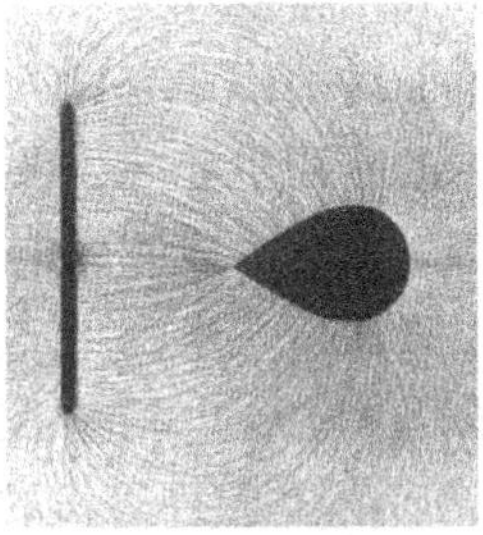

图 6.9　导体表面的曲率对电荷分布的影响

5. 尖端放电

带电尖端附近的电场强度特别大，可使尖端附近的空气发生电离而成为导体。在电场不过分强的情况下，带电尖端经由电离化的空气而放电的过程，是比较平稳、悄无声息地进行的；但在电场很强的情况下，放电就会以暴烈的火花放电的形式出现，并在短暂的时间内释放出大量的能量。这两种形式的放电现象就是所谓的尖端放电现象。例如，阴雨潮湿天气时常可在高压输电线表面附近看到淡蓝色辉光的电晕，就是一种平稳的尖端放电现象。

尖端放电在技术上有很广的用途，如电风吹烛(图 6.10)、避雷针等。高大建筑物上都会安装避雷针，当带电云层靠近建筑物时，建筑物会感应上与云层相反的电荷，这些电荷会聚集到避雷针的尖端，达到一定的值后便开始放电，这样不停地将建筑物上的电荷中和掉，永远达不到会使建筑物遭到损坏的强烈放电所需要的电荷。雷电的实质是两个带电体间的强烈放电，在放电的过程中有巨大的能量放出。建筑物的另外一端与大地相连，与云层相同的电荷就会流入大地。

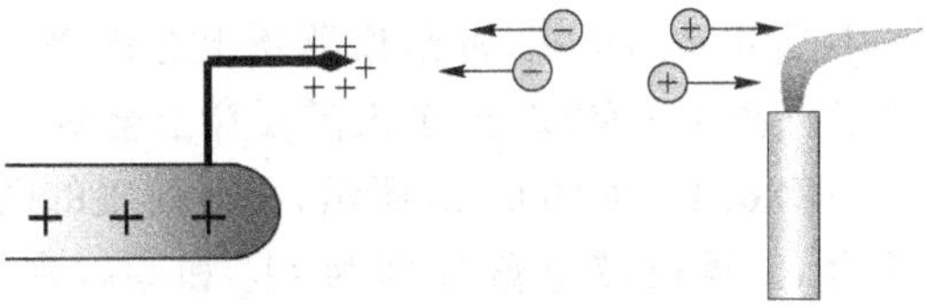

图 6.10　电风吹烛

尖端放电也有有害的一面。例如，高压输电线附近的离子与空气碰撞会使空气分子电离而导电，放电浪费了很多电能。尖端放电会使电能白白损耗，还会干扰精密测量和通信。高压输电导线和高压设备的金属元件表面要很光滑，为的是避免因尖端放电而损失电能或造成事故。

尖端放电还与环境状况有关。环境温度越高越容易放电，环境湿度越低越容易放电。在我们的日常生活中，有很多东西应用到尖端放电这个现象，如打火炉、打火机、沼气灯的点火装置等。

6.1.3　静电屏蔽

若把一空腔导体放在静电场中，静电平衡时，电场线将终止于导体的外表面，而不能穿过导体的内表面进入内腔(图 6.11)，因此导体内和空腔中的电场强度处处为零。由于空腔中的场强处处为零，且空腔的内表面上没有电荷，放在空腔中的物体就不会受到外电场的影响，因此我们可以利用空腔导体来屏蔽外电场。这种现象称为**静电屏蔽**。所以，空心金属球体对于放在它的空腔内的物体有保护作用，可以使物体不受外电场影响。

前面讲的是用空腔导体来屏蔽外电场，有时也需要防止放在导体空腔中的电荷对导体外其他物体产生影响。空腔内电荷位于腔内不同位置时，只改变内表面感应电荷的分布，外表面电荷分布由表面曲率半径决定。空腔内电荷电量发生改变时，外表面感应电荷分布也受到影响，在空腔外的电场也随之发生变化，如图 6.12(a)所示。这时，如果把导体腔接地，如图 6.12(b)所示，空腔外表面的电荷就被全部导入地下，导体空腔外面的电场就消失了，接地的导体空腔内电荷对导体外的电场就不会产生任何影响。

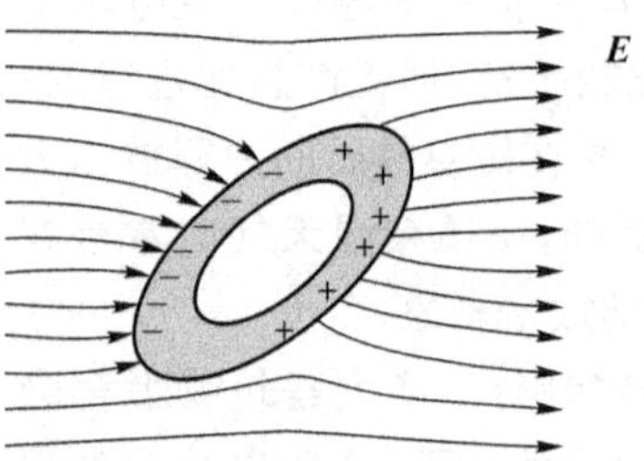

图 6.11 空腔导体屏蔽外电场

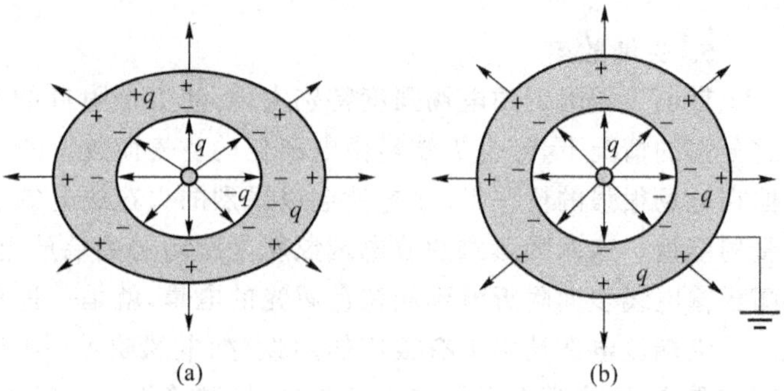

图 6.12 空腔导体的静电屏蔽作用

综上所述，**空腔导体(无论接地与否)将使腔内空间不受外电场的影响，而接地空腔导体将使腔外空间不受空腔内电场的影响。这就是空腔导体的静电屏蔽作用。**

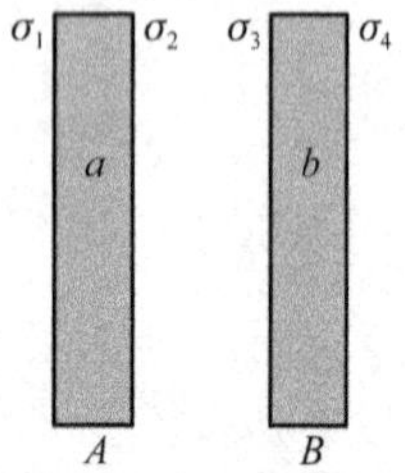

图 6.13 例 6.1 用图

静电屏蔽在工程技术中有着广泛的应用。例如，为了使电子仪器不受外界的干扰，常给仪器罩上金属壳。再如，高压带电作业时，为了保护工人的安全，工人需要穿上金属丝织成的工作服等。

例 6.1 如图 6.13 所示，平行放置的两块大金属平板 A 和 B 相距为 d，两板带电量分别为 Q_A 和 Q_B，求两板各表面上的电荷面密度。

解 只要金属板的大小远大于间距 d，可将两板视为无限大。根据静电平衡可知，电荷只分布在金属板外表面。设 4 个金属板电荷面密度分别为 σ_1、σ_2、σ_3、σ_4，根据电荷守恒定律，有

$$\sigma_1 S+\sigma_2 S=Q_A,\quad \sigma_3 S+\sigma_4 S=Q_B$$

静电平衡时，有

$$E_a=E_b=0$$

$$E_a=\frac{\sigma_1}{2\varepsilon_0}-\frac{\sigma_2}{2\varepsilon_0}-\frac{\sigma_3}{2\varepsilon_0}-\frac{\sigma_4}{2\varepsilon_0}=0$$

$$E_b=\frac{\sigma_1}{2\varepsilon_0}+\frac{\sigma_2}{2\varepsilon_0}+\frac{\sigma_3}{2\varepsilon_0}-\frac{\sigma_4}{2\varepsilon_0}=0$$

联立以上四式，可得

$$\sigma_1=\sigma_4=\frac{Q_A+Q_B}{2S},\quad \sigma_2=-\sigma_3=\frac{Q_A-Q_B}{2S}$$

分析:若两极板带有等量异号电荷,则 $Q_A=-Q_B=0$。

例 6.2　如图 6.14 所示,在电荷 $+q$ 的电场中放一不带电的金属球,从球心 O 到点电荷所在处的矢径为 $\boldsymbol{r}$,试求:

(1) 金属球上的净感应电荷 q';

(2) 这些感应电荷在球心 O 处产生的场强 $\boldsymbol{E}$。

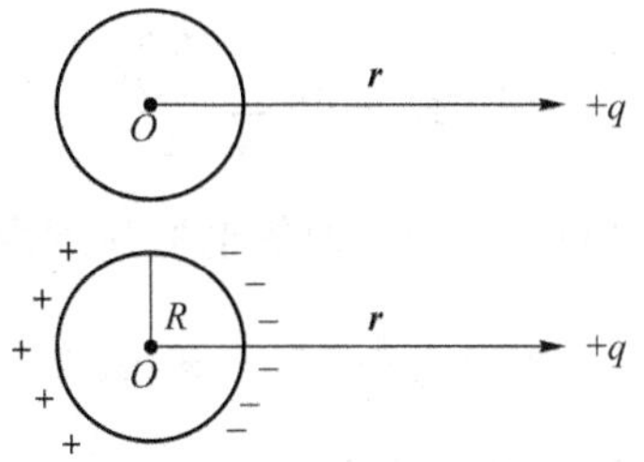

图 6.14　例 6.2 用图

解　(1) 根据电荷守恒定律,

$$q'=0$$

(2) 球心 O 处场强 $\boldsymbol{E}=0$(静电平衡条件),即 $+q$ 在 O 处产生的场强 $\boldsymbol{E}_+$ 与感应电荷在 O 处产生场强的矢量和为 0,即

$$\boldsymbol{E}_+ + \boldsymbol{E}_{感}=0$$

所以

$$\boldsymbol{E}_{感}=-\boldsymbol{E}_+=\frac{q}{4\pi\varepsilon_0 r^3}\boldsymbol{r}\quad (方向指向+q)$$

例 6.3　如图 6.15 所示,有一外半径 R_1 为 10 cm、内半径 R_2 为 7 cm 的金属球壳,在球壳中放一半径 R_3 为 5 cm 的同心金属球。若使球壳和球均带有 $q=10^{-3}$ C 的正电荷,问两球体上的电荷如何分布?球心的电势为多少?

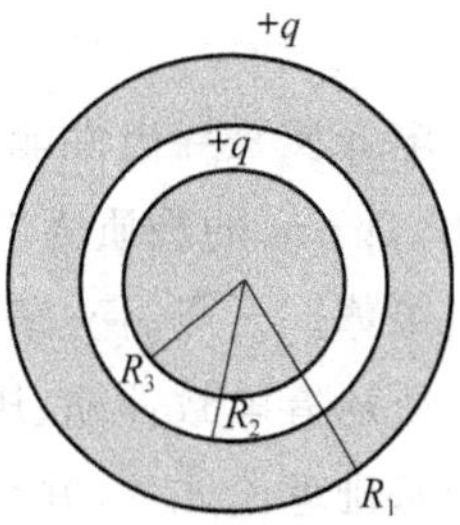

图 6.15　例 6.3 用图

解　为了计算球心的电势,必须先计算出各点的电场强度。

我们先从球内开始,作 $r<R_3$ 的球面 S_1 为高斯面,则由导体的静电平衡条件,球内的电场强度为

$$E_1=0,\quad r<R_3$$

在球与球壳之间,作 $R_3<r<R_2$ 的球面 S_2 为高斯面,由高斯定理,有

$$\oint_{S_2}\boldsymbol{E}_1\cdot \mathrm{d}\boldsymbol{S}=\frac{q}{\varepsilon_0}$$

可知

$$E_2\cdot 4\pi r^2=\frac{q}{\varepsilon_0}$$

则球与球壳间的电场强度为

$$E_2=\frac{1}{4\pi\varepsilon_0}\frac{q}{r^2},\quad R_3<r<R_2$$

而对于所有 $R_2<r<R_1$ 的球面 S_3 上的各点，由静电平衡条件知，其电场强度为零，即

$$E_3=0,\quad R_2<r<R_1$$

由高斯定理可知，其内电荷的代数和应为零，即

$$\oint_{S_3}\boldsymbol{E}_3\cdot\mathrm{d}\boldsymbol{S}=\frac{\sum q}{\varepsilon_0}=0$$

已知球的电荷为 $+q$，则球壳内表面上的电荷必为 $-q$，球壳外表面上的电荷则应为 $+2q$。

再在球壳外面作 $r>R_1$ 的球面 S_4 为高斯面，由高斯定理有

$$\oint_{S_4}\boldsymbol{E}_4\cdot\mathrm{d}\boldsymbol{S}=\frac{\sum q}{\varepsilon_0}$$

其中，$\sum q=q-q+2q=2q$。所以，$r>R_1$ 处的电场强度为

$$E_4=\frac{1}{4\pi\varepsilon_0}\frac{2q}{r^2},\quad r>R_1$$

由电势的定义式(5.29)，球心 O 的电势为

$$U_O=\int_0^{\infty}\boldsymbol{E}\cdot\mathrm{d}\boldsymbol{r}=\int_0^{R_3}\boldsymbol{E}_1\cdot\mathrm{d}\boldsymbol{r}+\int_{R_3}^{R_2}\boldsymbol{E}_2\cdot\mathrm{d}\boldsymbol{r}+\int_{R_2}^{R_1}\boldsymbol{E}_3\cdot\mathrm{d}\boldsymbol{r}+\int_{R_1}^{\infty}\boldsymbol{E}_4\cdot\mathrm{d}\boldsymbol{r}$$

把 $\boldsymbol{E}_1$、$\boldsymbol{E}_2$、$\boldsymbol{E}_3$、$\boldsymbol{E}_4$ 代入上式，可得

$$U_O=0+\int_{R_3}^{R_2}\frac{1}{4\pi\varepsilon_0}\frac{q}{r^2}\mathrm{d}r+0+\int_{R_1}^{\infty}\frac{1}{4\pi\varepsilon_0}\frac{2q}{r^2}\mathrm{d}r=\frac{q}{4\pi\varepsilon_0}\left(\frac{1}{R_3}-\frac{1}{R_2}+\frac{2}{R_1}\right)$$

将已知数据代入上式，得

$$U_O=9\times10^9\times10^{-8}\left(\frac{1}{0.05}-\frac{1}{0.07}+\frac{2}{0.1}\right)\ \mathrm{V}=2.31\times10^3\ \mathrm{V}$$

6.2* 静电场中的电介质

电介质是导电性能极差的物质，它就是通常所说的绝缘体。电工学中一般认为，电阻率超过$10^8\ \Omega\cdot\mathrm{m}$ 的物质为电介质。过去电介质主要作为电气绝缘材料来使用，因此电介质也被称为**绝缘体**。云母、瓷、聚乙烯、变压器油等都是常用的电介质。随着科学技术的发展，人们发现电介质还有电致伸缩、压电性、热释电性等重要特性，已形成的“电介质物理学”成为新材料科学的基础理论之一，并在许多高新技术，如微电子技术、超声波技术、电子光学、激光技术等中有着广泛的应用。

6.2.1 电介质的极化

电介质是由大量电中性分子组成的绝缘体，分子中外层电子与原子核的相互作用很强，结合得很紧密，电子呈束缚状态，因此电介质中几乎不存在可以自由移动的电荷。即使在外电场中，电子也很难挣脱原子核的束缚发生定向移动。按照分子内部结构，电介质可分为以下两类。

(1) 无极分子电介质：无外电场时，分子正负电荷中心重合(如 H_2、He、CH_4)。

无极分子在没有受到外电场作用时，它的正负电荷的中心是重合的，因而没有电偶极矩，

如图 6.16(a)所示。但当外电场存在时，它的正负电荷的中心发生相对位移，形成一个电偶极子，其偶极矩 $\boldsymbol{p}$ 方向沿外电场 $\boldsymbol{E}_0$ 的方向，如图 6.16(b)所示。对一块介质整体来说，由于电介质中每一个分子都成为电偶极子，所以它们在电介质中的排列如图 6.16(c)所示，在电介质内部，相邻电偶极子正负电荷相互靠近，因而对于均匀电介质来说，其内部仍是电中性的。但在和外电场垂直的两个端面上就不同了，由于电偶极子的负端朝向电介质一面，正端朝向另一面，所以电介质的一面出现负电荷，一面出现正电荷，显然这种正负电荷是不能分离的，故称为**束缚电荷**，也叫作极化电荷。

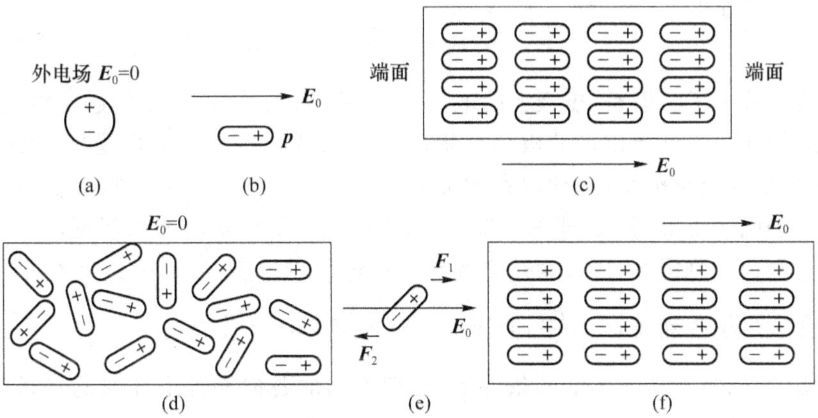

图 6.16　电介质的极化

结论：无极分子的电极化是分子的正、负电荷的中心在外电场的作用下发生相对位移的结果，这种电极化称为**位移电极化**。

(2) 有极分子电介质：即使无外电场时，分子的正负电荷中心也不重合(如 HCl、NH_3、H_2O、CO 等)。分子正负电荷中心不重合时相当于一个电偶极子。

有极分子本身就相当于一个电偶极子，在没有外电场时，由于分子做不规则热运动，这些分子偶极子的排列是杂乱无章的，如图 6.16(d)所示，所以电介质内部呈电中性。当有外电场时，每一个分子都受到一个电力矩作用，如图 6.16(e)所示，这个力矩要使分子偶极子转到外电场方向，只是由于分子的热运动，各分子偶极子不能完全转到外电场的方向，只是部分地转到外电场的方向，即所有分子偶极子不是很整齐地沿着外电场 $\boldsymbol{E}_0$ 方向排列起来，如图 6.16(f)所示。但随着外电场 $\boldsymbol{E}_0$ 的增强，排列的整齐程度增大。无论排列的整齐程度如何，在垂直外电场的两个端面上都产生了束缚电荷。

有极分子的电极化是分子偶极子在外电场的作用下发生转向的结果，故这种电极化称为**转向电极化**。

说明：在静电场中，两种电介质电极化的微观机理显然不同，但是宏观结果即在电介质中出现束缚电荷的效果时却是一样的，故在宏观讨论中不必区分它们。

6.2.2　电介质中的电场强度

如图 6.17 所示，有一面积为 S、相距为 d 的平板电容器，极板间为真空。若对此电容器充电，使两极板上带等量异号电荷，充电后撤去电源，维持极板上的电荷 Q 不变，测得两极板间

电压为 U_0。此时若在两极板间插入各向同性的电介质(如玻璃、硬橡胶等),则会发现伏特计读数变小。伏特计读数与电介质有关,有 $U=\frac{U_0}{\varepsilon_r}$,$\varepsilon_r$ 为**电介质的相对电容率**。空气的相对电容率近似等于 1,其他电介质的相对电容率均大于 1。

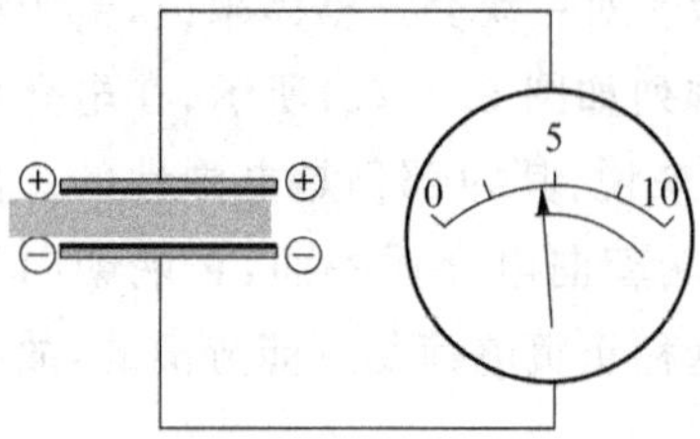

图 6.17　电介质中的电场强度

根据匀强电场的性质可知,两极板间电压 $U=Ed$,两极板间距离固定,伏特计读数变小,只能说明两极板间场强变弱。E 是如何减小的呢?从平板电容的场强公式 $E=\frac{\sigma}{\varepsilon_0}$ 可知,E 减小意味着电介质与极板接触处的电荷面密度 σ 减小了。但是,极板上的电荷 q_0 没变,即自由电荷面密度 σ_0 没变。这种改变只能是电介质极化在表面上出现的极化电荷,其面密度为 σ'。当电介质受外电场 $\boldsymbol{E}_0$ 作用发生极化时,电介质出现极化电荷,极化电荷也要产生电场,所以电介质中的电场是外电场 $\boldsymbol{E}_0$ 与极化电荷产生的电场 $\boldsymbol{E}'$ 的叠加,即 $\boldsymbol{E}=\boldsymbol{E}_0+\boldsymbol{E}'$,极化电荷的电场与源电场反向,所以 $E=E_0-E'$。因为束缚电荷受到限制,所以束缚电荷比自由电荷少得多,故 σ' 比 σ_0 少得多。

插入电介质后场强变弱,$E=\frac{E_0}{\varepsilon_r}$,介质的相对电容率 $\varepsilon_r=\frac{E_0}{E}>1$。

上式表明,在两极板电荷不变的条件下,充满均匀的各向同性电介质的平板电容器中,电介质内任意点的电场强度为原来真空时电场强度的 $\frac{1}{\varepsilon_r}$。

6.3* 电介质中的高斯定理

根据真空中的高斯定理,通过闭合曲面 S 的电场强度通量为闭合曲面所包围的电荷除以 ε_0,即

$$\oint_S \boldsymbol{E}\cdot \mathrm{d}\boldsymbol{S}=\frac{1}{\varepsilon_0}\sum_{S_{内}} q$$

此处,$\sum\limits_{S_{内}} q$ 应理解为闭合面内一切正、负电荷的代数和,在无电介质存在时,$\frac{1}{\varepsilon_0}\sum\limits_{S_{内}} q=\frac{1}{\varepsilon_0}q$;在有介质存在时,$S$ 内既有自由电荷,又有极化电荷,$\sum\limits_{S_{内}} q$ 应是 S 内一切自由电荷与极化电荷的代数和,即

$$\oint_S \boldsymbol{E}\cdot \mathrm{d}\boldsymbol{S}=\frac{1}{\varepsilon_0}\sum_{S_{内}} q=\frac{1}{\varepsilon_0}\sum_{S_{内}}(q_0+q')$$

其中,q_0、q' 分别表示自由电荷和极化电荷。

下面以平行板电容器为例来讨论。如图 6.18 所示,设极板上自由电荷面密度为 $\pm\sigma_0$,介质在极板分界面上极化电荷面密度为 $\pm\sigma'$,介质相对介电常数为 ε_r。实际上,q' 难以测量和计算,故应设法消除。

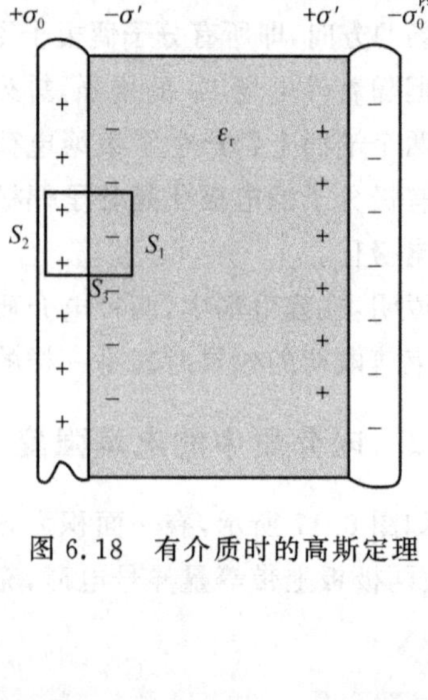

图 6.18　有介质时的高斯定理

介质内电场 $\boldsymbol{E}=\boldsymbol{E}_0+\boldsymbol{E}'$，由于 $\boldsymbol{E}_0$ 与 $\boldsymbol{E}'$ 方向相反，可得

$$E=E_0-E'=\frac{\sigma_0}{\varepsilon_0}-\frac{\sigma'}{\varepsilon_0}$$

由此可见，在电介质内部合场强总是小于自由电荷产生的电场强度，即

$$E'<E_0$$

可得

$$\sigma'<\sigma_0$$

$$E=\frac{E_0}{\varepsilon_r}=\frac{\sigma_0}{\varepsilon_0\varepsilon_r}=\frac{\sigma_0}{\varepsilon}\quad(\varepsilon=\varepsilon_0\varepsilon_r\ \text{为电介质的电容率})$$

即

$$\frac{\sigma_0}{\varepsilon}=\frac{\sigma_0}{\varepsilon_0}-\frac{\sigma'}{\varepsilon_0}$$

可得

$$\sigma'=\sigma_0-\frac{\varepsilon_0\sigma_0}{\varepsilon}$$

束缚电荷与极化电荷的关系为

$$\sigma'=\sigma_0\left(1-\frac{\varepsilon_0}{\varepsilon}\right)\tag{6.2}$$

取柱形高斯面，底面 S_1、S_2 分别在介质和极板内，且与板面平行，S_3 为侧面，与板面垂直。此时，由高斯定理知，

$$\begin{aligned}\oint_S \boldsymbol{E}\cdot\mathrm{d}\boldsymbol{S}&=\frac{1}{\varepsilon_0}\sum_{S_{内}}(q_0+q')=\frac{1}{\varepsilon_0}(S_1\sigma_0-S_1\sigma')\\&=\frac{S_1}{\varepsilon_0}\left[\sigma_0-\sigma_0\left(1-\frac{1}{\varepsilon_r}\right)\right]=\frac{\sigma_0 S_1}{\varepsilon_0\varepsilon_r}=\frac{\sigma_0 S}{\varepsilon}=\frac{1}{\varepsilon}\sum_{S_{内}}q_0\end{aligned}$$

可得

$$\oint_S \boldsymbol{E}\cdot\mathrm{d}\boldsymbol{S}=\frac{\sum\limits_{S_{内}}q_0}{\varepsilon}$$

由上可知，q'不出现了。

定义：

$$\boldsymbol{D}=\varepsilon\boldsymbol{E}\tag{6.3}$$

其中，$\boldsymbol{D}$ 称为电位移矢量(注意：此式只适用于各向同性电介质)。

高斯定理为

$$\oint_S \boldsymbol{D}\cdot\mathrm{d}\boldsymbol{S}=\sum_{S_{内}}q_0\tag{6.4}$$

式(6.4)为**电介质中的高斯定理**，它是普遍成立的。$\boldsymbol{D}$ 是辅助量，无真正的物理意义。算出 $\boldsymbol{D}$ 后，可求 $\boldsymbol{E}\left(=\dfrac{\boldsymbol{D}}{\varepsilon}\right)$。

如同引进电场线一样，为了描述方便，可引进**电位移线**，并规定电位移线的切线方向即为 $\boldsymbol{D}$ 的方向，电位移线的密度(通过与电位移线垂直的单位面积上的电位移线条数)等于该处 $\boldsymbol{D}$ 的大小。所以，通过任一曲面上的电位移线条数为 $\int_S \boldsymbol{D}\cdot\mathrm{d}\boldsymbol{S}$，称其为通过 S 的电位移通量；对

于闭合曲面,电位移通量为$\oint_S \boldsymbol{D} \cdot \mathrm{d}\boldsymbol{S}$。可见,**有介质存在时,高斯定理**为:电场中通过某一闭合曲面的电位移通量等于该闭合曲面内包围的自由电荷的代数和。

电位移线与电场线有区别:电位移线总是始于正的自由电荷,止于负的自由电荷(从定理可以看出);而电场线是可始于一切正电荷和止于一切负电荷(即包括极化电荷)。例如,平行板电容器的情况(不计边缘效应),如图 6.19 所示。

引入了电位移这一辅助物理量,有电介质的高斯定理数学表达式中只有自由电荷这一项,这样处理电介质中的电场问题就比较简单,可以避开束缚电荷,求出$\boldsymbol{D}$,然后求$\boldsymbol{E}=\frac{\boldsymbol{D}}{\varepsilon}$。

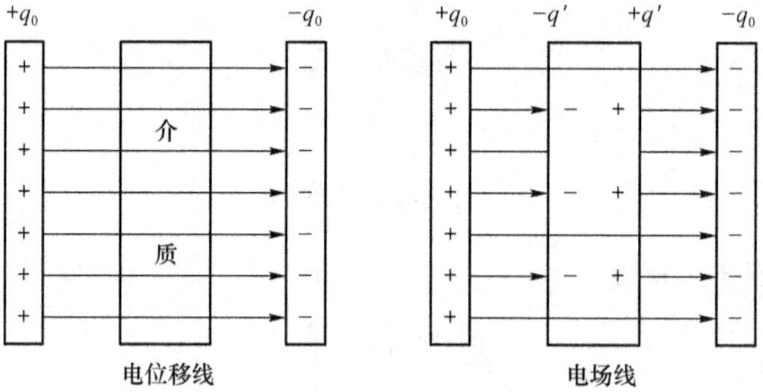

图 6.19 电位移线和电场线

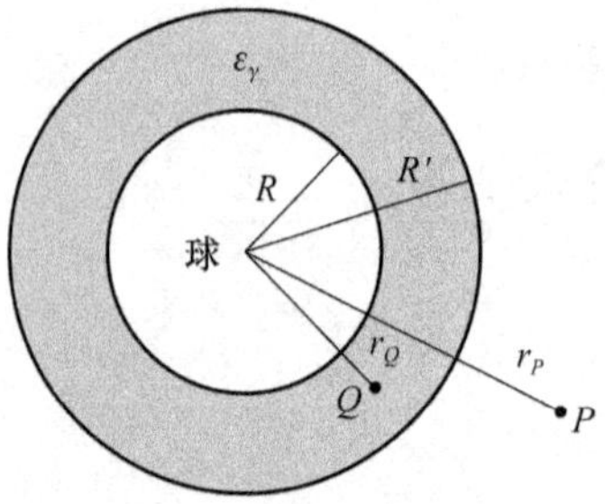

图 6.20 例 6.4 用图

例 6.4 如图 6.20 所示,在半径为 R 的金属球外,有一外半径为 R'的同心均匀电介质层,其相对介电常数为 ε_r,金属球电量为 Q,试求:

(1) 场强的空间分布;

(2) 电势的空间分布。

解 (1) 由题意知,场强是球对称的,取球形高斯面 S,由$\oint_S \boldsymbol{D} \cdot \mathrm{d}\boldsymbol{S} = \sum_{S_内} q_0$ 有

$$D \cdot 4\pi r^2 = \begin{cases} 0 & (球内) \\ Q & (球外) \end{cases}$$

因为

$$E=\frac{D}{\varepsilon}$$

所以

$$E=\begin{cases} 0 & (球内) \\ \dfrac{Q}{4\pi\varepsilon_0\varepsilon_r r^2} & (介质内) \\ \dfrac{Q}{4\pi\varepsilon_0 r^2} & (介质外) \end{cases}$$

方向为:$Q>0$,$\boldsymbol{E}$ 沿半径向外;$Q<0$,$\boldsymbol{E}$ 沿半径向内。

(2) 介质外任一点 P 的电势为

$$V_P=\int_{r_P}^{\infty}\boldsymbol{E}\cdot\mathrm{d}\boldsymbol{r}=\int_{r_P}^{\infty}E\,\mathrm{d}r=\int_{r_P}^{\infty}\frac{Q}{4\pi\varepsilon_0 r^2}\mathrm{d}r=\frac{Q}{4\pi\varepsilon_0 r_p}$$

介质内任一点 Q 的电势为

$$\begin{aligned}V_Q&=\int_{r_Q}^{\infty}\boldsymbol{E}\cdot\mathrm{d}\boldsymbol{r}=\int_{r_Q}^{R'}\boldsymbol{E}\cdot\mathrm{d}\boldsymbol{r}+\int_{R'}^{\infty}\boldsymbol{E}\cdot\mathrm{d}\boldsymbol{r}\\&=\int_{r_Q}^{R'}\frac{Q}{4\pi\varepsilon_0\varepsilon_r r^2}\mathrm{d}r+\int_{R'}^{\infty}\frac{Q}{4\pi\varepsilon_0 r^2}\mathrm{d}r\\&=\frac{Q}{4\pi\varepsilon_0\varepsilon_r}\left(\frac{1}{r_Q}-\frac{1}{R'}\right)+\frac{Q}{4\pi\varepsilon_0 R'}\\&=\frac{Q}{4\pi\varepsilon_0}\left[\frac{1}{\varepsilon_r}\left(\frac{1}{r_Q}-\frac{1}{R'}\right)+\frac{1}{R'}\right]\end{aligned}$$

球为等势体，电势为

$$\begin{aligned}V_{球}&=\int_{R}^{\infty}\boldsymbol{E}\cdot\mathrm{d}\boldsymbol{r}=\int_{R}^{R'}\boldsymbol{E}\cdot\mathrm{d}\boldsymbol{r}+\int_{R'}^{\infty}\boldsymbol{E}\cdot\mathrm{d}\boldsymbol{r}\\&=\int_{R}^{R'}\frac{Q}{4\pi\varepsilon_0\varepsilon_r r^2}\mathrm{d}r+\int_{R'}^{\infty}\frac{Q}{4\pi\varepsilon_0 r^2}\mathrm{d}r\\&=\frac{Q}{4\pi\varepsilon_0 r}\left[\frac{1}{\varepsilon_r}\left(\frac{1}{R}-\frac{1}{R'}\right)+\frac{1}{R'}\right]\end{aligned}$$

6.4　电容器的电容

电容器是一种常用的电学和电子学元件，它由两个用电介质隔开的金属导体组成。电容是电学中的一个重要物理量，它反映了导体的容电本领。

6.4.1　电容

导体具有储存电荷和电能的本领。

设在真空中有一半径为 R 的孤立的球形导体，电量为 q，它的电势为(取无限远处电势=0)

$$V=\frac{q}{4\pi\varepsilon_0 R}\tag{6.5}$$

对于给定的导体球，即 R 一定，当 q 变大时，V 也变大，q 变小时，V 也变小，但是 $\frac{q}{V}=4\pi\varepsilon_0 R$ 却不变。此结论虽然是对球形孤立导体而言的，但对一定形状的其他导体也是如此，$\frac{q}{V}$ 仅与导体的大小和形状等有关，因而有下面的定义。

定义：孤立导体的电量 q 与其电势 V 之比称为**孤立导体的电容**，用 C 表示：

$$C=\frac{q}{V}\tag{6.6}$$

对于孤立导体球，其电容为

$$C=\frac{q}{V}=\frac{q}{\frac{q}{4\pi\varepsilon_0 R}}=4\pi\varepsilon_0 R\tag{6.7}$$

C 的单位为 F(法)，1 F=1 C/V。在实际生活中 F 太大，常用 μF 或 pF，它们之间的换算关系为 1 F=10^6 μF=10^{12} pF。

电容与导体带电与否无关。

6.4.2　电容器

1. 电容器的电容

实际上，孤立的导体是不存在的，周围总会有别的导体，当有其他导体存在时，则必然因静电感应而改变原来的电场分布，影响导体电容。下面我们具体讨论电容器的电容。

两个带有等量异号电荷的导体所组成的带电系统称为电容器。电容器可以储存电荷，下文将看到电容器也可以储存能量。

如图 6.21 所示，两个导体 A、B 放在真空中，它们所带的电量分别为 $+q$、$-q$，如果 A、B 电势分别为 V_A、V_B，那么 A、B 之间的电势差为 V_A-V_B，电容器的电容定义为

$$C=\frac{q}{V_A-V_B} \tag{6.8}$$

若将 B 移至无限远处，$V_B=0$，上式就是孤立导体的电容。孤立导体的电势相当于孤立导体与无限远处导体之间的电势差。所以，孤立导体电容是 B 放在无限远处时 $C=\frac{q}{V_A-V_B}$ 的特例。导体 A、B 常被称为电容器的两个电极。

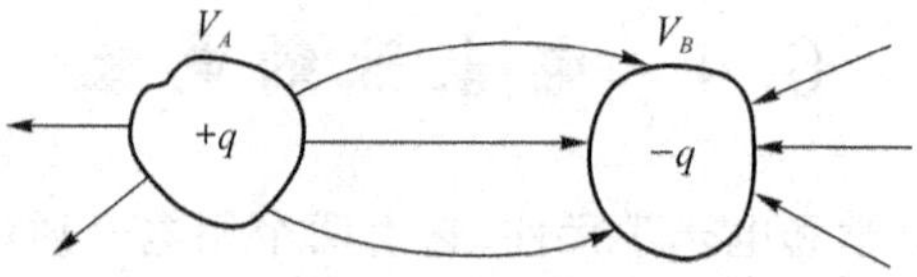

图 6.21　电容器

2. 电容器电容的计算

(1) 平行板电容器

这种电容器由中间充满电介质的两块平行金属极板组成。如图 6.22 所示，设 A、B 两极板平行，面积均为 S，相距为 d，电量为 $+q$、$-q$，极板线度比 d 大得多，且不计边缘效应，所以 A、B 间为均匀电场。

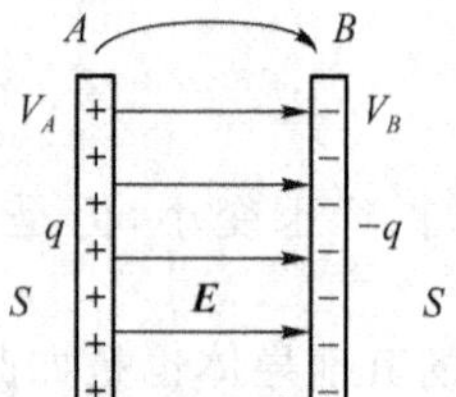

图 6.22　平行板电容器

由高斯定理知，A、B 间场强的大小为

$$E=\frac{E_0}{\varepsilon_r}=\frac{\sigma}{\varepsilon}$$

$$\sigma=\frac{q}{S}$$

$$V_A-V_B=Ed=\frac{\sigma}{\varepsilon}d$$

$$C=\frac{q}{V_A-V_B}=\frac{\varepsilon S}{d} \tag{6.9}$$

可见，平行板电容器的电容仅与电容器的形状、尺寸、电介质有关，与极板的面积成正比，与极板间的距离成反比。

增大电容的方法有：

① 插入纸片、陶瓷等；

② 增大极板面积，但该方法成本高。

(2) 球形电容器

这种电容器由两个同心金属球壳组成，两球壳之间充满电介质(图 6.23)。设有两均匀带电同心球面 A、B，半径分别为 R_A、R_B，电荷为 $+q$、$-q$。分析：电场只分布在两极板之间，A、B 间任一点场强的大小为

$$E=\frac{q}{4\pi\varepsilon r^2}$$

$$V_A-V_B=\int_{R_A}^{R_B}\boldsymbol{E}\cdot \mathrm{d}\boldsymbol{r}=\int_{R_A}^{R_B}E\,\mathrm{d}r=\int_{R_A}^{R_B}\frac{q}{4\pi\varepsilon r^2}\mathrm{d}r$$

$$=\frac{q}{4\pi\varepsilon}\left(\frac{1}{R_A}-\frac{1}{R_B}\right)=\frac{q(R_B-R_A)}{4\pi\varepsilon R_A R_B}$$

$$C=\frac{q}{V_A-V_B}=\frac{q}{\dfrac{q(R_B-R_A)}{4\pi\varepsilon R_A R_B}}=\frac{4\pi\varepsilon R_A R_B}{R_B-R_A} \tag{6.10}$$

下面讨论两种极端情况：

① 当两个半径都很大，且 $R_B-R_A\ll R_A$ 时，有 $R_B\approx R_A$，令 $R_B-R_A=d$，则

$$C=\frac{q}{V_A-V_B}=\frac{4\pi\varepsilon R_A^2}{d}=\frac{\varepsilon S_A}{d} \tag{6.11}$$

这就是平行板电容器电容的表达式。

② 当外半径 R_B 远远大于内半径 R_A 时，外球壳在无穷远处，有

$$C=\frac{4\pi\varepsilon R_A R_B}{R_B\left(1-\dfrac{R_A}{R_B}\right)}\approx 4\pi\varepsilon R_A$$

这就是半径为 R_A 的孤立导体球在电介质中的电容。

(3) 圆柱形电容器

圆柱形电容器是两个同轴柱面极板构成的。如图 6.24 所示，设 A、B 半径为 R_A、R_B，电荷为 $+q$、$-q$，除边缘外，电荷均匀分布在内外两圆柱面上，单位长柱面带电量 $\lambda=\frac{q}{l}$，l 为柱高。

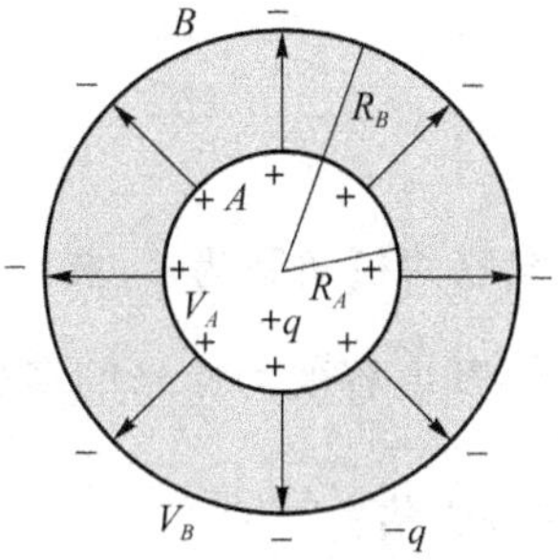

图 6.23　球形电容器

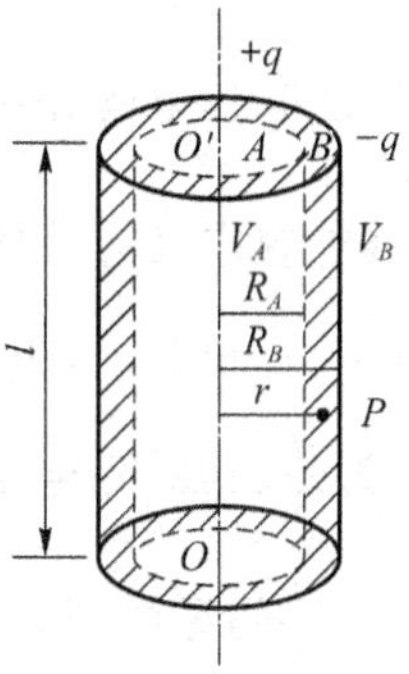

图 6.24　圆柱形电容器

由高斯定理知，A、B 内任一点 P 处 $\boldsymbol{E}$ 的大小为

$$E=\frac{\lambda}{2\pi\varepsilon r}$$

$$V_A - V_B = \int_{R_A}^{R_B} \boldsymbol{E} \cdot d\boldsymbol{r} = \int_{R_A}^{R_B} E dr = \int_{R_A}^{R_B} \frac{\lambda}{2\pi\varepsilon r} dr = \frac{\lambda}{2\pi\varepsilon} \ln \frac{R_B}{R_A}$$

$$C = \frac{q}{V_A - V_B} = \frac{q}{\frac{\lambda}{2\pi\varepsilon} \ln \frac{R_B}{R_A}} = \frac{2\pi\varepsilon l}{\ln \frac{R_B}{R_A}} \tag{6.12}$$

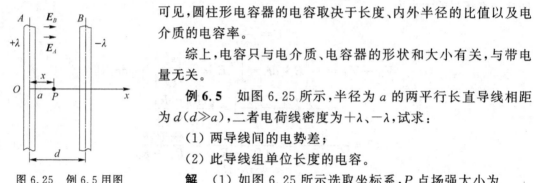

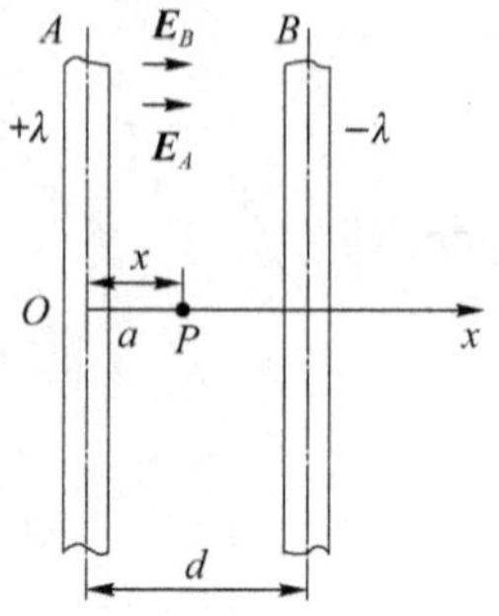

图 6.25　例 6.5 用图

可见，圆柱形电容器的电容取决于长度、内外半径的比值以及电介质的电容率。

综上，电容只与电介质、电容器的形状和大小有关，与带电量无关。

例 6.5　如图 6.25 所示，半径为 a 的两平行长直导线相距为 $d(d \gg a)$，二者电荷线密度为 $+\lambda$、$-\lambda$，试求：

(1) 两导线间的电势差；

(2) 此导线组单位长度的电容。

解　(1) 如图 6.25 所示选取坐标系，P 点场强大小为

$$E = E_A + E_B = \frac{\lambda}{2\pi\varepsilon_0 x} + \frac{\lambda}{2\pi\varepsilon_0 (d-x)}$$

$$U_{AB} = \int_A^B \boldsymbol{E} \cdot d\boldsymbol{x} = \int_A^B E dx = \int_a^{d-a} \left[\frac{\lambda}{2\pi\varepsilon_0 x} + \frac{\lambda}{2\pi\varepsilon_0 (d-x)}\right] dx$$

$$= \frac{\lambda}{2\pi\varepsilon_0} [\ln x - \ln(d-x)] \Big|_a^{d-a} = \frac{\lambda}{2\pi\varepsilon_0} \ln \frac{x}{d-x} \Big|_a^{d-a}$$

$$= \frac{\lambda}{2\pi\varepsilon_0} \ln\left(\frac{d-a}{a} \cdot \frac{d-a}{a}\right) = \frac{\lambda}{\pi\varepsilon_0} \ln \frac{d-a}{a}$$

(2)
$$C = \frac{q}{V_A - V_B} = \frac{\lambda \times 1}{\frac{\lambda}{\pi\varepsilon_0} \ln \frac{d-a}{a}} = \frac{\pi\varepsilon_0}{\ln \frac{d-a}{a}}$$

计算电容的一般步骤如下：

① 设电容器两极板带有等量异号电荷 q；

② 求两极板之间电场的分布，先求真空中的电场 E_0，再用 $E = \frac{E_0}{\varepsilon_r}$ 求介质中电场分布；

③ 计算两极板之间的电势差 $V_A - V_B = \int_A^B \boldsymbol{E} \cdot d\boldsymbol{r}$；

④ 根据电容器电容定义计算电容 $C = \frac{q}{V_A - V_B}$。

例 6.6　如图 6.26 所示，面积为 S 的平行板电容器两板间距为 d，求：

(1) 插入厚度为 $\frac{d}{3}$、相对介电常数为 ε_r 的电介质，其电容变为原来的多少倍？

(2) 插入厚度为 $\frac{d}{3}$ 的导电板，其电容变为原来的多少倍？

解　(1) 如图 6.25(a)所示，电介质外的场强为 $E_0 = \frac{\sigma}{\varepsilon_0}$，而电介质内的场强为 $E_r = \frac{\sigma}{\varepsilon_0 \varepsilon_r}$，所以两板间的电势差为

$$U = \frac{\sigma}{\varepsilon_0} \cdot \frac{2}{3} d + \frac{\sigma}{\varepsilon_0 \varepsilon_r} \cdot \frac{d}{3}$$

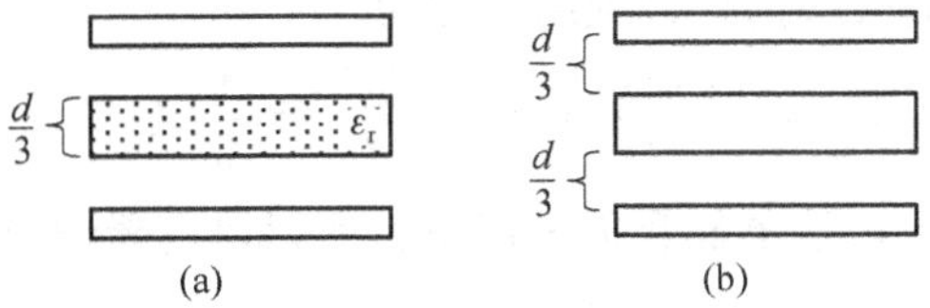

图 6.26　例 6.6 用图

那么

$$C=\frac{Q}{U}=\frac{\sigma S}{U}=\frac{3\varepsilon_0\varepsilon_r S}{(2\varepsilon_r+1)d}$$

而 $C_0=\frac{\varepsilon_0 S}{d}$，所以

$$\frac{C}{C_0}=\frac{3\varepsilon_r}{2\varepsilon_r+1}$$

(2) 插入厚度为$\frac{d}{3}$的导电板，如图 6.25(b)所示，可看成是两个电容的串联，有

$$C_1=C_2=\frac{\varepsilon_0 S}{d/3}=\frac{3\varepsilon_0 S}{d}$$

$$C=\frac{C_1C_2}{C_1+C_2}=\frac{3}{2}\frac{\varepsilon_0 S}{d}=\frac{3}{2}C_0$$

可得

$$\frac{C}{C_0}=\frac{3}{2}$$

6.5　电场能量

一个电中性的物体周围没有电场，当把电中性物体的正、负电荷分开时，外力做了功，这时该物体周围产生了电场。所以，通过外力做功可以把其他形式的能量转变为电能，储存在电场中。使一个系统带电，就是产生电场、储存电能的过程，如电容器的充电过程。使某个带电体放电，就是把电能转化为其他形式的能的过程，如电容器的放电过程。

以带电电容器为例进行讨论。给电容器充电的过程其实是电源将负极板上的正电荷搬运到正极板上，增大极板电量，提高极板电势差，建立电场的过程。

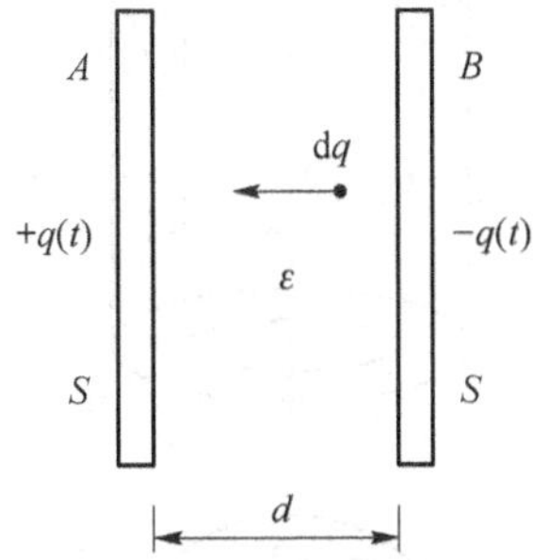

图 6.27　电容器的能量

如图 6.27 所示，设 t 时刻，两极板上的电荷分别为 $+q(t)$ 和 $-q(t)$，A、B 间电势差为

$$U=\frac{q(t)}{C}$$

把电量 $\mathrm{d}q$ 从 B 移到 A，外力做的功为

$$\mathrm{d}A=U\mathrm{d}q=\frac{q(t)}{C}\mathrm{d}q$$

当 A、B 上电量达到 $+Q$ 和 $-Q$ 时，外力做的总功为

$$A=\int \mathrm{d}A=\int_0^Q \frac{q(t)}{C}\mathrm{d}q=\frac{1}{2}\frac{Q^2}{C}=\frac{1}{2}CU^2=\frac{1}{2}QU$$

外力做的功全部转化为带电电容器储存的电能 W_e，所以**电容器储存的电能为**

$$W_e=\frac{1}{2}\frac{Q^2}{C}=\frac{1}{2}CU^2=\frac{1}{2}QU \tag{6.13}$$

对于平行板电容器，有

$$U=Ed,\quad C=\frac{\varepsilon S}{d}$$

所以

$$W_e=\frac{1}{2}\frac{\varepsilon S}{d}E^2d^2=\frac{1}{2}\varepsilon E^2Sd=\frac{1}{2}\varepsilon E^2V$$

其中，$V=Sd$，为电容器的体积。因为是匀强电场，W_e 应均匀分布，故单位体积内的能量即**能量密度**为

$$w_e=\frac{W}{V}=\frac{1}{2}\varepsilon E^2=\frac{1}{2}DE \tag{6.14}$$

说明：

(1) 式(6.13)适用于任何电容器；式(6.14)适用于任何电场。

(2) 对任一带电系统整个电场能量为

$$W_e=\int_V w_e\mathrm{d}V=\int_V\left(\frac{1}{2}DE\right)\mathrm{d}V=\int_V\frac{1}{2}\varepsilon E^2\mathrm{d}V \tag{6.15}$$

能量的存在是由于电荷的存在，电荷是能量的携带者，但式(6.15)表明，能量是存在于电场中的，电场是能量的携带者。在静电场中能量究竟是电荷携带的还是电场携带的，是无法判断的。因为在静电场中，电场和电荷是不可分割地联系在一起的，有电场必有电荷，有电荷必有电场，而且电场与电荷之间有一一对应关系，所以无法判断能量是属于电场还是属于电荷。但是，在电磁波情形下就不同了，电磁波是变化的电磁场的传播过程，变化的电场可以离开电荷而独立存在，没有电荷也可以有电场，而且场的能量能够以电磁波的形式传播，这一事实证实了能量是属于电场的，而不是属于电荷的。

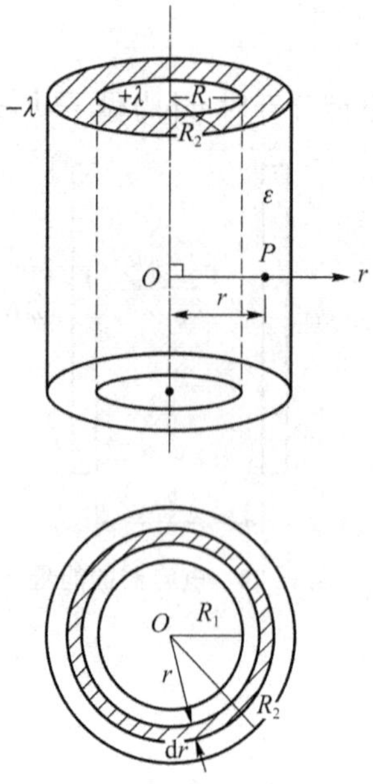

图 6.28　例 6.7 用图

例 6.7　如图 6.28 所示，长为 l 的圆柱形电容器是由半径分别为 R_1 和 R_2 的两个同轴金属圆筒组成，两筒之间充满相对介电常数为 ε_r 的电介质。

(1) 求电容器上的电场能量；

(2) 证明：$W_e=\frac{1}{2}\frac{Q^2}{C}$，$Q$、$C$ 分别为 l 长导体上的电量及 l 长电容器的电容。

解　如图 6.28 所示取坐标系，原点在圆柱轴线且垂直于轴线为 r 轴。由题已知，其场是轴对称的，由高斯定理知，介质内任一点 P 的场强大小为

$$E=\frac{D}{\varepsilon}=\frac{\lambda}{2\pi\varepsilon r}\quad（介质外\ E=0）$$

$$\lambda=\frac{Q}{l}$$

(1) 在半径为 r、厚为 $\mathrm{d}r$、高为 l 的薄圆筒内，电场能量为

$$\mathrm{d}W_e=w_e\mathrm{d}V=\frac{1}{2}\varepsilon E^2\cdot 2\pi rl\mathrm{d}r$$

$$=\frac{1}{2}\varepsilon\frac{\lambda^2}{4\pi^2\varepsilon^2r^2}\cdot 2\pi rl\mathrm{d}r=\frac{\lambda^2 l}{4\pi\varepsilon r}\mathrm{d}r$$

所求能量为

$$W_e=\int w_e\mathrm{d}V=\int_{R_1}^{R_2}\frac{\lambda^2 l}{4\pi\varepsilon r}\mathrm{d}r=\frac{\lambda^2 l}{4\pi\varepsilon}\ln\frac{R_2}{R_1}$$

(2)
$$V_1-V_2=\int_{R_1}^{R_2}\boldsymbol{E}\cdot\mathrm{d}\boldsymbol{r}=\int_{R_1}^{R_2}\frac{\lambda}{2\pi\varepsilon r}\mathrm{d}r=\frac{\lambda}{2\pi\varepsilon}\ln\frac{R_2}{R_1}$$

$$C=\frac{Q}{V_1-V_2}=\frac{\lambda l}{\frac{\lambda}{2\pi\varepsilon}\ln\frac{R_2}{R_1}}=\frac{2\pi\varepsilon l}{\ln\frac{R_2}{R_1}}$$

$$\frac{1}{2}\frac{Q^2}{C}=\frac{1}{2}(\lambda l)^2\cdot\frac{1}{\frac{2\pi\varepsilon l}{\ln\frac{R_2}{R_1}}}=\frac{\lambda^2 l}{4\pi\varepsilon}\ln\frac{R_2}{R_1}=W_e$$

例 6.8　如图 6.29 所示，有一个均匀带电荷为 Q 的球体，半径为 R，试求电场能量。

解　由高斯定理知，场强为

$$E=\begin{cases}\dfrac{Q}{4\pi\varepsilon_0R^3}r & (r<R)\\[2ex] \dfrac{Q}{4\pi\varepsilon_0r^2} & (r>R)\end{cases}$$

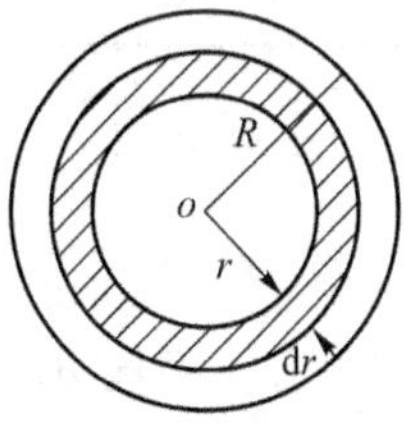

图 6.29　例 6.8 用图

在半径为 r、厚为 $\mathrm{d}r$ 的球壳内，能量为

$$\mathrm{d}W_e=w_e\mathrm{d}V=w_e\cdot 4\pi r^2\mathrm{d}r=\frac{1}{2}\varepsilon_0E^2\cdot 4\pi r^2\mathrm{d}r=2\pi\varepsilon_0E^2r^2\mathrm{d}r$$

所求能量为

$$W_e=\int_V w_e\mathrm{d}V=\int_0^R 2\pi\varepsilon_0\left(\frac{Q}{4\pi\varepsilon_0R^3}r\right)^2r^2\mathrm{d}r+\int_R^{\infty}2\pi\varepsilon_0\left(\frac{Q}{4\pi\varepsilon_0r^2}\right)^2r^2\mathrm{d}r$$

$$=\frac{Q^2}{8\pi\varepsilon_0R^6}\int_0^R r^4\mathrm{d}r+\frac{Q^2}{8\pi\varepsilon_0}\int_R^{\infty}\frac{1}{r^2}\mathrm{d}r$$

$$=\frac{Q^2}{40\pi\varepsilon_0R^6}R^5+\frac{Q^2}{8\pi\varepsilon_0R}$$

$$=\frac{1}{4\pi\varepsilon_0}\left(\frac{3Q^2}{5R}\right)$$

本章小结

1. 静电场中导体的性质

(1) 导体的静电平衡条件：$E_{in}=0$，表面外紧邻处 E 垂直于表面，导体是个等势体。

(2) 计算有导体存在时的静电场分布问题的基本依据：电荷守恒、导体静电平衡条件、高斯定理、电势的概念。

(3) 空腔导体的静电屏蔽：空腔导体(无论接地与否)将使腔内空间不受外电场的影响；而接地空腔导体将使外部空间不受空腔内电场的影响。

2. 电容器

电容的定义：$C=\dfrac{q}{V_A-V_B}$，C 决定于电容器的结构；平行板电容器 $C=\dfrac{\varepsilon S}{d}$。

3. 电场能量密度、电容器的储能

$$w=\frac{W}{V}=\frac{1}{2}\varepsilon E^2$$

$$W=\frac{Q^2}{2C}=\frac{1}{2}QU_{AB}=\frac{1}{2}CU_{AB}^2$$

4. 电介质对电场的影响

电介质在电场作用下发生电极化产生束缚电荷，从而削弱原来的电场。电容器间充满介质时

$$E=\frac{1}{\varepsilon_r}E_0,\quad C=\varepsilon_r C_0$$

介质中的高斯定理：

$$\oint \boldsymbol{D}\cdot \mathrm{d}\boldsymbol{S}=\sum q_i$$

思　考　题

1. 有一平板电容器，两导体板不平行，今使两板分别带有 $+q$ 和 $-q$ 的电荷，有人将两板间的电场线画成如思考题图 6.1 所示，试指出这种画法的错误，你认为电场线应如何分布。

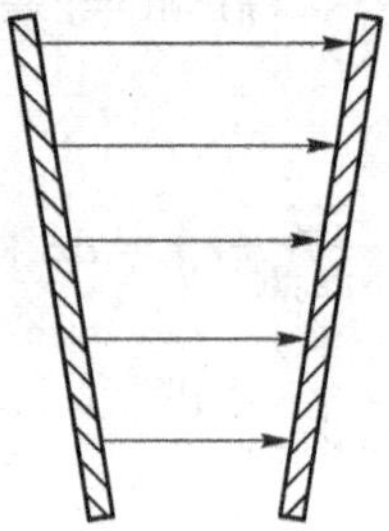

思考题图 6.1

2. 各种形状的带电导体中，是否只有球形导体的内部场强才为零？为什么？

3. 在一个孤立导体球壳的中心放一点电荷，球壳内、外表面上的电荷分布是否均匀？如

果点电荷偏离球心，情况如何？

4. 把一个带电体移近一个导体壳，带电体单独在导体壳的腔内产生的电场是否为零？静电屏蔽效应是如何发生的？

习　　题

一、选择题

1. A、B 是两块不带电的导体，放在一带正电导体的电场中，如习题图 6.1 所示。设无限远处为电势零点，A 的电势为 V_A，B 的电势为 V_B，则(　　)。

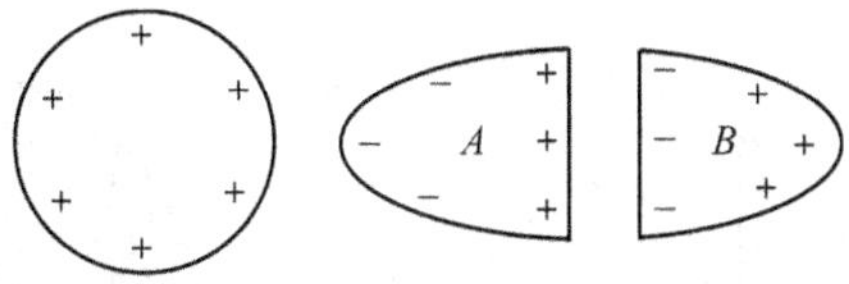

习题图 6.1

A. $V_B>V_A\neq 0$　　B. $V_B< V_A=0$　　C. $V_B=V_A$　　D. $V_B<V_A$

2. 半径分别为 R 和 r 的两个金属球相距很远，用一根长导线将两球连接，并使它们带电。在忽略导线影响的情况下，两球表面的电荷面密度之比 σ_R/σ_r 为(　　)。

A. R/r　　B. R^2/r^2　　C. r^2/R^2　　D. r/R

3. 有一无限大均匀带电平面 A，其附近放一与它平行的有一定厚度的无限大平面导体板 B，如习题图 6.2 所示。已知 A 上的电荷面密度为 σ，则在导体板 B 的两个表面 1 和 2 上的感应电荷面密度为(　　)。

A. $\sigma_1=-\sigma$，$\sigma_2=+\sigma$　　B. $\sigma_1=-\sigma/2$，$\sigma_2=+\sigma/2$

C. $\sigma_1=-\sigma$，$\sigma_2=0$　　D. $\sigma_1=-\sigma/2$，$\sigma_2=-\sigma/2$

4. 欲测带正电荷大导体附近 P 点处的电场强度，将一带电量为 q_0($q_0>0$)的点电荷放在 P 点，如习题图 6.3 所示，测得它所受的电场力为 F。若电量不是足够小，则(　　)。

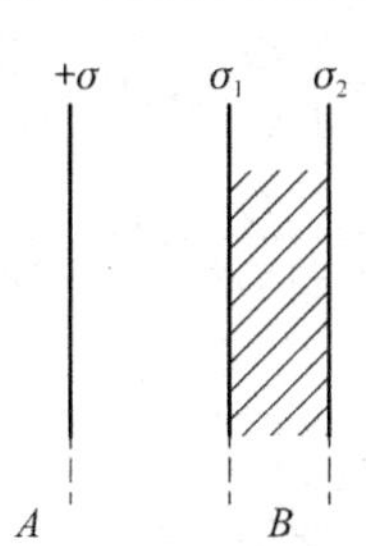

习题图 6.2

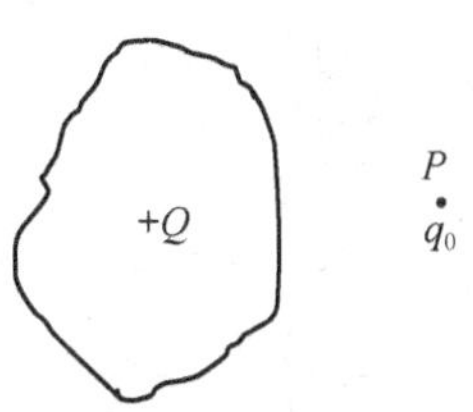

习题图 6.3

A. F/q_0 比 P 点处场强的数值小

B. F/q_0 比 P 点处场强的数值大

C. F/q_0 与 P 点处场强的数值相等

D. F/q_0 与 P 点处场强的数值关系无法确定

5. 三块互相平行的导体板，相互之间的距离 d_1 和 d_2 比板面积线度小得多，外面两板用导线连接，中间板上带电，设中间板左右两面上电荷面密度分别为 σ_1 和 σ_2，如习题图 6.4 所示，则比值 σ_1/σ_2 为（　　）。

A. d_1/d_2　　B. 1　　C. d_2/d_1　　D. d_2^2/d_1^2

6. 如习题图 6.5 所示，一均匀带电球体总电量为 $+Q$，其外部同心地罩一内、外半径分别为 r_1 和 r_2 的金属球壳。设无穷远处为电势零点，则球壳内半径为 r 的 P 点处的场强和电势为（　　）。

A. $E=\dfrac{Q}{4\pi\varepsilon_0 r^2}$，$V=\dfrac{Q}{4\pi\varepsilon_0 r}$　　B. $E=0$，$V=\dfrac{Q}{4\pi\varepsilon_0 r_1}$

C. $E=0$，$V=\dfrac{Q}{4\pi\varepsilon_0 r}$　　D. $E=0$，$V=\dfrac{Q}{4\pi\varepsilon_0 r_2}$

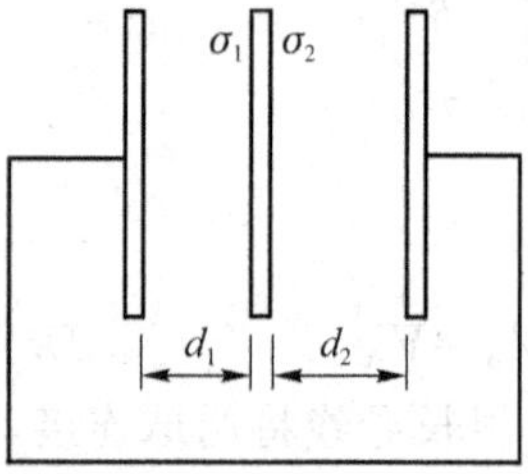

习题图 6.4

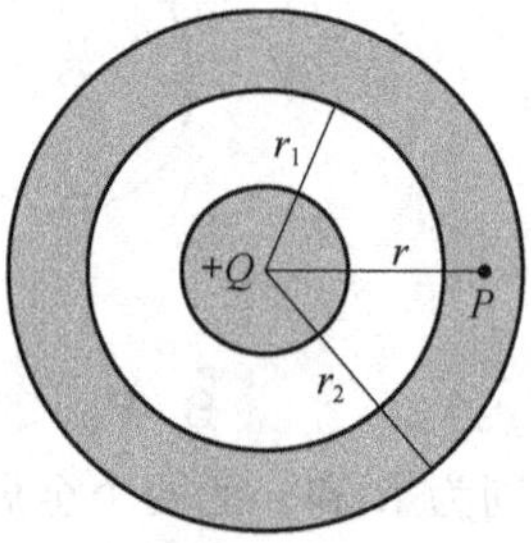

习题图 6.5

7. 半径为 R 的金属球与地连接，在与球心 O 相距 $d=2R$ 处有一电量为 q 的点电荷，如习题图 6.6 所示。设地的电势为零，则球上的感应电荷 q' 为（　　）。

A. 0　　B. $\dfrac{q}{2}$　　C. $-\dfrac{q}{2}$　　D. $-q$

8. 如习题图 6.7 所示，在一带电量为 Q 的导体球外，同心地包有一各向同性均匀电介质球壳，其相对电容率为 ε_r，壳外是真空，则在壳外 P 点处（$\overline{OP}=r$）的场强和电位移的大小分别为（　　）。

A. $E=\dfrac{Q}{4\pi\varepsilon_0\varepsilon_r r^2}$，$D=\dfrac{Q}{4\pi\varepsilon_0 r^2}$　　B. $E=\dfrac{Q}{4\pi\varepsilon_r r^2}$，$D=\dfrac{Q}{4\pi r^2}$

C. $E=\dfrac{Q}{4\pi\varepsilon_0 r^2}$，$D=\dfrac{Q}{4\pi r^2}$　　D. $E=\dfrac{Q}{4\pi\varepsilon_0 r^2}$，$D=\dfrac{Q}{4\pi\varepsilon_0 r^2}$

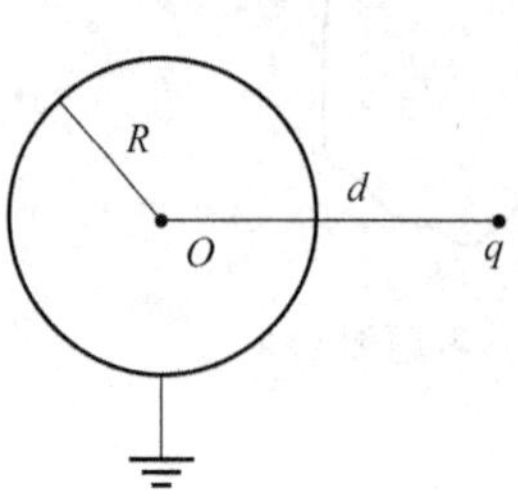

习题图 6.6

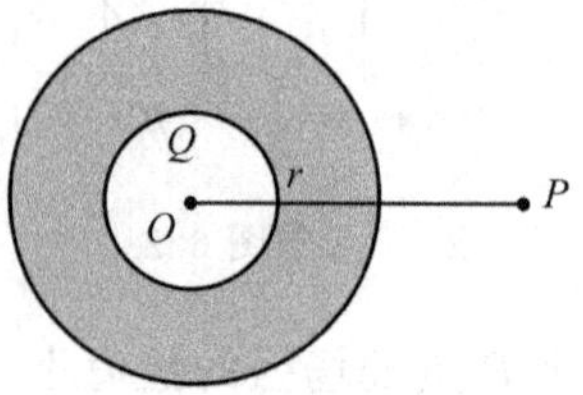

习题图 6.7

9. 一大平行板电容器水平放置，两极板间的一半空间充有各向同性均匀电介质，另一半为空气，如习题图 6.8 所示。当两极板带恒定的等量异号电荷时，有一个质量为 m、带电量为 $+q$

的质点，在极板间的空气区域中处于平衡状态。此后，若把电介质抽去，则该质点(　　)。

A. 保持不动　　　　B. 向上运动

C. 向下运动　　　　D. 是否运动不能确定

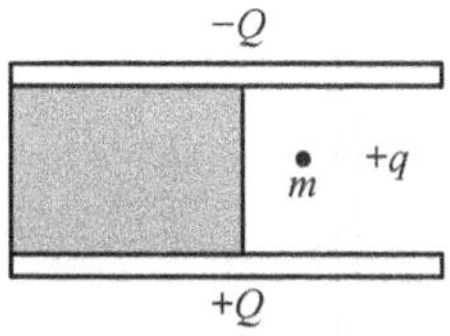

习题图 6.8

10. C_1 和 C_2 两空气电容器并联以后接电源充电，在保持连接电源的情况下，在 C_1 中插入一电介质板，如习题图 6.9 所示，则(　　)。

A. C_1 极板上电荷增加，C_2 极板上电荷减少

B. C_1 极板上电荷减少，C_2 极板上电荷增加

C. C_1 极板上电荷增加，C_2 极板上电荷不变

D. C_1 极板上电荷减少，C_2 极板上电荷不变

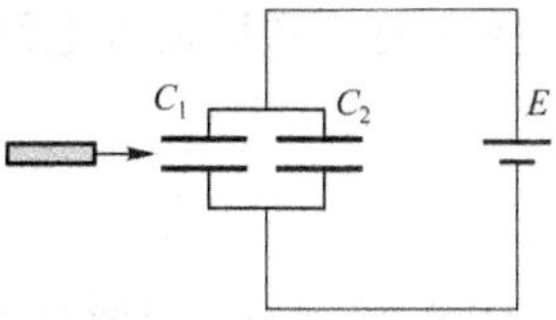

习题图 6.9

二、填空题

1. 分子中正负电荷的中心重合的分子称为________分子，正负电荷的中心不重合的分子称为________分子。

2. 在静电场中极性分子的极化是分子固有电矩受外电场力矩作用沿外场方向________而产生的，称为________极化；非极性分子极化是分子中电荷受外电场力使正负电荷中心发生________从而产生附加磁矩(感应磁矩)，称为________极化。

3. 如习题图 6.10 所示，面积均为 S 的两金属平板 A、B 平行对称放置，间距远小于金属平板的长和宽，今给 A 板带电 Q。

(1) B 板不接地时，B 板内侧感应电荷的面密度为________；

(2) B 板接地时，B 板内侧感应电荷的面密度为________。

4. 一空心导体球壳带电 q，当在球壳内偏离球心某处再放一电量为 q 的点电荷时，导体球壳内表面上所带的电量为________，电荷________均匀分布的(填“是”或“不是”)；外表面上的电量为________，电荷________均匀分布的(填“是”或“不是”)。

5. 如习题图 6.11 所示，两块很大的导体平板平行放置，面积都是 S，有一定厚度，带电荷

分别为 Q_1 和 Q_2。如不计边缘效应，则 A、B、C、D 四个表面上的电荷面密度分别为________、________、________、________。

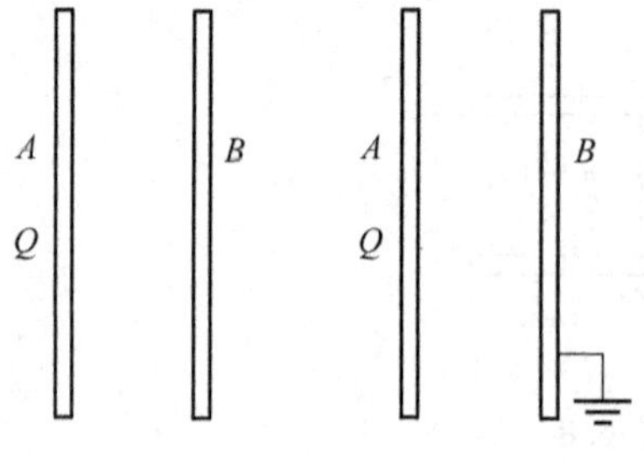

习题图 6.10

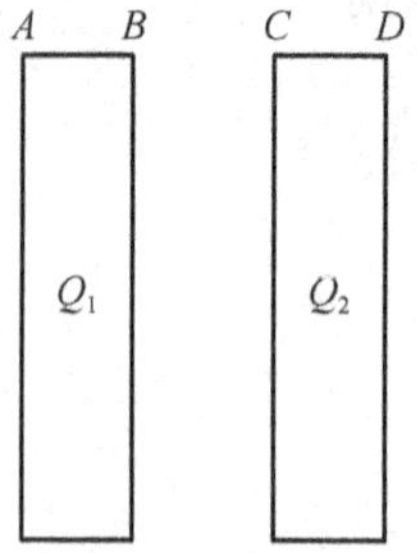

习题图 6.11

6. 有一空气平行板电容器，电容为 C，两极板间距离为 d。充电后，两极板间相互作用力为 F，则两极板间的电势差为________，极板上的电量为________。

7. 一电容为 C 的空气平行板电容器，接上电源充电至端电压为 V 后与电源断开。若把电容器的两个极板的间距增大至原来的 3 倍，则外力所做的功为________。

8. 两个电容器的电容关系为 $C_1=2C_2$，若将它们串联后接入电路，则电容器 1 储存的电场能量是电容器 2 储能的________；若将它们并联后接入电路，则电容器 1 储存的电场能量是电容器 2 储能的________。

三、计算题

1. 如习题图 6.12 所示，面积均为 $S=0.1\ \mathrm{m}^2$ 的两金属平板 A、B 平行对称放置，间距为 $d=1\ \mathrm{mm}$，今给 A、B 两板分别带电 $Q_1=3.54\times10^{-9}$ C，$Q_2=1.77\times10^{-9}$ C。忽略边缘效应，求：

(1) 两板共四个表面的面电荷密度 σ_1，σ_2，σ_3，σ_4；

(2) 两板间的电势差 $U=V_A-V_B$。

2. 如习题图 6.13 所示，在一不带电的金属球旁有一点电荷 $+q$，金属球半径为 R，点电荷 $+q$ 与金属球心的间距为 r。

(1) 求金属球上感应电荷在球心处产生的电场强度。

(2) 若取无穷远处为电势零点，金属球的电势为多少？

(3) 若将金属球接地，球上的净电荷是多少？

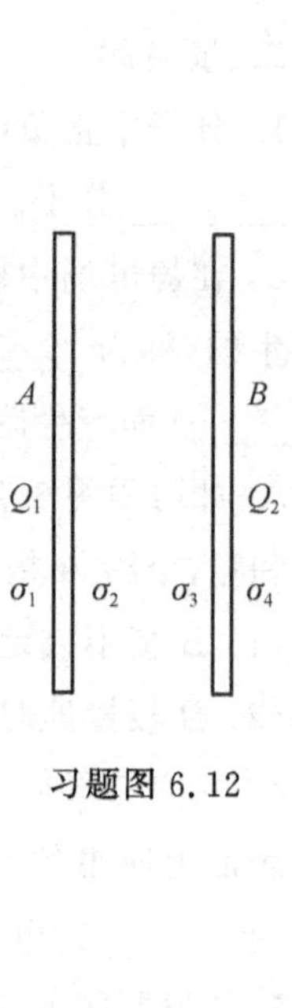

习题图 6.12

3. 如习题图 6.14 所示，一内半径为 a、外半径为 b 的金属球壳带有电量 Q，在球壳空腔内距离球心 r 处有一点电荷 $+q$，设无限远处为电势零点，试求：

(1) 球壳内、外表面上的电荷；

(2) 球心 O 点处，由球壳内表面上的电荷产生的电势；

(3) 球心 O 点处的总电势。

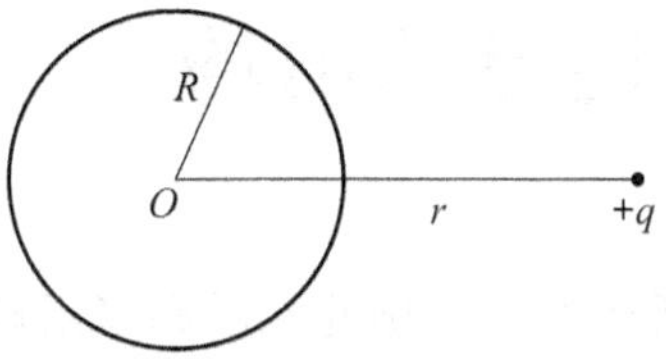

习题图 6.13

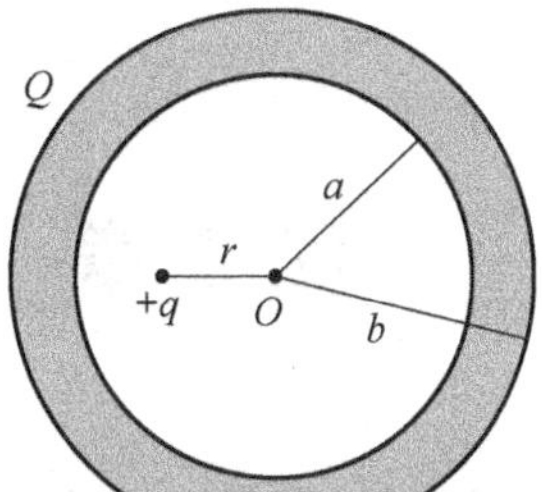

习题图 6.14

4. 一电容器由两个很长的同轴薄圆筒组成，内、外圆筒半径分别为 $R_1=2$ cm，$R_2=5$ cm，其间充满相对介质常数为 ε_r 的各向同性均匀电介质，电容器接在电压 $U=32$ V 的电源上(如习题图 6.15 所示)，试求距离轴线 $R=3.5$ cm 处 A 点的电场强度和 A 点与外筒间的电势差。

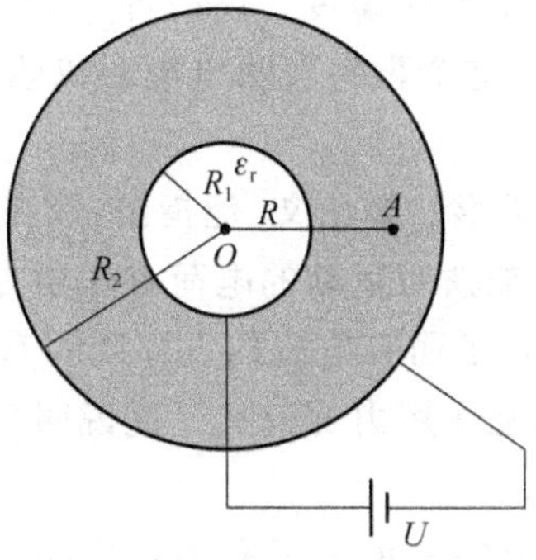

习题图 6.15

5. 一电容为 C 的空气平行板电容器接端电压为 U 的电源充电后断开，试求把两个极板间距离增大至 n 倍时外力所做的功。

第 7 章　恒定电流的磁场

前面我们研究了相对于观察者静止的电荷所激发的电场的性质和作用规律。运动电荷周围不仅存在着电场，还存在着磁场。磁场和电场一样也是物质的一种形态。电磁学在科学技术、工程应用、日常生活方面得到了广泛的应用，给人类开辟了认识自然、应用自然的广阔道路。

人们对磁现象的研究是很早的，而且开始时是与电现象分开研究的。发现电、磁现象之间存在着相互联系的事实，首先应归功于丹麦物理学家奥斯特。他在实验中发现，通有电流的导线(也叫载流导线)附近的磁针会受力而偏转。1820 年 7 月 21 日，他在题为《电流对磁针作用的实验》论文里宣布了这一发现。这个事实表明电流对磁铁有作用力，电流和磁铁一样，也产生磁现象。

1820 年 8 月，奥斯特又发表了第二篇论文，他指出：放在马蹄形磁铁两极间的载流导线也会受力而运动。这个实验说明了磁铁对运动的电荷有作用力。

1820 年 9 月，法国人安培报告了通有电流的直导线间有相互作用的发现，并在 1820 年年底从数字上给出了两平行导线相互作用力的公式。这说明了二者的作用是通过它们产生的磁现象进行的。

为了说明物质的磁性，1822 年安培提出了有关物质磁性的本性的假说，他认为一切磁现象的根源是电流，即电荷的运动，任何物体的分子中都存在着回路电流，称为分子电流。分子电流相当于基元磁铁，由此产生磁效应。安培假说与现代物质的电结构理论是符合的，分子中的电子除绕原子核运动外，电子本身还有自旋运动，分子中电子的这些运动相当于回路电流，即**分子电流**。一般物体内部的分子电流方向杂乱无章，对外不显示磁性；永磁体内部的分子电流按一定的方向排列起来，对外显示出磁性。安培总结出：**电流是一切磁现象的根源**。

一切磁现象都源于电流，磁力是运动电荷相互作用的表现。磁场的应用十分广泛。例如，电子射线、回旋加速器、质谱仪、真空开关等都利用了磁场。

本章首先介绍毕奥-萨伐尔定律以及磁场中的高斯定理和安培环路定理，然后讨论磁场对运动电荷和载流导线的作用。

7.1　毕奥-萨伐尔定律

在高中我们学过，磁场对进入场中的运动电荷或载流导体有磁力作用；载流导体在磁场中移动时，磁力将对载流导体做功，表明磁场具有能量。

描述磁场特性的基本物理量是**磁感应强度 $\boldsymbol{B}$**。我们把磁场中某点静止的小磁针 N 极的指向方向规定为该点的磁感应强度 $\boldsymbol{B}$ 的方向。如图 7.1 所示，运动电荷在磁场中要受到磁力作用，实验证明，磁力大小与磁场和电荷运动速度有关，满足 $\boldsymbol{F}=q_0\boldsymbol{v}\times\boldsymbol{B}$，这一公式被称为洛仑兹力公式。因此，$\boldsymbol{B}$ 的大小规定为

$$B=\frac{F}{q_0 v\sin\theta}$$

其中，θ 为 $\boldsymbol{v}$ 与 $\boldsymbol{B}$ 的夹角。

磁感应强度是矢量，是反映磁场性质的物理量，与引入磁场的运动电荷无关。磁感应强度 $\boldsymbol{B}$ 的单位是 T。

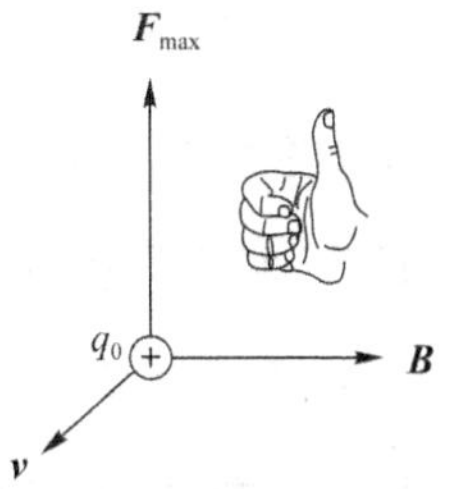

图 7.1 运动电荷与磁场

7.1.1 电流元 电流元的磁场

导体中不随时间变化的电流叫作**恒定电流**（也叫作直流电）。恒定电流的磁场分布不随时间而变化，这样的磁场称为恒定磁场或静磁场。

在静电场中我们曾经讲过，求带电体场强时，把带电体看成由许多电荷元组成，写出电荷元的场强表达式之后，然后用叠加法求整个带电体的场强。将这一微元法应用到求载流导线的磁感应强度中，把载流导线看作由许多**电流元**组成的，如果已知电流元产生的磁感应强度，用叠加法（实验表明叠加法成立），便可求出整个线电流的磁感应强度。电流元的磁感应强度由毕奥-萨伐尔定律给出（这条定律是毕奥、萨伐尔等人对实验资料加以分析和总结得出的，故称毕奥-萨伐尔定律）。

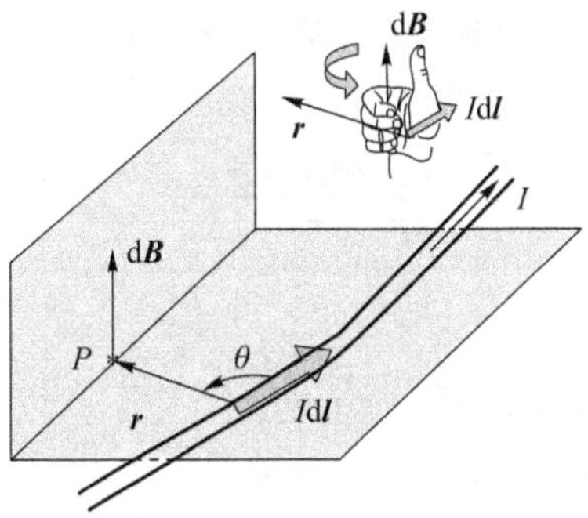

图 7.2 电流元的磁场

假设真空中有任意形状的导线，如图 7.2 所示，通有稳恒电流 I，在导线上沿电流方向取 $\mathrm{d}\boldsymbol{l}$，这个线元很短，可看作直线段，则 $I\mathrm{d}\boldsymbol{l}$ 称为**电流元**。为了求得任意形状的载流导线所产生的磁场，我们可以将载流导线分割成许多电流元 $I\mathrm{d}\boldsymbol{l}$。

电流元 $I\mathrm{d}\boldsymbol{l}$ 在空间任意一点 P 产生的磁感应强度 $\mathrm{d}\boldsymbol{B}$ 遵守**毕奥-萨伐尔定律**：$\mathrm{d}\boldsymbol{B}$ 的大小与电流元 $I\mathrm{d}\boldsymbol{l}$ 的大小成正比，与电流元和由电流元到点 P 的矢量 $\boldsymbol{r}$ 之间夹角的正弦成正比，与电流元到点 P 的距离的平方成反比；$\mathrm{d}\boldsymbol{B}$ 的方向垂直于 $I\mathrm{d}\boldsymbol{l}$ 和 $\boldsymbol{r}$ 所组成的平面，其指向满足右手定则。用数学式子可以表示为

$$\mathrm{d}\boldsymbol{B}=\frac{\mu_0}{4\pi}\frac{I\mathrm{d}\boldsymbol{l}\times\boldsymbol{e}_r}{r^2} \tag{7.1}$$

其中，μ_0 称为真空磁导率，$\mu_0=4\pi\times10^{-7}\ \mathrm{N/A^2}$；$\boldsymbol{e}_r$ 是 $\boldsymbol{r}$ 方向的单位矢量。

$\mathrm{d}\boldsymbol{B}$ 的大小为 $\mathrm{d}B=\frac{\mu_0}{4\pi}\frac{I\mathrm{d}l\sin\theta}{r^2}$，$\mathrm{d}\boldsymbol{B}$ 的方向垂直于电流 $I\mathrm{d}\boldsymbol{l}$ 与 $\boldsymbol{r}$ 组成的平面。毕奥-萨伐尔定律虽然不能由实验直接验证，但由这一定律出发而得出的一些结果都很好地和实验相符合。

要确定任意载有稳恒电流的导线在某点的磁感应强度，根据磁场满足叠加原理，对整个载流导线积分，即得

$$\boldsymbol{B}=\int_L\mathrm{d}\boldsymbol{B}=\int_L\frac{\mu_0}{4\pi}\frac{I\mathrm{d}\boldsymbol{l}\times\boldsymbol{e}_r}{r^2} \tag{7.2}$$

值得注意的是，式(7.2)中每一电流元在给定点产生的 $\mathrm{d}\boldsymbol{B}$ 方向一般不相同，所以式(7.2)是矢量积分式。由于一般定积分的含义是代数和，所以求式(7.2)的积分时，应先分析各电流元在给定点所产生的 $\mathrm{d}\boldsymbol{B}$ 的方向是否沿同一直线，如果是沿同一直线，则式(7.2)的矢量积分转化为

$$B = \int_L \mathrm{d}B = \int_L \frac{\mu_0}{4\pi} \frac{I\mathrm{d}l\sin\theta}{r^2} \tag{7.3}$$

如果各个电流元的 d$\boldsymbol{B}$ 方向不是沿同一直线，应先求 d$\boldsymbol{B}$ 在各坐标轴上的分量式（如 dB_x、dB_y、dB_z），对它们积分后，即得 $\boldsymbol{B}$ 的各分量，$B_x = \int_L \mathrm{d}B_x, B_y = \int_L \mathrm{d}B_y, B_z = \int_L \mathrm{d}B_z$，最后再求出 $\boldsymbol{B}$ 矢量（$\boldsymbol{B} = B_x\boldsymbol{i} + B_y\boldsymbol{j} + B_z\boldsymbol{k}$）。

7.1.2 毕奥-萨伐尔定律的应用

例 7.1 如图 7.3 所示，设有一段直载流导线，电流强度为 I，P 点距导线为 a，求 P 点的 $\boldsymbol{B}$。

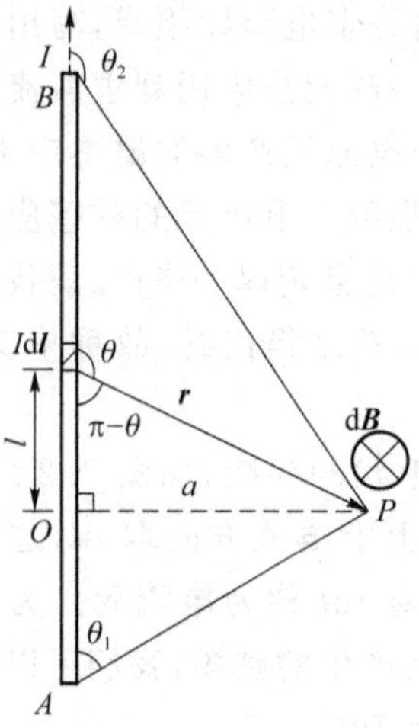

图 7.3 例 7.1用图

解 在 AB 上距 O 点为 l 处取电流元 $I\mathrm{d}\boldsymbol{l}$，$I\mathrm{d}\boldsymbol{l}$ 在 P 点产生的 d$\boldsymbol{B}$ 的大小为

$$\mathrm{d}B = \frac{\mu_0}{4\pi}\frac{I\mathrm{d}l\sin\theta}{r^2}$$

d$\boldsymbol{B}$ 方向垂直指向纸面（$I\mathrm{d}\boldsymbol{l}\times\boldsymbol{r}$ 方向）。同样可知，AB 上所有电流元在 P 点产生的 d$\boldsymbol{B}$ 方向均相同，所以 P 点 $\boldsymbol{B}$ 的大小即等于下面的代数积分

$$B = \int \mathrm{d}B = \int_{AB} \frac{\mu_0}{4\pi} \frac{I\mathrm{d}l\sin\theta}{r^2}$$

统一变量，由图 7.3 知，

$$r = \frac{a}{\sin(\pi-\theta)} = \frac{a}{\sin\theta}$$

$$l = a\cot(\pi-\theta) = -a\cot\theta$$

$$\mathrm{d}l = -a\cdot(-\csc^2\theta)\mathrm{d}\theta = a\csc^2\theta\mathrm{d}\theta = \frac{a}{\sin^2\theta}\mathrm{d}\theta$$

可知

$$B = \int_{\theta_1}^{\theta_2} \frac{\mu_0}{4\pi} \frac{I\dfrac{a}{\sin^2\theta}\mathrm{d}\theta\cdot\sin\theta}{\dfrac{a^2}{\sin^2\theta}} = \frac{\mu_0 I}{4\pi a}\int_{\theta_1}^{\theta_2}\sin\theta\mathrm{d}\theta$$

$$= \frac{\mu_0 I}{4\pi a}(\cos\theta_1 - \cos\theta_2)$$

$\boldsymbol{B}$ 垂直指向纸面。

如果载流导线是一无限长的直导线，那么可以认为 $\theta_1 = 0, \theta_2 = \pi$，所以

$$B = \frac{\mu_0 I}{2\pi a}$$

例 7.2 如图 7.4 所示，在一半径为 R 的圆形载流导线中通过的电流为 I，求在垂直于圆面并通过圆心的轴线上任意点 P 的磁感应强度。

解 建立坐标系 Oxy，任取电流元 $I\mathrm{d}\boldsymbol{l}$，$I\mathrm{d}\boldsymbol{l}$ 在 P 点产生的磁感应强度为 d$\boldsymbol{B}$，大小为 $\mathrm{d}B = \frac{\mu_0}{4\pi}\frac{I\mathrm{d}l}{r^2}$。

d$\boldsymbol{B}$ 的方向垂直于电流元 $I\mathrm{d}\boldsymbol{l}$ 和矢径 $\boldsymbol{r}$ 所组成的平面，由于圆形导线上各电流元在 P 点所产生的磁感强度的方向不同，因此把 d$\boldsymbol{B}$ 分解成两个分量：平行于 x 轴的分量 $\mathrm{d}B_{/\!/}$ 和垂直于

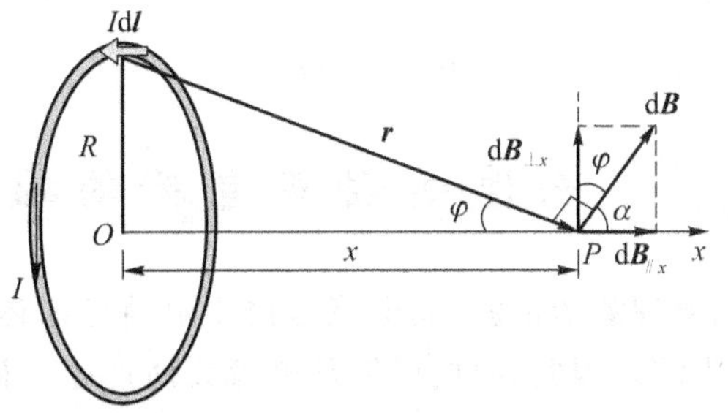

图 7.4　例 7.2 用图(圆电流的磁场)

x 轴的分量 $\mathrm{d}B_{\perp}$。在圆形导线上，由于同一直径两端的两电流元在 P 点产生的磁感应强度对 x 轴是对称的，所以它们的垂直分量 $\mathrm{d}B_{\perp}$ 互相抵消，于是整个圆形电流的所有电流元在 P 点产生的磁感应强度的垂直分量 $\mathrm{d}B_{\perp}$ 两两相抵，所以叠加的结果是只有平行于 x 轴的分量 $\mathrm{d}B_{/\!/}$，即有

$$\boldsymbol{B}_{\perp x}=\int \mathrm{d}B_{\perp x}=0$$

合磁场的磁感应强度为

$$B=\int \mathrm{d}B_{/\!/ x}=\int \frac{\mu_0}{4\pi}\frac{I\mathrm{d}l\sin\varphi}{r^2}$$

$r^2=x^2+R^2$，$\sin\varphi=R/\sqrt{x^2+R^2}$，与 $\mathrm{d}l$ 无关。

圆电流在 P 点的总磁场大小为

$$B=\frac{\mu_0 I}{4\pi}\frac{R}{(x^2+R^2)^{3/2}}\int_0^{2\pi R}\mathrm{d}l=\frac{\mu_0 IR^2}{2\,(x^2+R^2)^{3/2}}$$

$\boldsymbol{B}$ 的方向沿轴线与线圈中电流的方向成右手螺旋关系，即用右手四指表示电流的流向，大拇指所指的方向就是磁场的方向。

在线圈中心处的 O 点，$x=0$，有

$$B=\frac{\mu_0 I}{2R} \tag{7.4}$$

如果载流线圈是由紧靠在一起、载流为 I 的 N 匝相同圆线圈组成的，那么轴线上某点处的磁感应强度大小为

$$B=\frac{N\mu_0 IR^2}{2(x^2+R^2)^{3/2}} \tag{7.5}$$

运用毕奥-萨伐尔定律解题的步骤如下：

(1) 建立适当的坐标系；

(2) 选取合适的电流元；

(3) 写出 $\mathrm{d}\boldsymbol{B}$，并写出各分量 $\mathrm{d}B_x$、$\mathrm{d}B_y$、$\mathrm{d}B_z$；

(4) 分别积分，$B_x=\int \mathrm{d}B_x$，$B_y=\int \mathrm{d}B_y$，$B_z=\int \mathrm{d}B_z$，求出 $\boldsymbol{B}$ (大小和方向)。

引入磁矩来描述载流线圈的性质。载流线圈的面积为 S，电流为 I，电流流向与线圈平面的法向单位矢量 $\boldsymbol{e}_{\mathrm{n}}$ 满足右手螺旋法则，则磁矩可定义为

$$\boldsymbol{m}=IS\boldsymbol{e}_{\mathrm{n}}$$

N 匝密绕相同线圈的磁矩为

$$m=NIS\boldsymbol{e}_{\mathrm{n}}$$

7.2* 匀速运动点电荷的磁场

我们知道，电流是一切磁现象的根源，而电流是由于电荷定向运动形成的。可见，电流的磁场本质上是运动电荷产生的。因此，我们可以从电流元所产生的磁场公式推导出运动电荷所产生的磁场公式。

如图 7.5 所示，有一段粗细均匀的直导线，电流强度为 I，横截面面积为 S，在其上取一电流元 $I\mathrm{d}\boldsymbol{l}$，它在空间某一点 P 产生的磁感应强度为 $\mathrm{d}\boldsymbol{B}$，有

$$\mathrm{d}\boldsymbol{B}=\frac{\mu_0}{4\pi}\frac{I\mathrm{d}\boldsymbol{l}\times\boldsymbol{r}}{r^3}$$

其中，$\boldsymbol{r}$ 为电流元到 P 点的矢径。

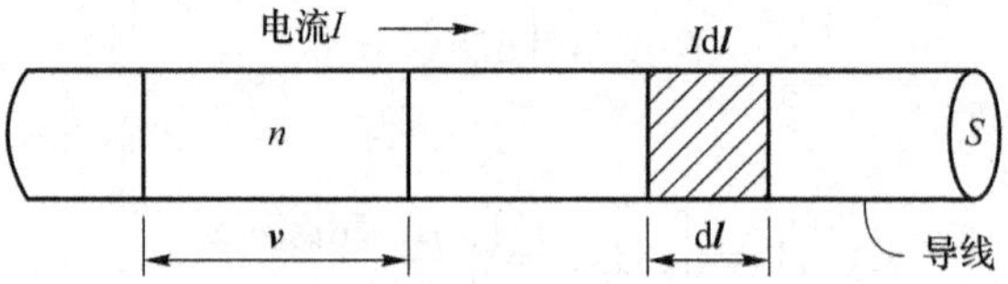

图 7.5　电流元与运动电荷

按经典电子理论，金属导体中的电流是大量自由电子的定向运动形成的，为研究方便，我们可等效地认为该电流是正电荷产生的，正电荷的运动方向就是电流的方向。设电荷（正电荷，下同）的电量为 q，单位体积内有 n 个做定向运动的电荷，它们的运动速度均为 $\boldsymbol{v}$。

在导线上取长为 v 的一柱体，那么在单位时间内通过此柱体右端面 S 的电荷数为 $n(vS)$；单位时间内通过此面的电量为 $q(nvS)$。

由电流强度的定义有

$$I=qnvS \tag{7.6}$$

故

$$I\mathrm{d}l=qnvS\mathrm{d}l$$

因为 $\boldsymbol{v}$ 与 $\mathrm{d}\boldsymbol{l}$ 同向，所以

$$I\mathrm{d}\boldsymbol{l}=qnS\mathrm{d}l\boldsymbol{v}$$

$$\mathrm{d}\boldsymbol{B}=\frac{\mu_0}{4\pi}\frac{qnS\mathrm{d}l\boldsymbol{v}\times\boldsymbol{r}}{r^3}$$

因为该电流元内定向运动的电荷数目为 $\mathrm{d}N=n\cdot(S\mathrm{d}l)$，所以**电流元内一个运动电荷产生的磁感应强度为**

$$\boldsymbol{B}=\frac{\mathrm{d}\boldsymbol{B}}{\mathrm{d}N}=\frac{1}{nS\mathrm{d}l}\frac{\mu_0}{4\pi}\frac{qnS\mathrm{d}l\boldsymbol{v}\times\boldsymbol{r}}{r^3}=\frac{\mu_0}{4\pi}\frac{q\boldsymbol{v}\times\boldsymbol{r}}{r^3}$$

即

$$\boldsymbol{B}=\frac{\mu_0}{4\pi}\frac{q\boldsymbol{v}\times\boldsymbol{r}}{r^3} \tag{7.7}$$

其中，$\boldsymbol{r}$ 是由运动电荷到考察点的矢量。此式对正、负电荷均成立。

若 $q>0$，$\boldsymbol{B}$ 与 $\boldsymbol{v}$ 同向；若 $q<0$，$\boldsymbol{B}$ 与 $\boldsymbol{v}$ 反向。研究运动电荷的磁场，在理论上就是研究毕奥-萨伐尔定律的微观意义，如图 7.6 所示。

例 7.3　如图 7.7 所示，设电量为 $+q$ 的粒子以角速度 ω 做半径为 R 的匀速圆周运动，求在圆心处产生的 $\boldsymbol{B}$。

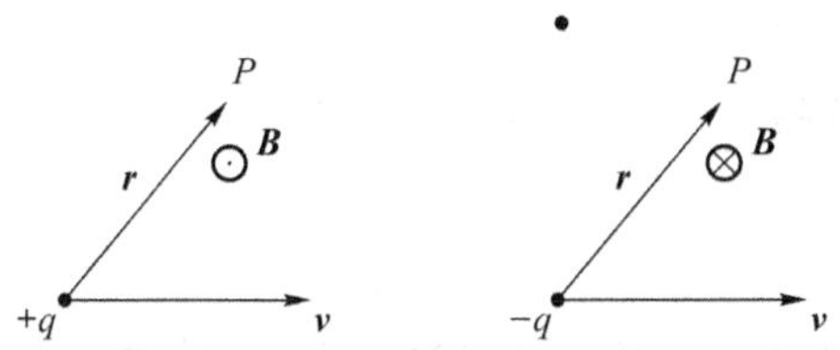

图 7.6　运动电荷的磁场

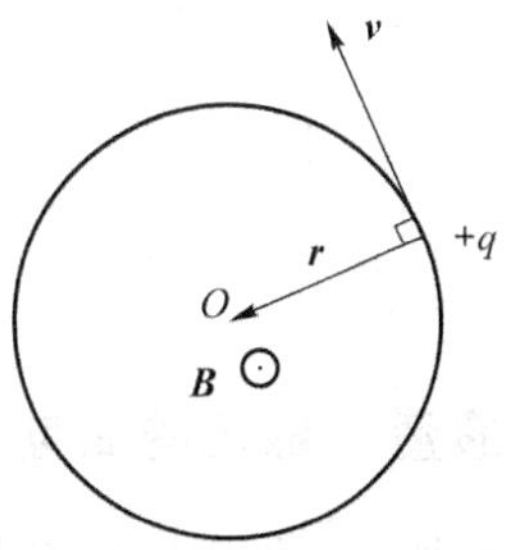

图 7.7　例 7.3 用图(匀速圆周运动的带电粒子的磁场)

解　方法一：由 $\boldsymbol{B}=\frac{\mu_0}{4\pi}\frac{q\boldsymbol{v}\times\boldsymbol{r}}{r^3}$ 知，运动电荷产生的 $\boldsymbol{B}$ 大小为

$$B=\frac{\mu_0}{4\pi}\frac{qvr\sin\frac{\pi}{2}}{r^3}$$

因为 $r=R$，$v=R\omega$，所以 $B=\frac{\mu_0 q\omega}{4\pi R}$，方向为垂直纸面向外。

方法二：利用圆电流产生 $\boldsymbol{B}$ 的公式，有电荷运动，则形成电流。在此，$+q$ 形成的电流与 $+q$ 运动的轨迹(圆周)重合，且电流为逆时针方向，相当于一个平面圆形载流线圈。可知，$\boldsymbol{B}$ 的方向垂直纸面向外。根据平面圆形载流线圈在其中心产生 $\boldsymbol{B}$ 的公式，可求出 $\boldsymbol{B}$ 的大小。

设运动频率为 f，可有

$$I=qf=q\frac{\omega}{2\pi}$$

可知

$$B=\frac{\mu_0 I}{2\pi}=\frac{\mu_0 q\omega}{4\pi R}$$

7.3　磁通量　磁场的高斯定理

7.3.1　磁感应线

在磁场中画一组曲线来描绘磁场，曲线上每一点的切线方向与该点的磁场方向一致，这一组曲线称为**磁感应线**，如图 7.8 所示。磁感应线的疏密反映磁场的强弱。磁感应线密度定量描述磁力线疏密与磁场的强弱的关系。通过某点处与磁感应线相垂直的无限小面元 $dS_{\perp}$ 的磁感应线数目 $d\Phi_m$ 与 $dS_{\perp}$ 的比值称为磁感应线密度。我们规定磁场中某点的磁感应强度的值等于该点的磁感应线密度，即

$$B=\frac{d\Phi_m}{dS_{\perp}} \tag{7.8}$$

磁感应线的性质:无头无尾的闭合曲线;磁场中任意两条磁感应线不相交。

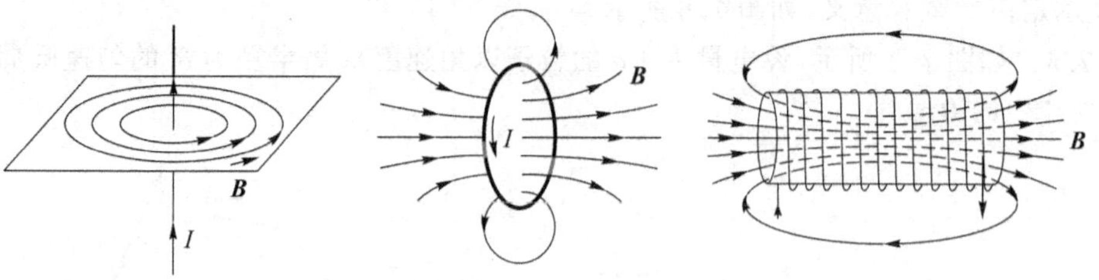

图 7.8　磁感应线

7.3.2　磁通量　磁场的高斯定理

通过磁场中任一曲面的磁感应线（$\boldsymbol{B}$ 线）条数,称为通过该曲面的**磁通量**,又称 $\boldsymbol{B}$ 通量,用 Φ_m 表示。磁通量是标量,但它有正、负之分。磁通量 Φ_m 的计算方法与电通量 Φ_e 的计算方法类似。如图 7.9 所示,在磁场中任一给定曲面 S 上取面积元 $\mathrm{d}\boldsymbol{S}$,若 $\mathrm{d}\boldsymbol{S}$ 的法线 $\boldsymbol{e}_n$ 的方向与该处磁感应强度 $\boldsymbol{B}$ 的夹角为 θ,则通过面积元 $\mathrm{d}\boldsymbol{S}$ 的磁通量为

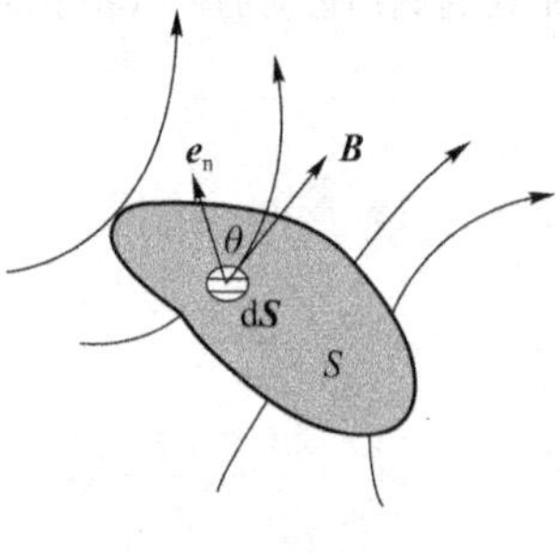

图 7.9　磁通量

$$\mathrm{d}\Phi_m = \boldsymbol{B} \cdot \mathrm{d}\boldsymbol{S} = B\cos\theta \mathrm{d}S \tag{7.9}$$

其中,$\mathrm{d}\boldsymbol{S}$ 是**面积元矢量**,其大小等于 $\mathrm{d}S$,其方向沿法线 $\boldsymbol{e}_n$ 的方向。

通过整个曲面 S 的磁通量等于通过此面积上所有面积元磁通量的代数和,即

$$\Phi_m = \int_S \mathrm{d}\Phi_m = \int_S \boldsymbol{B} \cdot \mathrm{d}\boldsymbol{S} = \int_S B\cos\theta \mathrm{d}S \tag{7.10}$$

在国际单位制中,磁通量的单位是**韦伯**,符号为 Wb,1 Wb=1 T · m²。

对闭合曲面来说,规定取垂直于曲面向外的指向为法线 $\boldsymbol{e}_n$ 的正方向。于是磁感应线从闭合曲面穿出时的磁通量为正值($\theta<\pi/2$),磁感应线穿入闭合曲面时的磁通量为负值($\theta>\pi/2$)。由于磁感应线是无头无尾的闭合线,所以穿入闭合曲面的磁感应线数必然等于穿出闭合曲面的磁感应线数。因此,**通过磁场中任一闭合曲面的磁通量恒等于零**。这一结论称作**磁场中的高斯定理**,即

$$\oint_S \boldsymbol{B} \cdot \mathrm{d}\boldsymbol{S} = 0 \tag{7.11}$$

式(7.11)与静电场中的高斯定理相对应,但两者有本质上的区别。在静电场中,由于自然界有独立存在的自由电荷,所以通过某一闭合曲面的电通量可以不为零,其中 $\oint_S \boldsymbol{E} \cdot \mathrm{d}\boldsymbol{S} = \frac{\sum q_i}{\varepsilon_0}$,说明静电场是有源场。在磁场中,因自然界没有单独存在的磁极,所以通过任一闭合面的磁通量必恒等于零,即 $\oint_S \boldsymbol{B} \cdot \mathrm{d}\boldsymbol{S} = 0$,说明**磁场是无源场**,或者说是**涡旋场**。

例 7.4　真空中有一无限长直导线 CD,通以电流 $I=10.0$ A,一矩形 $EFGH$ 与 CD 共面,如图 7.10 所示,其中 $a=d=10.0$ cm,$b=20.0$ cm。求通过矩形 $EFGH$ 面积 S 的磁通量。

解　由于无限长直线电流在面积 S 上各点所产生的磁感应强度 $\boldsymbol{B}$ 的大小随 r 不同而不同，所以计算通过 S 面的磁通量 $\boldsymbol{B}$ 时要用积分。为了便于运算，可将矩形面积 S 划分成无限多与直导线 CD 平行的细长条面积元 $\mathrm{d}S=b\mathrm{d}r$，设其中某一面积元 $\mathrm{d}S$ 与 CD 相距 r，$\mathrm{d}\boldsymbol{S}$ 上各点 $\boldsymbol{B}$ 的大小视为相等，$\boldsymbol{B}$ 的方向垂直纸面向里。取 $\mathrm{d}\boldsymbol{S}$ 的方向（也就是矩形面积的法线方向）也垂直纸面向里，则

$$\begin{aligned}\Phi_{\mathrm{m}} &= \int_S \boldsymbol{B}\cdot\mathrm{d}\boldsymbol{S} = \int_S B\mathrm{d}S\cos 0^\circ \\ &= \int_S B\mathrm{d}S = \int_d^{a+d}\frac{\mu_0 I}{2\pi r}b\,\mathrm{d}r = \frac{\mu_0 Ib}{2\pi}\ln r\Big|_{0.1}^{0.1+0.1} \\ &= \frac{\mu_0 Ib}{2\pi}\ln 2 = 2.77\times10^{-7}\ \mathrm{Wb}\end{aligned}$$

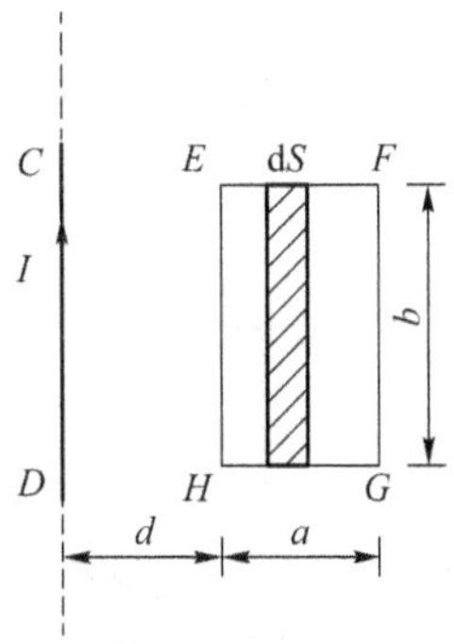

图 7.10　例 7.4 用图

7.4　安培环路定理及其应用

7.4.1　安培环路定理

静电场中的电场线不是闭合曲线，电场强度沿任意闭合路径的环流恒等于零，即 $\oint_L \boldsymbol{E}\cdot\mathrm{d}\boldsymbol{l}=0$。这是静电场的一个重要特征。但是在磁场中，磁感应线都是环绕电流的闭合曲线，因而可预见磁感应强度的环流 $\oint_L \boldsymbol{B}\cdot\mathrm{d}\boldsymbol{l}$ 不一定为零：如果积分路径是沿某一条磁感应线，则在每一线段元上的 $\boldsymbol{B}\cdot\mathrm{d}\boldsymbol{l}$ 都大于零，所以 $\oint_L \boldsymbol{B}\cdot\mathrm{d}\boldsymbol{l}>0$。这种环流可以不等于零的场叫作**涡旋场**。磁场是一种涡旋场，这一性质决定了在磁场中不能引入类似电势的概念。

在真空中，各点磁感应强度 $\boldsymbol{B}$ 的大小和方向与产生该磁场的电流分布有关。可以预见环流 $\oint_L \boldsymbol{B}\cdot\mathrm{d}\boldsymbol{l}$ 的值也与场源电流的分布有关。下面的定理将给出它们之间十分简单的定量关系。

为简单起见，下面从特例计算环流 $\oint_L \boldsymbol{B}\cdot\mathrm{d}\boldsymbol{l}$ 的值，然后引入定理。

1. 闭合圆形路径包围单根载流导线

设真空中有一长直载流导线，它所形成的磁场的磁感应线是一组以导线为轴线的同轴圆（图 7.11），即圆心在导线上，圆形磁感应线所在的平面与导线垂直。在垂直于长直载流导线的平面内，任取一条以载流导线为圆心、半径为 r 的圆形环路 L 作为积分的闭合路径，则在这圆周路径上的磁感应强度的大小为 $B=\dfrac{\mu_0 I}{2\pi r}$，其方向与圆周相切。如果积分路径的绕行方向与该条磁感应线方向相同，也就是积分路径的绕行方向与包围的电流成右手螺旋关系，则 $\boldsymbol{B}$ 与 $\mathrm{d}\boldsymbol{l}$ 间的夹角处处为零，于是

$$\oint_L \boldsymbol{B}\cdot\mathrm{d}\boldsymbol{l} = \oint_L \frac{\mu_0 I}{2\pi r}\cos 0\mathrm{d}l = \oint_L \frac{\mu_0 I}{2\pi r}\mathrm{d}l = \frac{\mu_0 I}{2\pi r}2\pi r$$

所以

$$\oint_L \boldsymbol{B} \cdot \mathrm{d}\boldsymbol{l} = \mu_0 I$$

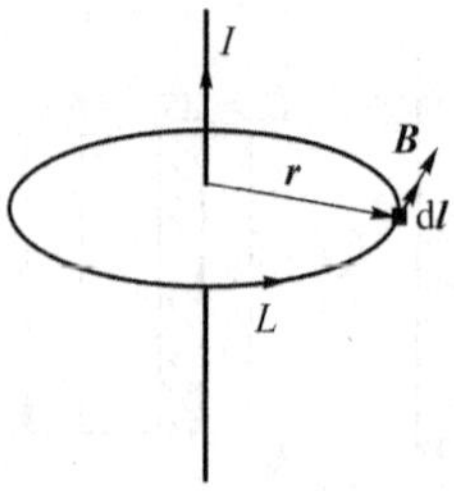

图 7.11 闭合圆形路径包围单根载流线

上式说明，磁感应强度 $\boldsymbol{B}$ 的环流等于闭合路径所包围的电流与真空磁导率的乘积，而与积分路径的圆半径 r 无关。

如果保持积分路径的绕行方向不变，而改变上述电流的方向，由于每个线元 $\mathrm{d}\boldsymbol{l}$ 与 $\boldsymbol{B}$ 的夹角 $\theta=\pi$，则

$$\boldsymbol{B} \cdot \mathrm{d}\boldsymbol{l} = B\cos\theta \mathrm{d}l = -B\mathrm{d}l < 0$$

所以

$$\oint_l \boldsymbol{B} \cdot \mathrm{d}\boldsymbol{l} = -\mu_0 I = \mu_0(-I)$$

上式说明，积分路径的绕行方向与所包围的电流方向成左旋关系，可认为对路径来讲，该电流是负值。

2. 任意闭合回路包围单根载流导线

现在垂直于电流的平面内围绕电流取一任意形状的闭合路径 L（称为安培环路），如图 7.12(a)所示。考虑回路 L 上任一线元 $\mathrm{d}\boldsymbol{l}$，磁感应强度 $\boldsymbol{B}$ 与 $\mathrm{d}\boldsymbol{l}$ 的标积为

$$\boldsymbol{B} \cdot \mathrm{d}\boldsymbol{l} = B\mathrm{d}l\cos\theta = Br\mathrm{d}\varphi$$

又由于 $\oint \mathrm{d}\varphi = 2\pi$，有

$$\oint_L \boldsymbol{B} \cdot \mathrm{d}\boldsymbol{l} = \oint_L B\cos\theta \mathrm{d}l = \oint_L \frac{\mu_0}{2\pi r}\cos\theta \mathrm{d}l = \oint_L \frac{\mu_0}{2\pi r} r\,\mathrm{d}\varphi = \mu_0 I$$

即

$$\oint_L \boldsymbol{B} \cdot \mathrm{d}\boldsymbol{l} = \mu_0 I$$

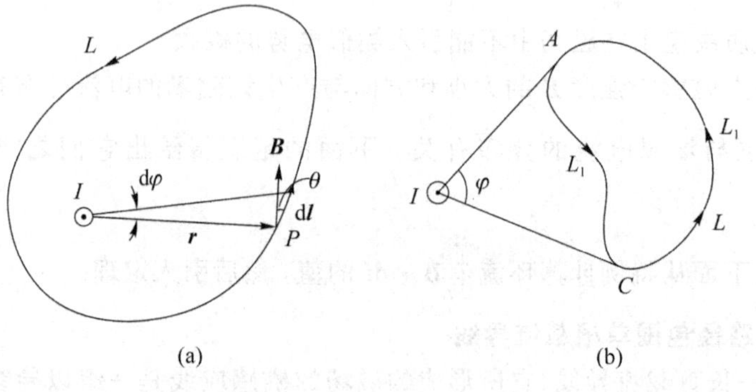

图 7.12 任意闭合回路包围单根载流导线与不包围单根载流导线

3. 在垂直平面内的任一闭合路径 L 不包围电流

如图 7.12(b)所示，如果闭合路径 L 不包围电流，则从 L 上某点出发，绕行一周后，φ 的变化为零，即 $\oint \mathrm{d}\varphi = 0$，因而有

$$\oint_L \boldsymbol{B} \cdot \mathrm{d}\boldsymbol{l} = 0$$

4. 围绕多根载流导线的任一回路

设电流 $I_1, I_2, \cdots, I_n$ 穿过回路，电流 $I_{n+1}, I_{n+2}, \cdots, I_{n+k}$ 不穿过回路。令 $\boldsymbol{B}_1, \boldsymbol{B}_2, \cdots, \boldsymbol{B}_{n+k}$ 分

别为单根导线产生的磁场，则有

$$\begin{aligned}\oint_L \boldsymbol{B}\cdot \mathrm{d}\boldsymbol{l} &= \oint_L (\boldsymbol{B}_1+\boldsymbol{B}_2+\cdots+\boldsymbol{B}_n+\boldsymbol{B}_{n+1}+\cdots+\boldsymbol{B}_{n+k})\cdot \mathrm{d}\boldsymbol{l}\\ &= \oint_L \boldsymbol{B}_1\cdot \mathrm{d}\boldsymbol{l}+\cdots+\oint_L \boldsymbol{B}_n\cdot \mathrm{d}\boldsymbol{l}+\oint_L \boldsymbol{B}_{n+1}\cdot \mathrm{d}\boldsymbol{l}+\cdots+\oint_L \boldsymbol{B}_{n+k}\cdot \mathrm{d}\boldsymbol{l}\\ &= \mu_0 I_1+\mu_0 I_2+\cdots+\mu_0 I_n+0+0+\cdots+0\\ &= \mu_0\sum_i^n I_i\end{aligned}$$

即

$$\oint_L \boldsymbol{B}\cdot \mathrm{d}\boldsymbol{l} = \mu_0\sum_i^n I_i$$

由此，总结出**安培环路定理**：在真空中的稳恒电流磁场中，磁感应强度 $\boldsymbol{B}$ 沿任意闭合曲线的线积分（也称 $\boldsymbol{B}$ 的环流），等于穿过该闭合曲线的所有电流强度（即穿过以闭合曲线为边界的任意曲面的电流强度）代数和的 μ_0 倍，即

$$\oint_L \boldsymbol{B}\cdot \mathrm{d}\boldsymbol{l} = \mu_0\sum I_i \tag{7.12}$$

电流 I 正负的规定：I 与 L 成右手螺旋关系时，I 为正；反之为负。如图 7.13 所示，由三根载流导线与回路 l 关系有

$$\oint_l \boldsymbol{B}\cdot \mathrm{d}\boldsymbol{l} = \mu_0(I_1-I_2)$$

如果 L 不是平面曲线，载流导线不是直线，上式也成立。安培环路定理只说明 $\oint_L \boldsymbol{B}\cdot \mathrm{d}\boldsymbol{l}$ 仅与 L 内的电流有关，而与 L 外的电流无关，但 $\boldsymbol{B}$ 是 L 内、外所有电流共同产生的结果。

安培环路定理反映了磁场的基本规律。和静电场的环路定理 $\oint_l \boldsymbol{E}\cdot \mathrm{d}\boldsymbol{l}=0$ 相比较，恒定磁场中 $\boldsymbol{B}$ 的环流 $\oint_L \boldsymbol{B}\cdot \mathrm{d}\boldsymbol{l}\neq 0$，说明恒定磁场的性质和静电场不同，静电场是保守场，恒定磁场是非保守场。

例 7.5　如图 7.14 所示，求 $\oint_L \boldsymbol{B}\cdot \mathrm{d}\boldsymbol{l}$。

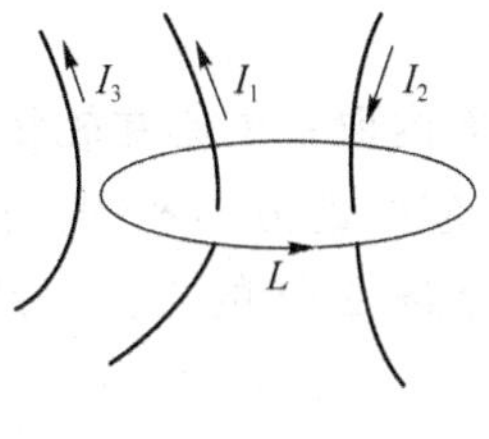

图 7.13　多根载流线与任一回路

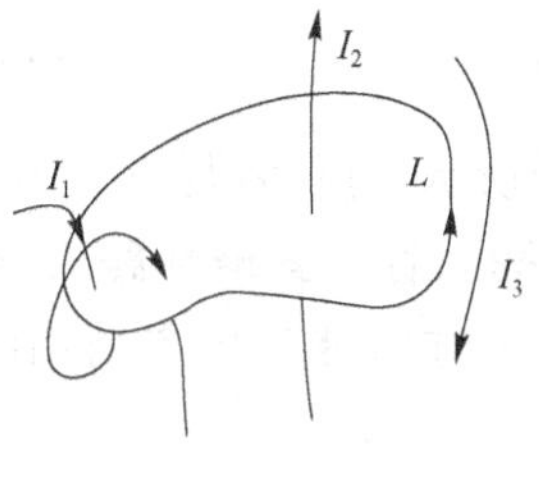

图 7.14　例 7.5 用图

解　由安培环路定理有

$$\oint_L \boldsymbol{B}\cdot \mathrm{d}\boldsymbol{l} = \mu_0\sum_{L内} I = \mu_0(I_2-2I_1)$$

需要说明的是，闭合路径 L“包围”的电流，指的是与 L 相**铰链**的电流。若闭合回路与数匝

电流铰链，如图 7.14 所示，I_1 有两匝电流与回路 L 铰链，则计算被包围电流时应被看成 $2I_1$。

7.4.2　安培环路定理的应用举例

应用安培环路定理也可以方便地计算某些具有特殊对称性的电流的磁场分布。具体计算步骤如下：

(1) 根据电流分布的对称性分析磁场分布的对称性；

(2) 选取合适的闭合积分路径 L(称为安培环路)，注意闭合路径 L 的选择一定要便于使积分 $\oint_L \boldsymbol{B}\cdot \mathrm{d}\boldsymbol{l}$ 中的 $\boldsymbol{B}$ 以标量的形式从积分号中提出来；

(3) 应用安培环路定理求出 $\boldsymbol{B}$ 的数值并确定 $\boldsymbol{B}$ 的方向。

能够直接用安培环路定理计算磁场的电流分布有以下几种情形：

(1) 具有轴对称性的无限长电流，因而磁场的分布也是轴对称性；

(2) 具有平面对称性的无限大电流，因而 $\boldsymbol{B}$ 的大小也呈平面对称性，且 $\boldsymbol{B}$ 的方向平行于对称面；

(3) 均匀密绕的长直螺线管及螺绕环电流。

下面举几个例子说明。

例 7.6　图 7.15 所示的无限长载流圆柱体半径为 R，电流为 I，求其磁场分布。

解　如图 7.15(b)所示，利用磁场叠加原理和对称性分析，由于电流分布对圆柱轴线具有对称性，因此磁场分布对轴线也具有对称性，磁感应线应该是在垂直轴线平面内以轴线为中心的同心圆，方向绕电流的方向右旋(如图 7.6(b)所示)，而且在同一圆周上磁感应强度 $\boldsymbol{B}$ 的大小相等。

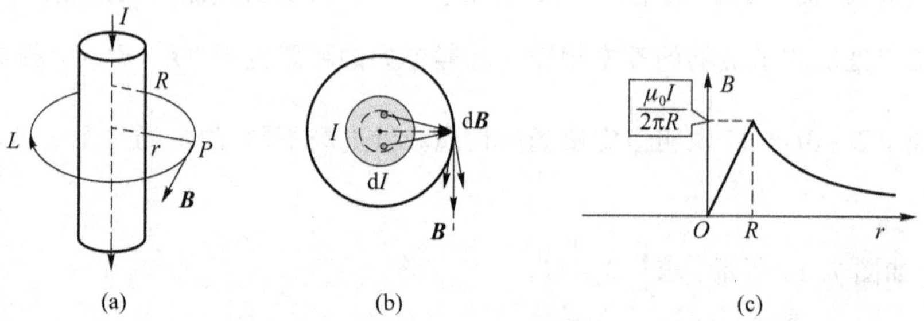

图 7.15　例 7.6 用图

如图 7.15(a)所示，过任意场点 P，在垂直轴线的平面内取一中心在轴线上半径为 r 的圆周为积分的闭合路径，称为**安培环路** L，积分方向与磁感应线的方向相同。由于 L 上 $\boldsymbol{B}$ 的量值处处相等，且 $\boldsymbol{B}$ 的方向沿 L 各点的切线方向，即与积分路径 $\mathrm{d}\boldsymbol{l}$ 的方向一致，所以沿 L 的 $\boldsymbol{B}$ 的环流为

$$\oint_L \boldsymbol{B}\cdot \mathrm{d}\boldsymbol{l} = B\cdot 2\pi r$$

当 $r>R$ 时，

$$\oint_l \boldsymbol{B}\cdot \mathrm{d}\boldsymbol{l} = \mu_0 I,\quad B=\frac{\mu_0 I}{2\pi r}$$

当 $0<r<R$ 时，

$$\oint_L \boldsymbol{B} \cdot \mathrm{d}\boldsymbol{l} = \mu_0 \frac{\pi r^2}{\pi R^2} I, \quad B = \frac{\mu_0 I r}{2\pi R^2}$$

图 7.15(c)给出了 B 与 r 的关系曲线。

例 7.7　求无限长载流直螺线管内的磁场。

如图 7.16 所示，设螺线管是均匀密绕的，缠绕密度(即单位长度上的线圈匝数)为 n，通有电流 I。

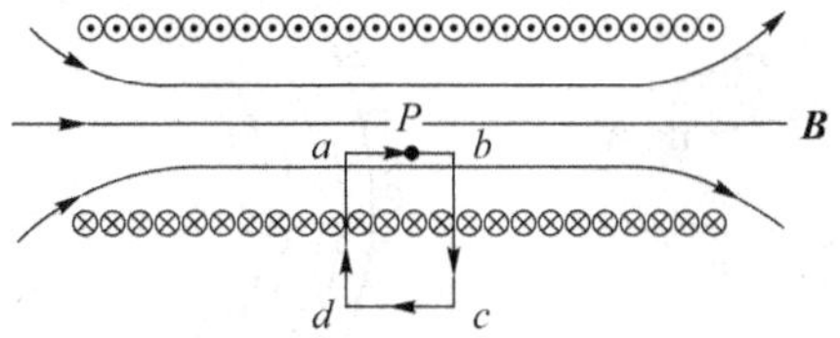

图 7.16　例 7.7 用图(长直螺线管内磁场的计算)

解　根据磁场叠加原理，进行对称性分析，可将长直密绕载流螺线管看作由无穷多个共轴的载流圆环构成，其周围磁场是各匝圆电流所激发磁场的叠加结果。在长直载流螺线管的中部任选一点 P，在 P 点两侧对称性地选择两匝圆电流，由圆电流的磁场分布可知二者磁场叠加的结果，磁感强度 $\boldsymbol{B}$ 的方向与螺线管的轴线方向平行。由于螺线管长度远大于管截面的直径，则长直螺线管可以看成无限长，因此在 P 点两侧可以找到无穷多匝对称的圆电流，它们在 P 点的磁场叠加结果磁场强度与轴线平行。由于 P 点是任选的，因此可以推知长直载流螺线管内各点磁场的方向均沿轴线方向。磁场分布如图 7.16 所示，在管内的中央部分，磁场是均匀的，其方向与轴线平行，并可按右手螺旋定则判定其指向；而在管的中央部分外侧，磁场很微弱，可忽略不计，即$B=0$。

据此，过管内任意场点 P 作图 7.16 所示的矩形回路 $abcda$，在回路的 cd 段上以及 bc 和 da 段的管外部分，均有 $B=0$，在 bc 和 da 的管内部分，$\boldsymbol{B}$ 与 $\mathrm{d}\boldsymbol{l}$ 相互垂直，即 $\boldsymbol{B} \cdot \mathrm{d}\boldsymbol{l}=0$，回路的 ab 段上各点 $\boldsymbol{B}$ 的量值相等，方向与 $\mathrm{d}\boldsymbol{l}$ 一致，所以沿闭合路径 $abcda$ 上 $\boldsymbol{B}$ 的环流为

$$\oint_L \boldsymbol{B} \cdot \mathrm{d}\boldsymbol{l} = B \cdot \overline{ab}$$

穿过回路的线圈匝数为 $n\,\overline{ab}$，通过每匝线圈的电流为 I，所以穿过回路的电流总和为 $In\overline{ab}$，于是由安培环路定理得

$$B\,\overline{ab} = \mu_0 I n \overline{ab}$$

$$B = \mu_0 n I \tag{7.13}$$

上述计算与矩形回路的 ab 边在管内的位置无关，表明无限长载流直螺线管内的磁场是均匀磁场(此结果与使用叠加原理得到的结果是一致的)。

例 7.8　求载流螺绕环的磁场。

绕在圆环上的螺线形线圈叫作**螺绕环**(如图 7.17(a)所示)。设环管的平均半径为 R，环上均匀密绕 N 匝线圈，每匝线圈通有电流 I。

解　根据电流分布的对称性可知，在管内的磁感应线为与环共轴的圆周，圆周上各点 B 大小相等，方向沿电流的右手螺旋方向。故取与环共轴、半径为 r 的圆周为安培环路 L(如图 7.17(b)所示)。沿环路 L 的 $\boldsymbol{B}$ 的环流为

$$\oint_L \boldsymbol{B} \cdot \mathrm{d}\boldsymbol{l} = B \cdot 2\pi r$$

穿过 L 的电流总和为 NI。由安培环路定理得

$$B \cdot 2\pi r = \mu_0 NI$$

$$B = \frac{\mu_0 NI}{2\pi r}$$

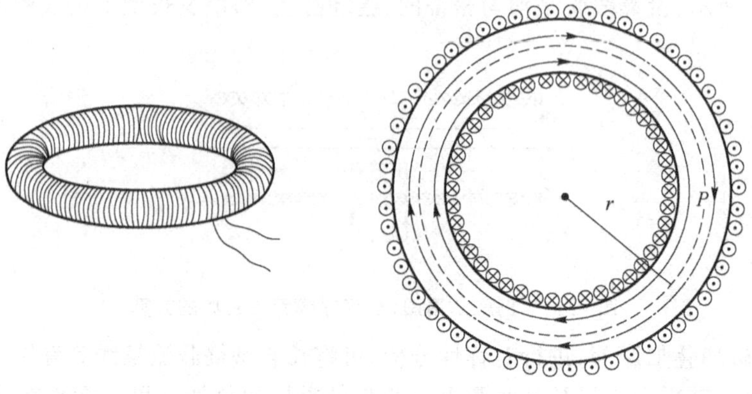

(a)　　(b)

图 7.17　例 7.8 用图(螺绕环内的磁场的计算)

在螺绕环横截面半径比环的平均半径 R 小得多(细环)的情形下,可取 $r \approx R$,因而上式可表示为

$$B = \frac{\mu_0 NI}{2\pi R} = \mu_0 nI$$

其中,$n = N/2\pi R$ 为螺绕环的平均缠绕密度。$\boldsymbol{B}$ 的方向沿电流的右手螺旋方向。

对环外任意一点,若过该点作一与环共轴的圆周为安培环路 L,则因穿过 L 的总电流为 0,因而有 $B=0$。

上述结果说明,密绕螺绕环的磁场全部限制在环内,磁感应线是一些与环共轴的同心圆,环外无磁场。当环的横截面半径远小于环的平均半径时,环内的磁场 $B = \mu_0 nI$,与无限长直螺线管的磁场相同。这是因为当环的半径趋于无限大时,螺绕环的一段就过渡为无限长的螺线管。

例 7.9　求无限大载流平面的磁场分布。

设电流均匀地流过一无限大平面导体薄板,电流面密度为 j(即通过与电流方向垂直的单位长度的电流),如图 7.18(a)所示。

将无限大载流薄板视为由无限多根平行排列的长直电流组成。对板外任意场点 P,相对 $\overline{OP}$ 对称地取一对宽度相等的长直电流 $j\,\mathrm{d}l$ 和 $j\,\mathrm{d}l'$,它们在 P 点产生的磁场分别为 $\mathrm{d}\boldsymbol{B}$ 和 $\mathrm{d}\boldsymbol{B}'$,如图 7.18(b)所示。由对称性可知,它们的合磁场 $\mathrm{d}\boldsymbol{B}_{/\!/}$ 的方向平行于载流平面,因而无数对对称长直电流在 P 点产生的总磁场也一定平行于载流平面。同理,对平面另一侧的场点,其总磁场也与载流平面平行,但方向与 P 点磁场方向相反。即载流平面两侧 $\boldsymbol{B}$ 的方向相反。又由于载流平面无限大,故磁场分布对载流平面具有对称性,即在与平面等距离的各点处 $\boldsymbol{B}$ 的大小相等。

根据磁场分布的面对称性,取一相对载流平面对称的矩形回路 $abcda$(图 7.18(b))为安培环路 L,由于在回路的 ab 及 cd 段上 $\boldsymbol{B}$ 的量值处处相等,且 $\boldsymbol{B}$ 的方向与积分路径的方向相同,

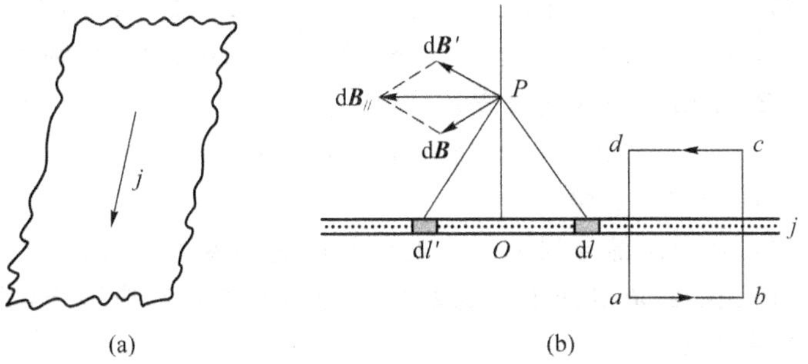

图 7.18　例 7.9 用图(无限大载流平面)

在回路的 bc 和 da 段上 $\boldsymbol{B}$ 的方向处处与积分路径垂直，$\boldsymbol{B}\cdot\mathrm{d}\boldsymbol{l}=\mathbf{0}$，所以沿回路 $\boldsymbol{B}$ 的环流为

$$\oint_L \boldsymbol{B}\cdot\mathrm{d}\boldsymbol{l}=2B\,\overline{ab}$$

穿过该回路的电流为 $j\,\overline{ab}$，根据安培环路定理得

$$2B\,\overline{ab}=\mu_0 j\,\overline{ab}$$

$$B=\frac{1}{2}\mu_0 j \tag{7.14}$$

式(7.14)表明，无限大均匀载流平面两侧的磁场大小相等，方向相反，并且是均匀磁场。

7.5　磁场对电流的作用

实验证明，置于磁场中的载流导线也要受到磁场的作用力。理论解释是由于导线中形成电流的大量定向运动的载流子在磁场中要受到洛伦兹力的作用，其宏观效果将表现为载流导线受到磁场的作用力。载流导线受到的磁场力通常叫作安培力。

安培最早用实验方法研究了电流和电流之间的磁力的作用，从而总结出载流导线上一小段电流元所受磁力的基本规律，称为**安培定律**。其内容如下：放在磁场中某点处的电流元 $I\mathrm{d}\boldsymbol{l}$ 所受到的磁场作用力 $\mathrm{d}\boldsymbol{F}$ 的大小和该点处的磁感强度 $\boldsymbol{B}$ 的大小、电流元的大小以及电流元 $I\mathrm{d}\boldsymbol{l}$ 和磁感应强度 $\boldsymbol{B}$ 所成的角 θ（或用$(I\mathrm{d}\boldsymbol{l},\boldsymbol{B})$表示)的正弦成正比，即

$$\mathrm{d}F=kBI\mathrm{d}l\sin\theta$$

$\mathrm{d}\boldsymbol{F}$ 的方向与矢积 $I\mathrm{d}\boldsymbol{l}\times\boldsymbol{B}$ 的方向相同（图 7.19)。中学时我们用左手定则判断安培力，大家可以自行分析，两种方法得到的受力方向是完全相同的。

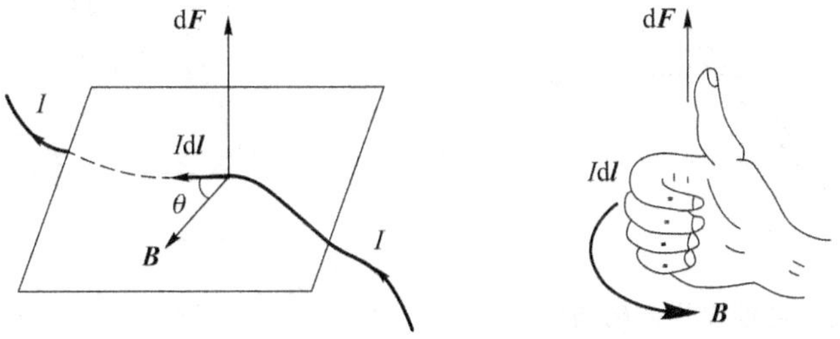

图 7.19　电流元所受的安培力

式中的比例系数 k 的量值取决于式中各量的单位。在国际单位制中，$\boldsymbol{B}$ 的单位用特斯拉(T)，I 的单位用安培(A)，dl 的单位用米(m)，dF 的单位用牛顿(N)，则 $k=1$，安培定律的表达式可简化为 $dF=BIdl\sin\theta$，写成矢量表达式，即

$$d\boldsymbol{F}=Id\boldsymbol{l}\times\boldsymbol{B} \tag{7.15}$$

式(7.15)表达的规律叫作**安培定律**。

因为安培定律给出的是载流导线上一个电流元所受的磁力，所以它不能直接用实验进行验证。但是，任何有限长的载流导线 L 在磁场中所受的安培力 $\boldsymbol{F}$ 应等于导线 L 上各个电流元所受安培力 $d\boldsymbol{F}$ 的矢量和，即

$$\boldsymbol{F}=\int d\boldsymbol{F}=\int_L Id\boldsymbol{l}\times\boldsymbol{B} \tag{7.16}$$

对于一些具体的载流导线，理论计算的结果和实验测量的结果是相符的。这就间接证明了安培定律的正确性。

式(7.16)是一个矢量积分。如果导线上各个电流元所受的磁力 $d\boldsymbol{F}$ 的方向都相同，则矢量积分可直接化为标量积分。例如，长为 L 的一段载流直导线放在均匀磁场 $\boldsymbol{B}$ 中，如图 7.20 所示，根据矢积的右手螺旋定则，可以判断导线上各个电流元所受磁力 $d\boldsymbol{F}$ 的方向都是垂直纸面向外的。所以整个载流直导线所受的磁力 $\boldsymbol{F}$ 的大小为

$$F=\int dF=\int_L IB\sin\theta dl=IB\sin\theta\int_L dl=IBL\sin\theta \tag{7.17}$$

其中，θ 为电流 I 的方向与磁场 $\boldsymbol{B}$ 的方向之间的夹角。$\boldsymbol{F}$ 的方向与 $d\boldsymbol{F}$ 的方向相同，即垂直于纸面向外。

由式(7.17)可以看出，当直导线与磁场平行(即 $\theta=0$ 或 π)时，$F=0$，即载流导线不受安培力作用；当直导线与磁场垂直($\theta=\frac{\pi}{2}$)时，载流导线所受安培力最大，其值为 $F=BIL$。如果载流导线上各个电流元所受安培力 $d\boldsymbol{F}$ 的方向各不相同，则式(7.16)的矢量积分不能直接计算。这时应选取适当的坐标系，先将 $d\boldsymbol{F}$ 沿各坐标分解成分量，然后对各个分量进行标量积分：$F_x=\int_L dF_x$，$F_y=\int_L dF_y$，$F_z=\int_L dF_z$，最后再求出合力，其大小为 $F=\sqrt{F_x^2+F_y^2+F_z^2}$。

例 7.10 如图 7.21 所示，不规则的平面弯曲载流导线通有电流 I，求此段导线在均匀磁场 $\boldsymbol{B}$ 中所受的力。

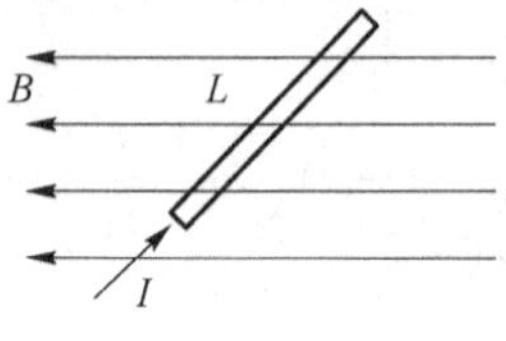

图 7.20 载流直导线在均匀磁场中

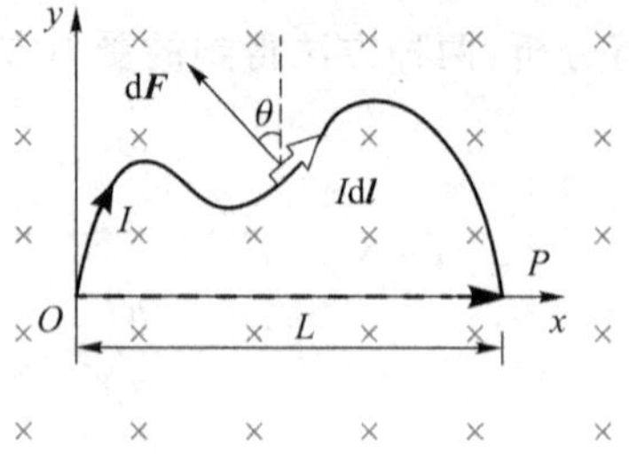

图 7.21 例 7.10 用图

解 取一段电流元 $Id\boldsymbol{l}$，则其受到的安培力为

$$d\boldsymbol{F}=Id\boldsymbol{l}\times\boldsymbol{B}$$

将 d$\boldsymbol{F}$ 分解到两个坐标轴上，得

$$\mathrm{d}F_x = \mathrm{d}F\sin\theta = BI\mathrm{d}l\sin\theta = BI\mathrm{d}y$$
$$\mathrm{d}F_y = \mathrm{d}F\cos\theta = BI\mathrm{d}l\cos\theta = BI\mathrm{d}x$$

分别积分，有

$$F_x = \int \mathrm{d}F_x = BI\int_0^0 \mathrm{d}y = 0$$
$$F_y = \int \mathrm{d}F_y = BI\int_0^l \mathrm{d}x = BIL$$

所以，有

$$\boldsymbol{F} = \boldsymbol{F}_y = BIL\boldsymbol{j}$$

事实上，$\boldsymbol{F} = \int \mathrm{d}\boldsymbol{F} = \int_L I\mathrm{d}\boldsymbol{l}\times\boldsymbol{B} = I\left(\int_L \mathrm{d}\boldsymbol{l}\right)\times\boldsymbol{B}$，其中$\left(\int_L \mathrm{d}\boldsymbol{l}\right)$是各矢量元 d$\boldsymbol{l}$ 的矢量和，它等于从 O 到 P 的矢量线段 $\boldsymbol{L}$，因此得

$$\boldsymbol{F} = I\boldsymbol{L}\times\boldsymbol{B} \tag{7.18}$$

结论：任意平面载流导线在均匀磁场中所受的力等于从起点到终点连起的直导线通过相同的电流时受的安培力。

例 7.11　如图 7.22 所示，载流长直导线 L_1 通有电流 $I_1 = 2.0$ A，另一载流直导线 L_2 与 L_1 共面且正交，长为 $L_2 = 40$ cm，通电流 $I_2 = 3.0$ A。L_2 的左端与 L_1 相距 $d = 20$ cm，求导线 L_2 所受的磁场力。

解　长直载流导线 L_1 所产生的磁感强度 $\boldsymbol{B}$ 在 L_2 处的方向虽都是垂直纸面向内，但它的大小沿 L_2 逐点不同。要计算 L_2 所受的力，先要在 L_2 上距 L_1 为 x 处任意取一线段元 dx，在电流元 I_2dx 的微小范围内，$\boldsymbol{B}$ 可看作恒量，它的大小为

$$B = \frac{\mu_0 I_1}{2\pi x}$$

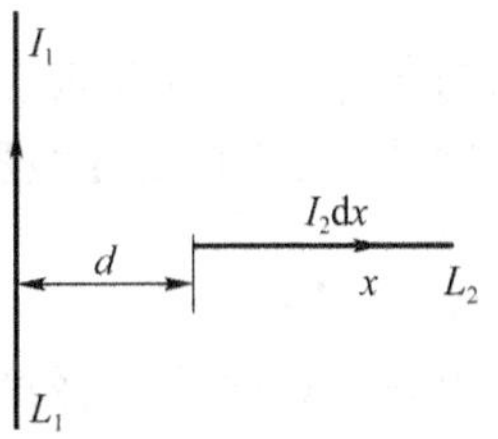

图 7.22　例 7.11 用图

显然任一电流元 I_2dx 都与磁感强度 $\boldsymbol{B}$ 垂直，即 $\theta = \frac{\pi}{2}$，所以电流元受力的大小为

$$\mathrm{d}F = I_2 B\mathrm{d}x\sin\frac{\pi}{2} = \frac{\mu_0 I_1}{2\pi x}I_2\mathrm{d}x$$

根据矢积 $I\mathrm{d}\boldsymbol{l}\times\boldsymbol{B}$ 的方向可知，电流元受力的方向垂直 L_2 沿纸面向上。由于所有电流元受力方向都相同，所以 L_2 整体所受的力 $\boldsymbol{F}$ 是各电流元受力的和，可用标量积分直接计算

$$\begin{aligned} F &= \int_L \mathrm{d}F = \int_d^{d+L_2} \frac{\mu_0 I_1}{2\pi x}I_2\mathrm{d}x \\ &= \frac{\mu_0 I_1 I_2}{2\pi}\int_d^{d+L_2}\frac{\mathrm{d}x}{x} \\ &= \frac{\mu_0 I_1 I_2}{2\pi}\ln\frac{d+L_2}{d} \\ &= \frac{\mu_0}{4\pi}2I_1 I_2\ln\frac{d+L_2}{d} \end{aligned}$$

代入题设数据后得

$$F=10^{-7}\times2\times2\times3\times\ln\frac{0.6}{0.2}=1.32\times10^{-6}\ \mathrm{N}$$

导线 L_2 受力的方向和电流元受力方向一样，也是垂直 L_2 沿纸面向上。

例 7.12　求两无限长平行载流直导线间的相互作用力。设两导线间的距离为 a，分别通有同向电流 I_1 和 I_2，如图 7.23 所示。

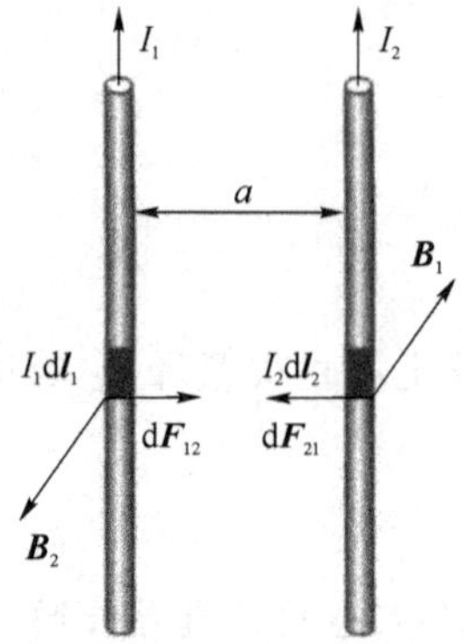

图 7.23　例 7.12 用图

解　两载流导线间的相互作用力实质上是一载流导线的磁场对另一载流导线的作用力。根据长直电流的磁场公式，导线 1 在导线 2 处产生的磁场为

$$B_1=\frac{\mu_0 I_1}{2\pi a}$$

$\boldsymbol{B}_1$ 的方向垂直导线 2。

由安培力公式，导线 2 上电流元 $I_2\mathrm{d}l_2$ 受到的安培力为

$$\mathrm{d}\boldsymbol{F}_{21}=I_2\mathrm{d}\boldsymbol{l}_2\times\boldsymbol{B}_1$$

其大小为

$$\mathrm{d}F_{21}=I_2\mathrm{d}l_2B_1=\frac{\mu_0 I_1 I_2}{2\pi a}\mathrm{d}l_2$$

$\mathrm{d}\boldsymbol{F}_{21}$ 的方向在两导线构成的平面内并垂直指向导线 1。

同理，导线 2 产生的磁场作用在导线 1 的电流元 $I_1\mathrm{d}l_1$ 上的安培力大小为

$$\mathrm{d}F_{12}=\frac{\mu_0 I_1 I_2}{2\pi a}\mathrm{d}l_1$$

方向与 $\mathrm{d}F_{12}$ 的方向相反。

因此，单位长度导线所受磁力大小为

$$f=\frac{\mathrm{d}F_{21}}{\mathrm{d}l_2}=\frac{\mathrm{d}F_{12}}{\mathrm{d}l_1}=\frac{\mu_0 I_1 I_2}{2\pi a}\tag{7.19}$$

上述讨论表明，当两平行长直导线通有同向电流时，其间磁相互作用力是吸引力；通有反向电流时，是排斥力。

在国际单位制中，电流强度的单位"安培"就是根据式(7.19)定义的。设在真空中两无限长平行直导线相距 1 m，通以大小相等的电流。如果导线每米长度的作用力为 2×10^{-7} N，则每根导线上的电流强度就规定为 1"安培"。

本章小结

1. 磁感应强度

磁感应强度 $\boldsymbol{B}$ 的大小为

$$B=\frac{F_{\max}}{qv}$$

方向：规定磁场中，小磁针静止时 N 极的指向方向为该点磁感应强度 $\boldsymbol{B}$ 的方向。

可用磁感应线($\boldsymbol{B}$ 线)来形象化地描述磁场的分布情况：磁感应线上任一点的切线方向与该点的磁感应强度 $\boldsymbol{B}$ 的方向一致；磁感应线的密度表示 $\boldsymbol{B}$ 的大小。

2. 毕奥-萨伐尔定律

稳恒电流的电流元 $I\mathrm{d}\boldsymbol{l}$ 在真空中某点所产生的磁感应强度为

$$\mathrm{d}\boldsymbol{B}=\frac{\mu_0}{4\pi}\frac{I\mathrm{d}\boldsymbol{l}\times\boldsymbol{e}_r}{r^2}$$

(1) 载流直导线的磁场为

$$B=\frac{\mu_0 I}{4\pi a}(\cos\theta_1-\cos\theta_2)$$

当载流导线为无限长时，

$$B=\frac{\mu_0 I}{2\pi a}$$

(2) 圆形电流的磁场为

$$B=\frac{N\mu_0 IR^2}{2(x^2+R^2)^{\frac{3}{2}}}$$

圆心处，

$$B=\frac{\mu_0 I}{2R}$$

3. 磁通量

通过曲面 S 的磁通量为

$$\Phi_{\mathrm{m}}=\int_S\mathrm{d}\Phi_{\mathrm{m}}=\int_S\boldsymbol{B}\cdot\mathrm{d}\boldsymbol{S}=\int_S B\cos\theta\mathrm{d}S$$

4. 磁场中的高斯定理

$$\oint_S\boldsymbol{B}\cdot\mathrm{d}\boldsymbol{S}=0$$

它表明磁场是无源场，或者说是涡旋场。

5. 安培环路定理

$$\oint_L\boldsymbol{B}\cdot\mathrm{d}\boldsymbol{l}=\mu_0\sum I_i$$

它表明稳恒磁场是非保守场。

6. 磁场对载流导线的作用力

安培定律

$$\mathrm{d}\boldsymbol{F}=I\mathrm{d}\boldsymbol{l}\times\boldsymbol{B}$$

有限长载流导线所受的安培力为

$$\boldsymbol{F}=\int\mathrm{d}\boldsymbol{F}=\int_L I\,\mathrm{d}\boldsymbol{l}\times\boldsymbol{B}$$

思　考　题

1. 对于恒定电流，单独的电流元能否存在？如果不能，毕奥-萨伐尔定律还有什么意义？怎样才能证明它是正确的？

2. 根据毕奥-萨伐尔定律，说磁场是平方反比场，对吗？

3. 一个电流元或一段载流直导线在其延长线上产生的磁感应强度是多大？

4. 在载有电流 I 的圆线圈中，线圈平面内各点磁感应强度 $\boldsymbol{B}$ 的方向是否相同？线圈内各

点的 $\boldsymbol{B}$ 是否均匀？

5. 为什么均匀带电圆环在中心处产生的电场强度为零，而通有恒定电流的圆线圈在中心处产生的磁感应强度却不为零？

6. 磁场的高斯定理 $\oint_S \boldsymbol{B} \cdot \mathrm{d}\boldsymbol{S} = 0$ 反映了磁场的什么重要性质？

7. 在同一条磁场线上的各点，$\boldsymbol{B}$ 的大小是否处处相同？

习　　题

一、选择题

1. 如习题图7.1所示，边长为 l 的正方形线圈中通有电流 I，则此线圈在 A 点产生的磁感应强度为(　　)。

A. $\frac{\sqrt{2}\mu_0 I}{4\pi l}$　　B. $\frac{\sqrt{2}\mu_0 I}{2\pi l}$　　C. $\frac{\sqrt{2}\mu_0 I}{\pi l}$　　D. 以上均不对

2. 电流 I 由长直导线1沿对角线 AC 方向经 A 点流入一电阻均匀分布的正方形导线框，再由 D 点沿对角线 BD 方向流出，经长直导线2返回电源，如习题图7.2所示。若载流直导线1、2和正方形框在导线框中心 O 点产生的磁感应强度分别用 $\boldsymbol{B}_1$、$\boldsymbol{B}_2$ 和 $\boldsymbol{B}_3$ 表示，则 O 点磁感应强度的大小为(　　)。

A. $B=0$(因为 $\boldsymbol{B}_1=\boldsymbol{B}_2=\boldsymbol{B}_3=0$)

B. $B=0$(因为虽然 $\boldsymbol{B}_1\neq 0$，$\boldsymbol{B}_2\neq 0$，但 $\boldsymbol{B}_1+\boldsymbol{B}_2=0$，$\boldsymbol{B}_3=0$)

C. $B\neq 0$(因为虽然 $\boldsymbol{B}_3=0$，但 $\boldsymbol{B}_1+\boldsymbol{B}_2\neq 0$)

D. $B\neq 0$(因为虽然 $\boldsymbol{B}_1+\boldsymbol{B}_2=0$，但 $\boldsymbol{B}_3\neq 0$)

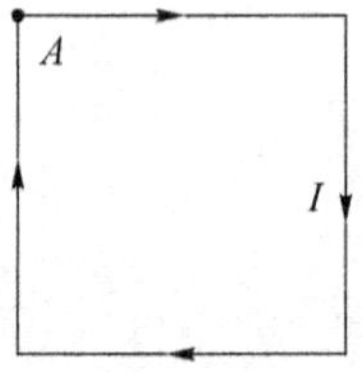

习题图7.1

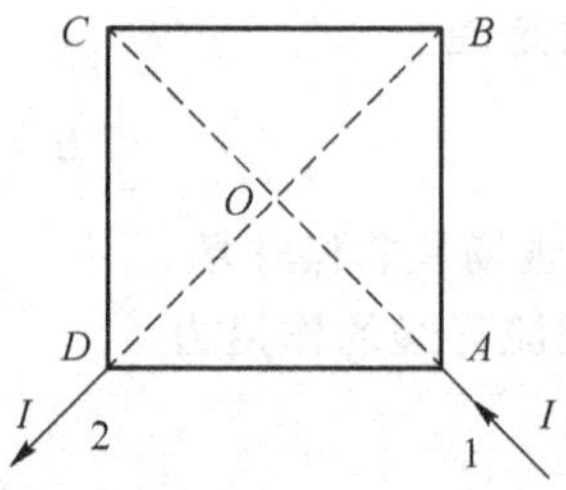

习题图7.2

3. 如习题图7.3所示，三条平行的无限长直导线，垂直通过边长为 a 的正三角形顶点，每条导线中的电流都是 I，这三条导线在正三角形中心 O 点产生的磁感应强度为(　　)。

A. $B=0$　　B. $B=\frac{\sqrt{3}\mu_0 I}{\pi a}$

C. $B=\frac{\sqrt{3}\mu_0 I}{2\pi a}$　　D. $B=\frac{\sqrt{3}\mu_0 I}{3\pi a}$

4. 如习题图7.4所示，无限长直导线在 P 处弯成半径为 R 的圆，当通以电流 I 时，则在圆心 O 点的磁感应强度大小等于(　　)。

A. $\frac{\mu_0 I}{2\pi R}$　　B. $\frac{\mu_0 I}{4R}$　　C. $\frac{\mu_0 I}{2R}\left(1-\frac{1}{\pi}\right)$　　D. $\frac{\mu_0 I}{4R}\left(1+\frac{1}{\pi}\right)$

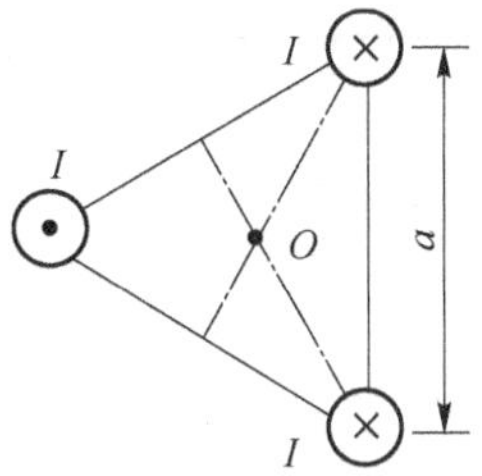

习题图 7.3

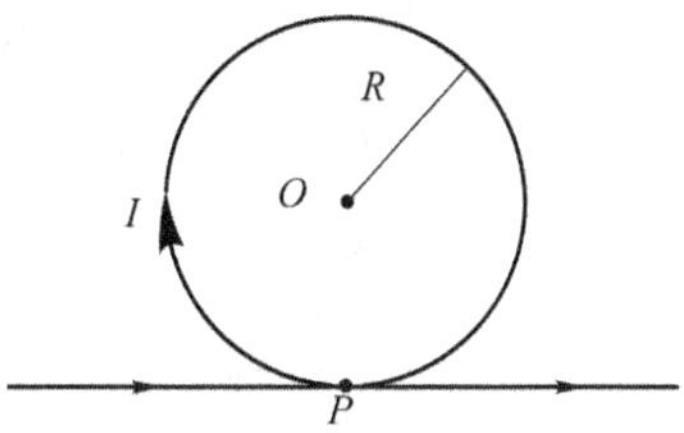

习题图 7.4

5. 一匝数为 N 的正三角形线圈边长为 a，通有电流为 I，则中心处的磁感应强度为(　　)。

A. $B=\dfrac{3\sqrt{3}\mu_0 NI}{\pi a}$　　　B. $B=\dfrac{\sqrt{3}\mu_0 NI}{\pi a}$

C. $B=0$　　　D. $B=\dfrac{9\mu_0 NI}{2\pi a}$

6. 在磁感应强度为 $\boldsymbol{B}$ 的均匀磁场中作一半径为 r 的半球面 S，S 边线所在平面的法线方向单位矢量 $\boldsymbol{n}$ 与 $\boldsymbol{B}$ 的夹角为 θ，如习题图 7.5 所示，则通过半球面 S 的磁通量为(　　)。

A. $\pi r^2 B$　　B. $2\pi r^2 B$　　C. $-\pi r^2 B\sin\theta$　　D. $-\pi r^2 B\cos\theta$

7. 如习题图 7.6 所示，有一无限大通有电流的扁平铜片，宽度为 a，厚度不计，电流 I 在铜片上均匀分布，在铜片外与铜片共面，离铜片左边缘为 b 处的 P 点的磁感应强度的大小为(　　)。

A. $\dfrac{\mu_0 I}{2\pi(a+b)}$　　B. $\dfrac{\mu_0 I}{2\pi b}\ln\dfrac{a+b}{a}$　　C. $\dfrac{\mu_0 I}{2\pi a}\ln\dfrac{a+b}{b}$　　D. $\dfrac{\mu_0 I}{2\pi[(a/2)+b]}$

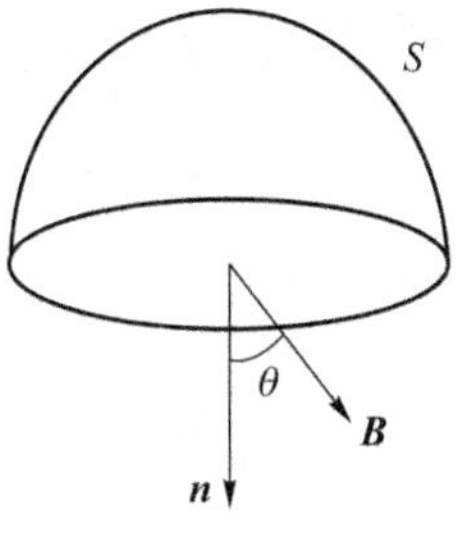

习题图 7.5

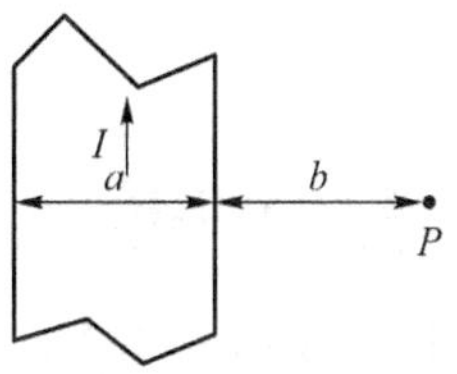

习题图 7.6

8. 有一半径为 R 的单匝圆线圈，通以电流 I。若将该导线弯成匝数 $N=2$ 的平面圆线圈，导线长度不变，并通以同样的电流，则线圈中心的磁感应强度和线圈的磁矩分别是原来的(　　)。

A. 4 倍和 1/2　　B. 4 倍和 1/8　　C. 2 倍和 1/4　　D. 2 倍和 1/2

9. 如习题图 7.7 所示，载流圆线圈(半径为 R)与正方形线圈(边长为 a)通有相同的电流 I，若两线圈中心 O_1 与 O_2 处的磁感应强度大小相同，则半径 R 与边长 a 之比 $R:a$ 为(　　)。

A. $1:1$　　B. $\sqrt{2}\pi:1$　　C. $\sqrt{2}\pi:4$　　D. $\sqrt{2}\pi:8$

10. 用相同细导线分别均匀密绕成两个单位长度匝数相等的半径为 R 和 r 的长直螺线管($R=2r$)，螺线管长度远大于半径。今让两螺线管载有电流均为 I，则两螺线管中的磁感应强度的大小 B_R 和 B_r 应满足(　　)。

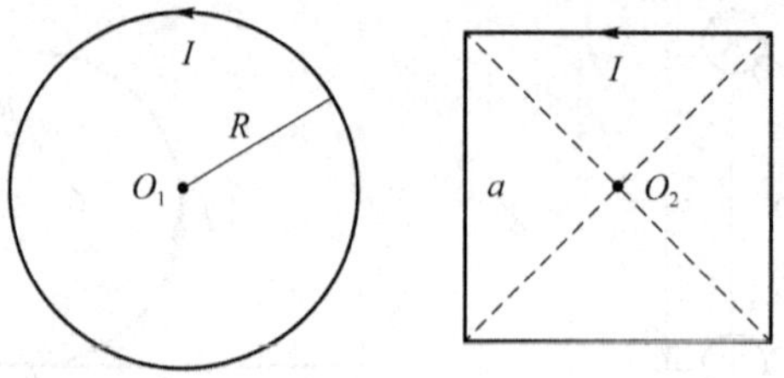

习题图 7.7

A. $B_R=2B_r$　　B. $B_R=B_r$　　C. $2B_R=B_r$　　D. $B_R=4B_r$

11. 无限长直圆柱体半径为 R,沿轴向均匀流有电流。设圆柱体内($r<R$)的磁感应强度为 B_1,圆柱体外($r>R$)的磁感应强度为 B_2,则有(　　)。

A. B_1、B_2 均与 r 成正比

B. B_1、B_2 均与 r 成反比

C. B_1 与 r 成正比，B_2 与 r 成反比

D. B_1 与 r 成反比，B_2 与 r 成正比

12. 在习题图 7.8(a)和(b)中各有一半径相同的圆形回路 L_1 和 L_2,圆周内有电流 I_1 和 I_2,其分布相同,且均在真空中,但在习题图 7.8(b)中,L_2 回路外有电流 I_3,P_1、P_2 为两圆形回路上的对应点,则(　　)。

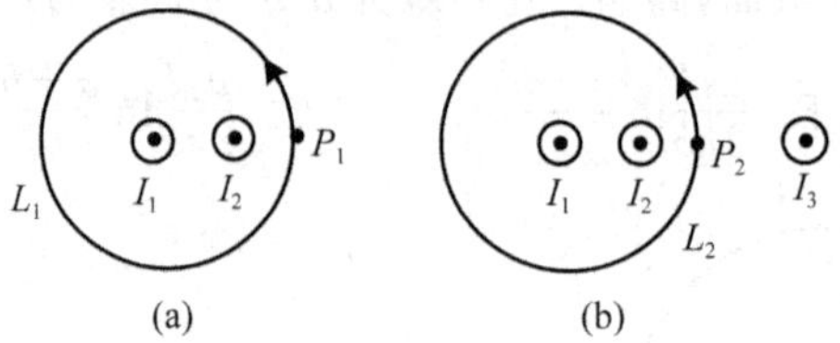

习题图 7.8

A. $\oint_{L_1}\boldsymbol{B}\cdot d\boldsymbol{l}=\oint_{L_2}\boldsymbol{B}\cdot d\boldsymbol{l}, \boldsymbol{B}_{P_1}=\boldsymbol{B}_{P_2}$

B. $\oint_{L_1}\boldsymbol{B}\cdot d\boldsymbol{l}\neq\oint_{L_2}\boldsymbol{B}\cdot d\boldsymbol{l}, \boldsymbol{B}_{P_1}=\boldsymbol{B}_{P_2}$

C. $\oint_{L_1}\boldsymbol{B}\cdot d\boldsymbol{l}=\oint_{L_2}\boldsymbol{B}\cdot d\boldsymbol{l}, \boldsymbol{B}_{P_1}\neq\boldsymbol{B}_{P_2}$

D. $\oint_{L_1}\boldsymbol{B}\cdot d\boldsymbol{l}\neq\oint_{L_2}\boldsymbol{B}\cdot d\boldsymbol{l}, \boldsymbol{B}_{P_1}\neq\boldsymbol{B}_{P_2}$

13. 有一由 N 匝细导线绕成的平面正三角形线圈,边长为 a，通有电流 I,置于均匀外磁场 $\boldsymbol{B}$ 中,当线圈平面的法向与外磁场同向时,该线圈所受的磁力矩 M_m 为(　　)。

A. $\sqrt{3}Na^2IB/2$　　B. $\sqrt{3}Na^2IB/4$　　C. $\sqrt{3}Na^2IB\sin 60°$　　D. 0

14. 如习题图 7.9 所示,匀强磁场中有一矩形通电线圈,它的平面与磁场平行,在磁场作用下,线圈发生转动,其方向是(　　)。

A. ab 边转入纸内,cd 边转出纸外

B. ab 边转出纸外,cd 边转入纸内

C. ad 边转入纸内,bc 边转出纸外

D. ad 边转出纸外，cd 边转入纸内

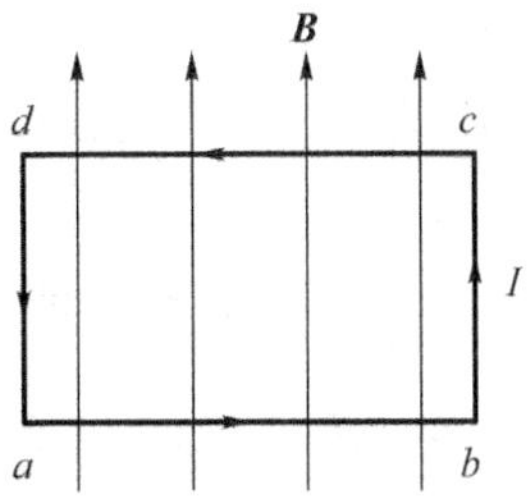

习题图 7.9

15. 若一平面载流线圈在磁场中既不受力，也不受力矩作用，这说明(　　)。

A. 该磁场一定不均匀，且线圈的磁矩方向一定与磁场方向平行

B. 该磁场一定不均匀，且线圈的磁矩方向一定与磁场方向垂直

C. 该磁场一定均匀，且线圈的磁矩方向一定与磁场方向平行

D. 该磁场一定均匀，且线圈的磁矩方向一定与磁场方向垂直

二、填空题

1. 平面线圈的磁矩为 $\boldsymbol{p}_m = IS\boldsymbol{e}_n$，其中 S 是电流为 I 的平面线圈________，$\boldsymbol{e}_n$ 是平面线圈的法向单位矢量，按右手螺旋定则，当四指的方向代表________方向时，大拇指的方向代表________方向。

2. 两个半径分别为 R_1、R_2 的同心半圆形导线，与沿直径的直导线连接成同一回路，回路中电流为 I。

(1) 如果两个半圆共面，如习题图 7.10(a)所示，圆心 O 点的磁感应强度 $\boldsymbol{B}_0$ 的大小为________，方向为________。

(2) 如果两个半圆面正交，如图 7.10(b)所示，则圆心 O 点的磁感应强度 $\boldsymbol{B}_0$ 的大小为________，$\boldsymbol{B}_0$ 的方向与 y 轴的夹角为________。

3. 如习题图 7.11 所示，在真空中，电流由长直导线 1 沿切向经 a 点流入一电阻均匀分布的圆环，再由 b 点沿切向流出，经长直导线 2 返回电源。已知直导线上的电流强度为 I，圆环半径为 R，$\angle aOb = 180°$，则圆心 O 点处的磁感强度的大小 $B =$ ________。

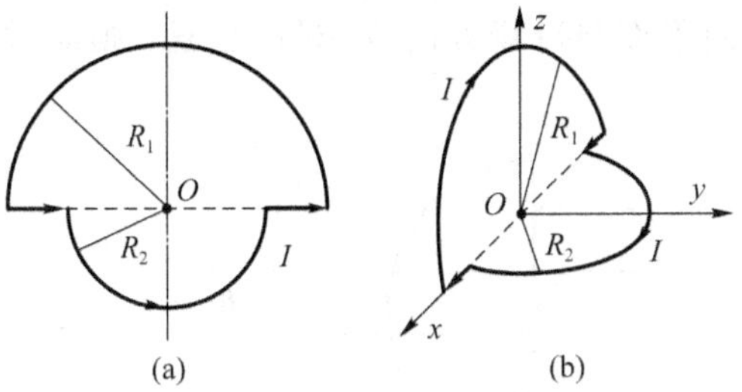

习题图 7.10

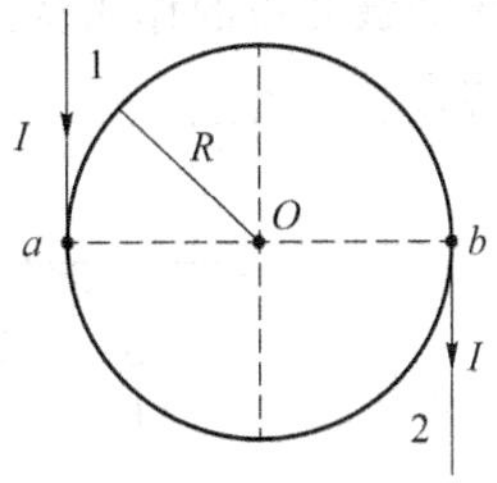

习题图 7.11

4. 一电子以速度 $v = 1.0 \times 10^{7}$ m/s 做直线运动，在与电子相距 $d = 1.0 \times 10^{-9}$ m 的一点处，由电子产生的磁场的最大磁感应强度 $\boldsymbol{B}_{max} =$ ________。

5. 有一半径为 R 的无限长圆筒形螺线管，在其内部产生的是均匀磁场，方向沿轴线，与 I

成右手螺旋关系，大小为 $\mu_0 nI$，其中 n 为单位长度上的线圈匝数，则通过螺线管横截面磁通量的大小为________。

6. 在安培环路定理中 $\oint_L \boldsymbol{B}\cdot \mathrm{d}\boldsymbol{l}=\mu_0\sum I_i$，其中 $\sum I_i$ 是指________，$\boldsymbol{B}$ 是指________，$\boldsymbol{B}$ 是由环路________的电流产生的。

7. 两根长直导线通有电流 I，如图 7.12 所示，有三种环路：

(1) 对于环路 a，$\oint_{L_a} \boldsymbol{B}\cdot \mathrm{d}\boldsymbol{l}=$ ________；

(2) 对于环路 b，$\oint_{L_b} \boldsymbol{B}\cdot \mathrm{d}\boldsymbol{l}=$ ________；

(3) 对于环路 c，$\oint_{L_c} \boldsymbol{B}\cdot \mathrm{d}\boldsymbol{l}=$ ________。

8. 圆柱体上载有电流 I，电流在其横截面上均匀分布，一回路 L 通过圆柱内部，将圆柱体横截面分为两部分，其面积大小分别为 S_1 和 S_2，如习题图 7.13 所示，则 $\oint_L \boldsymbol{B}\cdot \mathrm{d}\boldsymbol{l}=$ ________。

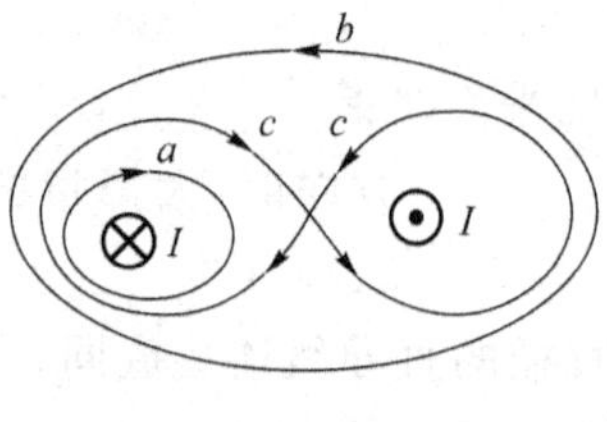

习题图 7.12

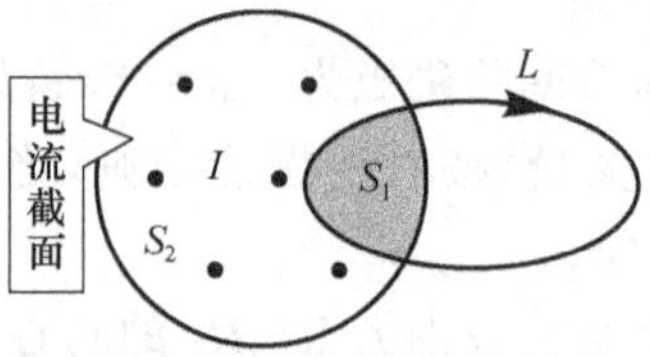

习题图 7.13

9. 如习题图 7.14 所示，在真空中有一半径为 R 的 3/4 圆弧形的导线，其中通以稳恒电流 I，导线置于均匀外磁场中，且 $\boldsymbol{B}$ 与导线所在平面平行，则该载流导线所受的安培力大小为________。

10. 磁场中某点磁感应强度的大小为 2.0 Wb/m²，在该点一圆形试验线圈所受的磁力矩为最大磁力矩 6.28×10^{-6} m/N，如果通过的电流为 10 mA，则可知线圈的半径为________ m，这时线圈平面法线方向与该处磁场方向的夹角为________。

11. 一半圆形闭合线圈半径 $R=0.2$ m，通过电流 $I=5$ A，放在均匀磁场中，磁场方向与线圈平面平行，如习题图 7.15 所示，磁感应强度 $B=0.5$ T，则线圈所受到磁力矩为________。若此线圈受磁力矩的作用从上述位置转到线圈平面与磁场方向成 30°的位置，则此过程中磁力矩做功为________。

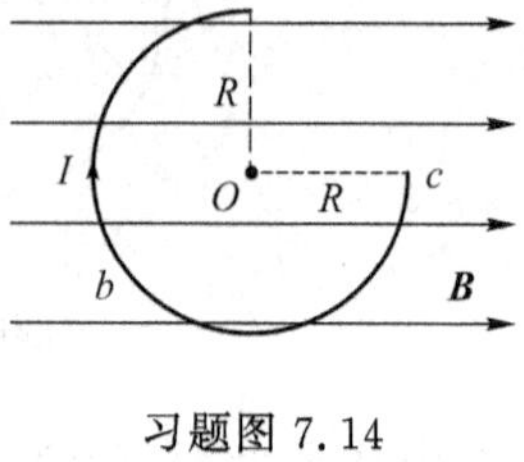

习题图 7.14

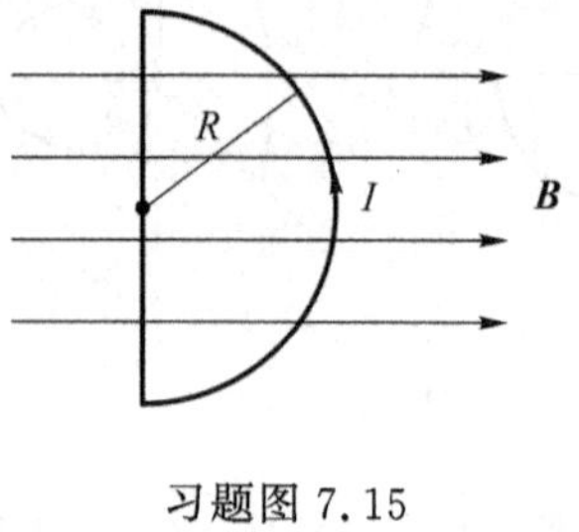

习题图 7.15

三、计算题

1. 如习题图 7.16 所示，已知一均匀磁场，其磁感应强度 $B=2.0$ Wb/m²，方向沿 x 轴方向。试求：

(1) 通过图中 $abOc$ 面的磁通量；

(2) 通过图中 $bedO$ 面的磁通量；

(3) 通过图中 $acde$ 面的磁通量。

2. 一线圈由半径为 0.2 m 的 1/4 圆弧和相互垂直的两直线组成，通以电流 2 A，把它放在磁感应强度为 0.5 T 的均匀磁场中(磁感应强度 B 的方向如习题图 7.17 所示)。求：

(1) 线圈平面与磁场垂直时，圆弧$\overset{\frown}{AB}$所受的安培力；

(2) 线圈平面与磁场成 60°角时，线圈所受的磁力矩。

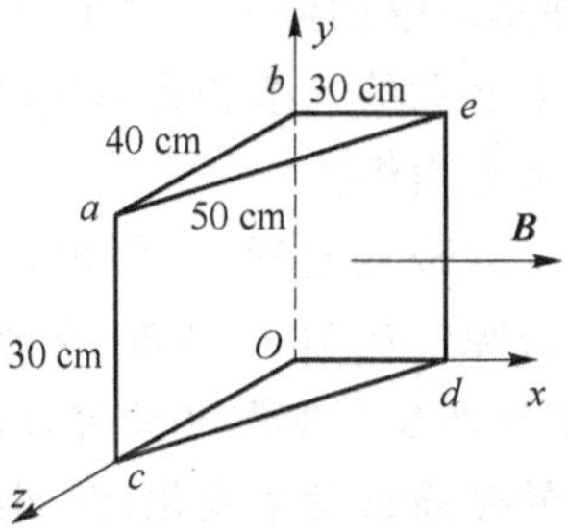

习题图 7.16

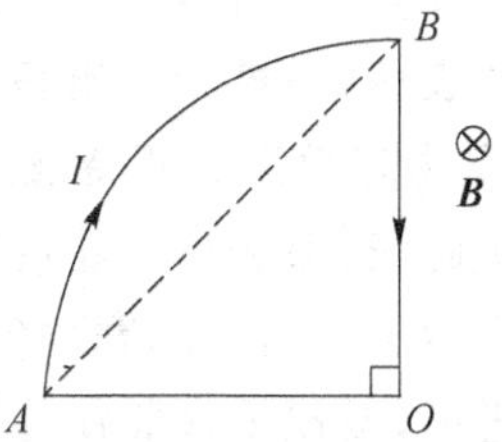

习题图 7.17

3. 习题图 7.18 所示的弓形线框中通有电流 I，求圆心 O 处的磁感应强度 $\boldsymbol{B}$。

4. 如习题图 7.19 所示，一宽为 $2a$ 的无限长导体薄片，沿长度方向的电流 I 在导体薄片上均匀分布。求中心轴线 OO' 上方距导体薄片为 a 的 P 点处的磁感应强度。

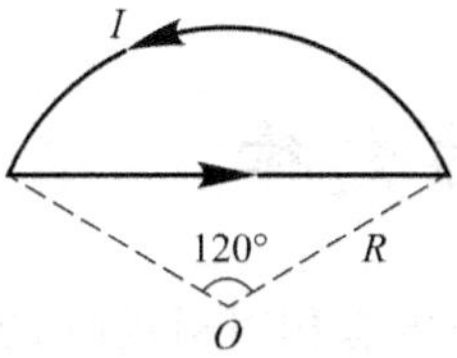

习题图 7.18

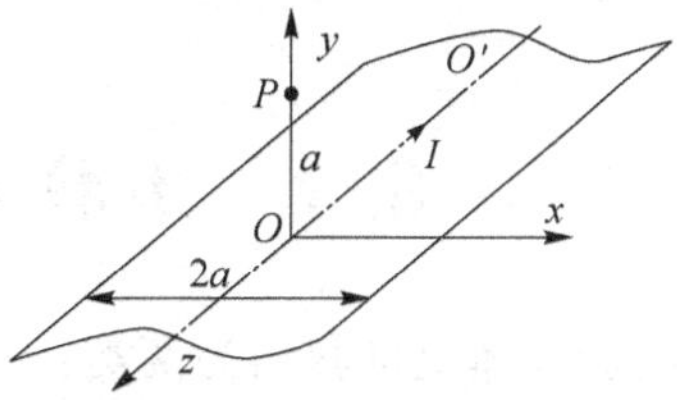

习题图 7.19

第8章 电磁感应

前面我们学习了静电场和恒定电流产生的磁场，它们都是不随时间变化的场。而在实际中我们碰到的大多是随时间变化的电场和磁场，为此本章将从电磁感应出发，首先讲解电磁感应现象的基本规律——法拉第电磁感应定律以及两种感应电动势——动生电动势和感生电动势的产生机制和计算方法；然后介绍在电工技术中经常遇到的互感和自感两种现象的规律，推导出磁场能量的表达式；最后给出积分形式的麦克斯韦方程组。

1820年丹麦物理学家奥斯特通过实验发现了电流的磁效应后，人们很自然地想到，既然利用电流能产生磁场，那么是否能利用磁效应产生电流呢？从1822年起，英国的物理学家、化学家法拉第就开始了对这一问题的实验研究。经过多年的反复实验和研究，终于在1831年取得了突破性的进展，发现了只要使穿过闭合导体回路的磁通量发生变化，此回路中就会有电流产生，这一现象称为**电磁感应现象**，即利用磁场产生电流的现象。回路中产生的电流称为**感应电流**，驱动感应电流的电动势称为感应电动势。这一发现使得电工技术有了长足的发展，也为后来人们日常生活的电气化打下了基础。从理论上说，这一发现更全面地揭示了电和磁的联系，无论是从理论意义上还是从实际意义上来说，这都是一项伟大的发现，而这一发现也使得后来麦克斯韦才有可能建立一套完整的电磁场理论，这一理论在近代科学中得到了广泛的应用。

8.1 法拉第电磁感应定律

法拉第的实验大体上可归结为两类：一类是当磁铁与线圈有相对运动时，也即切割磁力线时，线圈中就会有电流产生；另一类是当一个线圈中的电流发生变化时，在它附近的其他线圈中也会由于感应而产生电流。法拉第通过大量的实验发现：当穿过一个闭合导体回路的磁通量（磁感应强度通量）发生变化时，回路中就会出现电流。这种电流叫作**感应电流**。将相应的这些现象与静电感应类比，把它们称作为“**电磁感应**”现象。

在闭合的导体回路中出现了电流，一定是由于该回路中产生了电动势。当穿过导体回路的磁通量发生变化时，回路中产生了电流，这说明此时在回路中产生了电动势。而这一电动势是由于受电流的感应而产生的，所以叫作**感应电动势**。

大量的实验研究表明，**感应电动势的大小与穿过导体回路的磁通量的变化率$\frac{d\Phi}{dt}$成正比**，这就是**法拉第电磁感应定律**，也称为电磁感应定律。感应电动势的方向与磁场的方向和磁场的变化情况有关。以Φ表示通过闭合导体回路的磁通量，以ε表示磁通量发生变化时在导体回路中产生的感应电动势，采用国际单位制，其数学表达式为

$$\varepsilon=-\frac{d\Phi}{dt} \tag{8.1}$$

这一公式是**法拉第电磁感应定律**的一般表达式。

式(8.1)中的负号反映了感应电动势的方向与磁通量变化的关系。在判定感应电动势的方向时,应先规定导体回路 L 的绕行正方向。如图 8.1 所示,当回路中磁力线的方向和所规定的回路的绕行正方向成右手螺旋关系时,磁通量 Φ 为正值。如果穿过回路的磁通量增大,$\frac{\mathrm{d}\Phi}{\mathrm{d}t}>0$,则 $\varepsilon<0$,这表明此时感应电动势的方向和 L 的绕行正方向相反,如图 8.1(a)所示。如果穿过回路的磁通量减小,即$\frac{\mathrm{d}\Phi}{\mathrm{d}t}<0$,则 $\varepsilon>0$,这表示此时感应电动势的方向和 L 的绕行正方向相同,如图 8.1(b)所示。

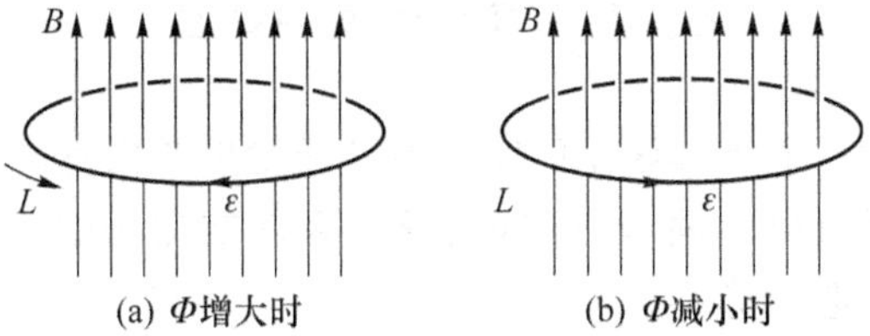

图 8.1　ε 的方向和 Φ 的变化的关系

图 8.2 是一个产生感应电动势的实际例子。图中央是一个线圈,通有图示方向的电流,它的磁场的磁感应线分布如图 8.2 所示,另一导电圆环 L 的绕行正方向规定如图 8.2 所示。当它在线圈上面向下运动时,$\frac{\mathrm{d}\Phi}{\mathrm{d}t}>0$,从而 $\varepsilon<0$,ε 沿 L 的反方向。当它在线圈下面向下运动时,$\frac{\mathrm{d}\Phi}{\mathrm{d}t}<0$,从而 $\varepsilon>0$,ε 沿 L 的正方向。

导体回路中产生的感应电动势将按自己的方向产生感应电流,该感应电流将在导体回路中产生自己的磁场。在图 8.2 中,圆环在上面时,其中感应电流在环内产生的磁场向上;在下面时,环中的感应电流产生的磁场向下。和感应电流的磁场联系起来考虑,上述借助于式(8.1)中的负号所表示的感应电动势方向的规律可以表述如下:感应电动势总具有这样的方向,即使它产生的感应电流在回路中产生的磁场去**阻碍**引起感应电动势的**磁通量的变化**,这个规律叫作**楞次定律**。图 8.2 所示感应电动势的方向是符合这一规律的。

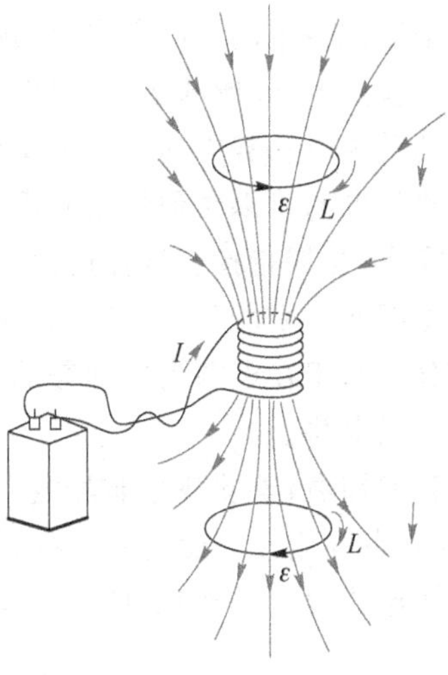

图 8.2　感应电动势的方向示例

楞次定律是一个定性的定律,它判定感应电流的方向;法拉第电磁感应定律是一个定量的定律,它给出感应电动势的大小。

实际上用到的线圈常常是许多匝串联而成的,在这种情况下,在整个线圈中产生的感应电动势应是每匝线圈中产生的感应电动势之和。当穿过各匝线圈的磁通量分别为 $\Phi_1,\Phi_2,\cdots,\Phi_n$ 时,总电动势应为

$$\varepsilon=-\left(\frac{\mathrm{d}\Phi_1}{\mathrm{d}t}+\frac{\mathrm{d}\Phi_2}{\mathrm{d}t}+\cdots+\frac{\mathrm{d}\Phi_n}{\mathrm{d}t}\right)=-\frac{\mathrm{d}}{\mathrm{d}t}\left(\sum_{i=1}^{n}\Phi_i\right)=-\frac{\mathrm{d}\Psi}{\mathrm{d}t} \tag{8.2}$$

其中，$\Psi=\sum_{i}^{n}\Phi_i$，是穿过各匝线圈的磁通量的总和，叫作穿过线圈的**全磁通**。当穿过各匝线圈的磁通量相等时，N 匝线圈的全磁通为 $\Psi=N\Phi$，叫作**磁链**，这时

$$\varepsilon=-\frac{\mathrm{d}\Psi}{\mathrm{d}t}=-N\frac{\mathrm{d}\Phi}{\mathrm{d}t} \tag{8.3}$$

式(8.1)、式(8.2)、式(8.3) 中各量的单位都要用国际单位制单位，即 Φ 或 Ψ 的单位用 Wb，t 的单位用 s，ε 的单位用 V。于是由式(8.2) 可知，

$$1\ \mathrm{V}=1\ \mathrm{Wb/s}$$

8.2　动生电动势

如式(8.1)所示，穿过一个闭合导体回路的磁通量发生变化时，回路中就产生感应电动势。但引起磁通量变化的原因可以不同，本节讨论导体在恒定磁场中运动时产生的感应电动势。这种感应电动势叫作**动生电动势**。

如图 8.3 所示，有一矩形导体回路，可动边是一根长为 l 的导体棒 ab，它以恒定速度 v 在垂直于磁场 B 的平面内，沿垂直于它自身的方向向右平移，其余边不动。某时刻穿过回路所围面积的磁通量为

$$\Phi=BS=Blx \tag{8.4}$$

随着棒 ab 的运动，回路所围绕的面积扩大，因而回路中的磁通量发生变化。用式(8.1) 计算回路中的感应电动势大小，可得

$$|\varepsilon|=\frac{\mathrm{d}\Phi}{\mathrm{d}t}=\frac{\mathrm{d}}{\mathrm{d}t}(Blx)=Bl\frac{\mathrm{d}x}{\mathrm{d}t}=Blv \tag{8.5}$$

至于这一电动势的方向，可用楞次定律判定为逆时针方向。由于其他边都未动，所以动生电动势应归于 ab 棒的运动，因而只在棒内产生。回路中感生电动势的逆时针方向说明在 ab 棒中的动生电动势方向应沿由 a 到 b 的方向。像这样一段导体在磁场中运动时所产生的动生电动势的方向可以简便地用右手定则判断：伸直右手并使拇指与其他四指垂直，让磁感应线从掌心穿入，当拇指指着导体运动方向时，四指就指着导体中产生的动生电动势的方向。

像图 8.3 中所示的情况，感应电动势集中于回路的一段内，这一段可视为整个回路中的电源部分。由于在电源内电动势的方向是由低电势处指向高电势处，所以在棒 ab 上，b 点电势高于 a 点电势。

我们知道，电动势是非静电力作用的表现。引起动生电动势的非静电力是洛伦兹力。当棒 ab 向右以速度 v 运动时，棒内的自由电子被带着以同一速度 v 向右运动，因而每个电子都受到洛伦兹力 $\boldsymbol{f}$ 的作用(图 8.4)，有

$$\boldsymbol{f}=e\boldsymbol{v}\times\boldsymbol{B} \tag{8.6}$$

把这个作用力看成一种等效的“非静电场”的作用，则这一非静电场的强度应为

$$\boldsymbol{E}_{\mathrm{ne}}=\frac{\boldsymbol{f}}{e}=\boldsymbol{v}\times\boldsymbol{B} \tag{8.7}$$

根据电动势的定义，又由于 $\mathrm{d}\boldsymbol{r}=\mathrm{d}\boldsymbol{l}$ 为棒的长度元，棒 ab 中由该外来场所产生的电动势应为

$$\varepsilon_{ab}=\int_a^b\boldsymbol{E}_{\mathrm{ne}}\cdot\mathrm{d}\boldsymbol{r}=\int_a^b(\boldsymbol{v}\times\boldsymbol{B})\cdot\mathrm{d}\boldsymbol{l} \tag{8.8}$$

如图 8.4 所示，由于 $\boldsymbol{v}$、$\boldsymbol{B}$ 和 $\mathrm{d}\boldsymbol{l}$ 相互垂直，所以式(8.8)的积分结果应为

$$\varepsilon_{ab} = Blv$$

这一结果和式(8.5)相同。

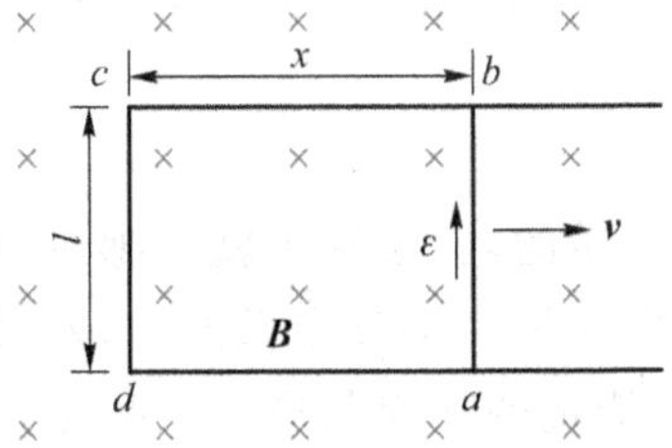

图 8.3　动生电动势

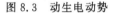

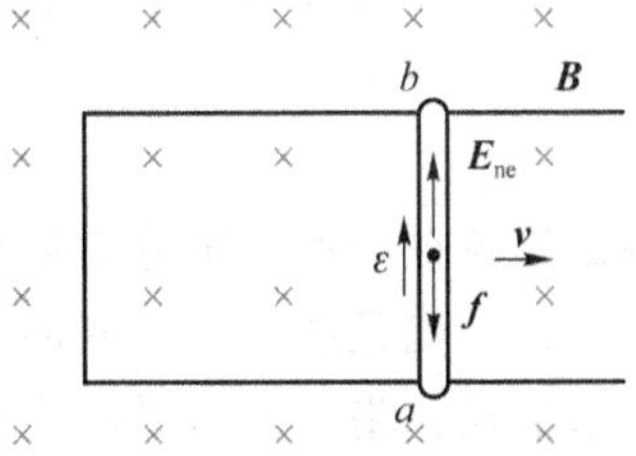

图 8.4　动生电动势与洛伦兹力

这里我们只把式(8.8)应用于直导体棒在均匀磁场中运动的情况。对于非均匀磁场而且导体各段运动速度不同的情况，则可以先考虑一段以速度 $\boldsymbol{v}$ 运动的导体元 $\mathrm{d}\boldsymbol{l}$，在其中产生的动生电动势为 $\boldsymbol{E}_{\mathrm{ne}} \cdot \mathrm{d}\boldsymbol{l} = (\boldsymbol{v} \times \boldsymbol{B}) \cdot \mathrm{d}\boldsymbol{l}$，整个导体中产生的动生电动势应该是在各段导体之中产生的动生电动势之和。其表示式就是式(8.8)。因此，式(8.8)是在磁场中运动的导体内产生的动生电动势的一般公式。特别是，如果整个导体回路 L 都是在磁场中运动，则在回路中产生的总的**动生电动势应为**

$$\varepsilon = \oint_L (\boldsymbol{v} \times \boldsymbol{B}) \cdot \mathrm{d}\boldsymbol{l} \tag{8.9}$$

在图 8.3 所示的闭合导体回路中，当由于导体棒的运动而产生电动势时，在回路中就会有感应电流产生。电流运动时，感应电动势是要做功的，电动势做功的能量是从哪里来的呢？考察导体棒运动时所受的力就可以给出答案。设电路中感应电流为 I，则感应电动势做功的功率为

$$P = I\varepsilon = IBlv \tag{8.10}$$

通有电流的导体棒在磁场中是要受到磁力的作用的。ab 棒所受的磁力为 $F_{\mathrm{m}} = IlB$，方向向左(图 8.5)。为了使导体棒匀速向右运动，必须有外力 F_{ext} 与 F_{m} 平衡，因而 $F_{\mathrm{ext}} = -F_{\mathrm{m}}$。此外力的功率为

$$P_{\mathrm{ext}} = F_{\mathrm{ext}}v = IlBv \tag{8.11}$$

这正好等于上面求得的感应电动势做功的功率。由此我们知道，电路中感应电动势提供的电能是由外力做功所消耗的机械能转换而来的，这就是发电机内的能量转换过程。

我们知道，当导线在磁场中运动时产生的感应电动势是洛伦兹力作用的结果。根据式(8.10)，感应电动势是要做功的。但是，我们早已知道洛伦兹力对运动电荷不做功，这个矛盾如何解释呢？可以这样来解释，如图 8.6 所示，随同导线一起运动的自由电子受到的洛伦兹力由式(8.6)给出，由于这个力的作用，电子将以速度 $\boldsymbol{v}'$ 沿导线运动，而速度 $\boldsymbol{v}'$ 的存在使电子还要受到一个垂直于导线的洛伦兹力 $\boldsymbol{f}'$ 的作用，$\boldsymbol{f}' = e\boldsymbol{v}' \times \boldsymbol{B}$。电子受洛伦兹力的合力为 $\boldsymbol{F} = \boldsymbol{f} + \boldsymbol{f}'$，电子运动的合速度为 $\boldsymbol{V} = \boldsymbol{v} + \boldsymbol{v}'$，所以洛伦兹力合力做功的功率为

$$\boldsymbol{F} \cdot \boldsymbol{V} = (\boldsymbol{f} + \boldsymbol{f}') \cdot (\boldsymbol{v} + \boldsymbol{v}') = \boldsymbol{f} \cdot \boldsymbol{v}' + \boldsymbol{f}' \cdot \boldsymbol{v} = -evBv' + ev'Bv = 0 \tag{8.12}$$

这一结果表示洛伦兹力合力做功为零，这与我们所知的洛伦兹力不做功的结论一致。从上述结果中看到

$$\boldsymbol{f}\cdot\boldsymbol{v}'+\boldsymbol{f}'\cdot\boldsymbol{v}=0 \tag{8.13}$$

即

$$\boldsymbol{f}\cdot\boldsymbol{v}'=-\boldsymbol{f}'\cdot\boldsymbol{v}$$

为了使自由电子按 $\boldsymbol{v}$ 的方向匀速运动，必须有外力 $\boldsymbol{f}_{\text{ext}}$ 作用在电子上，而且 $\boldsymbol{f}_{\text{ext}}=-\boldsymbol{f}'$。因此式(8.13)又可写成

$$\boldsymbol{f}\cdot\boldsymbol{v}'=\boldsymbol{f}_{\text{ext}}\cdot\boldsymbol{v} \tag{8.14}$$

此等式左侧是洛伦兹力的一个分力使电荷沿导线运动所做的功，宏观上就是感应电动势驱动电流的功。等式右侧是在同一时间内外力反抗洛伦兹力的另一个分力做的功，宏观上就是外力拉动导线做的功。洛伦兹力做功为零，实质上表示了能量的转换与守恒。洛伦兹力在这里起了一个能量转换者的作用，一方面接受外力的功，同时驱动电荷运动做功。

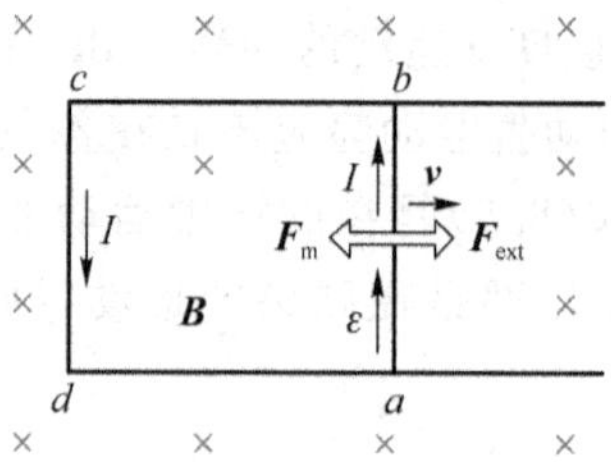

图 8.5　能量转换

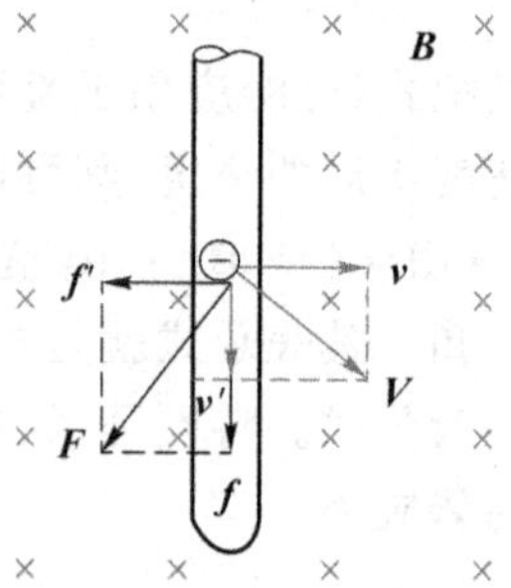

图 8.6　洛伦兹力不做功

例 8.1　法拉第曾利用图 8.7 所示的实验装置来演示感应电动势的产生。铜盘在磁场中转动时能在连接电流计的回路中产生感应电流。为了计算方便，我们设想一半径为 R 的铜盘在均匀磁场 $\boldsymbol{B}$ 中转动，角速度为 ω(图 8.8)。求盘上沿半径方向产生的感应电动势。

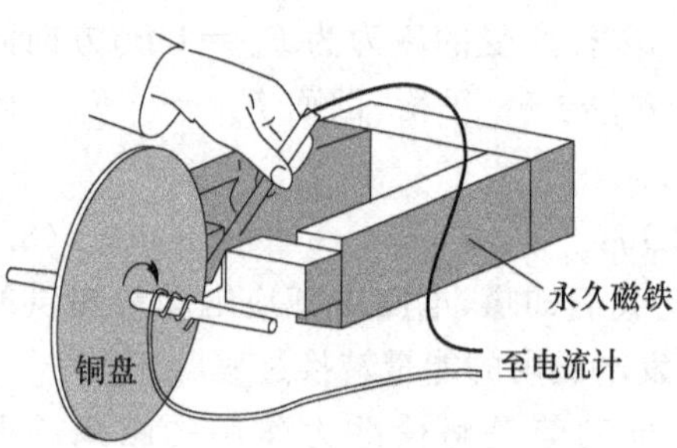

图 8.7　法拉第电机

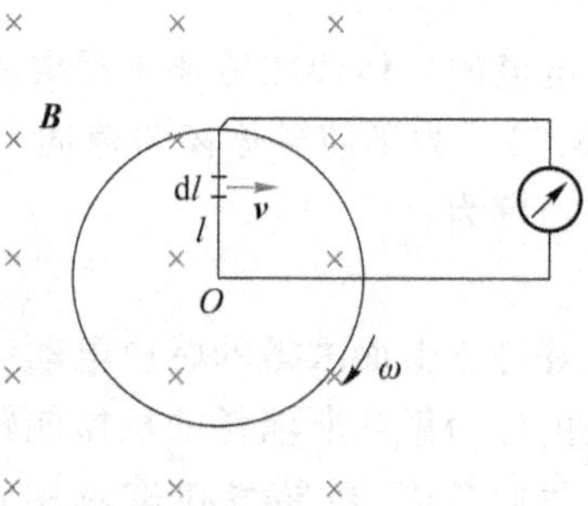

图 8.8　铜盘在均匀磁场中转动

解　盘上沿半径方向产生的感应电动势可以认为是沿任意半径的一导体杆在磁场中运动的结果。由动生电动势公式(8.8)，可求得在半径上长为 $\mathrm{d}l$ 的一段杆上产生的感应电动势为

$$\mathrm{d}\varepsilon=(\boldsymbol{v}\times\boldsymbol{B})\cdot\mathrm{d}\boldsymbol{l}=Bv\mathrm{d}l=B\omega l\mathrm{d}l$$

其中，l 为 $\mathrm{d}l$ 段与盘心 O 的距离，$\boldsymbol{v}$ 为 $\mathrm{d}l$ 段的线速度。整个杆上产生的电动势为

$$\varepsilon=\int\mathrm{d}\varepsilon=\int_0^R B\omega l\,\mathrm{d}l=\frac{1}{2}B\omega R^2$$

8.3　感生电动势和感生电场

本节讨论引起回路中磁通量变化的另一种情况。当一个静止的导体回路包围的磁场发生变化时，穿过它的磁通量也会发生变化，这时回路中也会产生感应电动势。这样产生的感应电动势称为感生电动势，它和磁通量变化率的关系也由式(8.1)表示。

产生感生电动势的非静电力是什么力呢？由于导体回路未动，所以它不可能像在动生电动势中那样是洛伦兹力。由于这时的感应电流是原来宏观静止的电荷受非静电力作用形成的，而静止电荷受到的力只能是电场力，所以这时的非静电力也只能是一种电场力。由于这种电场是磁场的变化引起的，所以叫作**感生电场**。它就是产生感生电动势的"非静电场"。以 E_i 表示感生电场的场强，则根据电动势的定义，由于磁场的变化，在一个导体回路 L 中产生的感生电动势应为

$$\varepsilon = \oint_L \boldsymbol{E}_i \cdot \mathrm{d}\boldsymbol{l} \tag{8.15}$$

根据法拉第电磁感应定律，应该有

$$\oint_L \boldsymbol{E}_i \cdot \mathrm{d}\boldsymbol{l} = -\frac{\mathrm{d}\Phi}{\mathrm{d}t} \tag{8.16}$$

法拉第当时只着眼于导体回路中感应电动势的产生，麦克斯韦则更着重于电场和磁场的关系的研究。他提出，在磁场变化时，不但会在导体回路中，而且在空间任一地点都会产生感生电场，而且感生电场沿任何闭合路径的环路积分都满足式(8.16)表示的关系。用 $\boldsymbol{B}$ 来表示磁感应强度，则式(8.16)可以用下面的形式更明显地表示出电场和磁场的关系：

$$\oint_L \boldsymbol{E}_i \cdot \mathrm{d}\boldsymbol{r} = -\frac{\mathrm{d}}{\mathrm{d}t}\int_S \boldsymbol{B} \cdot \mathrm{d}\boldsymbol{S} = -\int_S \frac{\partial \boldsymbol{B}}{\partial t} \cdot \mathrm{d}\boldsymbol{S} \tag{8.17}$$

其中，$\mathrm{d}\boldsymbol{r}$ 表示空间内任一静止回路 L 上的位移元，S 为该回路所限定的面积。由于感生电场的环路积分不等于零，所以它又叫作涡旋电场。此式表示的规律可以不十分确切地理解为变化的磁场产生电场。

在一般情况下，空间的电场可能既有静电场 $\boldsymbol{E}_s$，又有感生电场 $\boldsymbol{E}_i$。根据叠加原理，总电场 $\boldsymbol{E}$ 沿某一封闭路径 L 的环路积分应是静电场的环路积分和感生电场的环路积分之和。由于前者为零，所以 $\boldsymbol{E}$ 的环路积分就等于 $\boldsymbol{E}_i$ 的环流。因此，利用式(8.17)可得

$$\oint_L \boldsymbol{E} \cdot \mathrm{d}\boldsymbol{r} = -\int_S \frac{\partial \boldsymbol{B}}{\partial t} \cdot \mathrm{d}\boldsymbol{S} \tag{8.18}$$

这一公式是关于磁场和电场关系的又一个普遍的基本规律。

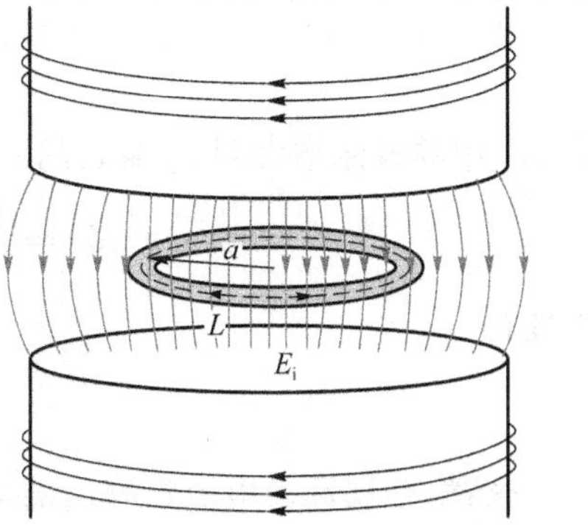

图 8.9　例 8.2 用图(电子感应加速器)

例 8.2　电子感应加速器是利用感生电场来加速电子的一种设备，它的柱形电磁铁在两极间产生磁场(图 8.9)，在磁场中安置一个环形真空管道作为电子运行的轨道。当磁场发生变化时，就会沿管道方向产生感生电场，射入其中的电子就会受到感生电场的持续作用而被不断加速。设环形真空管的轴线半径为 a，求磁场变化时沿环形真空管轴线的感生电场。

解 由磁场分布的轴对称性可知，感生电场的分布也具有轴对称性。沿环管轴线上各处的电场强度大小应相等，而方向都沿轴线的切线方向。因此，沿此轴线的感生电场的环路积分为

$$\oint_L \boldsymbol{E}_i \cdot d\boldsymbol{r} = E_i \cdot 2\pi a$$

以 $\bar{B}$ 表示环管轴线所围绕的面积上的平均磁感应强度，则通过此面积的磁通量为

$$\Phi = \bar{B}S = \bar{B} \cdot \pi a^2$$

由式(8.18)可得

$$E_i \cdot 2\pi a = -\frac{d\Phi}{dt} = -\pi a^2 \frac{d\bar{B}}{dt}$$

由此得

$$E_i = -\frac{a}{2}\frac{d\bar{B}}{dt}$$

例 8.3 如图 8.10 所示，在用铁磁试样制作的环上绕上两组线圈。一组线圈匝数为 N_1，与电池相连。另一组线圈匝数为 N_2，与一个"冲击电流计"（这种电流计的最大偏转与通过它的电量成正比）相连。设铁环原来没有磁化。当合上开关使 N_1 中的电流从零增大到 I_1 时，冲击电流计测出通过它的电量是 q。求与电流 I_1 相对应的铁环中的磁感应强度 B_1 是多大？

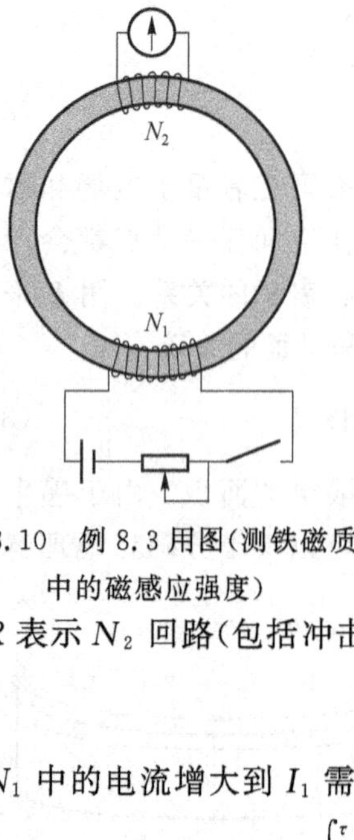

图 8.10 例 8.3 用图（测铁磁质中的磁感应强度）

解 当合上开关使 N_1 中的电流增大时，它在铁环中产生的磁场也增强，因而 N_2 线圈中有感生电动势产生。以 S 表示环的截面积，以 B 表示环内磁感应强度，则 $\Phi = BS$，而 N_2 中的感生电动势的大小为

$$\varepsilon = \frac{d\Psi}{dt} = N_2 \frac{d\Phi}{dt} = N_2 S \frac{dB}{dt}$$

以 R 表示 N_2 回路（包括冲击电流计）的总电阻，则 N_2 中的电流为

$$i = \frac{\varepsilon}{R} = \frac{N_2 S}{R}\frac{dB}{dt}$$

设 N_1 中的电流增大到 I_1 需要的时间为 τ，则在同一时间内通过 N_2 回路的电量为

$$q = \int_0^\tau i\,dt = \int_0^\tau \frac{N_2 S}{R}\frac{dB}{dt}dt = \frac{N_2 S}{R}\int_0^{B_1} dB = \frac{N_2 S B_1}{R}$$

由此得

$$B_1 = \frac{qR}{N_2 S}$$

这样，根据冲击电流计测出的电量 q 就可以算出与 I_1 相对应的铁环中的磁感应强度。这是常用的一种测量磁介质中磁感应强度的方法。

例 8.4 按经典模型，一电子沿半径为 r 的圆形轨道运动，速率为 v。今垂直于轨道平面加一磁场 $\boldsymbol{B}$，求由于电子轨道运动发生变化而产生的附加磁矩。处于基态的氢原子在较强的磁场($B=2$ T)中，其电子的轨道运动附加磁矩为多少？

解 电子轨道运动的磁矩大小为

$$m=\frac{evr}{2}$$

在图 8.11(a)中，电子轨道运动的磁矩方向向下。设所加磁场 $\boldsymbol{B}$ 的方向向上，在该磁场由 0 增大到 $\boldsymbol{B}$ 的过程中，在该区域将产生感生电场 $\boldsymbol{E}_\mathrm{i}$，其大小为 $\frac{r}{2}\frac{\mathrm{d}B}{\mathrm{d}t}$（参看例 8.2），方向如图 8.11 所示。在此电场作用下，电子将沿轨道加速，加速度为

$$\boldsymbol{a}=\frac{\boldsymbol{f}}{m_\mathrm{e}}=\frac{e\boldsymbol{E}_\mathrm{i}}{m_\mathrm{e}}=\frac{er}{2m_\mathrm{e}}\frac{\mathrm{d}\boldsymbol{B}}{\mathrm{d}t}$$

在轨道半径不变的情况下，在加磁场的整个过程中，电子速率的增加值为

$$\Delta v=\int a\,\mathrm{d}t=\int_0^B\frac{er}{2m_\mathrm{e}}\mathrm{d}B=\frac{erB}{2m_\mathrm{e}}$$

则此速度增量相应的磁矩的增量——附加磁矩 Δm——的大小为

$$\Delta m=\frac{er\Delta v}{2}=\frac{e^2r^2B}{4m_\mathrm{e}}$$

其方向由速度增量的方向判断，如图 8.11(a)所示，是和外加磁场的方向相反的。

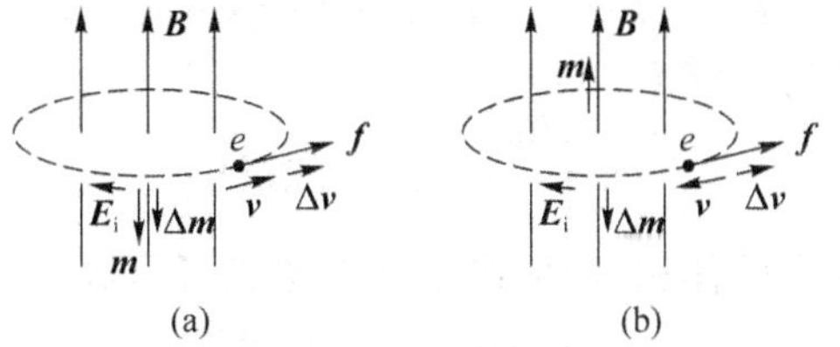

图 8.11　例 8.4 用图（电子轨道运动附加磁矩的产生）

如图 8.11(b)所示，如果电子轨道运动方向与图 8.11(a)中的相反，则其磁矩方向将向上。在加同样的磁场的过程中，感生电场将使电子减速，从而也产生一附加磁矩 Δm。此附加磁矩的大小也可以如上分析计算。要注意，如图 8.11(b)所示，Δm 的方向也是和外加磁场方向相反的。

氢原子处于基态时，电子的轨道半径 $r=0.5\times10^{-10}$ m。由此可得

$$\Delta v=\frac{erB}{2m_\mathrm{e}}=\frac{1.6\times10^{-19}\times0.5\times10^{-10}\times2}{2\times9.1\times10^{-31}}=9\ \mathrm{m/s}$$

$$\Delta m=\frac{er\Delta v}{2}=\frac{1.6\times10^{-19}\times0.5\times10^{-10}\times9}{2}=3.6\times10^{-29}\ \mathrm{A\cdot m^2}$$

这一数值比顺磁质原子的固有磁矩要小 5～6 个数量级。

8.4　自感与互感

8.4.1　自感

当一个电流回路的电流 i 随时间变化时，通过回路自身的全磁通也发生变化，因而回路自身也产生感生电动势（图 8.12）。这就是自感现象，产生的感生电动势叫作**自感电动势**。在这里，全磁通与回路中的电流成正比，即

$$\Psi=Li \tag{8.19}$$

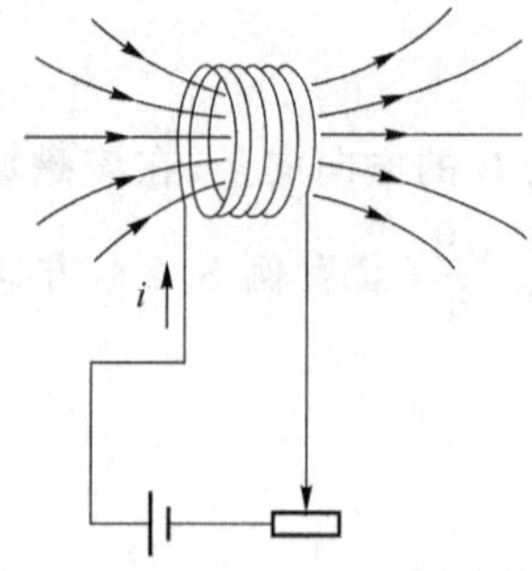

图 8.12　自感现象

其中，比例系数 L 叫作回路的**自感系数**（简称**自感**），它取决于回路的大小、形状、线圈的匝数以及它周围的磁介质的分布。在国际单位制中，自感系数的单位名称是亨，符号为 H。

由电磁感应定律，在 L 一定的条件下自感电动势为

$$\varepsilon_L = -\frac{d\Psi}{dt} = -L\frac{di}{dt} \tag{8.20}$$

在图 8.12 中，回路的正方向一般取电流 i 的方向。当电流增大，即 $\frac{di}{dt}>0$ 时，由式(8.20)知 $\varepsilon_L<0$，说明 ε_L 的方向与电流的方向相反；当 $\frac{di}{dt}<0$ 时，由式(8.20)知 $\varepsilon_L>0$，说明 ε_L 的方向与电流的方向相同。由此可知，自感电动势的方向总是要使它**阻碍**回路本身电流的变化。

例 8.5　计算一个螺绕环的自感。设环的截面积为 S，轴线半径为 R，单位长度上的匝数为 n，环中充满相对磁导率为 μ_r 的磁介质。

解　设螺绕环绕组通有电流为 i，由于螺绕环管内磁场 $B=\mu_0\mu_r ni$，所以管内全磁通为

$$\Psi = N\Phi = 2\pi Rn \cdot BS = 2\pi\mu_0\mu_r Rn^2 Si$$

由自感定义式，得此螺绕环的自感为

$$L = \frac{\Psi}{i} = 2\pi\mu_0\mu_r Rn^2 S$$

由于 $2\pi RS=V$ 为螺绕环管内的体积，所以螺绕环自感又可写成

$$L = \mu_0\mu_r n^2 V = \mu n^2 V \tag{8.21}$$

此结果表明，环内充满磁介质时，其自感系数比在真空时要增大到 μ_r 倍。

例 8.6　一根电缆由同轴的两个薄壁金属管构成，半径分别为 R_1 和 R_2，两管壁间充以 $\mu_r=1$ 的电介质。电流由内管流走，由外管流回。试求单位长度的这种电缆的自感系数。

解　这种电缆可视为单匝回路(图 8.13)，其磁通量即通过任一纵截面的磁通量。以 I 表示通过的电流，则在两管壁间距轴 r 处的磁感应强度为

$$B = \frac{\mu_0 I}{2\pi r}$$

而通过单位长度纵截面的磁通量为

$$\Phi_1 = \int \boldsymbol{B}\cdot d\boldsymbol{S} = \int_{R_1}^{R_2} B dr \cdot 1 = \int_{R_1}^{R_2} \frac{\mu_0 I}{2\pi r} dr = \frac{\mu_0 I}{2\pi}\ln\frac{R_2}{R_1}$$

单位长度的自感系数应为

$$L_1 = \frac{\Phi_1}{I} = \frac{\mu_0}{2\pi}\ln\frac{R_2}{R_1} \tag{8.22}$$

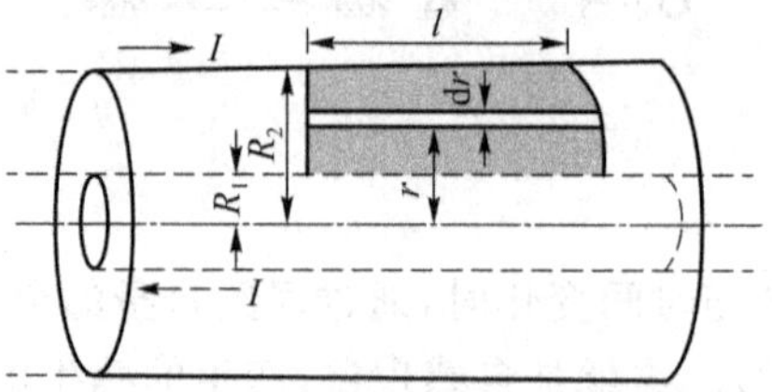

图 8.13　例 8.6 用图(电缆的磁通量计算)

例 8.7　*RL* 电路。如图 8.14(a)所示，由一自感线圈 L、电阻 R 与电源 ε 组成的电路。当开关 K 与端 a 相接触时，自感线圈和电阻串联而与电源相接，求接通后电流的变化情况。待电流稳定后，再迅速将开关打向 b 端，求此后的电流变化情况。

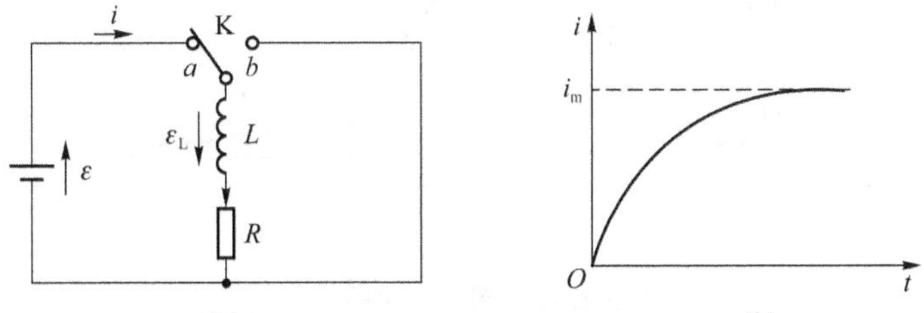

图 8.14　例 8.7 用图一(*RL* 电路)

解　从开关 K 接通电源开始，电流是变化的。由于电流变化比较慢，所以在任一时刻基尔霍夫第二方程仍然成立。对于整个电路，在图 8.14(a)所示电流与电动势方向的情况下，基尔霍夫第二方程为

$$-\varepsilon-\varepsilon_L+iR=0$$

由于线圈的自感电动势 $\varepsilon_L=-L\dfrac{\mathrm{d}i}{\mathrm{d}t}$，所以可得

$$\varepsilon=L\frac{\mathrm{d}i}{\mathrm{d}t}+iR$$

利用初始条件，$t=0$ 时，$i=0$，上式的解为

$$i=\frac{\varepsilon}{R}(1-\mathrm{e}^{-\frac{R}{L}t}) \tag{8.23}$$

此结果表明，电流随时间逐渐增大，其极大值为

$$i_m=\frac{\varepsilon}{R}$$

式(8.23)的指数 L/R 具有时间的量纲，称为此电路的**时间常数**。常以 τ 表示时间常数，即 $\tau=L/R$。开关接通后经过时间 τ，电流与其最大值的差为最大值的 1/e。当 t 大于 τ 的若干倍之后，电流基本上达到最大值，就可以认为是稳定的了。图 8.14(b)给出了上述电路中电流随时间增长的情况。

当开关 K 由 a 换到 b 后(图 8.15(a))，对整个回路，基尔霍夫第二方程为

$$-\varepsilon_L+iR=0$$

将 $\varepsilon_L=-L\dfrac{\mathrm{d}i}{\mathrm{d}t}$代入上式可得

$$L\frac{\mathrm{d}i}{\mathrm{d}t}+iR=0$$

利用初始条件，$t=0$ 时，$i_0=\dfrac{\varepsilon}{R}$，这一方程式的解为

$$i=\frac{\varepsilon}{R}\mathrm{e}^{-\frac{R}{L}t} \tag{8.24}$$

这一结果说明，电流随时间按指数规律减小。当 $t=\tau$ 时，i 减小为原来的 1/e。式(8.24)所示

的电流与时间的关系曲线如图 8.15(b)所示。

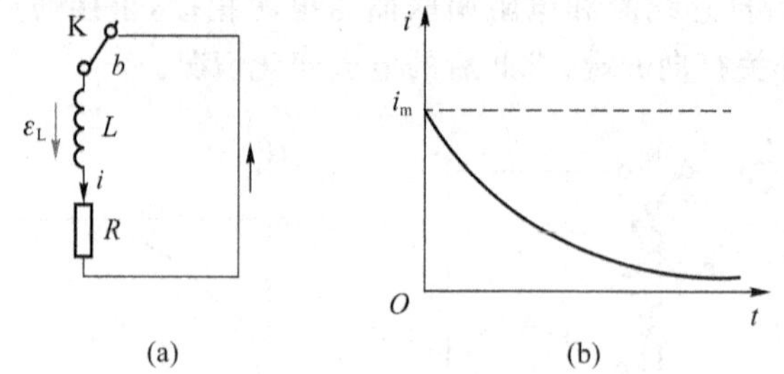

图 8.15　例 8.7 用图二

式(8.23) 和式(8.24)所表示的电流变化情况还可以用实验演示。在图 8.16(a)所示的实验中，当合上开关后，A 灯比 B 灯先亮，就是因为在合上开关后，A、B 两支路同时接通，但 B 灯的支路中有一多匝线圈，自感系数较大，因而电流增长较慢。而在图 8.16(b)所示的实验中，在打开开关时，灯泡突然强烈地闪亮一下再熄灭，就是因为多匝线圈支路中较大的电流在开关打开后通过灯泡而又逐渐消失的缘故。

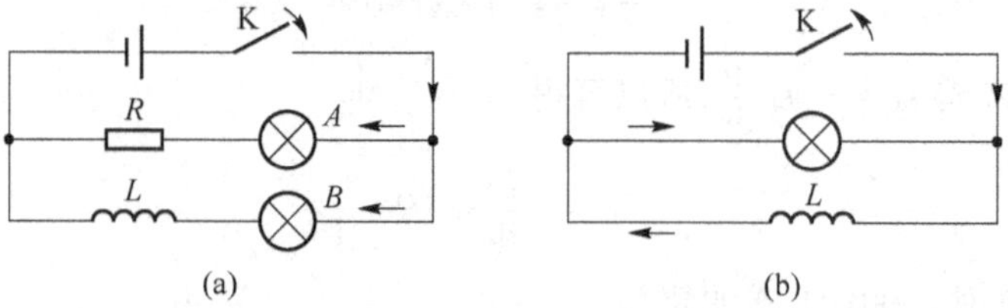

图 8.16　自感现象演示

8.4.2　互感

在实际电路中，磁场的变化常常是由于电流的变化引起的，因此把感生电动势直接和电流的变化联系起来是具有重要实际意义的。互感和自感现象的研究就是要找出这方面的规律。

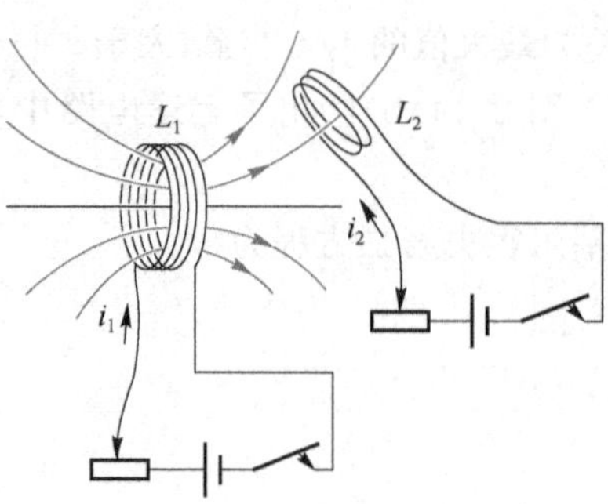

图 8.17　互感现象

对于闭合导体回路，当其中的电流随时间变化时，它周围的磁场也随时间变化，在它附近的导体回路中就会产生感生电动势。这种电动势叫作**互感电动势**。

如图 8.17 所示，有两个固定的闭合回路 L_1 和 L_2。闭合回路 L_2 中的互感电动势是由于回路 L_1 中的电流随时间的变化引起的，以 ε_{21} 表示此电动势。下面说明 ε_{21} 与 i_1 的关系。

由毕奥-萨伐尔定律可知，电流 i_1 产生的磁场正比于 i_1，因而通过 L_2 所围面积、由 i_1 所产生的全磁通 Ψ_{21} 也应该和 i_1 成正比，即

$$\Psi_{21}=M_{21}i_1 \tag{8.25}$$

其中，比例系数 M_{21} 叫作回路 L_1 对回路 L_2 的**互感系数**，它取决于两个回路的几何形状、相对

位置、它们各自的匝数以及周围磁介质的分布。对两个固定的回路 L_1 和 L_2 来说，互感系数是一个常数。在 M_{21} 一定的条件下，电磁感应定律给出

$$\varepsilon_{21}=-\frac{\mathrm{d}\Psi_{21}}{\mathrm{d}t}=-M_{21}\frac{\mathrm{d}i_1}{\mathrm{d}t} \tag{8.26}$$

如果图 8.17 所示回路 L_2 中的电路 i_2 随时间变化，则在回路 L_1 中也会产生感应电动势 ε_{12}。根据同样的道理，可以得出通过 L_1 所围面积的由 i_2 所产生的全磁通 Ψ_{12} 应该与 i_2 成正比，即

$$\Psi_{12}=M_{12}i_2 \tag{8.27}$$

而且

$$\varepsilon_{12}=-\frac{\mathrm{d}\Psi_{12}}{\mathrm{d}t}=-M_{12}\frac{\mathrm{d}i_2}{\mathrm{d}t} \tag{8.28}$$

式(8.27)和式(8.28)中的 M_{12} 叫作 L_2 对 L_1 的互感系数。

可以证明，对给定的一对导体回路，有

$$M_{12}=M_{21}=M$$

M 就叫作这两个导体回路的**互感系数**，简称它们的**互感**。

在国际单位制中，互感系数的单位名称也是 H。由式(8.26)知，

$$1\ \mathrm{H}=1\ \mathrm{V\cdot s/A}=1\ \Omega\cdot\mathrm{s}$$

例 8.8　一长直螺线管单位长度上的匝数为 n，另一半径为 r 的圆环放在螺线管内，圆环平面与管轴垂直(图 8.18)。求螺线管与圆环的互感系数。

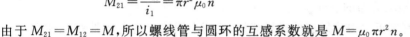

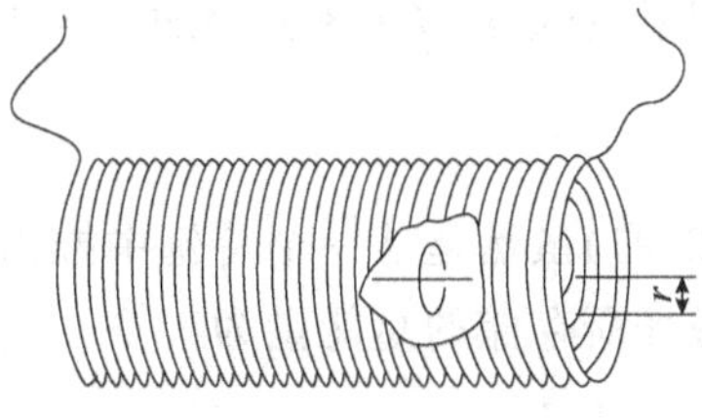

图 8.18　例 8.8 用图

解　设螺线管内通有电流 i_1，螺线管内磁场为 B_1，则 $B_1=\mu_0 n i_1$，通过圆环的全磁通为

$$\Psi_{21}=B_1\pi r^2=\pi r^2\mu_0 n i_1$$

由定义式(8.25)得互感系数为

$$M_{21}=\frac{\Psi_{21}}{i_1}=\pi r^2\mu_0 n$$

由于 $M_{21}=M_{12}=M$，所以螺线管与圆环的互感系数就是 $M=\mu_0\pi r^2 n$。

8.5　磁场的能量

在图 8.16(b)所示的实验中，当开关 K 打开后，电源已不再向灯泡提供能量了，它突然强烈地闪亮一下所消耗的能量是哪里来的呢？由于使灯泡闪亮的电流是线圈中的自感电动势产生的电流，而该电流随着线圈中磁场的消失而逐渐消失，所以可以认为使灯泡闪亮的能量是原来储存在通有电流的线圈中的，或者说是储存在线圈内的磁场中的。因此，这种能量叫作**磁能**。自感为 L 的线圈中通有电流 I 时所储存的磁能应该等于该电流消失时自感电动势所做的功。这个功可如下计算。以 $i\mathrm{d}t$ 表示在短路后某一时间 $\mathrm{d}t$ 内通过灯泡的电量，则在这段时间内自感电动势所做的功为

$$\mathrm{d}A=\varepsilon_L i\mathrm{d}t=-L\frac{\mathrm{d}i}{\mathrm{d}t}i\mathrm{d}t=-Li\mathrm{d}i$$

电流由起始值减小到零时，自感电动势所做的总功为

$$A=\int dA=\int_I^0 -Li\,di=\frac{1}{2}LI^2$$

因此，自感为 L 的线圈通有电流 I 时所具有的磁能为

$$W_m=\frac{1}{2}LI^2 \tag{8.29}$$

这就是**自感磁能**公式。

对于磁场的能量也可以引入能量密度的概念，下面我们用特例导出磁场能量密度的公式。

考虑一个螺绕环，在例 8.5 中，已求出螺绕环的自感系数为

$$L=\mu n^2 V$$

利用式(8.29)可得通有电流 I 的螺绕环的磁场能量是

$$W_m=\frac{1}{2}LI^2=\frac{1}{2}\mu n^2 VI^2$$

由于螺绕环管内的磁场 $B=\mu nI$，所以上式可写作

$$W_m=\frac{B^2}{2\mu}V$$

由于螺绕环的磁场集中于环管内，其体积为 V，并且管内磁场基本上是均匀的，所以环管内的**磁场能量密度**

$$\omega_m=\frac{B^2}{2\mu} \tag{8.30}$$

利用磁场强度 $H=B/\mu$，此式还可以写成

$$\omega_m=\frac{1}{2}BH \tag{8.31}$$

式(8.31)虽然是从一个特例中推出的，但是可以证明它对磁场普遍有效。利用它可以求得某一磁场所存储的总能量为

$$W_m=\int \omega_m dV=\int \frac{HB}{2}dV$$

此式的积分应遍及整个磁场分布的空间。

例 8.9　求两个相互邻近的电流回路的磁场能量，这两个回路的电流分别是 I_1 和 I_2。

解　两个回路如图 8.19 所示。为了求出此系统在所示状态时的磁能，我们设想 I_1 和 I_2 是按下述步骤建立的。

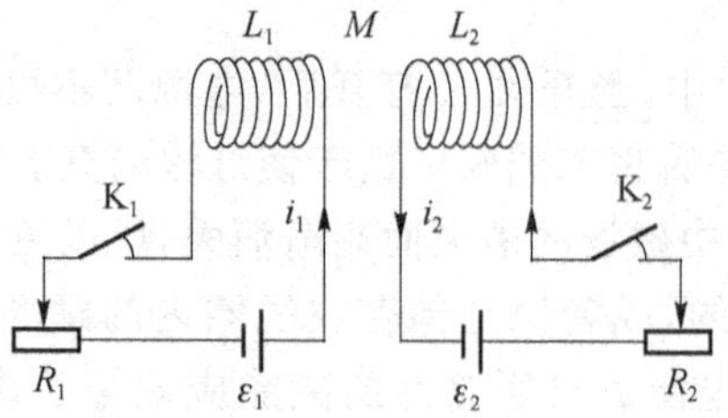

图 8.19　图 8.9 用图(两个载流线圈的磁场能量)

(1) 先合上开关 K_1，使 i_1 从 0 增大到 I_1。这一过程中由于自感 L_1 的存在，由电源 ε_1 做功而储存到磁场中的能量为

$$W_1=\frac{1}{2}L_1I_1^2$$

(2) 再合上开关 K_2，调节 R_1 使 I_1 保持不变，这时 i_2 由零增大到 I_2。这一过程中由于自感 L_2 的存在，由电源 ε_2 做功而储存到磁场中的能量为

$$W_2=\frac{1}{2}L_2I_2^2$$

还要注意到，当 i_2 增大时，在回路 1 中会产生互感电动势 ε_{12}。由式(8.28)得

$$\varepsilon_{12}=-M_{12}\frac{\mathrm{d}i_2}{\mathrm{d}t}$$

要保持电流 I_1 不变，电源 ε_1 还必须反抗此电动势做功。这样由于互感的存在，由电源 ε_1 做功而储存到磁场中的能量为

$$\begin{aligned}W_{12}&=-\int\varepsilon_{12}I_1\mathrm{d}t=\int M_{12}I_1\frac{\mathrm{d}i_2}{\mathrm{d}t}\mathrm{d}t=\int_0^{I_2}M_{12}I_1\mathrm{d}i_2\\&=M_{12}I_1\int_0^{I_2}\mathrm{d}i_2=M_{12}I_1I_2\end{aligned}$$

经过上述两个步骤后，系统达到电流分别是 I_1 和 I_2 的状态，这时储存到磁场中的总能量为

$$W_{\mathrm{m}}=W_1+W_2+W_{12}=\frac{1}{2}L_1I_1^2+\frac{1}{2}L_2I_2^2+M_{12}I_1I_2$$

如果我们先合上 K_2，再合上 K_1，仍按上述推理，则可得到储存到磁场中的总能量为

$$W'_{\mathrm{m}}=\frac{1}{2}L_1I_1^2+\frac{1}{2}L_2I_2^2+M_{21}I_1I_2$$

由于这两种通电方式下的最后状态相同，即两个电路中分别通有 I_1 和 I_2 的电流，那么能量应该与达到此状态的过程无关，也就是应有 $W_{\mathrm{m}}=W'_{\mathrm{m}}$。由此我们得

$$M_{12}=M_{21}$$

即回路 1 对回路 2 的互感系数等于回路 2 对回路 1 的互感系数。用 M 来表示此互感系数，则最后储存在磁场中的总能量为

$$W_{\mathrm{m}}=\frac{1}{2}L_1I_1^2+\frac{1}{2}L_2I_2^2+MI_1I_2$$

8.6　麦克斯韦方程组

1. 麦克斯韦方程组

电磁学的基本规律是真空中的电磁场规律，它们是

$$\oint_S\boldsymbol{E}\cdot\mathrm{d}\boldsymbol{S}=\frac{q}{\varepsilon_0}=\frac{1}{\varepsilon_0}\int_V\rho\mathrm{d}V \tag{8.32a}$$

$$\oint_S\boldsymbol{B}\cdot\mathrm{d}\boldsymbol{S}=0 \tag{8.32b}$$

$$\oint_L\boldsymbol{E}\cdot\mathrm{d}\boldsymbol{r}=-\frac{\mathrm{d}\Phi}{\mathrm{d}t}=-\int_S\frac{\partial B}{\partial t}\mathrm{d}S \tag{8.32c}$$

$$\oint_L\boldsymbol{B}\cdot\mathrm{d}\boldsymbol{r}=\mu_0I+\frac{1}{c^2}\frac{\mathrm{d}\Phi_{\mathrm{e}}}{\mathrm{d}t}=\mu_0\int_S\left(\boldsymbol{J}+\varepsilon_0\frac{\partial\boldsymbol{E}}{\partial t}\right)\cdot\mathrm{d}\boldsymbol{S} \tag{8.32d}$$

这就是关于真空的**麦克斯韦方程组**的积分形式。在已知电荷和电流分布的情况下，这组方程可以给出电场和磁场的唯一分布。特别是当初始条件给定后，这组方程还能预言电磁场此后变化的情况。正像牛顿运动方程能完全描述质点的动力学过程一样，麦克斯韦方程组能完全描述电磁场的动力学过程。

下面再简要地说明一下方程组(8.32) 中各方程的物理意义。

- 方程(8.32a)是电场的高斯定理，它说明电场强度和电荷的联系。尽管电场和磁场的变化也有联系(如感生电场)，但总的电场和电荷的联系服从这一规律。
- 方程(8.32b)是磁通连续性定理，它说明，目前的电磁场理论认为在自然界中没有单一的"磁荷"(或磁单极子)存在。
- 方程(8.32c)是法拉第电磁感应定律，它说明变化的磁场和电场的联系。虽然电场和电荷也有联系，但总的电场和磁场的联系符合这一规律。
- 方程(8.32d)是一般形式下的安培环路定理，它说明磁场和电流(即运动的电荷)以及变化的电场的联系。

为了求出电磁场对带电粒子的作用从而预言粒子的运动，还需要洛伦兹力公式，即

$$\boldsymbol{F}=q\boldsymbol{E}+q\boldsymbol{v}\times\boldsymbol{B}$$

这一公式实际上是电场 E 和磁场 B 的定义。

2. 磁单极子

在麦克斯韦电磁场理论中，就场源来说，电和磁是不相同的：有单独存在的正的或负的电荷，而无单独存在的"磁荷"——磁单极子，即无单独存在的 N 极或 S 极。根据"对称性"的想法，这似乎是"不合理的"，因此人们总有寻找磁荷的念头。1931 年，英国物理学家狄拉克(P. A. M. Dirac，1902—1984 年)首先从理论上探讨了磁单极子存在的可能性，指出磁单极子的存在与电动力学和量子力学没有矛盾。他指出，如果磁单极子存在，则单位磁荷 g_0 与电子电荷 e 应该有下述关系：

$$g_0=68.5e$$

由于 g_0 比 e 大，所以库仑定律将给出两个磁单极子之间的作用力要比电荷之间的作用力大得多。

在狄拉克之后，关于磁单极子的理论有了进一步的发展。1974 年，荷兰物理学家特霍夫脱和苏联物理学家鲍尔亚科夫独立地提出的非阿贝尔规范场理论认为磁单极子必然存在，并指出它比已经发现的或是曾经预言的任何粒子的质量都要大得多。现在关于弱电相互作用和强电相互作用的统一的"大统一理论"也认为有磁单极子存在，并预言其质量为 2×10^{-11} g，即约为质子质量的10^{16}倍。

磁单极子在现代宇宙论中占有重要地位。有一种大爆炸理论认为超重的磁单极子只能在诞生宇宙的大爆炸发生后10^{-35} s 产生，因为只有这时才有合适的温度(10^{30} K)。当时单独的 N 极和 S 极都已产生，其中一小部分后来结合在一起湮没掉了，大部分则留了下来。今天的宇宙中还有磁单极子存在，并且在相当于一个足球场地的面积上，一年约可能有一个磁单极子穿过。

以上都是理论的预言，与此同时也有人做实验试图发现磁单极子。例如，1951 年，美国的

密尔斯用通电螺线管来捕集宇宙射线中的磁单极子(图 8.20)。如果磁单极子进入螺线管中,则会被磁场加速而在管下部的照相乳胶片上显示出它的轨迹。实验结果没有发现磁单极子。

有人利用磁单极子穿过线圈时引起的磁通量变化能产生感应电流这一规律来检测磁单极子。例如,在 20 世纪 70 年代初,美国埃尔维瑞斯等人试图利用超导线圈中的电流变化来确认磁单极子通过了线圈(图 8.21)。他们想看看登月飞船取回的月岩样品中有无磁单极子,当月岩样品通过超导线圈时,并未发现线圈中电流有什么变化,因而不曾发现磁单极子。

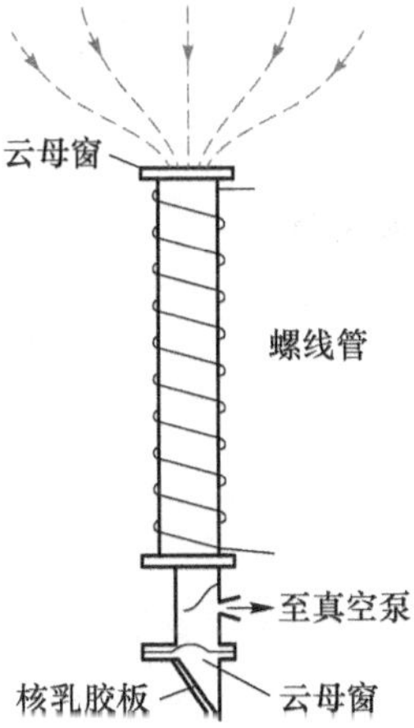

图 8.20　磁单极子捕集器

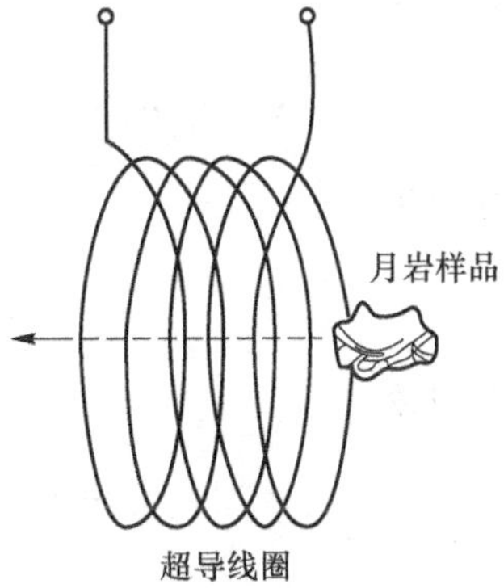

图 8.21　检测月岩样品

1982 年,美国卡勃莱拉也设计制造了一套超导线圈探测装置(图 8.22),并用超导量子干涉仪(SQUID)来测量线圈内磁通的微小变化,他的测量是自动记录的。1982 年 2 月 14 日,他发现记录仪上的电流有了突变。经过计算,正好等于狄拉克单位磁荷穿过线圈时所应该产生的突变。这是他连续等待了 151 天所得到的唯一的一个事例,以后虽扩大线圈面积也没有再测到第二个事例。

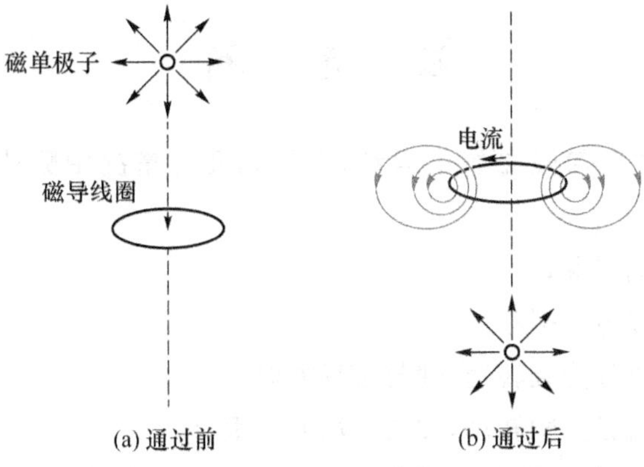

图 8.22　磁单极子通过超导线圈时产生电流突变

还有其他的实验尝试,但直到目前还不能说在实验上确认了磁单极子的存在。

本章小结

1. 法拉第电磁感应定律

$$\varepsilon=-\frac{\mathrm{d}\Psi}{\mathrm{d}t},\text{其中 }\Psi=N\Phi$$

2. 动生电动势

$$\varepsilon=\int_a^b(\boldsymbol{v}\times\boldsymbol{B})\cdot\mathrm{d}\boldsymbol{l}$$

3. 感生电动势

$$\varepsilon=\oint_L\boldsymbol{E}_{\mathrm{i}}\cdot\mathrm{d}\boldsymbol{r}=-\frac{\mathrm{d}\Phi}{\mathrm{d}t}=-\frac{\mathrm{d}}{\mathrm{d}t}\int_S\boldsymbol{B}\cdot\mathrm{d}\boldsymbol{S}$$

4. 自感电动势

$$\varepsilon_{\mathrm{L}}=-L\frac{\mathrm{d}i}{\mathrm{d}t}$$

5. 互感电动势

$$\varepsilon_{12}=-L\frac{\mathrm{d}\Psi_{12}}{\mathrm{d}t}=-M\frac{\mathrm{d}I_1}{\mathrm{d}t}$$

$$\varepsilon_{21}=-L\frac{\mathrm{d}\Psi_{21}}{\mathrm{d}t}=-M\frac{\mathrm{d}I_2}{\mathrm{d}t}$$

6. 一般磁场的磁能

$$W_{\mathrm{m}}=\int\omega_{\mathrm{m}}\mathrm{d}V$$

磁能密度

$$\omega_{\mathrm{m}}=\frac{B^2}{2\mu}=\frac{1}{2}BH=\frac{1}{2}\mu H^2$$

思　考　题

1. 一圆形导体线圈在匀强磁场中运动，在下列几种情况中哪些会产生感应电流？为什么？

(1) 线圈沿磁场方向平移；

(2) 线圈沿垂直磁场方向平移；

(3) 线圈以自身的直径为轴转动，轴与磁场方向平行；

(4) 线圈以自身的直径为轴转动，轴与磁场方向垂直。

2. 试举例说明整个导体回路中的感应电动势为零，但各组成部分的导体两端的感应电动势并不为零的情况。

3. 并排放着两个导体圆回路，其中一个与一电源相连接，回路中的电流在增大，试问另一回路中的感应电流方向与通电回路电流方向相同还是相反？

4. 如果要设计一个自感较大的线圈，应该从哪些方面去考虑？

5. 两个线圈之间的互感是由哪些因素决定的？在其他因素一定的条件下，怎样放置可以使得两线圈间的互感最大？设有两个长度相同，半径接近相等的螺线管，指出下列三种情况下，哪一种情况互感系数最小？哪一种互感系数最大？

(1) 两螺线管靠得很近，轴线在同一直线上；

(2) 两螺线管轴线相互垂直，也靠得很近；

(3) 把其中一个螺线管套在另一个的外面。

习　　题

一、选择题

1. 一块铜板放在磁感应强度正在增大的磁场中时，铜板中出现涡流(感应电流)，则涡流将(　　)。

A. 加速铜板中磁场的增加　　B. 减缓铜板中磁场的增加

C. 对磁场不起作用　　D. 使铜板中磁场反向

2. 一无限长直导体薄板宽度为 l，板面与 z 轴垂直，板的长度方向沿 y 轴，板的两侧与一个伏特计相接，如习题图 8.1 所示。整个系统放在磁感应强度为 $\boldsymbol{B}$ 的均匀磁场中，$\boldsymbol{B}$ 的方向沿 z 轴正方向，如果伏特计与导体平板均以速度 $\boldsymbol{v}$ 向 y 轴正方向移动，则伏特计指示的电压值为(　　)。

A. 0　　B. $\frac{1}{2}vBl$　　C. vBl　　D. $2vBl$

3. 两根无限长平行直导线载有大小相等、方向相反的电流 I，I 以 $\mathrm{d}I/\mathrm{d}t$ 的变化率增长，一矩形线圈位于导线平面内(如习题图 8.2 所示)，则(　　)。

A. 线圈中无感应电流　　B. 线圈中感应电流为顺时针方向

C. 线圈中感应电流为逆时针方向　　D. 线圈中感应电流的方向不确定

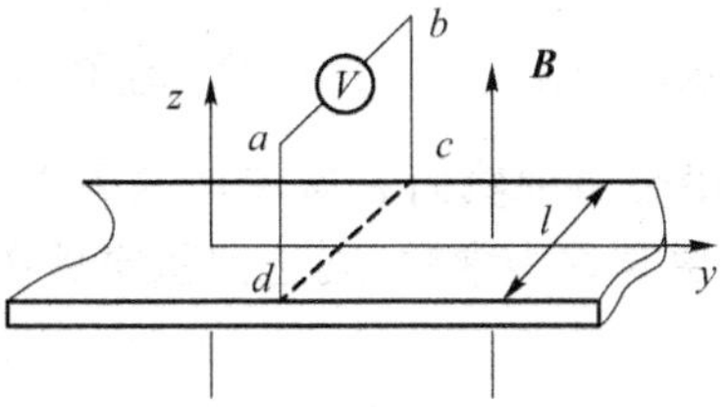

习题图 8.1

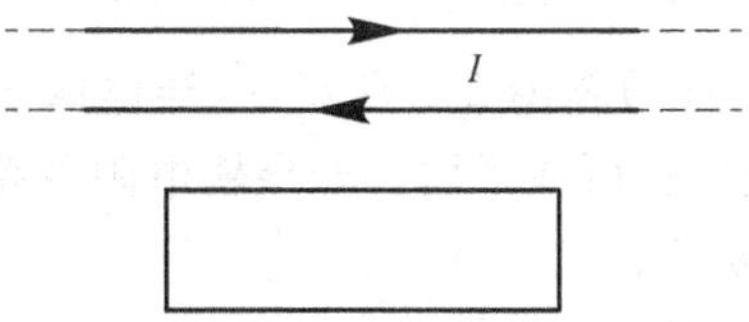

习题图 8.2

4. 在一通有电流 I 的无限长直导线所在平面内，有一半经为 r、电阻为 R 的导线环，环中心距直导线为 a，如习题图 8.3 所示，且 $a \gg r$。当直导线的电流被切断后，沿着导线环流过的电量约为(　　)。

A. $\frac{\mu_0 I r^2}{2\pi R}\left(\frac{1}{a}-\frac{1}{a+r}\right)$　　B. $\frac{\mu_0 I r}{2\pi R}\ln\frac{a+r}{a}$

C. $\frac{\mu_0 I r^2}{2aR}$　　D. $\frac{\mu_0 I a^2}{2rR}$

5. 如习题图 8.4 所示，直角三角形金属框架 abc 放在均匀磁场中，磁场 $\boldsymbol{B}$ 平行于 ab 边，bc 的边长为 l。当金属框架绕 ab 边以匀角速度 ω 转动时，abc 回路中的感应电动势 ε 和 a、c 两点的电势差 U_{ac} 为(　　)。

A. $\varepsilon=0, U_{ac}=\frac{1}{2}B\omega l^2$　　B. $\varepsilon=0, U_{ac}=-\frac{1}{2}B\omega l^2$

C. $\varepsilon=B\omega l^2, U_{ac}=\frac{1}{2}B\omega l^2$　　D. $\varepsilon=B\omega l^2, U_{ac}=-\frac{1}{2}B\omega l^2$

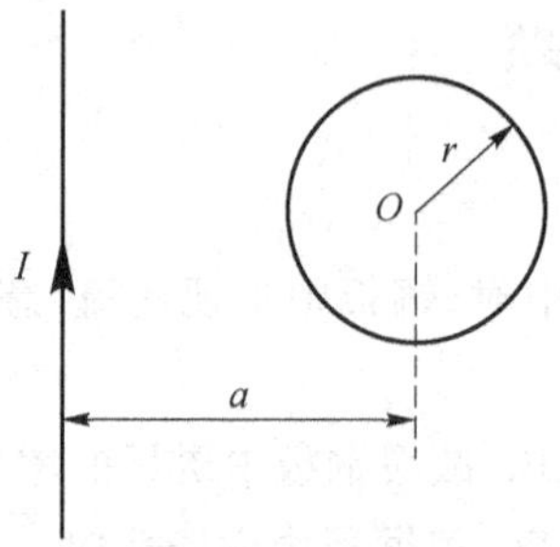

习题图 8.3

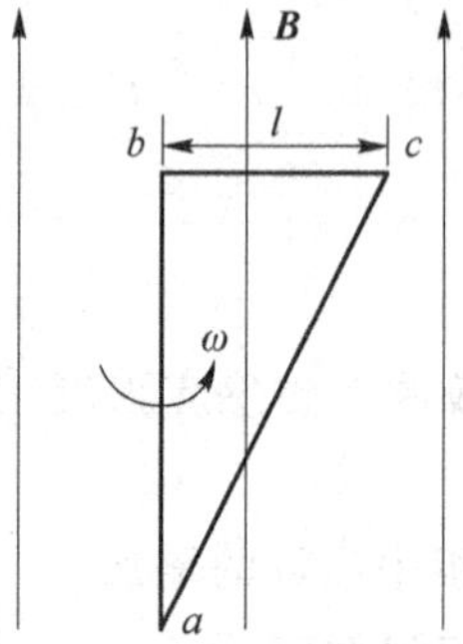

习题图 8.4

6. 有两个长直密绕螺线管，长度及线圈匝数均相同，半径分别为 r_1 和 r_2。管内充满均匀介质，其磁导率分别为 μ_1 和 μ_2。设 $r_1:r_2=1:2$，$\mu_1:\mu_2=2:1$，当将两只螺线管串联在电路中通电稳定后，其自感系数之比 $L_1:L_2$ 与磁能之比 $W_{m1}:W_{m2}$ 分别为(　　)。

A. $L_1:L_2=1:1, W_{m1}:W_{m2}=1:1$　　B. $L_1:L_2=1:2, W_{m1}:W_{m2}=1:1$

C. $L_1:L_2=1:2, W_{m1}:W_{m2}=1:2$　　D. $L_1:L_2=2:1, W_{m1}:W_{m2}=2:1$

7. 面积为 S 和 $2S$ 的两圆形线圈 1、2 如习题图 8.5 所示放置，通有相同的电流 I，线圈 1 的电流所产生的通过线圈 2 的磁通量用 φ_{21} 表示，线圈 2 的电流所产生的通过线圈 1 的磁通量用 φ_{12} 表示，则 φ_{21} 和 φ_{12} 的大小关系应为(　　)。

A. $\varphi_{21}=2\varphi_{12}$　　B. $\varphi_{21}=\frac{1}{2}\varphi_{12}$　　C. $\varphi_{21}=\varphi_{12}$　　D. $\varphi_{21}>\varphi_{12}$

8. 如习题图 8.6 所示，一导体棒 ab 在均匀磁场中沿金属导轨向右做匀加速运动，磁场方向垂直导轨所在平面。若导轨电阻忽略不计，并设铁芯磁导率为常数，则达到稳定后在电容器的 M 极板上(　　)。

A. 带有一定量的正电荷　　B. 带有一定量的负电荷

C. 带有越来越多的正电荷　　D. 带有越来越多的负电荷

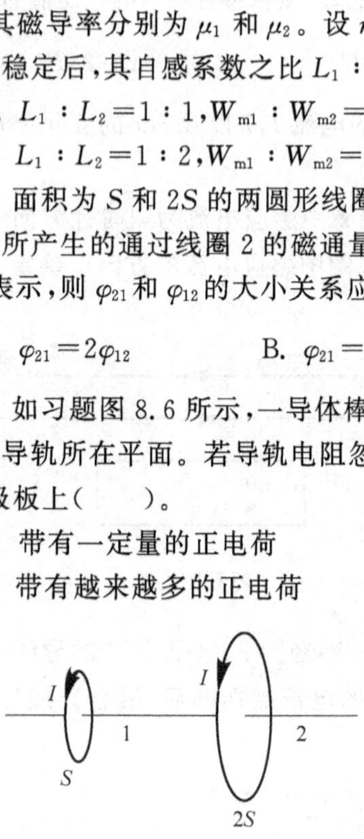

习题图 8.5

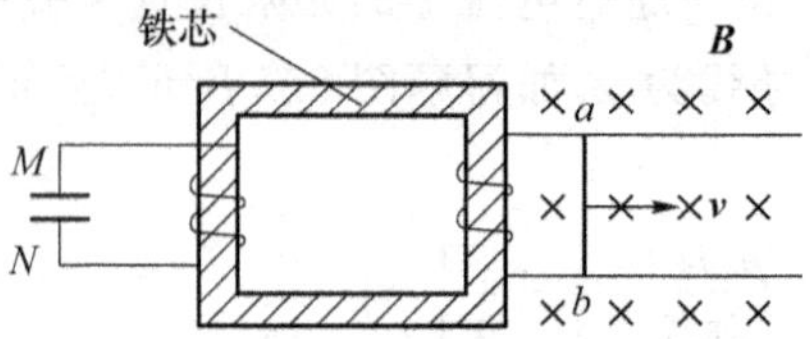

习题图 8.6

9. 对位移电流，有下述四种说法，哪一种说法是正确的？(　　)。

A. 位移电流是由变化的电场产生的

B. 位移电流是由变化的磁场产生的

C. 位移电流的热效应服从焦耳-楞次定律

D. 位移电流的磁效应不服从安培环路定理

10. 两根很长的平行直导线，其间距为 a，与电源组成闭合回路，如习题图 8.7 所示。已知导线上的电流为 I，在保持 I 不变的情况下，若将导线间距离增大，则空间的(　　)。

A. 总磁能将增大　　B. 总磁能将减小

C. 总磁能将保持不变　　D. 总磁能的变化不能确定

11. 在圆柱形空间内有一磁感应强度为 $\boldsymbol{B}$ 的均匀磁场，如习题图 8.8 所示，$\boldsymbol{B}$ 的大小以速率 $\mathrm{d}B/\mathrm{d}t$ 变化，有一长度为 l_0 的金属棒先后放在磁场的两个不同位置，则金属棒在这两个位置 1(ab)和 2($a'b'$)时感应电动势的大小关系为(　　)。

A. $\varepsilon_2=\varepsilon_1\neq0$　　B. $\varepsilon_2>\varepsilon_1$　　C. $\varepsilon_2<\varepsilon_1$　　D. $\varepsilon_2=\varepsilon_1=0$

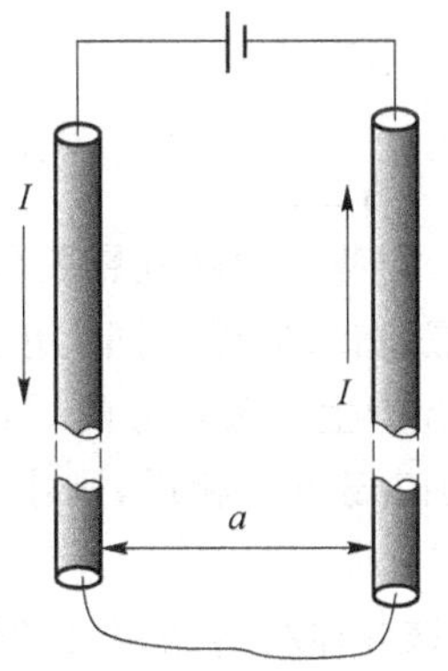

习题图 8.7

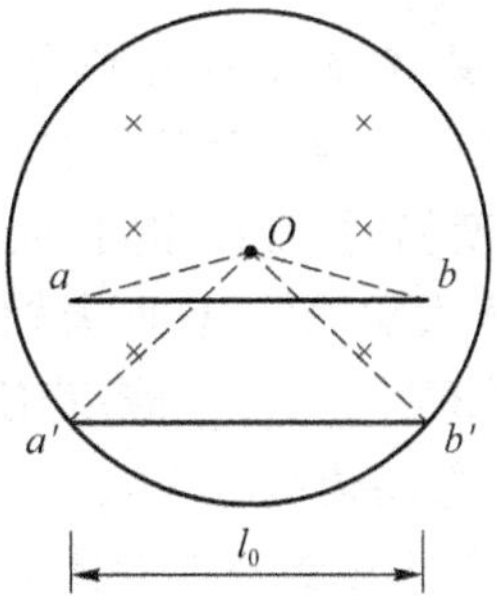

习题图 8.8

二、填空题

1. 将条形磁铁插入与冲击电流计串联的金属环中时，有 $q=2.0\times10^{-5}$ C 的电荷通过电流计，若连接电流计的电路总电阻 $R=25\ \Omega$，则穿过环的磁通的变化 $\Delta\Phi=$________。

2. 磁换能器常用来检测微小的振动。如习题图 8.9 所示，在振动杆的一端固接一个 N 匝的矩形线圈，线圈的一部分在匀强磁场 $\boldsymbol{B}$ 中，设杆的微小振动规律为：$x=A\cos\omega t$，则线圈随杆振动时，线圈中的感应电动势为________。

3. 如习题图 8.10 所示，aOc 为一折成∠形的金属导线($aO=cO=L$)，位于 xOy 平面中；磁感应强度为 $\boldsymbol{B}$ 的匀强磁场垂直于 xOy 平面。当 aOc 以速度 $\boldsymbol{v}$ 沿 x 轴正方向运动时，导线上 a、c 两点间的电势差 $U_{ac}=$________。当 aOc 以速度 $\boldsymbol{v}$ 沿 y 轴正方向运动时，导线上 a、c 两点中________点电势高。

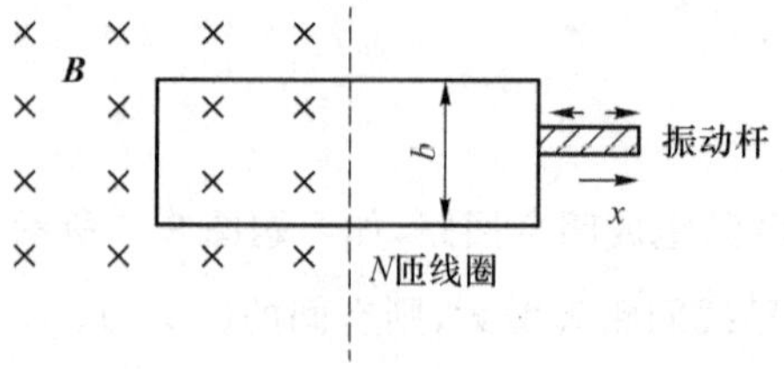

习题图 8.9

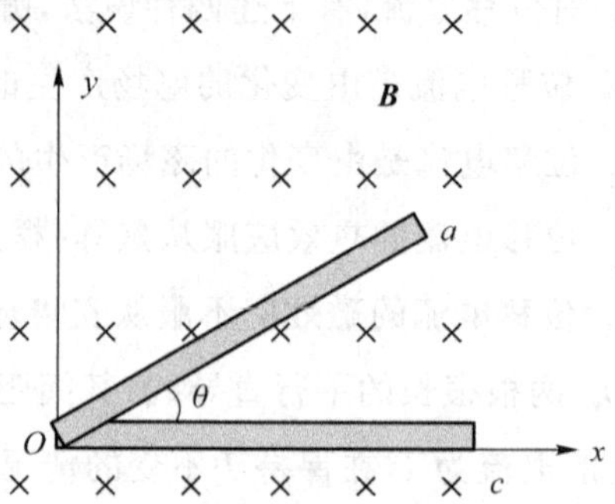

习题图 8.10

4. 半径为 L 的均匀导体圆盘绕通过中心 O 的垂直轴转动，角速度为 ω，盘面与均匀磁场 $\boldsymbol{B}$ 垂直，如习题图 8.11 所示。

(1) 在图上标出 Oa 线段中动生电动势的方向。

(2) 填写下列电势差的值(设 ca 段长度为 d)：

$U_a-U_O=$________；

$U_a-U_b=$________；

$U_a-U_c=$________。

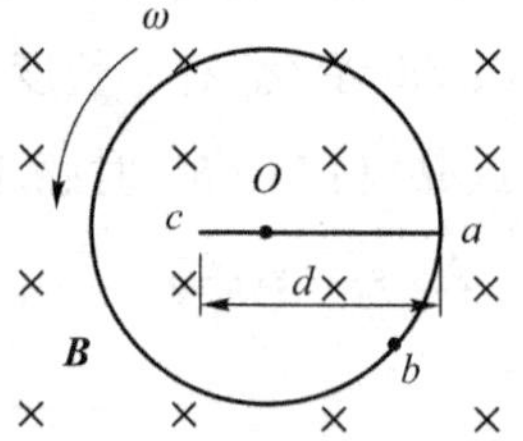

习题图 8.11

5. 有两个线圈，自感系数分别为 L_1 和 L_2，已知 $L_1=3\ \mathrm{mH}$，$L_2=5\ \mathrm{mH}$，串联成一个线圈后测得自感系数 $L=11\ \mathrm{mH}$，则两线圈的互感系数 $M=$________。

6. 有两个长度相同、匝数相同、截面积不同的长直螺线管，通以相同大小的电流。现在将小螺线管完全放入大螺线管里(两者轴线重合)，且使两者产生的磁场方向一致，则小螺线管内的磁能密度是原来的 ________倍；若使两螺线管产生的磁场方向相反，则小螺线管中的磁能密度为 ________(忽略边缘效应)。

7. 半径为 R 的无限长柱形导体上均匀流有电流 I，该导体材料的相对磁导率 $\mu_r=1$，则在导体轴线上一点的磁场能量密度为________，在与导体轴线相距为 r 处($r<R$)的磁场能量密度________。

8. 反映电磁场基本性质和规律的积分形式的麦克斯韦方程组为

$$\oint_S \boldsymbol{D}\cdot \mathrm{d}\boldsymbol{S}=\sum_{i=1}^{n} q_i \qquad ①$$

$$\oint_L \boldsymbol{E}\cdot \mathrm{d}\boldsymbol{r}=\frac{-\mathrm{d}\Psi_{\mathrm{m}}}{\mathrm{d}t} \qquad ②$$

$$\oint_S \boldsymbol{B}\cdot \mathrm{d}\boldsymbol{S}=0 \qquad ③$$

$$\oint_L \boldsymbol{H}\cdot \mathrm{d}\boldsymbol{r}=\sum_{i=1}^{n} I_i+\frac{\mathrm{d}\Psi_{\mathrm{e}}}{\mathrm{d}t} \qquad ④$$

试判断下列结论是包含或等效于哪一个麦克斯韦方程式的，将你确定的方程式的相应代号填在相对应结论的空白处。

(1) 磁感应线是无头无尾的。________________

(2) 电荷总伴随有电场。________________

(3) 变化的磁场一定伴随有电流。________________________

9. 如习题图 8.12 所示，圆形平行板电容器从 $q=0$ 开始充电，试画出充电过程中，极板间某点 P 电场强度的方向和磁场强度的方向。

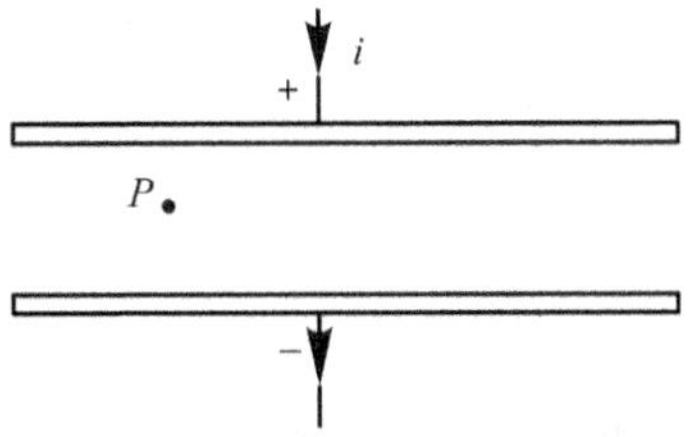

习题图 8.12

三、计算题

1. 一导线弯成如习题图 8.13 所示形状，放在均匀磁场 $\boldsymbol{B}$ 中，$\boldsymbol{B}$ 的方向垂直纸面向里。$\angle bc\mathrm{d}=60°$，$bc=cd=a$。现使导线绕轴 OO' 旋转，转速为每分钟 n 转，计算 $\varepsilon_{OO'}$。

2. 均匀磁场 $\boldsymbol{B}$ 被限制在半径 $R=10$ cm 的无限长圆柱空间内，方向垂直纸面向里，取一固定的等腰梯形回路 $abc\mathrm{d}$，梯形所在平面的法向与圆柱空间的轴平行，位置如习题图 8.14 所示。设磁场以 $\mathrm{d}B/\mathrm{d}t=1$ T/s 的匀速率增加，已知 $\theta=\frac{1}{3}\pi$，$\overline{Oa}=\overline{Ob}=6$ cm，求等腰梯形回路中感生电动势的大小和方向。

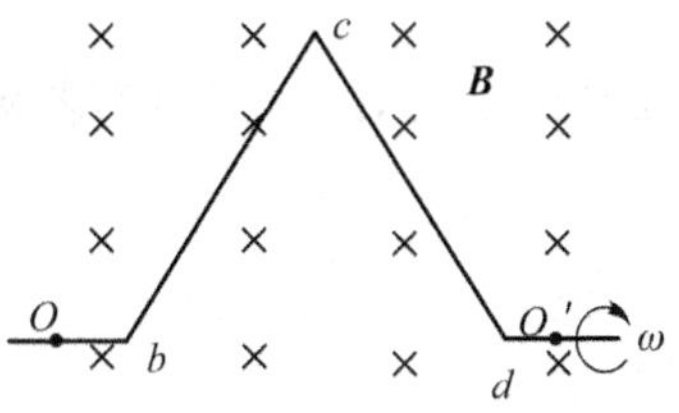

习题图 8.13

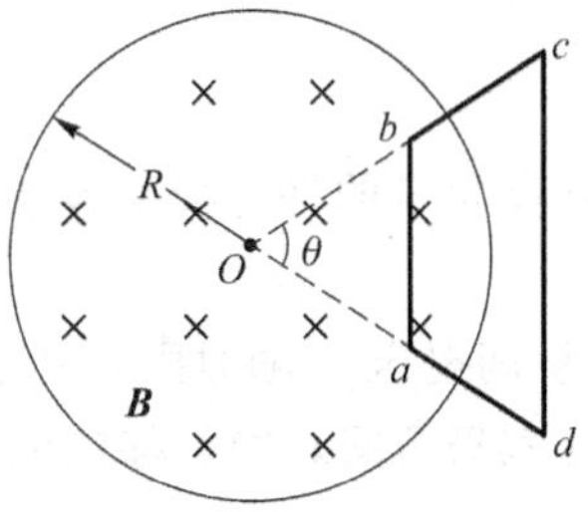

习题图 8.14

3. 如习题图 8.15 所示，无限长直导线，通以电流 I。有一与之共面的直角三角形线圈 ABC，已知 AC 边长为 b，且与长直导线平行，BC 边长为 a。若线圈以垂直导线方向的速度 $\boldsymbol{v}$ 向右平移，当 B 点与长直导线的距离为 d 时，求线圈 ABC 内的感应电动势的大小和感应电动势的方向。

4. 一宽度为 l 的薄铜片卷成一个半径为 R 的细圆筒，设 $l\gg R$，电流 I 均匀分布通过此铜片(如习题图 8.16 所示)。

(1) 忽略边缘效应，求管内的磁感应强度 $\boldsymbol{B}$ 的大小；

(2) 不考虑两个伸展部分，求这一螺线管的自感系数。

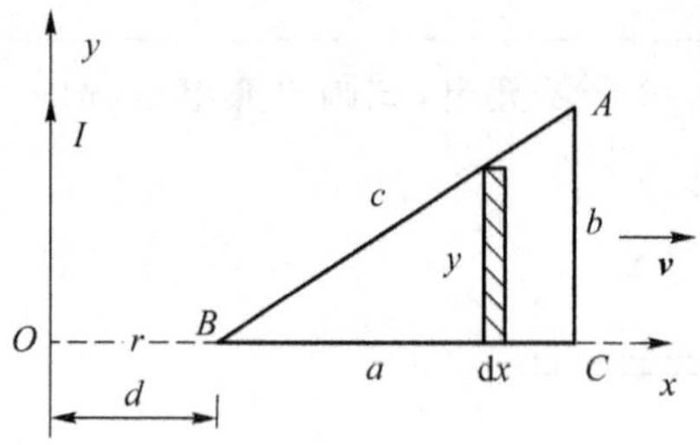

习题图 8.15

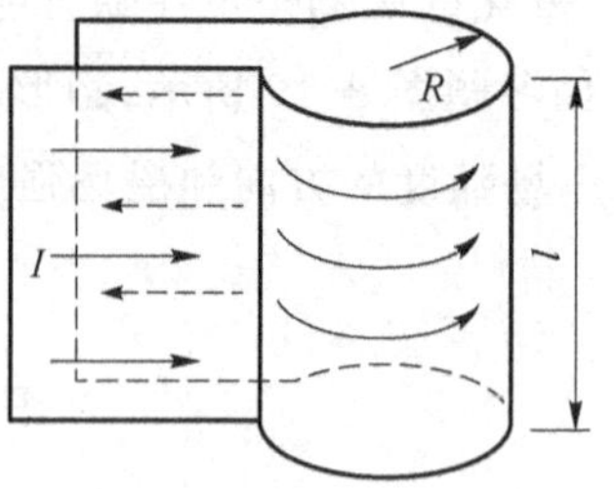

习题图 8.16

5. 截面为矩形的螺绕环共 N 匝，尺寸如习题图 8.17 所示，图中下半部分两矩形表示螺绕环的截面，在螺绕环的轴线上另有一无限长直导线。

(1) 求螺绕环的自感系数；

(2) 求长直导线螺绕环间的互感系数；

(3) 若在螺绕环内通一稳恒电流 I，求螺绕环内储存的磁能。

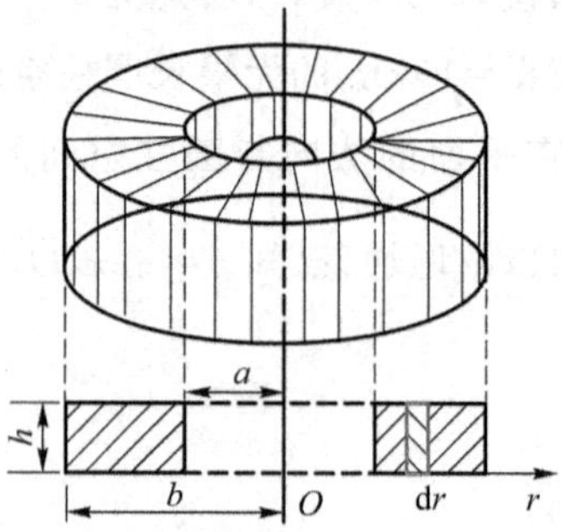

习题图 8.17

6. 给电容为 C 的平行板电容器充电，电流为 $i=0.2\times e^{-t}$(SI)，$t=0$ 时电容器极板上无电荷。求：

(1) 极板间电压 U 随时间 t 变化的关系；

(2) t 时刻极板间总的位移电流 I_d(忽略边缘效应)。

第9章　光　　学

人类很早就开始对光进行观察和研究，并在实践过程中逐渐积累了丰富的光学相关的知识，使光学成为物理学中发展最早的分支之一。我国古代学者在光学研究上有过杰出贡献，早在2 400年前的《墨经》里就系统地记载了光的直进、影的形成、光的反射、平面和球面镜成像等现象。到了17世纪，人们就光的本性曾提出两种观点：一种观点认为光是从光源飞出来的微粒流；另一种观点认为光是一种机械波，这两种观点各自都能解释现象，也各自都有难以说明的问题。直到19世纪中期电磁理论获得很大发展，人们才从干涉、衍射和偏振现象及其规律中，认识到光是一种电磁波。从光是波动的观点出发，可以认为光的直线传播只是一种近似情况。当涉及光与物质的相互作用问题时，人们又发现了一些无法用光的波动理论进行解释的新现象，只有从光的量子性出发才能说明，即假定光是具有一定质量、能量和动量的粒子所组成的粒子流，这种粒子称为光子。从19世纪末到20世纪初，一方面光被确认是电磁波，具有波动的特性，另一方面光被确认为具有量子性。由此，人们得出了关于光的本质的正确理论——光具有波粒二象性。

我们在研究光学时，一般以光的直线传播、反射、折射以及成像等规律为基础的光学部分称为**几何光学**；把研究光的干涉、衍射和偏振等规律的部分称为**波动光学**；以光和物质相互作用时显示的粒子性为基础来研究的光学，称为**量子光学**。波动光学与量子光学又统称为物理光学。

本章首先以光的直线传播定律为基础，重点讲述光的反射、折射、全反射以及一些常见光学元件的成像原理和工作过程，并解释一些常见的光学现象。之后，依据波动光学理论，以光的波动性质为基础，研究光的干涉及其规律。

9.1　几何光学

9.1.1　光线的反射与折射

几何光学是以下列几个实验定律为基础建立起来的，它是各种光学仪器设计的理论根据。

光的直线传播定律：光在均匀介质里沿直线传播。光能够在其中传播的物质称为光介质，简称**介质**。

在点光源的照射下，不透明的物体背后出现清晰的影子。影子的形状与以光源为中心发出的直线所构成的几何投影形状一致(图9.1)。如果在一个暗箱的前壁上开一个小孔，由物体上各点发出的光线将沿直线通过小孔，在暗箱的后壁上形成一倒立的像(图9.2)。以上两个例子都表明光线沿直线传播的基本事实。

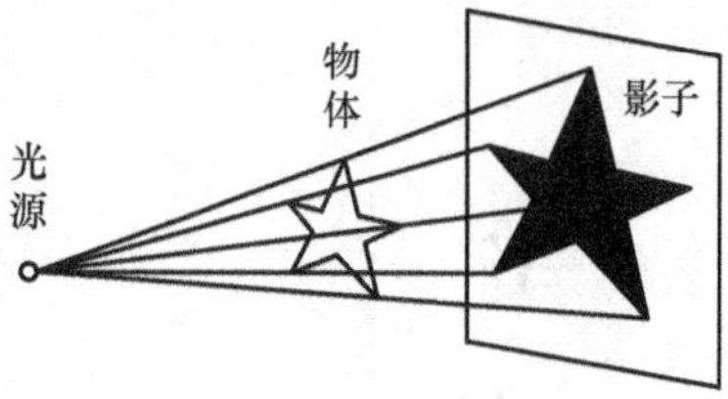

图 9.1　影子

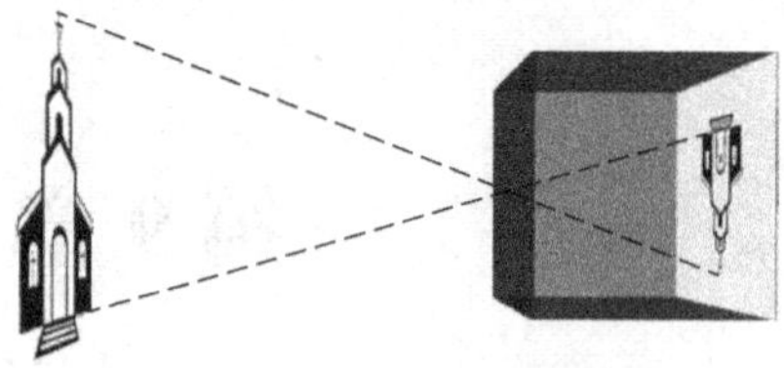

图 9.2　针孔成像

应当注意，光线只在均匀介质中沿直线传播。当光从一种介质进入另一种不同介质时，光的传播方向发生变化，这种现象称为**光的折射**。在非均匀介质中光线将因折射而弯曲，这种现象经常发生在大气中。例如，在海边有时出现的海市蜃楼幻境便是由光线在密度不均匀的大气中折射引起的。

在研究光的传播过程时，可以用一条表示光束的直线来代表这束光，这样的直线就称为**光线**。在画图的时候，经常用带箭头的线段来表示沿箭头所指方向传播的光线。

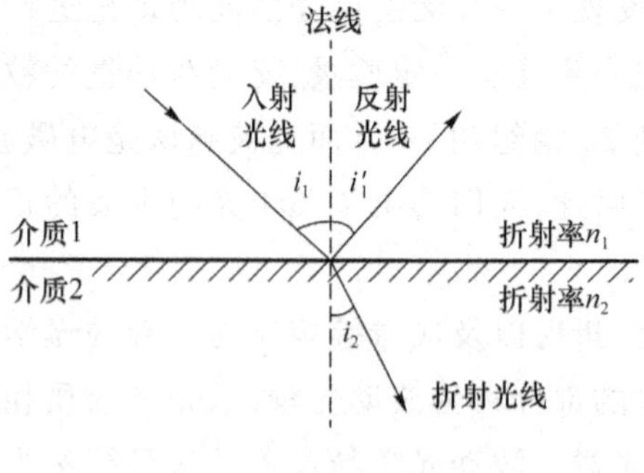

图 9.3　光的反射和折射

设介质 1、2 都是透明、均匀和各相同性的，且它们的分界面是平面(如果分界面不是平面，但曲率不是太大，则以下结论仍然适用)。当一束光线由介质 1 入射到分界面上时，在一般情况下它将分解为两束光线：反射光线和折射光线(图 9.3)。入射光线与分界面的法线构成的平面称为入射面，分界面法线与入射光线、反射光线和折射光线所成的夹角 i_1、i'_1、i_2 分别称为入射角、反射角和折射角。实验表明：

(1) 反射光线与折射光线都在入射面内；

(2) 反射角等于入射角，即

$$i'_1 = i_1$$

(3) 入射角与折射角的正弦之比与入射角无关，是一个与介质和光的波长有关的常数，即

$$\frac{\sin i_1}{\sin i_2} = n_{12}\text{(常数)} \tag{9.1}$$

比例常数 n_{12} 称为第二种介质相对于第一种介质的折射率。式(9.2)有时称作**斯涅尔定律**。

任何介质相对于真空的折射率称为该介质的绝对折射率，简称折射率，记作 n，等于光在真空中的传播速度($c=3.0\times10^8$ m/s)与光在这种介质中的传播速度 v 的比值，即

$$n = \frac{c}{v}$$

式(9.1)又可写作

$$n_{12} = \frac{\sin i_1}{\sin i_2} = \frac{n_2}{n_1} \tag{9.2}$$

n_1、n_2 分别为介质 1 和介质 2 的折射率。由于光在真空中的传播速度大于光在任何其他介质中的传播速度，所以折射率 n 总是大于 1 的。光从真空进入任何其他介质时入射角总是要大

于折射角的。又因为光在真空中的速度与空气中的速度相差很小，可以认为光从空气进入某种介质的折射率就是那种介质的折射率。常见介质的折射率如表 9.1 所示。

表 9.1 常见介质的折射率

介质	金刚石	玻璃	水晶	水	酒精	冰
折射率	2.42	1.5～1.9	1.55	1.33	1.36	1.000 3

折射率反映了介质对光在折射方面的性质，由光在该介质中的传播速度决定。两种介质相比较，折射率大的称为**光密介质**，折射率小的称为**光疏介质**。光密介质与光疏介质是相对的，因此单说一种介质是光密介质还是光疏介质是没有意义的。不同介质折射率的大小与密度无关，同种介质密度增大时折射率也增大。

由于 c 是已知的，根据式(9.2)，测出介质的折射率就可求出光在该介质中的传播速度。另外，由光的反射定律可知，如果光线逆着反射光线的方向入射到反射面上，则一定可以在原来入射光的角度上得到这束光的反射光。所以，反射现象也遵循光路可逆的规律。

日常生活中遇到的光的反射大多发生在粗糙、不光滑的表面上，即便是用平行光作为入射光，反射光也会指向许多不同的方向，这种反射称为漫反射，如图 9.4 所示。与之相反，平行入射的光线被某些非常光滑的反射面反射后，仍然保持平行，这种反射称为镜面反射，如图 9.5 所示。镜面反射和漫反射都遵循光的反射定律，在日常生活中，根据实际需要，要积极发挥它们的有利因素，克服它们造成的不利影响。

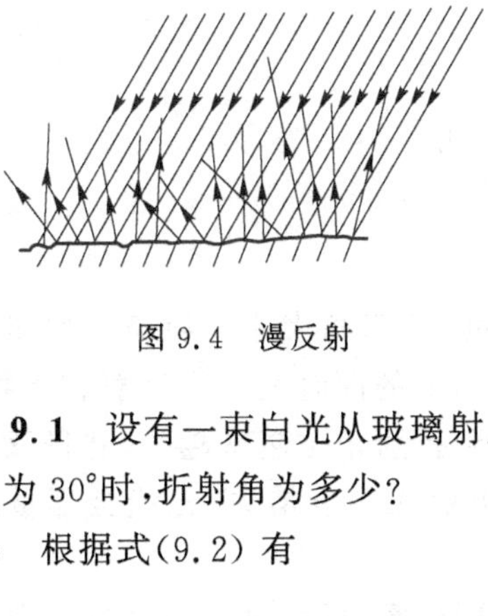

图 9.4 漫反射

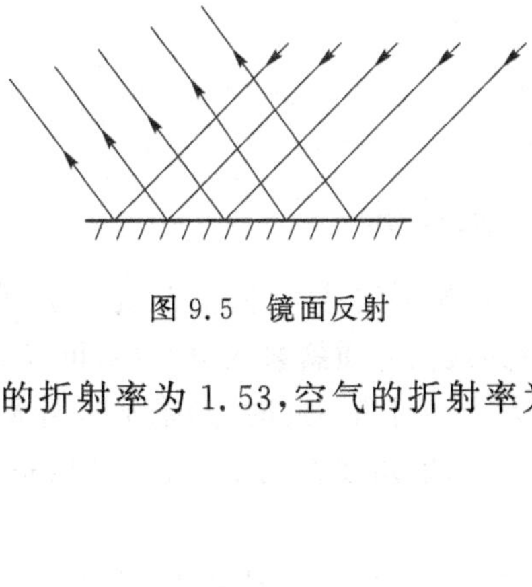

图 9.5 镜面反射

例 9.1 设有一束白光从玻璃射入空气中，玻璃的折射率为 1.53，空气的折射率为 1，当入射角为 30°时，折射角为多少？

解 根据式(9.2)有

$$\frac{\sin i_1}{\sin i_2}=\frac{n_{空}}{n_{玻}}$$

$$\sin i_2=\frac{n_{玻}}{n_{空}}\sin i_1=1.53\sin 30°=0.765$$

$$i_2=\arcsin 0.765\approx 49°54'$$

即折射角 i_2 约为 49°54′。

由例 9.1 可知，**当光从光密介质射入光疏介质时，入射角小于折射角**。让光线逆着折射光线的方向射入光密介质时，则一定可以在原来入射光的角度上得到这束**光的折射光**，所以折射现象也遵循光路可逆的规律。同时，也可以证明**光从光疏介质射入光密介质时，入射角大于折射角**。

两个表面相互平行的平面透明体称为平行透明板。平板玻璃、玻璃砖等都是平行透明板。如图 9.6 所示，光通过玻璃砖时，光线方向并不发生改变，只是发生了侧移。

证明如下：

根据折射定律，在 AB 界面上

$$n_1 \sin i_1 = n_2 \sin \gamma_1$$

在 $A'B'$ 界面上

$$n_2 \sin \gamma_2 = n_1 \sin i_2$$

因为 $AB /\!/ A'B'$，$\gamma_1 = \gamma_2$，所以

$$\sin i_1 = \sin i_2$$
$$i_1 = i_2$$

即光线 $MO /\!/ O'N$。

可见，光通过两平行的透明板后并不改变方向，只是发生了侧向偏移。透明板越厚或入射角越大，光线偏向侧移就越大。

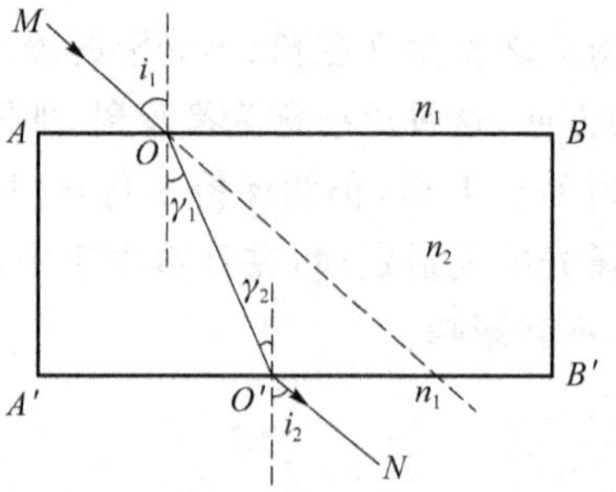

图 9.6 光的侧移现象示意图

9.1.2 全反射

由光的折射定律可知，光从光密介质射入光疏介质时，折射角大于入射角。如图 9.7 所示，一束光线由介质斜射入空气中，可以看到光线射在界面上的同时发生了反射和折射，并且折射角大于入射角。此时，如果不断增大入射角，将会看到折射角也越来越大，并且反射光越来越强，当入射角增大到某一角度时，折射角等于 90°，折射光完全消失，光线全部被反射到水中。

这种入射光在介质表面被全部反射的现象称为**全反射现象**，发生全反射时的入射角为临界角，用 α_0 表示。

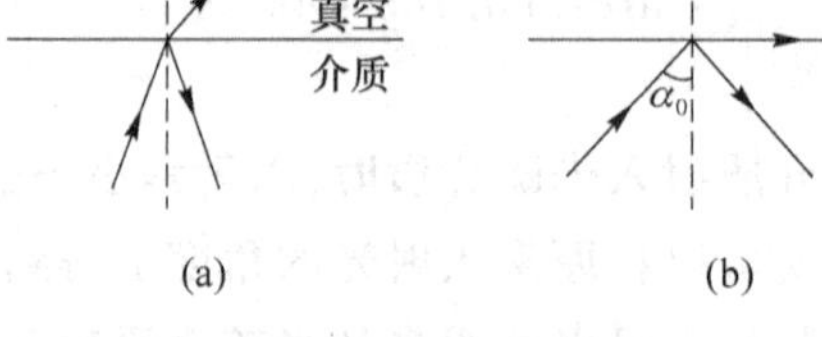

图 9.7 全反射现象

全反射事实上是折射角先于入射角达到 90°而产生的一种特殊的光学现象，根据实验得出，发生**全反射现象必须具备以下两个条件：**

(1) 光由光密介质进入光疏介质；

(2) 入射角大于临界角。

根据临界角的定义，可以求出光从折射率为n_1 的光密介质进入折射率为n_2 的光疏介质时的临界角。设入射角为α_0 时，折射角为 90°，如图 9.7(b)所示，根据式(9.2)，有

$$\frac{\sin\alpha_0}{\sin 90^\circ}=\frac{n_2}{n_1}$$

$$\sin\alpha_0=\frac{n_2}{n_1}$$

$$\alpha_0=\arcsin\frac{n_2}{n_1}$$

可见，光疏介质的折射率 n_2 越小，光密介质的折射率n_1 越大，发生全反射的临界角越小，即越容易发生全反射。表 9.2 是几种常见物质对真空(空气)的临界角。

表 9.2　几种常见物质对真空(空气)的临界角

介质	金刚石	二硫化碳	玻璃	甘油	酒精	水
临界角	24.4°	38.1°	30.42°	42.9°	47.3°	48.6°

全反射在技术上应用很广，例如，用全反射棱镜可以制造潜水镜。此外，光导纤维的传光、传像等也是利用光的全反射原理制成的。

例 9.2　已知水的折射率为 1.33，空气的折射率为 1，问光线从哪个方向射入，可在玻璃和水的交接面上发生全反射？它的临界角多大？

解　因玻璃对于水来说是光密介质，所以当光从玻璃入射到水中时才可能发生全反射，有

$$\sin\alpha_0=\frac{n_{空}}{n_{水}}=\frac{1}{1.33}\approx 0.752$$

$$\alpha_0=\arcsin 0.752\approx 48^\circ 76'$$

即当光从玻璃入射到水中发生全反射的临界角约为$48^\circ 76'$。

9.1.3　透镜与透镜成像

光学元件中有一种透明体，两个面都磨成球面或一面是球面另一面是平面，被称为**透镜**。所有的透镜可以分为两大类：中部比边缘厚的透镜称为**凸透镜**，中部比边缘薄的透镜称为凹透镜。图 9.8 所示的是各种形状的透镜。

如图 9.9 所示，通过透镜两球面球心 C_1、C_2 的直线称为透镜的主光轴。主光轴与透镜两球面的交点对薄透镜而言可以看作一点，称为透镜的光心 O。平行于主光轴的光线，经过凸透镜后会聚于主光轴上的一点，这个点称为透镜的实焦点，平行于主轴的光线经过凹透镜后被发散，这些发散的光线反向延长时也会聚于一点，这个点称为凹透镜的虚焦点。透镜的焦点与光心的距离称为焦距 f，像与光心的水平距离称为像距 v，物体与光心的水平距离称为物距 u。

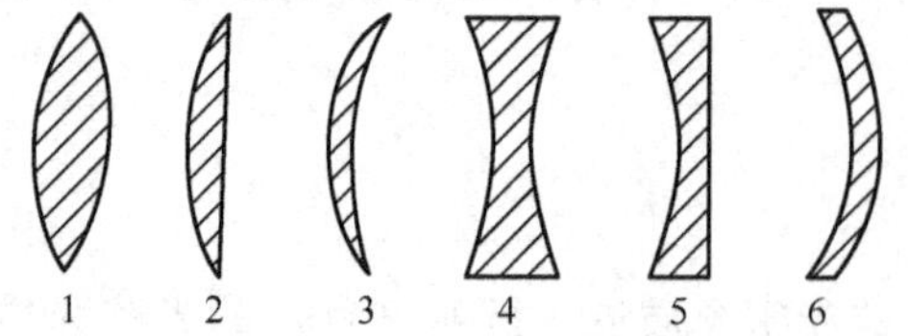

图 9.8 各种形状的透镜

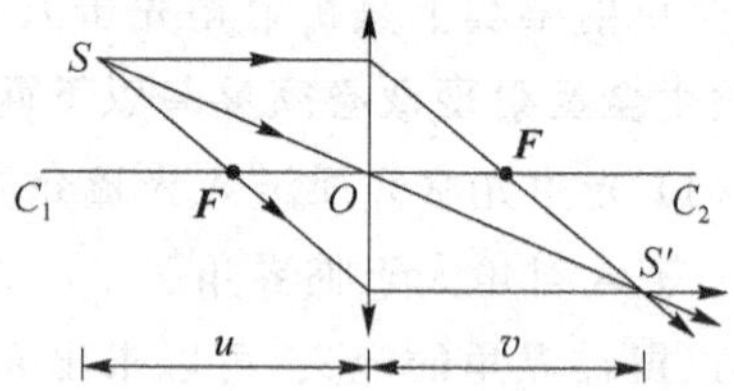

图 9.9 透镜几何参数示意图

凸透镜所成的像可以用作图法求出，其具体方法如下：用通过光心且与主光轴垂直的直线来表示薄透镜，要求出某一发光点的像的位置，只需作出以下三条特殊光线中的两条就可以确定像点的位置，如图 9.10 所示。

(1) 通过焦点的光线经凸透镜折射后跟主轴平行。

(2) 与主光轴平行的光线经透镜折射后通过焦点。

(3) 通过光心的光线经透镜后方向不变。

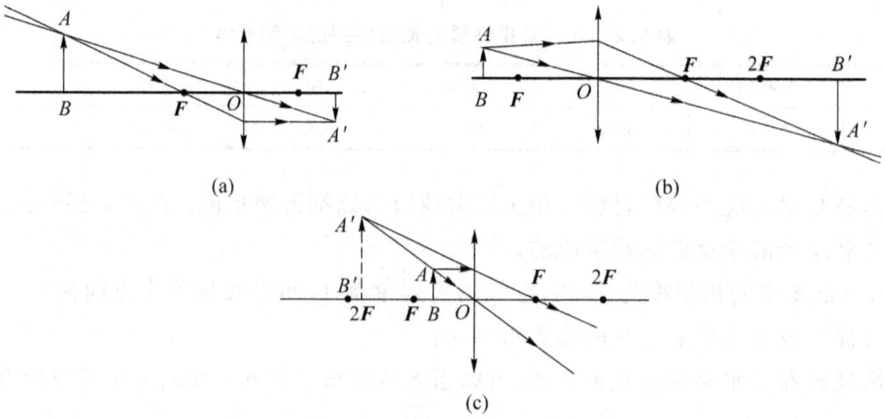

图 9.10 凸透镜成像作图法

凹透镜所成的像同样可以用作图的方法求出，如图 9.11 所示。经过凹透镜所成的像为正立和缩小的像。

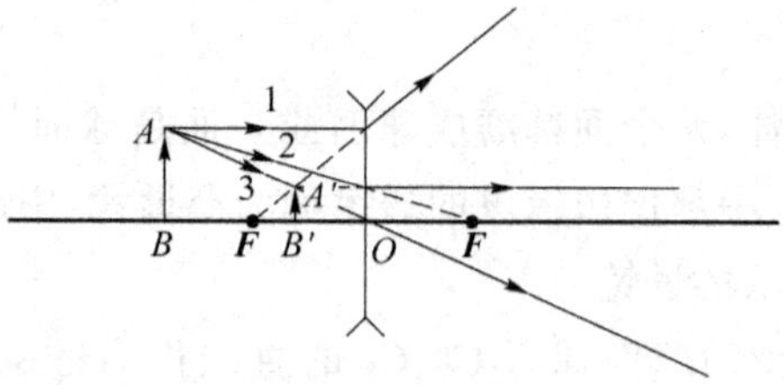

图 9.11 凹透镜成像作图法

在作图过程中，如果像是实际光线的交点，则称为实像；如果像是由实际光线反向延长线得到的，则称为虚像。

9.2　波动光学

几何光学从光的直线传播、反射、折射等基本实验定律出发，讨论成像等特殊问题，它的方法是几何的，没有涉及光的本性，要真正理解光，必须研究光的波动性。19 世纪下半叶，麦克斯韦认识到光是电磁波的一种形式，而且电磁波是横波。后来，人们确定可见光是波长范围在 400～760 nm 之间的电磁波，波长大于 760 nm 的电磁波称为红外线，波长小于 400 nm 的电磁波称为紫外线。7 种可见光的波长范围如表 9.3 所示。

表 9.3　可见光的波长范围

颜色	中心波长 λ_0/nm	波长范围/nm	颜色	中心波长 λ_0/nm	波长范围/nm
红	660	760～647	青	480	492～470
橙	610	647～585	蓝	430	470～424
黄	580	585～575	紫	410	424～400
绿	540	575～492			

具有单一频率（或波长）的光称为**单色光**，包含多个频率（或波长）的光称为**复色光**，白光就是一种复色光。实际使用的单色光都是频率在某一频率附近极窄范围内的光。

房间里有两盏灯，经验告诉我们，我们看到每盏灯的光并不因另一盏灯是否存在而受到影响。该现象告诉我们，当两列光波在空间交叠时，它们的传播并不互相干扰，也就是说，每列波的传播各自独立进行，就像另一列波完全不存在一样，这就是所谓的光的独立传播定律。以上现象不是光波特有的，而是一般波动的性质，这就是**波的独立传播定律**。当存在两个或者多个光波同时传播时，如果光波的独立传播原理成立，则它们叠加的空间区域内，每一点的振动将等于各个光波独立存在时该点的振动之和，这就是光波的叠加原理。下面通过几个著名的实验，介绍光的波动性。

9.2.1　杨氏双缝干涉实验

19 世纪初，托马斯·杨首先用实验方法研究了光的干涉现象。这是最早利用单一光源形成两束相干光，从而获得干涉现象的典型实验。

杨氏双缝实验如图 9.12(a)所示，由光源发出的单色光照射在狭缝 S 上（S 相当于光源）。在 S 前放置两个相距很近的狭缝 S_1 和 S_2，S_1、S_2 与 S 平行，且与 S 等距离。根据惠更斯原理，S_1、S_2 形成两个新的相干光源，因为它们是同一光源 S 形成的，满足振动方向相同、频率相同、位相差恒定的相干条件，故 S_1、S_2 为相干光源。这样，由 S_1 和 S_2 发出的光波在空间相遇，将产生干涉现象。如果在 S_1 和 S_2 的前面放置一屏幕 E，则屏幕上将出现等间距的明暗相间的干涉条纹，如图 9.12(b)所示。

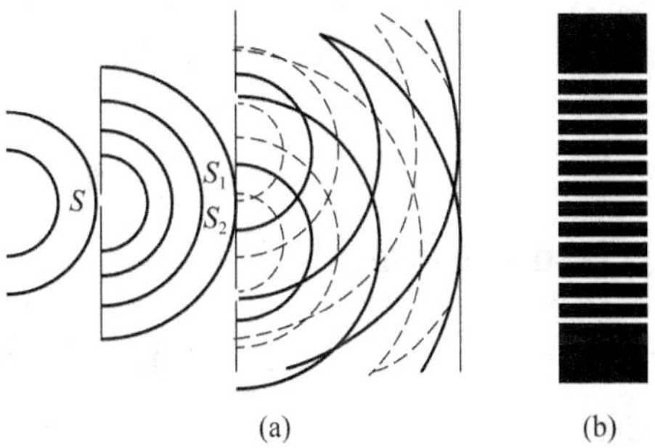

图 9.12　杨氏双缝干涉实验

下面我们定量地讨论一下屏幕 E 上干涉条纹的分布及出现明暗条纹应满足的条件。如图 9.13 所示，设 S_1 和 S_2 间距为 d，双缝与屏幕 E 间的距离为 D，$D\gg d$。在屏幕上的任取一点 P，它与 S_1 和 S_2 的距离分别为 r_1 和 r_2，则由 S_1 和 S_2 发出的光到达 P 点的波程差为 $\delta=r_2-r_1$。屏幕上的 O 点位于 S_1 和 S_2 连线的中垂线上，$OP=x$，则由图 9.13 可知，

$$r_1^2=D^2+\left(x-\frac{d}{2}\right)^2$$

$$r_2^2=D^2+\left(x+\frac{d}{2}\right)^2$$

两式相减得

$$r_2^2-r_1^2=(r_2-r_1)(r_2+r_1)=2dx$$

在通常情况下，$D\gg d$，且 x 一般较小，故 $r_2+r_1\approx 2D$，则由上式可得

$$\delta=r_2-r_1=\frac{dx}{D} \tag{9.3}$$

从波动理论可知，若入射光的波长为 λ，则当

$$\delta=\frac{dx}{D}=\pm k\lambda,\quad k=0,1,2,\cdots \tag{9.4}$$

相应地

$$x=\pm k\frac{D}{d}\lambda,\quad k=0,1,2,\cdots \tag{9.5}$$

时，两光束相互加强，该处为明条纹中心。式中，x 的正、负表示干涉条纹是在 O 点两边对称分布的。对于 O 点，$x=0$，故 $\delta=0$，即 $k=0$，因此 O 点为明条纹的中心，这个明条纹叫作中央明纹。在 O 点两侧，与 $k=1,2,\cdots$ 对应的 x 为 $\pm\frac{D}{d}\lambda$、$\pm\frac{D}{d}2\lambda$，…，其波程差 δ 为 $\pm\lambda$、$\pm 2\lambda$，…，均为明纹中心，这些明条纹分别称为第一级、第二级……明条纹，它们对称地分布在中央明条纹两侧。

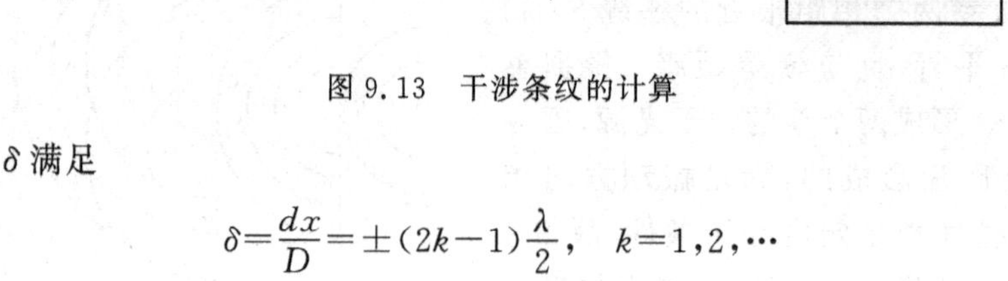

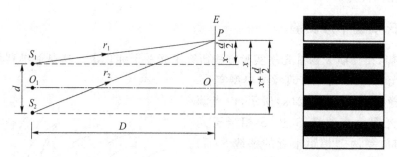

图 9.13　干涉条纹的计算

当波程差 δ 满足

$$\delta=\frac{dx}{D}=\pm(2k-1)\frac{\lambda}{2},\quad k=1,2,\cdots \tag{9.6}$$

相应地

$$x=\pm(2k-1)\frac{D}{d}\frac{\lambda}{2},\quad k=1,2,\cdots \tag{9.7}$$

时，两光束相互减弱，该处为暗条纹中心。上式中 $k=1,2,\cdots$ 对应的暗条纹分别称为第一级、

第二级……暗条纹。

由式(9.5)及式(9.7)可以计算出干涉图样中任何相邻的两条明条纹和任何相邻的两条暗条纹的间距都相等，即

$$\Delta x = x_{k+1} - x_k = \frac{D}{d}\lambda \tag{9.8}$$

式(9.8)表明，明条纹或暗条纹的间距与入射光波长及缝与屏幕的间距 D 成正比，与双缝间距 d 成反比，若 d 与 D 的值一定时，则条纹间距 Δx 只与入射光波长密切相关。波长较短的单色光的干涉条纹较密，波长较长的单色光的干涉条纹较疏。因此，若用白光照射双缝，则在屏幕上的干涉条纹是彩色的，中央为白色条纹，两侧对称地分布着由紫到红的各级干涉图谱。

例 9.3 在杨氏双缝干涉实验中，假设相干光源 S_1 和 S_2 相距 $d=0.30\ \text{mm}$，S_1、S_2 到屏幕 E 的垂直距离为 $D=2.0\ \text{m}$。

(1) 若第二级明纹距中心点 O 的距离为 6.0 mm，求此单色光的波长；

(2) 求相邻两明条纹之间的距离。

解 (1)根据杨氏双缝干涉实验中明纹的位置公式(9.5)，代入 $k=2$，$D=2.0\ \text{m}$，$d=0.30\ \text{mm}$，$r=6.0\ \text{mm}$，得

$$\lambda = \frac{dx}{kD} = \frac{0.30\times10^{-3}\times6.0\times10^{-3}}{2\times2.0} = 4.5\times10^{-7}\ \text{m} = 450\ \text{nm}$$

(2) 根据相邻明纹间距公式(9.8)有

$$\Delta x = \frac{D}{d}\lambda = \frac{2.0\times6.0\times10^{-7}}{0.30\times10^{-3}} = 4.0\times10^{-3}\ \text{m} = 4.0\ \text{mm}$$

在杨氏双缝实验中，干涉区域是双缝后面的整个空间，另外，仅当缝 S_1、S_2 和 S 都很窄时，才能保证 S_1 和 S_2 处光波的振动有相同的位相，但这时通过狭缝的光太弱，因而干涉图样不够清晰。同时由于狭缝过窄，也有衍射现象发生，使得图样有些模糊。后来，许多科学家又尝试了一些其他的方法，对上述问题有所改善，其中较著名的有菲涅耳双面镜、双棱镜实验和洛埃镜实验等。这里我们只介绍洛埃镜实验。

洛埃镜实验不但能显示光的干涉现象，而且还能显示光由光疏介质(折射率较小的介质)射向光密介质(折射率较大的介质)而反射回来时的位相变化。图 9.14 所示为洛埃镜实验装置的示意图。洛埃镜实验中仅用一块平面镜 KL 即可产生光的干涉现象。由狭缝光源 S_1 发出的单色光一部分直接射到屏幕上，另一部分光以接近 90°的入射角掠射到平面镜 KL 上，然后再由 KL 反射到屏幕上，S_2 是 S_1 在平面镜 KL 中的虚像，S_2 与 S_1 构成一对相干光源，但其中 S_2 为虚光源，由平面镜反射的光线好像是从 S_2 发出的。这样，当这两束光线在空间相遇时即可产生干涉现象，而在这两束光线叠加区域中放置的屏幕 E 上会看到明暗相间的等间距干涉条纹。

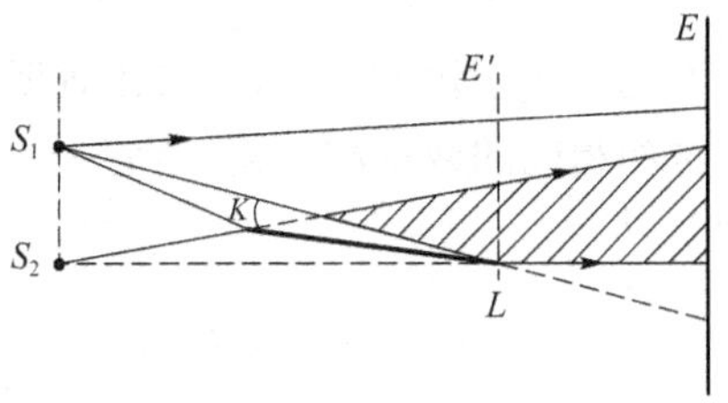

图 9.14 洛埃镜实验装置简图

上述实验中，若把屏幕放到 E' 位置，这时屏幕与镜面 L 端刚好接触。在接触处，从 S_1 和 S_2 发出的光的路程相等，似乎在接触处应出现干涉明纹，但是实验事实指出，在屏幕和镜面的接触处为一暗纹。这表明，直接射到屏幕上的光与由镜面反射回来的光在镜与屏幕接触处位相相反，即位相差为 π。由于入射光不可能有位相的变化，所以只能认为光从空气射向玻璃发

生反射时，反射光有大小为 π 的位相突变。由波动理论可知，当位相差为 π 时，相当于光波行进中差了半个波长的距离，此即波动理论中的“半波损失”。因此，洛埃镜实验证明了光波由光疏介质入射到光密介质反射时会发生半波损失。

9.2.2 薄膜干涉

在上节的杨氏双缝实验中，两束光在相遇处叠加时的位相差仅决定于两束光之间几何路程之差。在本节讨论的薄膜干涉中，光线将经历不同的介质，例如，光线从空气中射入薄膜中。这时，相干光线间的位相差就不能单纯由两束相干光的几何路程来决定。为此，我们先介绍光程的概念。

1. 光程

对于给定的单色光，其频率 ν 在不同介质中是恒定不变的。在折射率为 n 的介质中，光速 v 是真空中光速 c 的 $1/n$，即 $v=c/n$，则在这种介质中传播的单色光波长为

$$\lambda'=\frac{v}{\nu}=\frac{c}{n\nu}=\frac{\lambda}{n} \tag{9.9}$$

由此可见，光经过较密介质(其折射率恒大于 1)时，它的波长要缩短。在折射率为 n 的某一介质中，如果在一段时间内通过的几何路程为 x，亦即其间的波数为 x/λ'，那么同样波数的光波在真空中的几何路程将是

$$\frac{x}{\lambda'}\lambda=nx$$

由此可见，光波在介质中的路程 x 相当于在真空中的路程 nx。我们将光波在某介质中所经历的几何路程 x 与这种介质的折射率 n 的乘积 nx 定义为**光程**。计算光程实际上就是计算与介质中几何路程相当的真空中的路程，也就是把涉及不同介质时的复杂情形都变换成真空中的情形。由此可见，两束相干光通过不同介质后，在空间某点相遇时所产生的干涉现象与两者的光程差(用符号 δ 表示)有关，而不决定于两者的几何路程差。两束初位相相同的相干光在相遇点的位相差 $\Delta\varphi$ 与光程差 δ 间存在下述关系：

$$\Delta\varphi=\frac{2\pi}{\lambda}\delta \tag{9.10}$$

在相干光干涉现象中，一般出现明条纹处称为相干加强，出现暗条纹处称为相干减弱。对于初位相相同的两束相干光，当它们在空间相遇时，相干加强(明纹)或相干减弱(暗纹)的条件为

$$\Delta\varphi=\frac{2\pi}{\lambda}\delta=\begin{cases}\pm 2k\pi, & k=0,1,2,\cdots \text{相干加强}\\ \pm(2k+1)\pi, & k=0,1,2,\cdots \text{相干减弱}\end{cases} \tag{9.11}$$

或

$$\delta=\begin{cases}\pm k\lambda, & k=0,1,2,\cdots \text{相干加强}\\ \pm(2k+1)\dfrac{\lambda}{2}, & k=0,1,2,\cdots \text{相干减弱}\end{cases} \tag{9.12}$$

下面，我们简单说明光波通过薄透镜传播时的光程情况。一束平行光通过透镜后会聚于其焦平面上(如图 9.15 所示)，相互加强成一亮点。

这是由于在平行光束波阵面上各点(如图 9.15(a)中 A、B、C、D、E 点)的位相相同，到达焦平面后位相仍然相同，因而相互加强。可见，从 A、B、C、D、E 等各点到 F 点的光程相等。

关于这个事实还可这样理解，虽然光线 AaF 比光线 CcF 经过的几何路程长，但是透镜的折射率大于 1，因此折算成光程后，AaF 的光程与 CcF 的光程相等。对于斜入射的平行光，会聚于焦平面上的 F' 点，类似讨论可知 AaF'、BbF' 等的光程均相等，如图 9.15(b)所示。因此，在观察干涉时，使用透镜不引起附加的光程差。

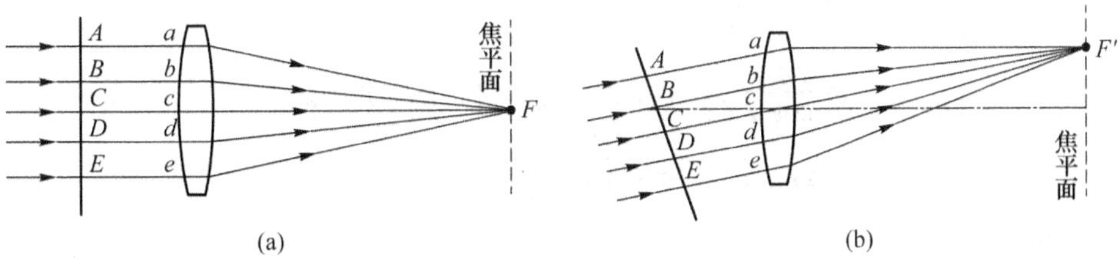

图 9.15　光波通过薄透镜时的光程情况

2. 薄膜干涉

当光源不是点和狭缝，而是具有一定的宽度时，称为扩展光源。在自然条件下，我们常常会观察到扩展光源所产生的干涉现象。例如，当太阳光照在肥皂泡的膜面上，或照射在漂浮在水面的油膜上时，在薄膜的表面上都可以看到许多彩色条纹，这些彩色条纹就是扩展光源发出的光波。在薄膜两个表面上反射后相互叠加产生的干涉现象，称其为**薄膜干涉**。我们首先讨论平行平面薄膜的干涉现象。

如图 9.16 所示，折射率为 n_2 的平行平面薄膜，其上、下层介质的折射率分别为 n_1 和 n_3，设 $n_1<n_2>n_3$，ab、cd 分别为薄膜的上、下两个表面。由扩展光源上 S 点发出的光线 1，以入射角 i 投射到薄膜上表面的 A 点后，分为两部分，一部分由 A 点反射，成为光线 2；另一部分射入薄膜，产生折射，又在下表面 B 点被大部分反射，再经界面 ab 而出成为光线 3。显然，光线 2 和光线 3 是两条平行光线，经透镜 L 会聚于 P 点。由于光线 2、3 是由同一入射光线分出的两部分，只是经历了不同的路径而有恒定的光程差，亦即具有恒定的位相差，因此它们是相干光，在会聚的 P 点会产生干涉现象。

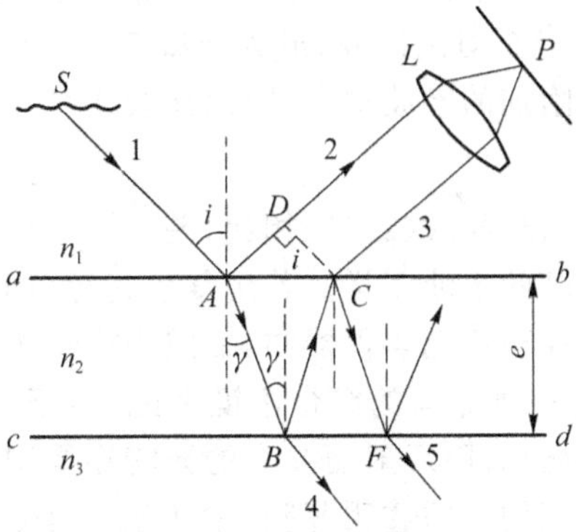

图 9.16　薄膜干涉

由光线 1 分成的两条光线 2、3 到 P 点的光程差决定了 P 点干涉图样的明暗。现在我们计算光线 2 和光线 3 的光程差，同时讨论 P 点干涉加强或减弱的条件。

设 $CD\perp AD$，由于 D 到 P 点和 C 到 P 点的光程相等，所以上述两条光线的光程差为

$$\delta=n_2(AB+BC)-n_1AD+\frac{\lambda}{2}$$

其中，$\frac{\lambda}{2}$ 这一项是由于光线 2 是光线 1 在由光疏介质射向光密介质而在界面反射形成的半波损失项。设薄膜厚度为 e，γ 为折射角，由图中可以看出

$$AB=BC=\frac{e}{\cos\gamma}$$

$$AD=AC\sin i=2e\tan\gamma\sin i$$

根据折射定律 $n_1\sin i=n_2\sin\gamma$，则

$$\begin{aligned}\delta&=2n_2AB-n_1AD+\frac{\lambda}{2}\\&=2n_2\frac{e}{\cos\gamma}-2n_1e\tan\gamma\sin i+\frac{\lambda}{2}\\&=\frac{2n_2e}{\cos\gamma}(1-\sin^2\gamma)+\frac{\lambda}{2}=2n_2e\cos\gamma+\frac{\lambda}{2}\\&=2e\sqrt{n_2^2-n_1^2\sin^2 i}+\frac{\lambda}{2}\end{aligned}$$

于是干涉条件为

$$\delta=2e\sqrt{n_2^2-n_1^2\sin^2 i}+\frac{\lambda}{2} \tag{9.13}$$

$$=\begin{cases}\pm k\lambda, & k=1,2,\cdots \text{加强}\\ \pm(2k+1)\dfrac{\lambda}{2}, & k=0,1,2,\cdots \text{减弱}\end{cases} \tag{9.14}$$

注意，式(9.13)是由 $n_1<n_2>n_3$ 得到的，对于 $n_1>n_2<n_3$ 也可得到相同的结果，但若 $n_1<n_2<n_3$，由于半波损失在两个界面上都产生，结果是

$$\delta=2e\sqrt{n_2^2-n_1^2\sin^2 i}$$

对透射光来说，也有干涉现象。如图 9.16 所示，还是对于 $n_1<n_2>n_3$ 情况，光线 AB 中有一部分直接从 B 点折射出薄膜，成为光线 4，同时还有一部分光经 B 点和 C 点两次反射后由 F 点折射出薄膜，成为光线 5。由于 $n_1<n_2>n_3$，所以光在薄膜表面 B 点和 C 点两次反射时无附加的半波损失，因而光线 4 和 5 的光程差为

$$\delta'=2e\sqrt{n_2^2-n_1^2\sin^2 i} \tag{9.15}$$

式(9.15)与式(9.13)相比，差 $\lambda/2$。可见当反射光相互加强时，透射光将相互减弱，二者形成“互补”的干涉图样。若用复色光源，则能观察到彩色的干涉条纹。

在现代光学仪器中，如照相机镜头或其他光学元件，常采用组合透镜，对于一个具有四个玻璃-空气界面的组合透镜来说，由于反射而损失的光能约为入射光能的 20%。随着界面数目的增加，因反射而损失的光能还要增多。为了减小这种反射损失，一般是在透镜表面上镀一层厚度均匀的透明薄膜，常用氟化镁(MgF_2)等折射率介于空气与玻璃之间的物质做镀层材料。当镀层形成的薄膜厚度合适时，就可以使某种单色光在透明薄膜的两个表面上反射后，相互干涉而抵消掉。于是由于干涉作用，这种单色光就完全不发生反射而透过透明薄膜，此时，薄膜起到增透作用，称为增透膜。

在现代光学仪器中也常常需要有高反射率的界面，而应用光的干涉作用恰恰能实现这一点。一般采用折射率 $n_1=2.35$ 的硫化锌(ZnS)为镀膜材料。根据计算，若玻璃折射率 $n_2=1.52$，则垂直入射光的反射率高达 33%左右，而且n_1 越大，反射率也越大，称这种镀膜为反射膜。对于反射膜，一般利用多层膜可制成高反膜，其反射率高达 99%以上，如激光器谐振腔两端的反射镜就属于多层高反膜。

多层膜就是在玻璃基底上交替地镀以折射率较大的 ZnS 镀层和折射率相对较小的 MgF_2 膜层，对于某种波长为 λ 的单色入射光，每层膜的光学厚度都是 $\lambda/4$，且与基底和空气相邻的都是 ZnS 镀膜。光从空气入射到第一层 ZnS 膜层时，在膜的上表面反射时有半波损失，而在膜的下表面反射时无半波损失，根据上面的讨论知，第一层膜对光的反射有加强作用。当光进

入第二层膜时，在上表面反射时无半波损失，但在下表面反射时有半波损失，因而也对光的反射有加强作用。同理，每一层镀膜都使光的反射加强，只要膜层数足够多，就可以使透射光很弱，反射率很高。但一般考虑到镀层对光的吸收作用，所以镀层数不宜太多。

例 9.4 白光垂直入射到空气中一厚度为 3 800 Å 的肥皂水膜上，肥皂水膜正面呈什么颜色？

解 对肥皂水膜正面，反射光 1 在上表面反射时有半波损失，而反射光 2 在下表面反射时无半波损失，所以两束光之间有附加光程差，即

$$\Delta\lambda = 2ne + \frac{\lambda}{2}$$

因为反射加强，所以有

$$2ne + \frac{\lambda}{2} = k\lambda, \quad k = 1, 2\cdots$$

$$\lambda = \frac{2ne}{k - \frac{1}{2}} = \frac{2\times 1.33\times 3\,800}{k - \frac{1}{2}} = \frac{10\,108}{k - \frac{1}{2}} = \begin{cases} 20\,216\ \text{Å}, & k=1 \\ 6\,739\ \text{Å}, & k=2 \\ 4\,043\ \text{Å}, & k=3 \\ 2\,888\ \text{Å}, & k=4 \end{cases}$$

因为可见光为 4 000～7 600 Å，所以反射光中 $\lambda_2 = 6\,739$ Å 和 $\lambda_3 = 4\,043$ Å 的光得到了加强，前者为红光，后者为紫光。即膜正面呈红、紫色。

9.2.3 劈尖和牛顿环

前面我们讨论的是平行光束入射到厚度均匀的薄膜上的干涉情况。在厚度不均匀的薄膜上所产生的干涉现象也是常见的，在这里我们介绍劈尖和牛顿环。

1. 劈尖

如图 9.17(a)所示，两块平面玻璃片，一端相互叠合，另一端垫入一薄物或细丝，这样在两玻璃片之间形成一空气层，称之为空气劈尖。两玻璃片的交线称为棱边，在与棱边平行的线上，空气劈尖的厚度是相等的。图 9.17 中 M 为半透明反射镜，L 为透镜，T 为显微镜，S 为置于 L 焦点上的单色点光源。由 S 发出的光经 L 后成为平行单色光垂直照射于劈头上，即 $i=0$，此时由空气膜上、下两表面反射回来的光构成相干光，可观察到明暗相间、均匀分布的干涉条纹，如图 9.17(c)所示。这种干涉即称为**劈尖干涉**。

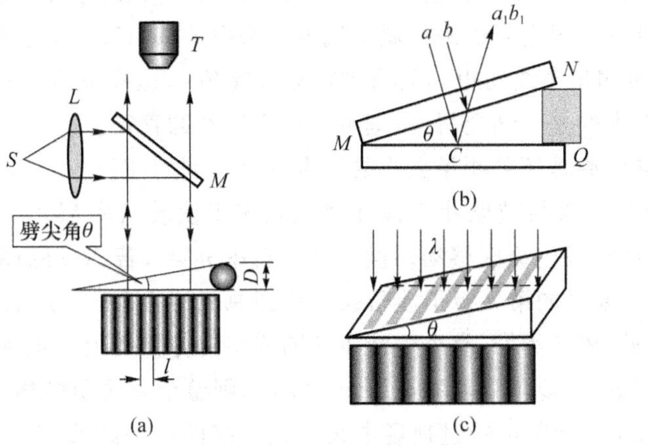

图 9.17 劈尖干涉

如图 9.17(b)所示，劈尖 C 点处厚度为 e，当波长为 λ 的平行单色光垂直($i=0$)入射时，在劈尖上下两表面反射的两条相干光线间的光程差为

$$\delta=2ne+\frac{\lambda}{2}$$

其中，n 为空气折射率，$\lambda/2$ 是由于光线 aa_1 在劈尖下表面反射时具有半波损失而附加的。因此，反射光的干涉条件为

$$\begin{cases}\delta=2ne+\dfrac{\lambda}{2}=k\lambda, & k=1,2,3\cdots \text{明条纹}\\ \delta=2ne+\dfrac{\lambda}{2}=(2k+1)\dfrac{\lambda}{2}, & k=0,1,2,\cdots \text{暗条纹}\end{cases} \tag{9.16}$$

由式(9.16)可见，对应于劈尖厚度相同的地方，两相干光的光程差都一样，对应于同一级干涉条纹，称这种与膜一定厚度相对应的干涉条纹为等厚干涉条纹，这种干涉又称为等厚干涉。因此，劈尖的干涉条纹应是一系列平行于劈尖棱边的明暗相间的等间距直条纹。

在两玻璃片相接触的棱边处，劈尖厚度 $e=0$，由于存在半波损失，因而光程差 $\delta=\dfrac{\lambda}{2}$，所以棱边处应为暗条纹，这与实际观察到的现象是相符的，反过来也证明了半波损失的确是存在的。如图 9.17(c)所示，两相邻明条纹或暗条纹的间距以 l 表示，则有

$$l\sin\theta=e_{k+1}-e_k \tag{9.17a}$$

根据式(9.14)的暗纹条件有

$$l\sin\theta=(k+1)\frac{\lambda}{2n}-k\frac{\lambda}{2n}=\frac{\lambda}{2n} \tag{9.17b}$$

显然两相邻暗条纹间距与两相邻明条纹间距相等。式(9.17)中 θ 为劈尖夹角。显然 θ 越小，干涉条纹越疏；θ 越大，干涉条纹越密。若劈尖的夹角 θ 很大，则干涉条纹将密得无法分开，也就无法观察了。一般来说，劈尖干涉条纹只能在劈尖夹角很小的情况下观察到。

在实际工作中可应用劈尖干涉的原理检测工件表面的平整情况，设图 9.17(b)中的 MQ 为被检测的工件表面，MN 为一光学平面的标准玻璃片。如果被检测工件表面 MQ 也是光学平面，则干涉条纹为间距相等的平行直条纹。如果 MQ 的表面稍有凹凸情形，则在相应处的干涉条纹将发生畸变，不再是平行直条纹，而是疏密不均的曲线形条纹。

应用劈尖干涉的原理还可以测量微小线度。根据式(9.17b)，若已知入射单色光波长 λ 和劈尖折射率 n，又可测出条纹间距 l，则可求得劈尖夹角 θ，这样就可进一步求出两块玻璃片所夹薄物的线度。若夹的是一细金属丝，则可求得金属丝的直径。

应用劈尖干涉的原理还可测量微小的线度变化。例如，图 9.17(c)中空气劈尖的夹角 θ 不变，只改变 NQ，亦即在保持玻璃片 MN 不动的情况下使玻璃片 MQ 向上平移，则由式(9.16)可知，等厚干涉条纹将发生级次移动。设空气折射率 $n\approx1$，若 NQ 的厚度变化 $\lambda/2$，即 MQ 向上平移 $\lambda/2$ 距离，则原来的第 k 级干涉暗纹将移到原来的第 $k+1$ 级暗纹位置处，第 $k+1$ 级移到第 $k+2$ 级位置处，依此类推，整个干涉条纹图样将沿劈尖的上表面 MN 向较厚的方向移动一个条纹间距 l。如果 NQ 的厚度减少了 m 个 $\lambda/2$，则整个条纹图样移动 ml 距离，于是通过测量条纹移动的距离 ml，或数出越过视场中某一刻度线的明条纹或暗条纹的数目 m，即可由公式 $\Delta e=ml\sin\theta=m\dfrac{\lambda}{2}$，求得 NQ 尺度的微小变化，利用这个原理制成的干涉膨胀仪可测量很

小的固体样品的线膨胀系数。

例 9.5 利用劈尖干涉检验精密加工工件表面的质量。在工件上放一光学玻璃，一端垫起，使其间形成一空气劈尖，如图 9.18(a)所示。今观察到干涉条纹如图 9.18(b)所示。试根据条纹弯曲方向，判断工件表面是凹还是凸。

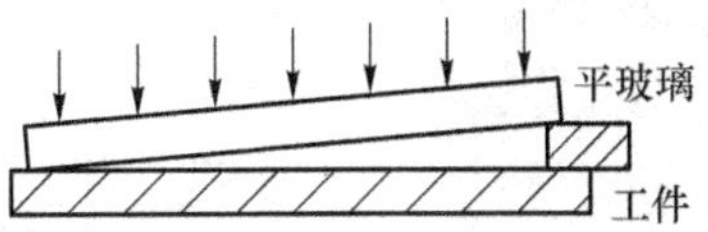

(a)

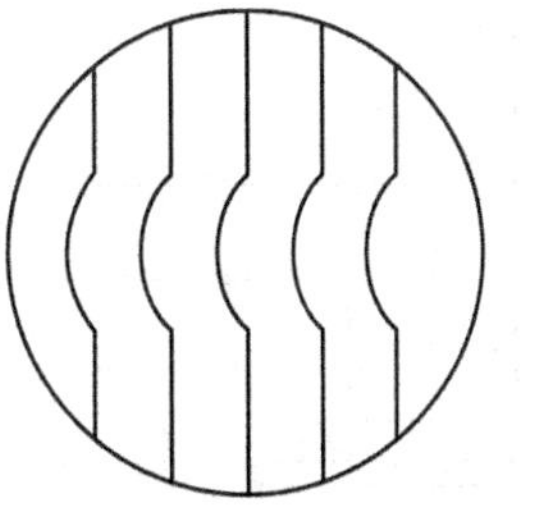

(b)

图 9.18 例 9.5 用图

解 由于光学平面玻璃的表面是很平的，所以若工件表面也是平的，则空气劈尖的等厚干涉条纹应为平行于棱边的直条纹。现在干涉条纹的局部弯向棱边，说明在工件表面的相应位置处有一条垂直于棱边的不平的纹路。根据式(9.16)，我们知道，同一条等厚干涉条纹对应的薄膜厚度相等，所以在同一条纹上，弯向棱边的部分和直的部分所对应的膜厚度应该相等，本来越靠近棱边的膜厚度应越小，而现在在同一条纹上近棱边处和远离棱边处厚度相等，这说明工件表面的纹路是下凹的。

例 9.6 用波长 $\lambda=589.0$ nm 的激光垂直照射一折射率 $n=1.52$ 的玻璃劈尖，在玻璃表面上产生等厚干涉条纹。今测得两相邻暗条纹间距 $l=0.25\times10^{-2}$ m，试求此劈尖的夹角 θ。

解 由于钠光垂直照射玻璃劈尖，则

$$l\sin\theta=e_{k+1}-e_k=\frac{\lambda}{2n}$$

故

$$\sin\theta=\frac{\lambda}{2nl}=\frac{5.89\times10^{-9}}{2\times1.52\times0.25\times10^{-2}}=7.75\times10^{-5}$$

因为 θ 角很小，所以 $\sin\theta\approx\theta$，则

$$\theta=9.683\times10^{-5}\ \text{rad}$$

2. 牛顿环

将一曲率半径很大的平凸透镜 A 的凸面放在一片光学平玻璃 B 的上面，如图 9.19 所示。在凸面与平面之间形成了一空气薄层。

从接触点 O 向外，空气薄层的厚度逐渐增大，并且在以接触点 O 为中心的任意一圆上的各点处，空气薄层的厚度都相等。设有一单色平行光束经 45°倾角的半透明的平面镜 M 反射后，垂直照射到平凸透镜的表面上，则在空气薄层的上下两个界面(透镜的凸面和平面玻璃片的上表面)上反射的两条光线为相干光线，将发生干涉，于是通过透镜可以观察到在透镜的凸面和空气薄层的交界面上产生以接触点 O 为中心的明暗相间的环形干涉条纹，如图 9.19(b)所示，随着环半径的增大，明暗环变得越来越密。由于每一环干涉条纹所在处的空气薄层的厚

度相等,所以这些干涉条纹也是一种等厚干涉条纹,称这样的干涉条纹为**牛顿环**。

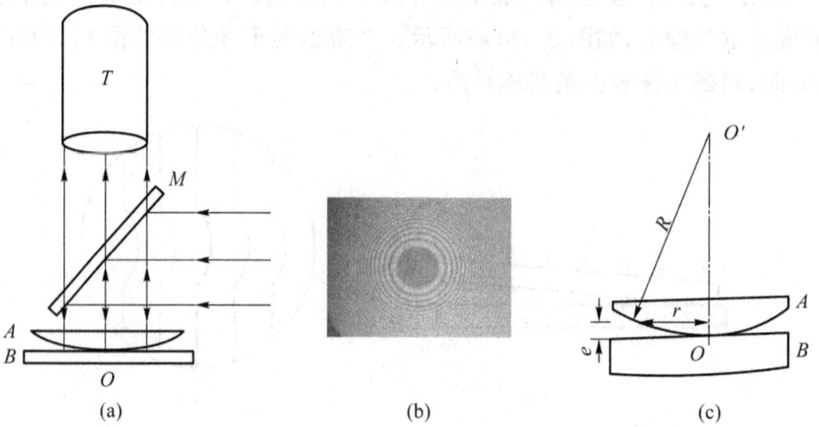

图 9.19　牛顿环实验

现在来定量地计算牛顿环的半径 r、光波波长 λ 和平凸透镜的曲率半径 R 之间的关系。由于透镜及玻璃片的折射率都比空气的折射率 n 大,则对应空气薄膜任一厚度 e 处,两束相干光的光程差为

$$\delta=2ne+\frac{\lambda}{2} \tag{9.18}$$

式(9.18)中,$\lambda/2$ 是光在空气薄膜的下表面(即与平面玻璃片的分界面)上反射时产生的半波损失,则产生明、暗环的条件为

$$\begin{cases}\delta=2ne+\dfrac{\lambda}{2}=k\lambda, & k=1,2,3\cdots\text{明环}\\ \delta=2ne+\dfrac{\lambda}{2}=(2k+1)\dfrac{\lambda}{2}, & k=0,1,2,\cdots\text{暗环}\end{cases} \tag{9.19}$$

设平凸透镜的曲率半径为 R,某一级牛顿环的半径为 r,从图 9.19(c)中的直角三角形可得空气薄膜任意一点处膜厚 e 与 R 和 r 的关系为

$$r^2=R^2-(R-e)^2=2Re-e^2$$

因为 $R\gg e$,故可以略去上式中的 e^2,于是得

$$r^2=2Re$$

由式(9.18)中解出 e,代入上式可求得明环和暗环的半径分别为

$$\begin{cases}r=\sqrt{(2k-1)\dfrac{R\lambda}{2n}}, & k=1,2,3\cdots\text{明环半径}\\ r=\sqrt{\dfrac{kR\lambda}{n}}, & k=0,1,2,\cdots\text{暗环半径}\end{cases} \tag{9.20}$$

在平凸透镜的凸面与玻璃片的接触点 O 处,因为 $e=0$,由式(9.18)可知,两条反射光线的光程差 $\delta=\dfrac{\lambda}{2}$,所以牛顿环的中心点是一暗点(实际上是一个暗圆面,因为接触点实际上不是点而是圆面)。

可以看出，当第 k 级明环或暗环半径 r_k 测得后，若已知入射光的波长 λ，则可算得平凸透镜的曲率半径 R；反之，若 R 为已知，则可算得入射光的波长 λ。

牛顿环干涉图样中任何两相邻明环或相邻暗环间的半径之差 $r_{k+1}-r_k$ 与环半径之间的关系可由式(9.20)导出，即

$$r_{k+1}^2-r_k^2=\frac{R\lambda}{n}$$

$$r_{k+1}-r_k=\frac{R\lambda}{n(r_{k+1}+r_k)}$$

从上式可以看出，k 越大，环的半径越大，但相邻两明环或暗环的半径之差越小，这表明随着环半径逐步增大，牛顿环变得越来越密，这正如图 9.19(b)所显示的一样。

如果用白光照射到平凸透镜的表面上，由式(9.20)可以看出，不同波长的光对应同一级次 k 产生的明环半径 r_k 不同，干涉条纹是彩色的环谱。

以上讨论了反射光的干涉问题，透射光也可以产生牛顿环，只是其明暗情形与反射光的明暗情形恰好相反，透射光干涉产生的牛顿环中心处是一亮圆面。

除了可以用牛顿环测量平凸透镜的曲率半径及未知入射单色光的波长外，在制作光学元件时，常常根据牛顿环环形干涉条纹的圆形程度来检验平面玻璃是否为光学平面或透镜的曲率半径是否均匀。前者是把标准的平凸透镜放在受检的玻璃片上进行检验，后者是把磨好的平凸透镜放在标准的光学平面玻璃片上进行检验。另外，也可以应用牛顿环法检验平凸透镜曲率半径的大小是否合格，方法是用曲率半径为标准值的凹面玻璃与一受检验的平凸透镜叠在一起，如果两者完全密合，则不出现牛顿环；如果平凸透镜的曲率半径稍偏离标准值，则产生牛顿环。

9.2.4 迈克尔逊干涉仪

前面指出，劈尖表面的干涉条纹的位置决定于光程差，光程差的微小变化会引起干涉条纹的明显移动。反过来，也可以根据移过的条纹数推算出一个面的微小移动，迈克尔逊干涉仪就是根据这个原理制成的一种精密仪器，它是最常用也是最早制成的干涉仪，它的制成和应用对现代物理学的发展曾起了重要作用。

图 9.20 为迈克尔逊干涉仪的构造简图。M_1 和 M_2 是两块精密磨光的平面镜。相互垂直地放置，其中 M_1 是固定的，M_2 用一组螺旋钮控制，可前后做微小移动。G_1 和 G_2 是由相同材料制成的两块厚薄均匀且相等的平行平面玻璃片。在 G_1 的一个表面上镀有半透明的薄银层(图中用粗线 A 标出)，使照射在它上面的光一部分被反射，另一部分透射。G_1 和 G_2 平行放置，并与 M_1 和 M_2 成 45°的倾斜角。

由扩展光源上一点 S 所发出的光线射向 G_1 时，被 G_1 的薄银层分为反射光Ⅰ和透射光Ⅱ，因而 G_1 又称为分光板。光线Ⅰ向 M_1 传播，经 M_1 反射后再穿过 G_1，射到 P 点处的观察者眼睛或照相物镜上。光线Ⅱ穿过 G_2 后，向 M_2 传播，经 M_2 反射后，再穿过 G_2，并经薄银层反射，也射到 P 点处。显然，光线Ⅰ和光线Ⅱ是两束相干光线，因而 P 点处观察者的眼睛或照相物镜能看到或获得干涉图样。装置中放置 G_2 的目的是使光线Ⅰ和光线Ⅱ都穿过同样厚度的玻璃片三次，以补偿光线Ⅱ只通过 G_1 一次而引起的与光线的较大附加光程差，因此常把 G_2 称为补偿板。

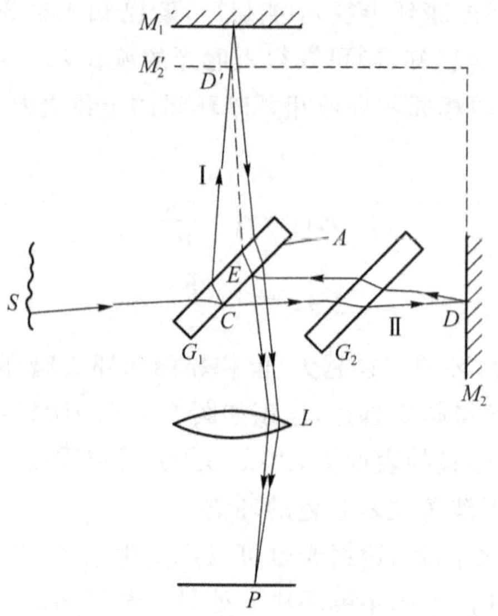

图 9.20　迈克尔逊干涉仪简图

图 9.20 中 M_2' 为 M_2 在镀银层中所成的虚像，因而来自 M_2 反射的光线Ⅱ可以看作从 M_2' 反射的。如果 M_2 和 M_1 并不严格垂直，则 M_2' 与 M_1 也就不严格地平行，这样便在 M_2' 和 M_1 间形成一空气劈尖。此时，来自 M_2' 和 M_1 的反射光线Ⅱ和光线Ⅰ与前面讨论的从劈尖两表面上反射的两条光线类似，形成明暗相间、平行等间距的等厚干涉条纹。如果 M_2 做微小移动，则其像 M_2' 也要做微小移动。按前面的讨论可知，也要引起等厚干涉条纹的移动。设空气折射率近似为 1，当 M_2 平移 $\lambda/2$ 距离时，则观察者将看到一级明条纹（或暗条纹）移过视场中的某一刻度位置。如果能数出视场中移过某一刻度位置的明（或暗）条纹的数目 m，则可以计算出 M_2 平移的距离为

$$\Delta d = m\frac{\lambda}{2} \tag{9.21}$$

如果 M_1 和 M_2 严格地相互垂直，则 M_2' 与 M_1 也就严格平行，这样便在 M_2' 与 M_1 之间形成一平行平面空气薄膜。结果 P 点处观察者的视场中将看到环形的干涉条纹。如果 M_2 做微小平移，则环形条纹将由中心“冒出”或向中心收扰并“淹没”。每有一级环形条纹冒出或淹没表示 M_2 平移了 $\lambda/2$ 的距离，因而当能数出环形条纹变化的数目 m 时，也可知 M_2 所平移的距离，如式(9.21)所示。由式(9.21)可知，应用迈克尔逊干涉仪，可以由已知波长的光束来测定微小长度，也可由已知的微小长度来测定某光波的未知波长。

1881 年，迈克尔逊和莫雷应用迈克尔逊干涉仪试图通过实验来测定地球在“以太”中运动的相对速度，实验中所得到的结果与经典的伽利略变换相矛盾，但却成为爱因斯坦狭义相对论的实验基础。

阅读材料

1. 隐形眼镜

隐形眼镜又称角膜接触镜，是一种镶嵌在眼内的微型眼镜片，能矫正近视、远视和散光。

隐形眼镜内表面的曲率半径应与人的角膜曲率半径相吻合，外表面的曲率半径由配戴者根据矫正的视力度数而定。镜片分为硬片和软片，硬性镜片价格低、寿命长，软性镜片亲水性和透气性好。隐形眼镜镜片和角膜及两者之间的液体组合在一起，组成光学系统。

2. 光导纤维

光导纤维简称光纤，是一种由玻璃或塑料制成的纤维，应用光的全反射原理进行光的传导。香港中文大学高锟和 George A. Hockham 首先提出光纤可以用于通信传输的设想，高锟因此获得了 2009 年的诺贝尔物理学奖。光纤裸纤一般分为三层：中心为高折射率玻璃纤芯(芯径一般为 50 μm 或 62.5 μm)，中间层为低折射率硅玻璃包层(直径一般为 125 μm)，最外层为加强用的树脂涂覆层，如图 9.21 所示。光线在纤芯传送，当光线入射到纤芯和外层界面的角度大于产生全反射的临界角时，光线透不过界面，会全部反射回来，继续在纤芯内向前传送，而包层主要起到保护的作用。纤芯折射率比包层的折射率大得多。当光的入射角大于临界角时，光就在纤芯与包层之间发生全反射，把光从一端传到另一端。

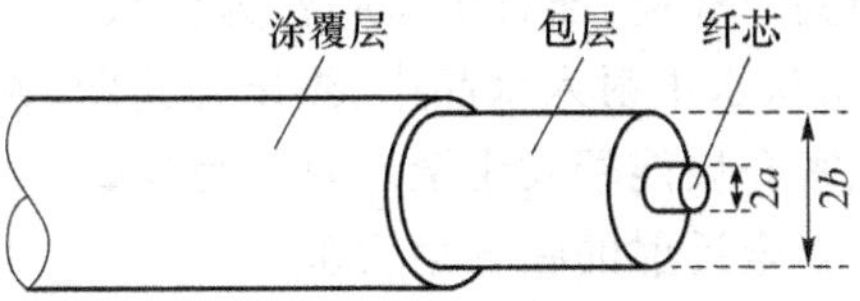

图 9.21 光导纤维传输光线示意图

光纤在医学、工业、通信等领域都有广泛的应用。医学上用光纤可以观察人体内部的病变并进行一些复杂的内科手术；工业生产中用光纤代替人可以完成各种特殊条件下的工作，还可以利用光纤制成传感器，完成要求较高的检测工作；光纤材料因具有功耗小、抗干扰、灵敏度高等优点，在现代通信的各个领域中发挥着不可替代的重要作用。

本章小结

1. 几何光学

光的直线传播定律：光在均匀介质中沿直线传播。光能够在其中传播的物质称为光介质，简称**介质**。当光从一种介质进入另一种不同介质时，光的传播方向发生变化，这种现象称为**光的折射**。

斯涅尔定律：$\dfrac{\sin i_1}{\sin i_2}=n_{12}$。

入射光在介质表面被全部反射的现象称为**全反射现象。全反射现象必须具备以下两个条件**：

(1) 光由光密介质进入光疏介质；

(2) 入射角大于临界角。

凸透镜所成的像可以用作图法求出，其具体方法如下：

(1) 通过焦点的光线经凸透镜折射后与主轴平行；

(2) 与主光轴平行的光线经透镜折射后通过焦点；

(3) 通过光心的光线经透镜后方向不变。

2. 波动光学

每列波传播，各自独立进行，就像另一列波完全不存在一样，这就是光的独立传播定律。这是一般波动的性质，也称为**波的独立传播定律**。

将光波在某介质中所经历的几何路程 x 与这种介质的折射率 n 的乘积 nx 定义为**光程**。光源发出的光波在薄膜两个表面上反射后相互叠加产生的干涉现象，称为**薄膜干涉**。平行单色光垂直照射于劈头上，此时由空气膜上、下两表面反射回来的光构成相干光，可观察到明暗相间、均匀分布的干涉条纹，这种干涉即称为劈尖干涉。

思 考 题

1. 神枪手对准停在水中的鱼开枪，能打中鱼吗？为什么？

2. 一束光以 60°的入射角从水中射入水晶中，画出光路图，并求出折射角。

3. 光从光疏介质进入光密介质能否发生全反射？为什么？

4. 光从水晶射入水中发生全反射的临界角为多少？

5. 物体发出的光线通过透镜，既可成实像又可成虚像，请问该透镜是何种透镜？如果物体发出的光线通过透镜，只能成虚像，该透镜又是何种透镜？

习 题

一、选择题

1. 如习题图 9.1 所示，在 A 点有一个小球，紧靠小球的左方有一个点光源 S。现将小球从 A 点正对着竖直墙平抛出去，打到竖直墙之前，小球在点光源照射下的影子在墙上的运动是(　　)。

A. 匀速直线运动　　B. 自由落体运动

C. 变加速直线运动　　D. 匀减速直线运动

2. 如习题图 9.2 所示，一细束红光和一细束蓝光平行照射到同一个三棱镜上，经折射后交于光屏上的同一个点 M，若用 n_1 和 n_2 分别表示三棱镜对红光和蓝光的折射率，下列说法中正确的是(　　)。

A. $n_1 < n_2$，a 为红光，b 为蓝光　　B. $n_1 < n_2$，a 为蓝光，b 为红光

C. $n_1 > n_2$，a 为红光，b 为蓝光　　D. $n_1 > n_2$，a 为蓝光，b 为红光

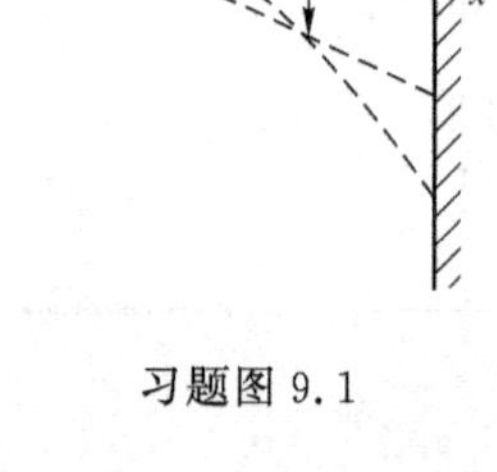

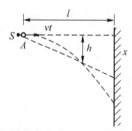

习题图 9.1

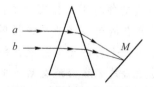

习题图 9.2

3. 如习题图 9.3 所示，自行车的尾灯采用了全反射棱镜的原理。它虽然本身不发光，但在夜间骑行时，从后面开来的汽车发出的强光照到尾灯后，会有较强的光被反射回去，使汽车司机注意到前面有自行车。尾灯的原理是(　　)。

A. 汽车灯光应从左面射过来，在尾灯的左表面发生全反射

B. 汽车灯光应从左面射过来，在尾灯的右表面发生全反射

C. 汽车灯光应从右面射过来，在尾灯的左表面发生全反射

D. 汽车灯光应从右面射过来，在尾灯的右表面发生全反射

4. 如习题图 9.4 所示，两细束平行的单色光 a、b 射向同一块玻璃砖的上表面，最终都从玻璃砖的下表面射出。已知玻璃对单色光 a 的折射率较小，那么下列说法中正确的有(　　)。

A. 进入玻璃砖后两束光仍然是平行的

B. 从玻璃砖下表面射出后，两束光不再平行

C. 从玻璃砖下表面射出后，两束光之间的距离一定减小了

D. 从玻璃砖下表面射出后，两束光之间的距离可能和射入前相同

习题图 9.3

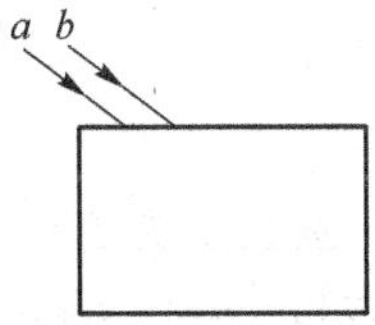

习题图 9.4

5. 如习题图 9.5 所示，用透明材料做成一长方体形的光学器材，要求从上表面射入的光线能从右侧面射出，那么所选的材料的折射率应满足(　　)。

A. 折射率必须大于$\sqrt{2}$

B. 折射率必须小于$\sqrt{2}$

C. 折射率可取大于 1 的任意值

D. 无论折射率是多大都不可能

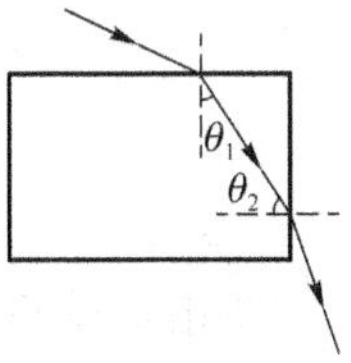

习题图 9.5

6. 用绿光做双缝干涉实验，在光屏上呈现出绿、暗相间的条纹，相邻两条绿条纹间的距离为 Δx。下列说法中正确的有(　　)。

A. 如果增大单缝到双缝间的距离，Δx 将增大

B. 如果增大双缝之间的距离，Δx 将增大

C. 如果增大双缝到光屏之间的距离，Δx 将增大

D. 如果减小双缝的每条缝的宽度，而不改变双缝间的距离，Δx 将增大

二、作图题

1. 如习题图 9.6 所示，画出人眼在 S 处通过平面镜可看到障碍物后地面的范围。

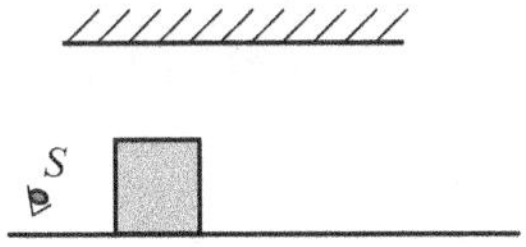

习题图 9.6

2. 如习题图 9.7 所示，直角三棱镜的顶角 $\alpha=15°$，棱镜材料的折射率 $n=1.5$，一细束单色光垂直于左侧面射入，试用作图法求出该入射光第一次从棱镜中射出的光线。

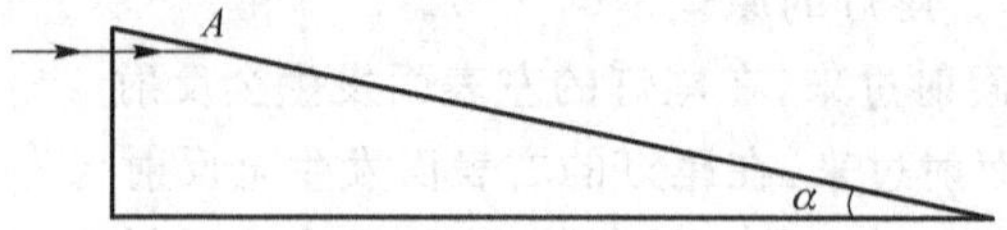

习题图 9.7

3. 如习题图 9.8 所示，一束平行单色光 a 垂直射向横截面为等边三角形的棱镜的左侧面，棱镜材料的折射率是$\sqrt{2}$。试画出该入射光射向棱镜后所有可能的出射光线。

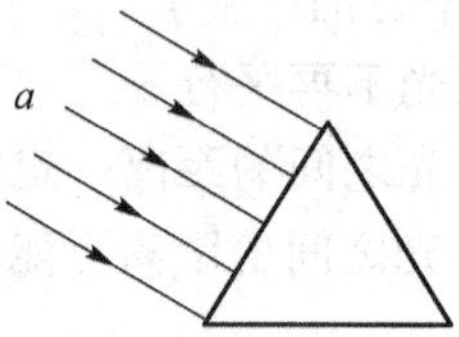

习题图 9.8

三、计算题

1. 如习题图 9.9 所示，一条长度为 $L=5.0$ m 的光导纤维用折射率为 $n=\sqrt{2}$的材料制成。一细束激光由其左端的中心点以 $\alpha=45°$的入射角射入光导纤维内，经过一系列全反射后从右端射出。求：

(1) 该激光在光导纤维中的速度 v 是多大？

(2) 该激光在光导纤维中传输所经历的时间是多少？

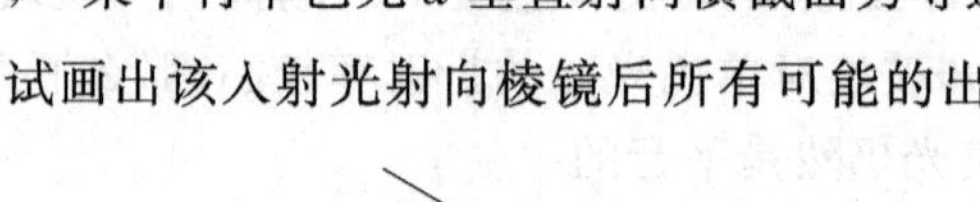

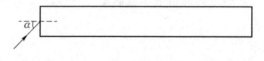

习题图 9.9

2. 登山运动员在登雪山时要注意防止紫外线的过度照射，尤其是眼睛更不能长时间被紫外线照射，否则将会严重地损坏视力。有人想利用薄膜干涉的原理设计一种能大大减小紫外线对眼睛的伤害的眼镜。他选用的薄膜材料的折射率为 $n=1.5$，所要消除的紫外线的频率为 8.1×10^{14} Hz，那么它设计的这种“增反膜”的厚度至少是多少？

第3篇 热　　学

热学是物理学的一个重要组成部分，是专门研究热现象规律及其应用的一门学科。热现象是不同于力学现象、电磁现象的另一类自然现象。生活中，冷热是人们对自然界一种最普通的感觉。当温度达到 100 ℃以上时，水将发生气化，当温度降到 0 ℃以下时，水将凝结成冰，即水的固、液、气三态的相互转化。夏天，自行车和汽车的车胎气体都不能加得太足，以免在行驶过程中由于温度过高气体膨胀而发生爆胎现象。诸如此类，引起热现象的根本原因是组成物体的大量微观粒子永不停歇的无规则热运动。正是热运动的存在引起我们对物体的“冷热”感觉，需要引进温度、热量等物理量来描述物体的冷热状态。热运动的存在还必然影响到物体的各种宏观性质。例如，物体热胀冷缩；随压强和温度的变化有不同物态之间的相互转变；当温度变化时，物质的电磁性质发生变化等。在热学中，具体的研究对象称为热力学系统，简称系统。热力学系统是由大量分子组成的。

人们对热力学系统的研究有两种截然不同的方法。

(1) 热力学方法。热力学是研究热力学系统的宏观理论，是人们通过对热现象的观察、实验和分析，总结出来的宏观热现象所遵循的基本规律，包括热力学第一定律、热力学第二定律和热力学第三定律。

(2) 统计物理学方法。统计物理学是研究热现象的微观理论，它从物质的微观结构出发，即是从组成物质的大量分子、原子的运动和相互作用出发，以每个微观粒子遵循的力学规律为基础，利用统计规律的方法推导出宏观物体所遵循的热学规律，也称统计力学。

由于热力学这几个基本定律是从大量实验和观测中总结出来的，都具有高度的准确性和普遍性，因此可以用来验证微观理论的正确性。但是由于这几个基本定律的结论均不涉及物质的内部结构，把物质看成连续体，应用连续函数来表示物质的性质，所以不能真实地反映物质实际的内部状态，表现出一定的局限性。因此，热力学与统计物理的研究对象相同，研究方法不同，互相补充，相辅相成，不能互相代替。

在本篇中，统计物理学只介绍气体分子运动论，简称为气体动理论，热力学只介绍最基本的概念与热力学第一定律、热力学第二定律。

第 10 章　气体动理论

气体动理论是统计物理学的前身和组成部分，它是 19 世纪中叶由麦克斯韦(J. C. Maxwell，1831—1879 年)和玻耳兹曼(L. Boltzmann，1844—1906 年)等人建立起来的，是统计物理最基本的内容。气体动理论是从气体的微观结构模型出发，根据大量气体分子热运动所表现出来的统计规律，来解释气体的宏观热性质，从而揭示气体所表现出来的宏观热现象的本质。

通过本章的讨论，我们可以了解一些气体的微观实质，同时对统计物理处理问题的基本方法有一个初步认识。

10.1　统计规律的基本概念

10.1.1　伽尔顿板实验

现以伽尔顿板实验为例说明什么是统计规律。如图 10.1 所示，伽尔顿板是在一竖直木板的上部规则地钉上许多铁钉，下部用隔板隔成许多等宽度的狭槽，板前用透明板封盖，板顶装有漏斗型入口。小球从入口处投入，在下落过程中将与铁钉发生多次碰撞，最后落入某一槽中。这一种装置称为伽尔顿板。

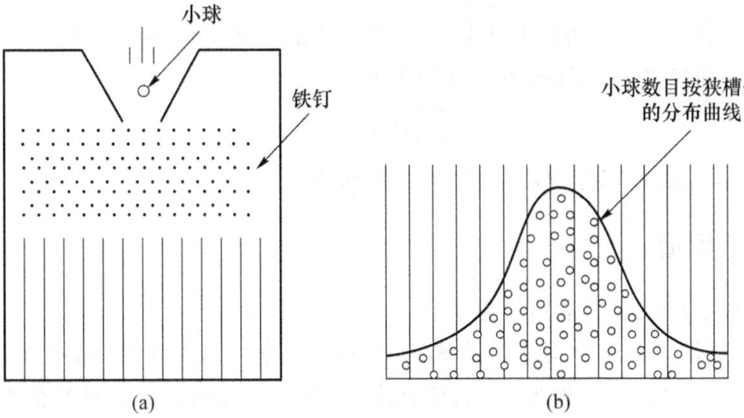

图 10.1　伽尔顿板

伽尔顿板实验通常是分别多次投入单个小球或者同时投入许多小球，观察比较小球在各个槽的分布。实验结果发现，投入单个小球，小球与铁钉碰撞后落入哪个槽中完全是偶然的或者是随机的。大量小球同时投入或单个小球分别多次投入，最终落入中间部位槽中的小球总是最多，而落入两侧槽中的小球总是较少。多次重复实验发现，各槽中的小球数目分布基本不变，但又不是绝对相同。伽尔顿板实验表明，单个小球落入某个槽中是偶然事件或随机事件，大量小球按槽的分布遵从确定的规律，这种对大量偶然事件的整体所表现出的规律称为统计规律。在伽尔顿板实验中，单个小球的运动服从力学规律，大量小球按槽的分布服从统计规律。

热现象是大量分子热运动的集体表现，单个分子或少量分子的运动服从力学规律，大量分子的热运动服从统计规律。统计规律是对大量偶然事件整体起作用的规律，力学规律是对单个偶然事件起作用的规律，统计规律不是力学规律的简单叠加。统计规律与力学的决定性规律有着明显的区别，统计规律永远伴随着涨落，即我们多次重复实验，每次实验结果与多次实验结果的平均值都有一定的偏差，这种偏差就是单个的偶然事件相对统计规律的涨落。**涨落现象是统计规律的基本特征之一**。偶然事件数目较少时，涨落现象比较明显；偶然事件数目较多时，涨落现象越不显著。

10.1.2 概率

以伽尔顿板实验为例，设小球总数为 N，落入第 i 个狭槽的小球数为 ΔN_i，当小球总数 N 很大时，我们定义小球落入第 i 个狭槽概率为

$$P_i=\frac{\Delta N_i}{N} \tag{10.1}$$

小球落入第 i 个狭槽是偶然事件，偶然事件出现的概率就是在一定条件下，该事件出现的可能性大小的量度。就是说，单个小球投入之后，无法预言小球是否落入第 i 个狭槽，大量小球投入，小球落入第 i 个狭槽的可能性用落入该槽的小球数 ΔN_i 与投入小球总数 N 的比值 $\frac{\Delta N_i}{N}$ 来量度。落入该槽的小球数占小球总数的百分比越大，小球落入该槽的可能性也越大，也即小球落入该槽的概率越大。在伽尔顿板实验中，小球数目按狭槽位置的分布曲线，如图 10.1(b) 所示。

假设伽尔顿板共有 n 个狭槽，小球落入各个狭槽的概率分别为 $P_1, P_2, \cdots, P_i, \cdots, P_n$，小球落入所有狭槽的概率之和或总概率应等于 1，即

$$\sum_i P_i = 1 \tag{10.2}$$

式(10.2) 称为**归一化条件，概率分布满足归一化条件**。

10.1.3 统计平均值

统计平均方法是统计学中常用的方法。

例如，计算某班学生大学物理成绩的统计平均值，设学生总人数为 N，成绩为 x_1 的学生人数为 ΔN_1，成绩为 x_2 的学生人数为 ΔN_2，依此类推，则学生成绩的算术平均值为

$$\bar{x}=\frac{\Delta N_1 x_1+\Delta N_2 x_2+\cdots}{N}$$

利用概率的定义式(10.1)，学生成绩的算术平均值可以写成

$$\bar{x}=\frac{\Delta N_1 x_1+\Delta N_2 x_2+\cdots}{N}=P_1 x_1+P_2 x_2+\cdots=\sum_i P_i x_i$$

其中，P_i 是学生成绩为 x_i 的概率，也即成绩为 x_i 的学生占学生总数的百分比。显然学生人数越多，学生成绩的算术平均值就越精确，算术平均值的极限就是统计平均值。

某一物理量 M 在一定条件下的可能取值为 $M_1, M_2, \cdots, M_i, \cdots$，这些量称为随机变量。设随机变量 M_i 出现的概率为 P_i，其统计平均值为

$$\overline{M} = \sum_i P_i M_i \tag{10.3}$$

式(10.3)表明，物理量 M 是统计平均值为 $\overline{M}$ 的某一取值 M_i 乘以该值出现的概率 P_i，再对其乘积求和。或者说，物理量 M 的统计平均值为所有可能取值的概率与相应各取值 M_i 的乘积的总和。

统计规律是对大量偶然事件整体起作用的规律，在研究大量事件(或一个事件的多次重复)时，单个事件虽然具有偶然性，但大量单个事件的整体行为却必然按一个确定的规律分布。

例如，计算压强时，对个别分子曾用了力学中的动量定理，但对大量分子的集体来说，个别分子作用在器壁上的瞬间冲量是无规则的、偶然的。而运用分子速度各向同性的统计假设求统计平均值的概念和方法则导致了一个有规律的压强值。

又如，在讨论气体分子速率分布时，某个分子具有多大速率是偶然的。在气体处于平衡态的条件下，只要气体中分子数目足够多，追踪个别分子由于分子间的碰撞而导致速度发生怎样的变化，这对系统性质的分析已不太重要。大量分子整体的速度分布遵循麦克斯韦定律。综上所述，统计规律性的一个特点是：个别分子的运动是偶然的、无规则的，但大量分子的整体行为却遵循必然的确定的规律。所以说，**统计规律性是大量偶然事件的整体所表现的规律性**。

10.2　热力学系统的状态及其描述

10.2.1　热力学系统

热学所研究的对象称为**热力学系统**，简称为系统，系统以外的部分与系统存在密切联系，这种联系可理解为存在做功、热传递、粒子交换，这部分则称为外界。**与外界没有任何相互作用的系统称为孤立系统。孤立系统与外界既没有能量交换，也没有物质交换，它是一个理想模型**。当系统与外界的相互作用十分微弱，以至于其相互作用能量远小于系统本身的能量时，则可以把它近似地看成孤立系统。此外，我们把**与外界有能量交换但没有物质交换的系统称为封闭系统；把与外界既有能量交换，又有物质交换的系统称为开放系统**。

10.2.2　热力学平衡态

为了便于说明平衡态与非平衡态的概念，我们设想有一封闭容器被隔板分成 A、B 两室。A 室充有气体，B 室为真空。当把隔板打开后，A 室的气体分子就会向 B 室运动，这一过程称为气体的自由膨胀过程。在气体自由膨胀的过程中，容器内各处的压强、分子数密度是不相同的，而且随时间在变化。系统的这种状态称为**非平衡态**。如果系统没有外界影响，经过一定时间后，系统内各处的宏观性质将达到一个稳定的状态，不再随时间变化。这种在没有外界影响的情况下，系统的宏观性质长时间不发生变化的状态称为**平衡态**。

所谓**没有外界影响**是指系统和外界没有任何形式的能量交换与物质交换。实际上，系统不受外界影响是不可能的，因此系统内各种宏观性质绝对不变的状态也是不存在的。所以，平衡态只是一种理想状态，它是对一定条件下，系统处于相对稳定状态的理想化。另外，气体达

到平衡态时，虽然其宏观性质保持不变，但从微观上看，各个分子仍在做无规则热运动，因此平衡态是一种热动平衡。

10.2.3　状态参量

在力学中，为了描述质点的运动状态，我们引入了位置矢量、速度等物理量。在热力学中，由于热力学系统是由大量作热运动的分子组成的，位矢、速度只能描述系统单个分子的运动状态，不能描述热力学系统的宏观状态。为了描述热力学系统的状态，需要引入新的物理量，这些确定热力学系统状态的物理量称为**系统的状态参量**。对于一定质量的气体，处于平衡状态时，其宏观状态一般可用气体的压强、体积和温度这三个物理量来描述。气体的压强、体积和温度称为**气体的状态参量**，分别用 p、V、T 来表示，它们都是宏观量。

气体体积的意义是气体分子所能达到的空间，实际上就等于容纳气体容器的体积，气体的体积和气体所有分子本身体积的总和是完全不同的。因此，体积 V 是确定气体空间范围的体几何状态参量。气体的压强是气体作用在单位面积容器壁上的垂直压力，它是大量分子对器壁碰撞而产生的宏观效果。因此，压强 p 是描述气体内部或气体与外界相互作用的力学状态参量。气体的温度是反映气体冷热程度的物理量，它是大量分子无规则热运动的宏观表现。因此，**温度 T 是热学状态参量**。

为了定量地确定物体的温度，必须确定温度的数值，其表示方法称为温标。在物理学中常用的温标有两种：热力学温标和摄氏温标。国际上规定热力学温标是最基本的温标，热力学温标确定的温度称为热力学温度。在国际单位制中，热力学温度与长度、质量、时间等一样也是基本量，其符号为 T，单位为开尔文，简称开，用 K 表示。1 K 定义为水的三相点（纯冰、纯水和水蒸气平衡共存的状态）热力学温度的 1/273.16。这也就是说，水的三相点的温度定义为 273.16 K。

摄氏温标的符号为 t，单位为摄氏度，用℃表示。摄氏温标由热力学温标导出，它的定义是

$$t=T-273.15 \tag{10.4}$$

式(10.4)表明热力学温度的 273.15 K 为摄氏温标的零点，热力学温标的分度与摄氏温标的分度相同，即热力学温度相差 1 K 时，摄氏温度也相差 1 ℃。

还有一种温标是华氏温标。世界上绝大多数国家在日常生活中都使用摄氏温标，但欧美等地区的国家也采用华氏温标。华氏温度用 t_F 表示，单位为华氏度，用℉表示。华氏温标与摄氏温标的关系为

$$t_F=32+\frac{9}{5}t \tag{10.5}$$

10.2.4　理想气体的状态方程

一定质量理想气体的平衡状态可以用压强 p、体积 V、温度 T 三个状态参量来描述，然而这三个状态参量之间不是相互独立的，它们之间存在着一定的关系。在平衡态下，系统的状态参量 p、V、T 之间存在的关系称为系统的状态方程，状态方程可表示为 $f(p,V,T)=0$，其具体形式通常由实验来确定。一定质量的化学纯**理想气体的状态方程**可表示为

$$pV=\frac{m}{M}RT \tag{10.6}$$

其中：p、V、T 分别为气体的压强、体积和热力学温度；m 和 M 分别为气体的质量和摩尔质量；R 为普适气体常量，其值为 $R=8.31\ \mathrm{J\cdot mol^{-1}\cdot K^{-1}}$。

由状态方程可以看出，气体的状态参量只有两个是独立的，因此只需用任意两个状态便可确定系统的平衡状态：

$$p=p(V,T),\quad V=V(T,p),\quad T=(p,V)$$

例如，以 p 为纵轴，V 为横轴的 p-V 图上的每一点给出一组确定的 p、V 值，因此 p-V 图上的每一点都表示一个平衡态。同理，也可作出 T-V 图等。这些图中的每一点也都表示一个平衡态。图 10.2 是常见的 p-V 图。

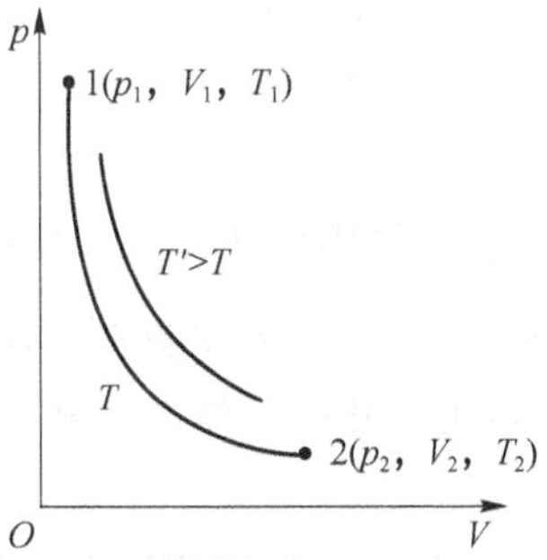

图 10.2　理想气体的等温线

设系统的总分子数为 N，摩尔分子数为 N_A，每个分子的质量为 m_s，则气体的总质量和摩尔质量可表示为

$$m=Nm_s,\quad M=N_Am_s$$

将这个关系式代入理想气体状态方程式(10.6)，可得

$$p=\frac{N}{V}\frac{R}{N_A}T$$

式中：$\frac{N}{V}$为气体分子数密度，以 n 表示，即 $n=\frac{N}{V}$；R 和 N_A 这两个普适常量之比为另外一个常量，称为玻尔兹曼常量，以 k 表示，即 $k=\frac{R}{N_A}=1.38\times10^{-23}\ \mathrm{J\cdot K^{-1}}$。

这样，**理想气体状态方程**的另一种形式为

$$p=nkT \tag{10.7}$$

式(10.7)表明，理想气体的压强与分子数密度和温度成正比。

10.2.5　实际气体的状态方程

理想气体状态方程是在温度不太低、压强不太大的情况下对实际气体状态理想化、抽象化的结果。实验事实证明，在几十个大气压的压强范围内，许多气体的行为都近似地符合理想气体状态方程，但当压强很高时，这个方程与气体实际行为之间的偏差很大。表 10.1 中列出了 1 mol 氮气在 0 ℃时不同压强下的实验数据。

表 10.1　1 mol 氮气在 0 ℃ 时不同压强下的体积

$p(\times1.013\times10^5\ \mathrm{Pa})$	1 mol 气体的体积 $V_m(\times10^{-3}\ \mathrm{m^3})$	$pV_m(\times1.013\times10^2\ \mathrm{Pa\cdot m^3})$
1	22.41	22.41
100	0.224 1	22.41
500	0.062 35	31.17
700	0.053 25	37.27
900	0.048 25	43.40
1 000	0.046 40	46.40

由表 10.1 可以看出，在 0 ℃时，高压下的 pV_m 值并不为恒值。因此，人们对实际气体也进行了许多理论和实验的研究工作，导出了若干个接近于实际气体的状态方程。其中最简单、

最有代表性的是范德瓦耳斯方程。

采用理想气体的微观模型时，人们假设理想气体分子都是质点，除碰撞的瞬间外分子之间无相互作用。而实际气体不同于理想气体的是：气体分子具有体积，气体分子之间有相互作用，这种相互作用在分子相距较近时为排斥力，而分子相距较远时为吸引力。范德瓦耳斯正是考虑了理想气体模型的这两点缺陷，对理想气体状态方程进行了修正。对于温度为 T、压强为 p、体积为 V 的 1 mol 气体，**范德瓦耳斯方程**为

$$\left(p+\frac{a}{V^2}\right)(V-b)=RT \tag{10.8}$$

式中：$\frac{a}{V^2}$是考虑气体分子之间的相互作用而引起的压强修正量，b 是考虑气体分子体积引入的修正量，a 和 b 称为范德瓦耳斯修正量。对于给定气体，a 和 b 都是常量，可由实验测定。表 10.2 给出了几种气体的 a 和 b 的实验值。

表 10.2　一些气体的范德瓦耳斯修正量的实验值

气体	$a/(\mathrm{Pa\cdot m^6\cdot mol^{-2}})$	$b/(\mathrm{m^3\cdot mol^{-1}})$
H_2	0.055 4	3.0×10^{-5}
O_2	0.137	3.0×10^{-5}
N_2	0.137	4.0×10^{-5}
CO_2	0.365	4.3×10^{-5}

质量为 m、摩尔质量为 M 的气体体积为 $V=\frac{m}{M}V_{\mathrm{m}}$，把这一关系代入式(10.8)，整理可得

$$\left(p+\frac{m^2a}{M^2V^2}\right)\left(V-\frac{m}{M}b\right)=\frac{m}{M}RT \tag{10.9}$$

这就是适用于任意质量气体的范德瓦耳斯方程。

由于范德瓦耳斯对物理学的突出贡献，他荣获了 1910 年的诺贝尔物理学奖。

10.3　理想气体压强和温度的统计意义

理想气体的压强是气体动理论最早研究的基本问题。下面首先描述理想气体的微观模型，再从气体分子动理论的观点来推导理想气体的压强，并阐述其统计意义。

10.3.1　理想气体的微观模型

从气体动理论的基本观点出发，探讨理想气体的宏观热现象，还需建立理想气体的微观结构模型，根据实验结果的归纳和总结，还需对理想气体进行以下假设。

1. 关于每个分子力学性质的假设

(1) 分子本身线度与分子间平均距离相比小很多，可忽略不计。

(2) 除碰撞瞬间外，分子间、分子与器壁间无相互作用，在两次碰撞间分子做自由直线运动。

(3) 分子间、分子与器壁间的碰撞是完全弹性的，故碰撞过程中动量和动能守恒。

(4) 分子的运动遵从经典力学规律。

所以理想气体是不停的无规律运动着的大量无相互作用力的弹性质点的集合。

2. 关于分子集体的统计性假设

(1) 平衡态时,若忽略重力的影响,每个分子处于容器内任何一点的机会(或概率)是一样的,或者说,分子按位置的分布是均匀的。例如,以 N 表示容器体积 V 内的分子总数,则分子数密度应到处一样,并且有

$$n=\frac{\mathrm{d}N}{\mathrm{d}V}=\frac{N}{V}$$

其中,$\mathrm{d}V$ 内仍包括大量的分子,即 $\mathrm{d}V$ 从宏观上看是无穷小,而从微观上看仍是相当大的体积元。分子数密度 n 就是对这样的体积元内所有分子数统计平均的结果。

(2) 平衡态时,每个分子的速度指向任何方向的机会(或概率)是一样的,或者说,分子速度按方向的分布是均匀的。因此,大量分子的三个速度分量的平方的平均值应相等,即 $\overline{v_x^2}=\overline{v_y^2}=\overline{v_z^2}$,它们是所有分子的 v_x^2、v_y^2、v_z^2 的统计平均值。

其定义为

$$\overline{v_x^2}\overset{\text{def}}{=}\frac{N_1v_{1x}^2+N_2v_{2x}^2+\cdots+N_iv_{ix}^2+\cdots}{N}=\frac{\sum\limits_i N_iv_{ix}^2}{N} \tag{10.10}$$

由于

$$v^2=v_x^2+v_y^2+v_z^2$$

对两边取平均值,则

$$\overline{v^2}=\overline{v_x^2}+\overline{v_y^2}+\overline{v_z^2}$$

所以

$$\overline{v_x^2}=\overline{v_y^2}=\overline{v_z^2}=\frac{1}{3}\overline{v^2} \tag{10.11}$$

10.3.2　理想气体的压强

宏观上所测量到的气体施与容器壁上的压强,是大量气体分子对容器壁不断碰撞的结果。因为就单个分子来说,它在什么时候,以多大冲击力,碰在器壁什么地方都是偶然的。但由于分子的数量巨大,而它们对器壁的碰撞又是极其频繁的,因此在我们观测的时间 $\mathrm{d}t$ 内(例如 $\mathrm{d}t=1\ \mathrm{s}$, 这对微观粒子的运动来说,时间已足够长了),仪器感受不到个别分子冲力的瞬时变化,只记录到大量分子的综合平均冲力

$$\overline{F}=\frac{\sum\bar{f}\delta t}{\mathrm{d}t} \tag{10.12}$$

δt 表示各次碰撞时力的作用时间,$\bar{f}$ 为 δt 时间内的平均力,$\bar{f}\delta t$ 表示一次作用力的冲量,$\sum\bar{f}\delta t$ 表示大量分子在时间 $\mathrm{d}t$ 内(远大于时间 δt)作用于器壁某一面积上的总冲量,$\frac{\sum\bar{f}\delta t}{\mathrm{d}t}$就是平均冲力。因此,大量分子对器壁撞击的积累结果的综合平均作用就在宏观上表现为一稳定的压强,即

$$p=\frac{\overline{F}}{\mathrm{d}A}=\frac{\sum\bar{f}\delta t}{\mathrm{d}t\mathrm{d}A} \tag{10.13}$$

因此,**气体的压强等于大量分子在单位时间内施加在单位器壁面积上的平均冲量。**这一平均

冲量可通过器壁的反作用所引起的大量分子的总动量变化求得。

设在体积为 V 的容器中有理想气体，它由 N 个质量为 m 的分子组成。在平衡态下，器壁各处压强相等，所以我们可以在器壁上任选一面积元 $\mathrm{d}A$，$\mathrm{d}A$ 垂直于 x 轴（如图 10.3 所示）。

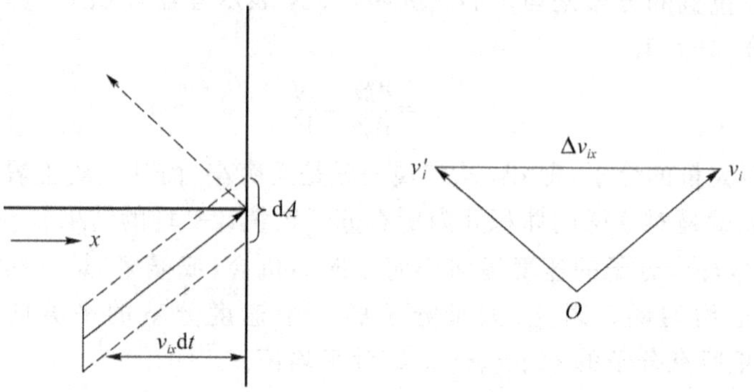

图 10.3 速度为 v_i 的分子对 $\mathrm{d}A$ 碰撞引起的动量变化

为简单起见，设分子与器壁的碰撞是完全弹性的，因此碰撞前后分子速度沿器壁切线方向分量没有改变，法线分量由 v_x 变为 $-v_x$。根据动量定理，速度为 v_i 的分子撞击器壁后，由于器壁给予分子的反冲量而引起分子的动量改变量为

$$m|\Delta v_i| = |-mv_{ix}-(mv_{ix})| = 2mv_{ix} \tag{10.14}$$

方向向左。因此，分子施于器壁的冲量的大小为 $2mv_{ix}$，方向向右。

设容器中速度沿 x 方向分量 v_{ix}（严格来说在 v_{ix} 附近）的分子数目是 N_i，则在 $\mathrm{d}t$ 时间内来得及与 $\mathrm{d}A$ 发生碰撞的分子就是那些与右壁的垂直距离为 $v_{ix}\mathrm{d}t$，并向右壁前进的分子，如图 10.3 所示，即那些位于以 $\mathrm{d}A$ 为底、$v_{ix}\mathrm{d}t$ 为高，其母线为 $v_{ix}\mathrm{d}t$ 的斜柱体内的那部分分子。这些分子的数目是

$$\frac{N_i}{V}v_i\mathrm{d}t\mathrm{d}A \tag{10.15}$$

其中，$\frac{N_i}{V}$ 是速度分量为 v_{ix} 的分子数密度，$v_i\mathrm{d}t\mathrm{d}A$ 是斜柱体的体积。将式(10.14)与式(10.15)相乘，就得到这部分分子碰撞后的总动量变化：

$$\Delta I_i = \frac{N_i}{V}v_i\mathrm{d}t\mathrm{d}A\cdot 2mv_{ix} = 2\left(\frac{N_i}{V}\right)mv_{ix}^2\,\mathrm{d}A\mathrm{d}t \tag{10.16}$$

把式(10.16)对具有各种可能速度分量 v_{ix} 的分子求和，就得到全体分子作用在右壁 $\mathrm{d}A$ 上的总的动量变化，它应等于全体分子作用在 $\mathrm{d}A$ 上的总冲量。

$$\sum_i \bar{f}\delta t = \frac{1}{2}\sum_i \Delta I_i = \frac{1}{2}\sum_i 2\left(\frac{N_i}{V}\right)mv_{ix}^2\,\mathrm{d}A\mathrm{d}t \tag{10.17}$$

因为平均说来，全体分子约有一半向左运动（$v_{ix}<0$），另一半向右运动（$v_{ix}>0$），而向左运动的一半是不必考虑的，因此累加号前乘 1/2。将式(10.17)代入式(10.13)，则气体的压强为

$$p = \frac{\sum \bar{f}\delta t}{\mathrm{d}A\mathrm{d}t} = \frac{m}{V}\sum_i N_i v_{ix}^2$$

由式(10.10)得

$$\sum_i N_i v_{ix}^2 = N\overline{v_x^2}$$

所以

$$p = m\frac{N}{V}\overline{v_x^2}$$

由式(10.11) 得

$$p = \frac{1}{3}\frac{N}{V}m\overline{v^2} = \frac{1}{3}nm\overline{v^2}$$

$$p = \frac{2}{3}n\left(\frac{1}{2}m\overline{v^2}\right)$$

$$p = \frac{2}{3}n\overline{\omega} \tag{10.18}$$

式(10.18)就是理想气体的压强公式。式中，$n=\dfrac{N}{V}$是分子数密度，$\overline{\omega}=\dfrac{1}{2}m\overline{v^2}$是气体分子平动动能的平均值。

压强公式是气体动理论的基本公式之一，它具有深刻的物理意义。压强公式说明，气体的压强决定于单位体积的分子数 n 和分子的平均平动动能 $\overline{\omega}$，并与二者的乘积成正比。当 $\overline{\omega}$ 一定时，n 越大则 p 越大；当 n 一定时，$\overline{\omega}$ 越大则 p 越大。从推导过程也可以看出，分子速度是从双重意义上来影响碰撞效果的：一方面，分子速度越大，单位时间内分子碰撞器壁的次数越多；另一方面，分子速度越大，每次碰撞时施于器壁的冲力也越大，所以压强是与分子速度平方的平均值成正比，而不是与速度的平均值成正比。

从微观角度来说，气体压强这个概念具有统计的意义。在计算中所用到的 dA 与 dt 都是从宏观上看很小而从微观上看很大的量，因此，在 dt 时间内撞击 dA 面积上的分子数是大量的。所以压强公式的推导是从对大量分子的冲量求统计平均的概念出发，应用了大量分子在各方向运动机会均等这一统计假设，最后求得压强的统计平均值。因此，压强公式是用普遍的力学原理结合简单的统计概念和方法所得出的一个统计规律。它指出，宏观量压强 p 是相应分子的微观量 v^2 的统计平均值，气体的压强是大量分子碰撞所产生的宏观效应。说某个分子的压强如何是没有意义的，单个分子虽服从力学规律，大量分子无规则运动的整体却服从统计规律。

10.3.3　温度的统计意义

由压强公式 $p=\dfrac{2}{3}n\overline{\omega}$及理想气体物态方程 $p=nkT$ 得到

$$\overline{\omega} = \frac{3}{2}kT \tag{10.19}$$

该式是从分子动理论的观点所作的**温度的微观定义**，也是气体动理论的一个基本公式，称为**分子平均平动动能公式**。

式(10.19)把温度与分子的平均平动动能联系起来，表明物体分子的运动越剧烈，分子平均平动动能也越大，物体的温度就越高。所以，温度是大量分子热运动的集体表现，具有统计意义。**物体的温度是组成物体分子的平均平动动能的量度**。对个别分子说来，它的温度等于多少是没有意义的。

所谓达到热平衡时，两系统的温度相等，实际上是两个系统各自的分子平均平动动能相等，而不论两系统内分子的种类是什么，分子的总数是多少。

在式(10.19)中，$\overline{\omega}$ 是大量分子做无规律运动时平动动能的统计平均值，所以宏观量 T 是与大量分子微观量 $\overline{\omega}$ 的统计平均值相联系的。

又因为 $\overline{\omega}=\frac{1}{2}m\overline{v^2}$，于是

$$\frac{1}{2}m\overline{v^2}=\frac{3}{2}kT$$

$$\sqrt{\overline{v^2}}=\sqrt{\frac{3kT}{m}}=\sqrt{\frac{3RT}{\mu}} \tag{10.20}$$

$\sqrt{\overline{v^2}}$ 叫作气体的方均根速率，也是分子速率的一种统计平均值。式(10.20)说明，在同一温度下，质量大的分子其方均根速率小。

10.4 能量均分定理 理想气体的内能

在前几节中研究大量分子的热运动时只考虑了分子的平动。因为可把单个分子看作质点，故平动是其唯一的形式，平动动能也是它的全部动能。但实际上气体分子可以是双原子或多原子的，它们不仅有平动，还有转动和分子内部原子的振动，所以气体分子热运动的能量应包括所有这些运动形式的能量。

10.4.1 分子的自由度

决定一物体在空间的位置所需的独立坐标数目，称为**物体的自由度**。

由于单原子分子可当作质点处理，而确定一个质点的位置需要三个独立坐标，因此单原子分子的自由度是 3。这三个自由度叫作平动自由度，以 t 表示，则 $t=3$。

对刚性双原子分子(不考虑原子的振动)，除了需要三个坐标确定其质心位置外，还需要确定它的两个原子的连线的方位，这又需要两个独立坐标。所以和它们相对应的自由度叫作转动自由度，以 r 表示，$r=2$，总自由度 $i=t+r=5$。

对刚性三原子或多原子分子，除了上面所说的五个自由度外，还需要一个说明分子绕核转动的角坐标，这后一个坐标为第三个转动自由度，所以刚性多原子分子的总自由度 $i=t+r=6$。

这里应指出，事实上，双原子或多原子的气体分子一般不是完全刚性的，在原子间的相互作用下，原子间的距离要发生变化，分子内部也要发生振动。因此，除平动自由度外，还有振动自由度。

10.4.2 能量按自由度均分定理

已知理想气体分子的平均平动动能为

$$\frac{1}{2}m\overline{v^2}=\frac{3}{2}kT$$

又

$$\overline{v^2}=\overline{v_x^2}+\overline{v_y^2}+\overline{v_z^2}$$

故分子平均平动动能为

$$\frac{1}{2}m\overline{v^2}=\frac{1}{2}m\overline{v_x^2}+\frac{1}{2}m\overline{v_y^2}+\frac{1}{2}m\overline{v_z^2}$$

在平衡状态下，大量分子沿着各方向运动的机会是均等的，沿任一坐标轴的运动情况都应该相同。因此，相应于各个自由度，平均平动动能也相等，这样我们得到

$$\frac{1}{2}m\overline{v_x^2}=\frac{1}{2}m\overline{v_y^2}=\frac{1}{2}m\overline{v_z^2}=\frac{1}{2}kT$$

该结果说明，分子的每一个分子平动自由度具有相同的平动动能，其数值为$\frac{1}{2}kT$，即**分子的平均平动动能均匀地分配到各个平动自由度上**。

各平动自由度的平均动能相等是大量气体分子间相互碰撞的结果。由于碰撞是无规则的，所以在碰撞过程中动能不仅可以在分子间进行交换，而且还可以从一个平动自由度转移到另一个平动自由度。由于在各个平均自由度中并没有哪一个具有特别的优势，因而平均来说，各平动自由度就具有相等的动能。

双原子分子和多原子分子不仅有平动，而且还有转动和分子内部原子的振动。经典统计力学指出，以上结论可推广到分子内部原子的振动。经典统计力学指出，以上结论可推广到分子转动和振动中，即不论哪一种运动，平均来说，相对于分子每种运动形式的每一自由度都具有$\frac{1}{2}kT$ 的动能。这个结论称为**能量按自由度均分定理**。严格叙述如下：在温度为 T 的平衡态下，分子任一种运动形式的**每一自由度都具有相同的平均动能**$\frac{1}{2}kT$。

根据这个定理，如果以 t、r、s 分别表示分子的平动、转动和振动的自由度，则每个分子的总动能就是$\frac{1}{2}(t+r+s)kT$。因此可以看出，当温度 T 相同时，结构不同的分子其总动能是不同的，自由度数大的总动能大，但平动自由度数都是 3，故温度相同时，其平均平动动能都相同，因此我们说，温度 T 是做无规则运动的大量分子平均平动动能的量度。

在分子内部原子的振动不可忽略的情况下，除计算振动的平动动能外，还必须计算振动的平均势能。由于分子内部原子的微振动可近似看作谐振动，而谐振动在一周期内的平均动能和平均势能相等，所以对每一个振动自由度，分子还具有$\frac{1}{2}kT$ 的平均势能。由此可得出每个分子的平均总能量为

$$\overline{\omega}=\frac{i}{2}kT \tag{10.21}$$

其中，$i=t+r+2s$ 是总自由度，s 表示一个振动自由度，$2s$ 表示振动的平均动能和平均势能两个自由度。例如，每个单原子的平均能量 $\overline{\omega}=\overline{\omega_k}=\frac{3}{2}kT$，则

- 对刚性双原子分子，平均总能量为

$$\overline{\omega}=\overline{\omega_k}=\frac{1}{2}(3+2+0)kT=\frac{5}{2}kT$$

• 对非刚性双原子分子(考虑振动)，平均总能量为

$$\overline{\omega}=\frac{1}{2}(3+2+2\times1)kT=\frac{7}{2}kT$$

能量均分定理是一个统计规律。对于单个分子来说，它在任一时刻的各种形式的动能及总动能都不一定是按能量均分定理所确定的平均值，甚至可能相差很大，而且每种形式的动能，也不一定按自由度均分，但对大量分子的整体来说，每个自由度的能量的统计平均值都等于$\frac{1}{2}kT$。所以，能量均分定理只能回答在某一温度下，对大量分子的整体来说，每个分子的平均能量是多少，不能回答某个分子在某时刻的能量到底是多少。

10.4.3　理想气体的内能

从微观观点来看，系统的内能是系统中所有分子的能量的总和，它包括系统内所有分子的热运动的动能、分子内原子的振动动能、分子间的相互作用势能以及原子内电子的能量和核内能量。在通常温度下，原子内部的能量是不变的，故在计算内能的改变时可不用考虑。对于理想气体，忽略了分子间的相互作用，所以只需计算分子本身各种运动(平动、转动和振动)的能量。设一定理想气体的分子总数是 N，根据能量均分定理，由式(10.21) 可求出 ν 摩尔理想气体的内能为

$$E=N\overline{\omega}=N\frac{i}{2}kT$$

由于 $k=\frac{R}{N_A}$，$\frac{N}{N_A}=\nu$，N_A 是阿伏伽德罗常数，则

$$E=\frac{i}{2}\nu RT \tag{10.22}$$

• 对单原子分子气体，

$$E=\frac{3}{2}\nu RT$$

• 对刚性双原子分子气体，

$$E=\frac{5}{2}\nu RT$$

当计振动时，

$$E=\frac{7}{2}\nu RT$$

• 对刚体多原子分子气体，

$$E=\frac{6}{2}\nu RT$$

当计振动时，

$$E=\frac{1}{2}(t+r+2s)\nu RT$$

理论分析说明，对于结构简单的分子，如单原子、双原子分子，在室温下常可忽略其振动，只计其平动和转动。

由以上可知，**一定量的某种理想气体的内能完全决定于气体的热力学温度**。应该指出，这一结论与“不计气体分子之间的相互作用力”的假设是一致的，所以有时也把“理想气体的内能只是温度的单值函数”这一性质作为理想气体的另一定义。一定质量的理想气体在不同的状态变化过程中，只要温度变化相等，它的内能的变化量也相同，而与过程无关。以后，我们在热力学中，将应用此结果计算理想气体的热容的量值。

本章小结

1. 热力学系统的微观量和宏观量平衡态

热力学系统由大量无规运动的粒子组成，简称系统。微观量是描述系统中单个粒子运动状态的物理量。宏观量是描述系统整体特性的物理量。

一个与外界没有联系的孤立系统，不管它开始时处于何种状态，经过一段时间以后，都会达到一个宏观性质不随时间变化的状态，这样的状态称为平衡态。平衡态的气体常用宏观量压强 p、体积 V 和温度 T 等状态参量描述。

2. 理想气体的状态方程

$$pV=\frac{m}{M}RT$$

$$p=nkT$$

3. 理想气体的压强公式

$$p=\frac{2}{3}n\overline{\omega}$$

式中，$n=\frac{N}{V}$是分子数密度，$\overline{\omega}=\frac{1}{2}m\overline{v^2}$是气体分子平动动能的平均值。

4. 理想气体的能量

分子平均平动动能为

$$\overline{\omega}=\frac{3}{2}kT$$

每个分子的平均总能量为

$$\overline{\omega}=\frac{i}{2}kT$$

ν 摩尔理想气体的内能为

$$E=N\overline{\omega}=N\frac{i}{2}kT$$

式中，$i=t+r$ 为分子自由度，$t=3$ 为平动自由度，r 为转动自由度。单原子分子 $r=0$，$i=3$；双原子分子 $r=2$，$i=5$；多原子分子 $r=3$，$i=6$。

思　考　题

1. 什么是热力学系统的平衡态？非平衡态能否用温度概念？

2. 理想气体温标是利用气体的什么性质建立起来的？

3. 压强和温度的统计解释是什么？对单个分子或少数分子谈压强和温度的概念有意义吗？

4. 什么是内能？理想气体内能的特征是什么？

习 题

一、选择题

1. 温度、压强相同的氦气和氧气的分子平均动能$\overline{\varepsilon_k}$和平均平动动能$\overline{\varepsilon_t}$有如下关系(　　)。

A. $\overline{\varepsilon_k}$和$\overline{\varepsilon_t}$都相等　　B. $\overline{\varepsilon_k}$相等，而$\overline{\varepsilon_t}$不相等

C. $\overline{\varepsilon_t}$相等，而$\overline{\varepsilon_k}$不相等　　D. $\overline{\varepsilon_k}$和$\overline{\varepsilon_t}$都不相等

2. 已知氢气与氧气的温度相同，请判断下列说法哪个正确？(　　)

A. 氧分子的质量比氢分子大，所以氧气的压强一定大于氢气的压强

B. 氧分子的质量比氢分子大，所以氧气的密度一定大于氢气的密度

C. 氧分子的质量比氢分子大，所以氢分子的速率一定比氧分子的速率大

D. 氧分子的质量比氢分子大，所以氢分子的方均根速率一定比氧分子的方均根速率大

3. 已知一定量的某种理想气体，在温度为 T_1 与 T_2 时的分子最概然率分别为 V_{p1} 和 V_{p2}，分子速率分布函数的最大值分别为 $f(V_{p1})$和 $f(V_{p2})$。若 $T_1>T_2$，则(　　)。

A. $V_{p1}>V_{p2}$；$f(V_{p1})>f(V_{p2})$　　B. $V_{p1}>V_{p2}$；$f(V_{p1})<f(V_{p2})$

C. $V_{p1}<V_{p2}$；$f(V_{p1})>f(V_{p2})$　　D. $V_{p1}<V_{p2}$；$f(V_{p1})<f(V_{p2})$

4. 在标准状态下，若氧气(视为刚性双原子分子的理想气体)和氦气的体积比 $V_1/V_2=1/2$，则其内能之比 E_1/E_2 为(　　)。

A. 3/10　　B. 1/2　　C. 5/6　　D. 5/3

5. 有一定量的理想气体，在温度不变的条件下，当体积增大时，分子的平均碰撞频率 $\overline{Z}$ 和平均自由程 $\overline{\lambda}$ 的变化情况是(　　)。

A. $\overline{Z}$ 减小而 $\overline{\lambda}$ 不变　　B. $\overline{Z}$ 减小而 $\overline{\lambda}$ 增大

C. $\overline{Z}$ 增大而 $\overline{\lambda}$ 减小　　D. $\overline{Z}$ 不变而 $\overline{\lambda}$ 增大

二、填空题

1. 黄绿光的波长是 5 000 Å(1 Å$=10^{-10}$ m)。理想气体在标准状态下，以黄绿光的波长为边长的立方体内有________个分子。

2. 若某种理想气体分子的方均根速率$(\overline{v^2})^{1/2}=450$ m/s，气体压强为 $p=7\times10^4$ Pa，则该气体的密度为 $\rho=$________。

3. 一容器内储有某种气体，若已知气体的压强为 3×10^5 Pa，温度为 27 ℃，密度为 0.24 kg/m^3，则可确定此种气体是________，并可求出此气体分子热运动的最概然速率为________ m/s。

4. 有一瓶质量为 M 的氢气（视作刚性双原子分子的理想气体），温度为 T，则氢分子的平均平动动能为________，氢分子的平均动能为________，这瓶氢气的内能为________。

5. 一瓶氢气和一瓶氧气温度相同，若氢气分子的平均平动动能为$\overline{\varepsilon_t}=6.21\times10^{-21}$ J，则氧气分子的平均平动动能为________，方均根速率为________，氧气的温度为________。

6. 在容积为 $3.0\times10^{-2}\ \mathrm{m^3}$ 的容器中储存有 2.0×10^{-2} kg 的气体，其压强为 50.7×10^3 Pa，则该气体分子平均速率为________。

7. 已知 $f(v)$ 为麦克斯韦速率分布函数，N 为总分子数，则

(1) 速率 $v>100$ m/s 的分子数占总分子数的百分比的表达式为________；

(2) 速率 $v>100$ m/s 的分子数的表达式为________；

(3) 速率 $v>100$ m/s 的分子的平均速率表达式为________。

8. 现有两条气体分子速率分布曲线(1)和(2)，如习题图 10.1 所示。若两条曲线分别表示同一种气体处于不同温度下的速率分布，则曲线________表示的温度较高。若两条曲线分别表示同一温度下的氢气和氧气的速率分布，则曲线________表示的是氧气的速率分布。

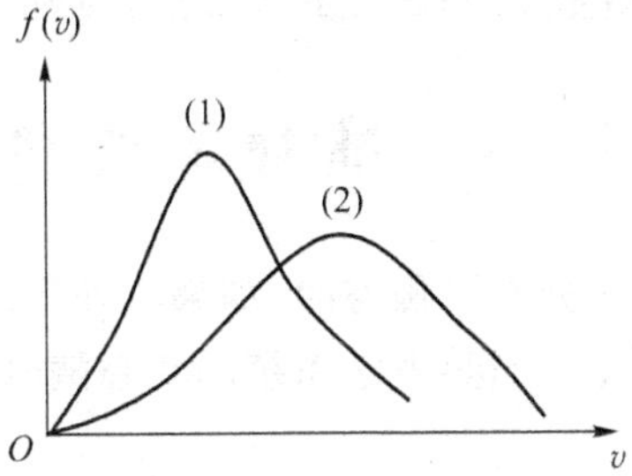

习题图 10.1

三、计算题

今测得温度为 $t_1=15$ ℃，压强为 $p_1=0.76$ mHg 时，氩分子和氖分子的平均自由程分别为 $\overline{\lambda_{\mathrm{Ar}}}=6.7\times10^{-8}$ m 和 $\overline{\lambda_{\mathrm{Ne}}}=13.2\times10^{-8}$ m。求：

(1) 氖分子和氩分子有效直径之比 $d_{\mathrm{Ne}}/d_{\mathrm{Ar}}$；

(2) 温度为 $t_2=20$ ℃，压强为 $p_2=0.15$ mHg 时，氩分子的平均自由程 $\overline{\lambda'_{\mathrm{Ar}}}$。

第 11 章　热力学基础

热力学是研究物质热运动的宏观理论，它不考虑分子的微观运动，而是根据大量实验事实，以观测的实验事实为依据从能量观点出发，总结出自然界有关热现象的一些基本规律，从宏观上来研究物质热运动的过程以及过程进行的方向。本章主要讨论热力学的两条基本定律：热力学第一定律反映热功转换的数量关系；热力学第二定律则确定热功转换的方向和条件。

11.1　准静态过程

我们曾经谈到，当热力学系统处在平衡态时，如果与外界发生了相互作用(做功，传热)，则平衡态遭到破坏，状态发生了变化。当热力学系统的状态随时间变化时，我们就说系统经历了一个热力学过程。

在过程进行的每一瞬间，系统的状态严格来说都是不平衡的。原来的平衡态被破坏后，需要经过一段时间才能达到新的平衡态，这段时间称为**弛豫时间**。

在通常情况下，过程往往进行得较快，在尚未达到新的平衡态时又发生了下一步变化。这样，在整个过程中，系统就要经历一系列的非平衡态的中间状态，这种过程称为非平衡态的中间过程，这种过程称为非静态过程。例如，图 11.1 中所示的气体迅速压缩的过程中，任一时刻气体各部分的密度、压强、温度并不完全相同，靠近活塞表面的气体密度要大些，压强也大些，温度也高些。又由于过程不断迅速地进行着，新的平衡态很难建立，所以气体的迅速膨胀过程是一个非静态过程。由于非静态过程中的任意时刻，气体没有统一的确定的状态参量，都不是平衡态，不便于对过程进行准确的定量研究，为此引入准静态过程的概念。

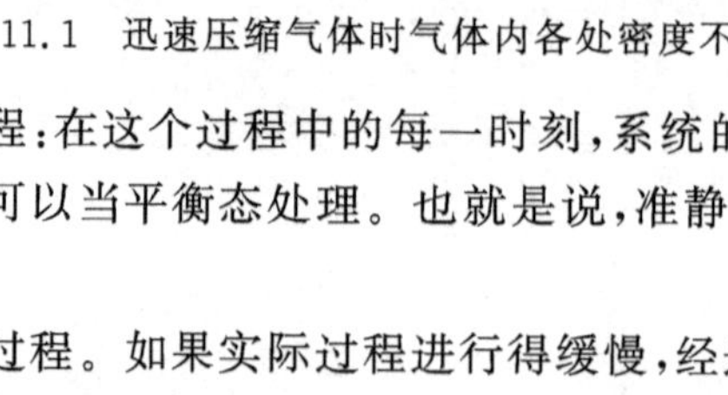

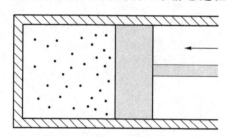

图 11.1　迅速压缩气体时气体内各处密度不同

准静态过程是这样的过程：在这个过程中的每一时刻，系统的状态都无限接近于平衡态，为此任何时刻系统的状态都可以当平衡态处理。也就是说，准静态过程是由一系列依次接替的平衡态所组成的过程。

准静态过程是一种理想过程。如果实际过程进行得缓慢，经过一段很短的时间，系统状态的变化很小，各时刻系统的状态就非常接近平衡态。如果实际过程进行得无限缓慢，各时刻系统的状态也就无限地接近平衡态。因此，准静态过程就是实际过程无限缓慢地进行时的极限情况。

实际过程都是在有限的时间内进行的。但是,在许多情况下可近似地把实际过程当准静态过程来处理。只要在过程进行中每一步的时间都比弛豫时间长,这种近似处理就能在一定程度上符合实际。例如,在内燃机内气体进行的循环过程中,气缸内活塞的运动速率约为 10 m/s,而汽缸内压强由不均匀趋于均匀的速率的数量级约等于声速,即每秒 300 多米,其弛豫时间只是活塞运动时间的$10^{-2}\sim10^{-1}$,所以可认为活塞的运动足够缓慢,该气体过程可以近似地当作准静态过程来看。

准静态过程可以用系统的状态图表示,如用图 11.2 中一条曲线表示,这就为研究热力学过程提供了方便。例如,对于一定质量的理想气体来说,因为平衡态的参量中,p、V、T 中只有两个是独立的,所以给定任意两个参量的数值,就确定了一个平衡态。因此,如果以 p 为纵坐标,V 为横坐标,作 p-V 图(或分别以 p、T 及 V、T 为坐标,作 p-T 图、V-T 图),则 p-V 图上任何一点都对应一个平衡态;而图中任意两点之间的任一条平滑曲线都代表一个准静态过程。在图 11.2 中,a 是等压过程曲线,b 是等体过程曲线,c 是等温过程曲线。

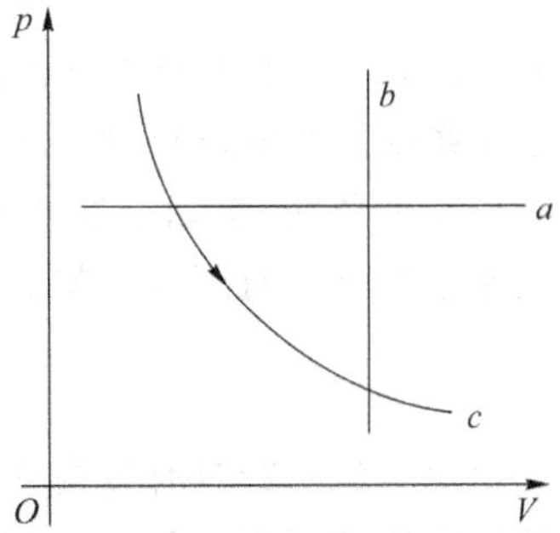

图 11.2　一个准静态过程可用一条曲线表示

对于非平衡态和非静态过程,因为系统内没有统一确定的参量,所以不能在图上表示出相应的一点和一条曲线。

11.2　功　热量　热力学第一定律

从宏观上看,系统与外界的相互作用有两种形式:一种是系统与外界进行功的交换;另一种是系统与外界进行热交换。而系统状态的变化正是与做功及热传递有着密切的联系。

11.2.1　功

在力学中,把物体所受的力 $\boldsymbol{F}$ 和物体在力的作用线上的位移 $\mathrm{d}\boldsymbol{l}$ 的标积定义为力所做的功,即

$$\mathrm{d}A=\boldsymbol{F}\cdot\mathrm{d}\boldsymbol{l}$$

而且,做功是物体与外界交换能量的过程,做功的结果使物体的运动状态发生变化。

在热力学中,准静态过程的功可直接利用系统的状态参量来计算。最常见的是和系统体积变化相联系的机械功,如图 11.3 所示。

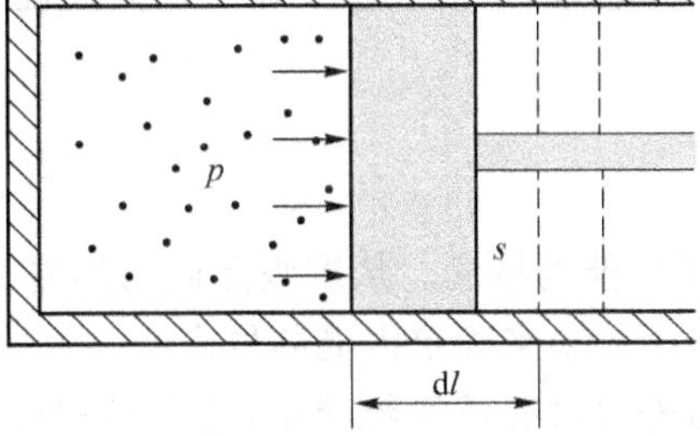

图 11.3　气体膨胀时做功的计算

设气缸内气体准静态膨胀，以 S 表示活塞的面积，以 p 表示气体的压强。气体对活塞的压力表示为 pS，当气体推动活塞向外缓慢地移动一段微小位移 dl 时，气体的体积也增加了一微小量 dV，这时**气体对外界做的元功** dA 为

$$dA = pSdl$$

$$dA = pdV \tag{11.1}$$

元功 dA 表示在一个无限小过程所做的功的量值，不表示全微分。

当系统膨胀（$dV>0$）时，dA 为正，系统对外界做功；当系统被压缩（$dV<0$）时，dA 为负，系统对外界做负功，实际上是外界对系统做功。

当系统经历一有限的准静态过程，体积由 V_1 变化到 V_2 时，系统对外做的总功为

$$A = \int dA = \int_{V_1}^{V_2} pdV \tag{11.2}$$

式(11.1)及式(11.2)具有普遍性。对于任一系统，只要做功是通过体积变化来实现的，而且所进行的是准静态过程，其他功和总功都可以分别由此两式表示。

系统的准静态过程可以方便地在 p-V 图上表示出来，膨胀过程的功为正值，而压缩功为负值。如图 11.4 中(a)和(b)所示，曲线 ab 表示某一准静态过程，小矩形面积数值上等于系统做的元功，而曲线下的总面积数值上等于系统在这一过程中做的总功。

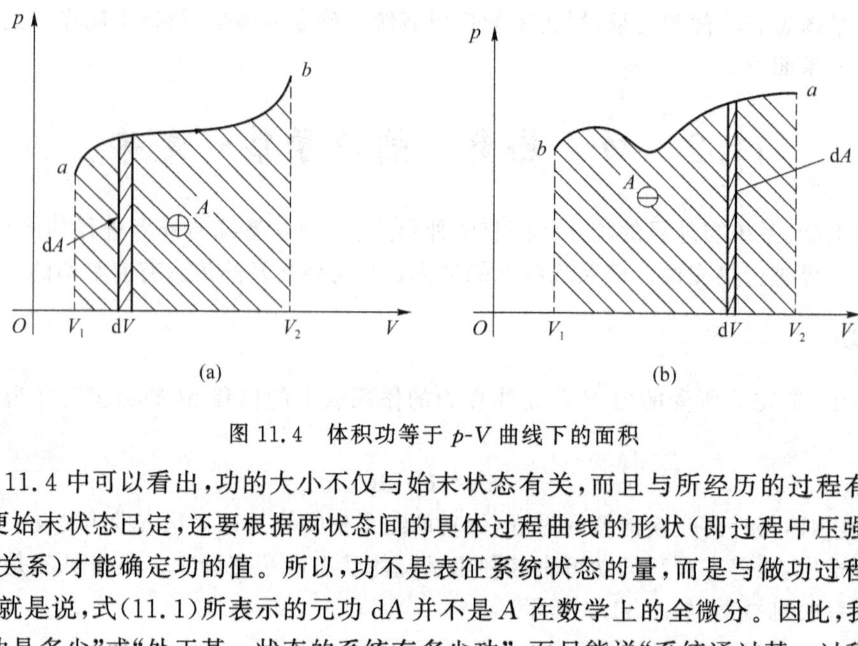

图 11.4 体积功等于 p-V 曲线下的面积

从图 11.4 中可以看出，功的大小不仅与始末状态有关，而且与所经历的过程有关。这就是说，即便始末状态已定，还要根据两状态间的具体过程曲线的形状（即过程中压强随体积变化的函数关系）才能确定功的值。所以，功不是表征系统状态的量，而是与做功过程有关的过程量。也就是说，式(11.1)所表示的元功 dA 并不是 A 在数学上的全微分。因此，我们不能说“系统的功是多少”或“处于某一状态的系统有多少功”，而只能说“系统通过某一过程做了多少功”。

11.2.2 热力学中的内能

10.4 节中从微观上阐述了内能的概念。从宏观上或用热力学的术语来说什么是内能呢？下面我们通过系统在绝热过程中做功来确定内能的概念。

如果系统在状态变化中与外界没有任何热交换，这个过程称为**绝热过程**。在绝热过程中所做的功称为**绝热功**。

可以设计如下的实验：将系统（包括水及浸在其中的叶轮和电阻丝）放置在绝热包壳内，通过不同的方法给系统做绝热功。例如，做机械功（搅拌），做电功（通电流），使系统的状态从平衡态 1 变化到平衡态 2。

实验结果是：在绝热情况下各种不同的做功过程中，当系统的状态从确定的初始平衡态 1 变化到确定的最终平衡态 2 时，实验测得的功的数值都相同。**即绝热功的数值与实施绝热过程的途径无关，只由初、末两态决定。这意味着系统本身能量的变化是一定的。**

此结论与我们所熟悉的"保守力做功与路径无关"的情形十分类似。也就是说，既然系统能量的改变量只与初态和末态有关，那么系统的能量就只应由系统的状态所决定。于是我们引进一个系统的态函数的变化来量度系统本身能量的变化，这个态函数称为内能，用 E 来表示。用热力学的术语来说就是：处于一定状态的系统，具有一定的能量，叫作系统的**内能**；或者说，**内能是系统状态的单值函数**。

所以内能定义如下：**任何一个热力学系统都存在一个称为内能的态函数，当这个系统从平衡态 1 经过一绝热过程到另一平衡态 2，它的内能的增加等于过程中外界对它所做的功：**

$$E_2-E_1=A_a \tag{11.3}$$

A_a 的下标"a"表示绝热过程。

内能定义式（11.3）只定义了系统在两个态的内能差。如果任选某状态为参考态，并规定其内能的值（例如，规定为零），则对任何其他态的内能就都有确定的值。

11.2.3　热量　热力学第一定律

通过传热改变系统状态的例子很多，例如，把一壶冷水放到火炉上，冷水的温度就会逐渐升高，从而改变了系统的状态。这种改变系统状态的方式叫作传热，它是以系统和外界的温度不同为条件的。如果在焦耳实验装置中，将容器底壁换成导热材料，仅仅通过加热，同样可以使系统状态由状态 1 变到状态 2。由于内能是系统状态的单值函数，因而内能也发生相应的改变，所以传热是传递能量的一种方式。

为了量度被传递的能量，我们引入热量的概念。所谓**热量**就是在不做功的过程中系统内能变化的量度。如果以 Q 表示系统内状态 1 经过不做功的过程变到状态 2 所吸收的能量，则有

$$Q=E_2-E_1 \quad (A=0)$$

由此定义的热量单位与功和能量的单位完全相同，按国际单位制都是焦耳（J），辅助单位是卡（cal），1 cal＝4.185 5 J。

通常规定：$Q>0$，表示系统从外界吸热；$Q<0$，表示系统向外界放热。

一般情况下，系统状态的改变往往是做功和传热的共同结果。设在某一过程中，系统从外界吸收热量 Q，外界对系统做功 A'，系统内能由初始平衡态 E_1 变为终了平衡态 E_2。由能量守恒应有

$$Q+A'=E_2-E_1$$

其中 $A'=-A$，A 是系统对外做的功。又 $\Delta E=E_2-E_1$，故

$$Q=\Delta E+A \tag{11.4}$$

即系统从外界吸收的热量等于系统内能的增量和系统对外做功之和，这一涉及物体内能、包括热量在内的能量守恒和转换定律，叫作**热力学第一定律**。

对于一个无限小的过程

$$dQ = dE + dA \tag{11.5}$$

这里，由于内能是态函数，所以 dE 表示内能的无穷小增量。实验证明，热量也与过程有关，故用 dQ 表示在无限小过程中的无穷小增量，不表示态函数的无穷小增量。正如说“系统处于某一状态具有多少功”的说法是错误的一样，说“系统在某一状态时具有多少热量”的说法也是错误的。

热力学第一定律表达了内能、热量和功三者间的数量关系，是能量守恒定律在热学中的具体表现，它适用于任何系统的任何过程，不管是准静态与否，只要求初态 1 和终态 2 是平衡态。

历史上曾有不少人企图制造一种往复动作的机器，它不需要外界提供热量或别的动力，却能不断地做功，这种机器由于违背了热力学第一定律，是根本不能实现的，这种机器叫作第一类永动机。因此，热力学第一定律也可表述为第一类永动机是不可能实现的。

在运用式(11.4)时，符号规定如下：A 表示系统对外界做的功，当其为负值时，则表示外界对系统所做的功；Q 表示系统自外界吸收的热量，当其为负值时，则表示系统向外界放出的热量；$E_2 - E_1$ 表示内能的增量，正值表示内能的增加，负值表示内能的减少。

实际上，式(11.4)就是能量守恒定律的最初形式。因为，从微观上来说，它只是涉及分子运动的能量。认识到物质由分子组成而把能量概念扩展到分子的运动，建立内能的概念，从而认识到热的本质，是科学史上一个重要的里程碑，从此打开了通向普遍的能量概念以及普遍的能量守恒定律的大门。

综上所述，功与热量有许多共同点。

(1) 它们都是能量传递与转化的量度，且只有在系统发生变化时才有意义。即只有在系统发生变化时，才能说外界对系统做了多少功，传递了多少热量。

(2) 它们都是与过程有关的量，不是态函数，它们的微量不能写成全微分。

(3) 系统在某一状态下不能说它有多少功，也不能说它含有多少热量。

功和热量的区别为：做功是与力作用下相应的宏观位移相联系的。做功的过程常伴随着热运动与其他运动形态之间的转化，所以功是在做功过程中传递与转化多少能量的量度。而热传递则是与温度差的存在相联系的，它主要通过分子间的碰撞交换或通过辐射来传递能量。所以，热量是在不做功的传热过程中系统内能变化的量度。传热与做功是能量传递与转化的两种不同的方式。

内能是能量传递的一种形式，是态函数，对一定的状态有确定的值。

热力学第一定律是能量守恒定律在热学领域的具体表达，它包含四个相互关联的主要内容：

(1) 内能函数的存在；

(2) 热量的定义；

(3) 能量守恒定律；

(4) 第一类永动机不可能实现。

11.3　热力学第二定律

热力学第一定律说明在一切热力学过程中，能量一定守恒。但满足能量守恒的过程是否都能实现呢？许多事实说明，不一定。一切实际的热力学过程都只能按一定的方向进行，反方向的热力学过程不可能发生。本节要介绍的热力学第二定律就是关于自然过程的方向的规律，它决定了实际过程是否能够发生以及沿什么方向进行，所以也是自然界的一条基本规律。

1. 自然过程的方向

人生这个自然过程是不可逆的。鸡蛋从高处落到水泥地板上，碎了，蛋黄蛋清流散了，此后再也不会聚合在一起恢复成原来那个鸡蛋了。鸡蛋被打碎这个自然过程也是不可逆的。实际经验告诉我们，一切自然过程都是不可逆的，是按一定方向进行的。

下面举三个典型的例子。

(1) 功热转换

转动着的飞轮在撤除动力后，总是要由于轴处的摩擦而逐渐停下来。在这一过程中飞轮的机械能转变为轴和飞轮的内能。相反的过程，即轴和飞轮自动地冷却，其内能转变为飞轮的机械能使飞轮转起来的过程从来没有发生过，尽管它并不违反热力学第一定律。在焦耳的实验中，重物可以自由下落，使叶片在水中转动，和水相互摩擦而使水温上升。这是机械能转变为内能的过程，或简而言之，是功变热的过程。与此相反的过程，即水温自动降低，产生水流，推动叶片转动，带动重物上升的过程，是热自动地转变为功的过程。这一过程是不可能发生的。对于这个事实我们说，通过摩擦而使功变热的过程是不可逆的。

"热自动地转换为功的过程不可能发生"也常说成是不引起其他任何变化，因而唯一效果是一定量的内能(热)全部转变成了机械能(功)的过程是不可能发生的。当然热变功的过程是有的，如各种热机的目的就是使热转变为功，但实际的热机都是工作物质从高温热库吸收热量，其中一部分用来对外做功，同时还有一部分热量不能做功，而传给了低温热库。因此，热机循环除了热变功这一效果以外，还产生了其他效果，即一定热量从高温热库传给了低温热库。热全部转变为功的过程也是有的，如理想气体的等温膨胀过程。但在这一过程中除了气体把从热库吸的热全部转变为对外做的功以外，还引起了其他变化，表现在过程结束时，理想气体的体积增大了。

上面的例子说明自然界里的功热转换过程具有**方向性**。功变热是实际上经常发生的过程，但是在热变功的过程中，如果其唯一效果是热全部转变为功，那这种过程在实际上就不可能发生。

(2) 热传导

两个温度不同的物体互相接触(这时二者处于非平衡态)，热量总是自动地由高温物体传向低温物体，从而使两物体温度相同而达到热平衡。从未发现过与此相反的过程，即热量自动地由低温物体传给高温物体，而使两物体的温差越来越大，虽然这样的过程并不违反能量守恒定律。对于这个事实我们说，**热量由高温物体传向低温物体的过程是不可逆**的。

这里也需要强调"自动地"这几个字，它是说在传热过程中不引起其他任何变化。因为热量从低温物体传向高温物体的过程在实际中也是有的，如致冷机就是。但是致冷机是要通过外界做功才能把热量从低温热库传向高温热库的，这就不是热量自动地由低温物体传向高温物体了。实际上，外界由于做功，必然发生了某些变化。

(3) 气体的绝热自由膨胀

如图 11.5 所示，当绝热容器中的隔板被抽去的瞬间，气体都聚集在容器的左半部，这是一种非平衡态。此后气体将自动地迅速膨胀充满整个容器，最后达到一平衡态。而相反的过程，即充满容器的气体自动地收缩到只占原体积的一半，而另一半变为真空的过程，是不可能实现的。对于这个事实，我们说，气体向真空中绝热自由膨胀的过程是不可逆的。

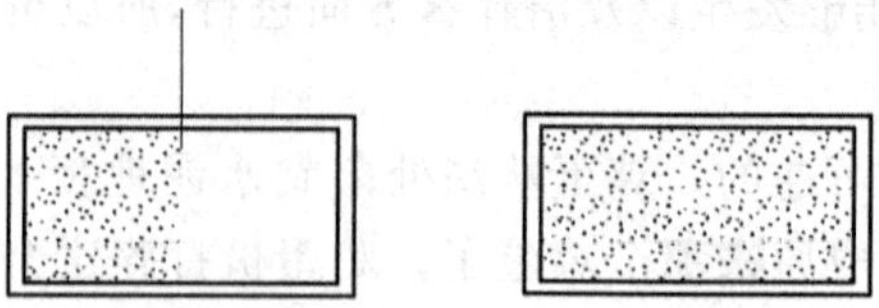

(a) 膨胀前　　(b) 膨胀后

图 11.5　气体的绝热自由膨胀

以上三个典型的实际过程都是按一定的方向进行的，是不可逆的。相反方向的过程不能自动地发生，或者说，可以发生，但必然会产生其他后果。由于自然界中一切与热现象有关的实际宏观过程都涉及热功转换或热传导，特别是，都是由非平衡态向平衡态的转化，因此可以说，**一切与热现象有关的实际宏观过程都是不可逆的**。

自然过程进行的方向性遵守什么规律，这是热力学第一定律所不能概括的。这个规律是什么？它的微观本质如何？如何定量地表示这一规律？这就是本节要讨论的问题。

2. 热力学第二定律及其微观意义

以上例子说明了自然宏观过程是不可逆的，而且都是按确定的方向进行的。说明自然宏观过程进行的方向的规律叫作热力学第二定律。

历史上热力学理论是在研究热机的工作原理的基础上发展的，最早提出并沿用至今的热力学第二定律的表述是和热机的工作相联系的。克劳修斯 1850 年提出的**热力学第二定律的表述为：热量不能自动地从低温物体传向高温物体**。

开尔文在 1851 年提出(后来普朗克提出了类似的说法)的热力学第二定律的表述为：**其唯一效果是热全部转变为功的过程是不可能的**。

热力学第二定律的开尔文表述和克劳修斯表述是等价的，只是一个定律的不同表述方法。两者都揭示了热力学第二定律的本质内容：在孤立系统中伴随着热现象的自然过程都具有方向性。开尔文表述指出，功完全转变为热量是自然界允许的过程；反过来，把热量完全转变为功而不产生其他影响是自然界不可能实现的过程。克劳修斯表述指出，热量从高温物体向低温物体传递是可能的自发过程；反过来，必须有外力做功才可能把热量从低温物体传递到高温物体，否则是不可实现的。

结合热机的工作还可以进一步说明开尔文说法的意义。如果能制造一台热机，它只利用一个恒温热库工作，工质从它吸热，经过一个循环后，热量全部转变为功而未引起其他效果，这样我们就实现了一个“其唯一效果是热全部转变为功”的过程。这是不可能的，因而只利用一个恒温热库进行工作的热机是不可能制成的。这种假想的热机叫作单热源热机。不需要能量输入而能继续做功的机器叫作**第一类永动机**，它的不可能是由于违反了热力学第一定律。有能量输入的单热源热机叫作**第二类永动机**，由于违反了热力学第二定律，它也是不可能的。

以上是从宏观的观察、实验和论证得出了热力学第二定律。如何从微观上理解该定律的意义呢？

从微观上看，任何热力学过程总包含大量分子的无序运动状态的变化。热力学第一定律说明了热力学过程中能量要遵守的规律，热力学第二定律则说明大量分子运动的无序程度变化的规律，下面通过已讲过的实例定性地说明这一点。

先说热功转换。功转变为热是机械能（或电能）转变为内能的过程。从微观上看，是大量分子的有序（这里是指分子速度的方向）运动向无序运动转化的过程，这是可能的。而相反的过程，即**无序运动自动地转变为有序运动，是不可能的**。因此从微观上看，在功热转换现象中，自然过程总是沿着使大量分子的运动从有序状态向无序状态的方向进行。

再看热传导。两个温度不同的物体放在一起，热量将自动地由高温物体传到低温物体，最后使它们的温度相同。温度是大量分子无序运动平均动能大小的宏观标志。初态温度高的物体分子平均动能大，温度低的物体分子平均动能小。这意味着虽然两物体的分子运动都是无序的，但还能按分子的平均动能的大小区分两个物体。到了末态，两物体的温度变得相同，所有分子的平均动能都一样了，按平均动能区分两物体也成为不可能的了。这就是大量分子运动的无序性（这里是指分子的动能或分子速度的大小）由于热传导而增大了。相反的过程，即两物体的分子运动从平均动能完全相同的无序状态自动地向两物体分子平均动能不同的较为有序的状态进行的过程，是不可能的。因此从微观上看，在热传导过程中，**自然过程总是沿着使大量分子的运动向更加无序的方向进行的**。

最后再看气体绝热自由膨胀。自由膨胀过程是气体分子整体从占有较小空间的初态变到占有较大空间的末态。经过这一过程，从分子运动状态（这里指分子的位置分布）来说是更加无序了（这好比把一块空地上乱丢的东西再乱丢到更大的空地上去，这时要想找出某个东西在什么地方就更不容易了）。我们说末态的无序性增大了。相反的过程，即分子运动自动地从无序（从位置分布上看）向较为有序的状态变化的过程，是不可能的。因此从微观上看，自由膨胀过程也说明，自然过程总是沿着使大量分子的运动向更加无序的方向进行。

综上分析可知：**一切自然过程总是沿着分子热运动的无序性增大的方向进行**。这是不可逆性的微观本质，它说明了热力学第二定律的微观意义。

热力学第二定律是涉及大量分子的运动的无序性变化的规律，因此它就是一条统计规律。这就是说，它只适用于包含大量分子的集体，而不适用于只有少数分子的系统。例如，对功热转换来说，把一个单摆挂起来，使它在空中摆动，自然的结果毫无疑问是单摆最后停下来，它最初的机械能都变成了空气和它自己的内能，无序性增大了。但如果单摆的质量和半径非常小，以至于在它周围做无序运动的空气分子中，任意时刻只有少数分子从不同的且非对称的方向和它相撞，那么这时静止的单摆就会被撞得摆动起来，空气的内能就自动地变成单摆的机械能，这不是违背了热力学第二定律吗？当然空气分子的无序运动又有同样的可能使这样摆动起来的单摆停下来。又例如，气体的自由膨胀过程，对于有大量分子的系统是不可逆的。但如果容器左半部只有 4 个分子，那么隔板打开后，由于无序运动，这 4 个分子将分散到整个容器内，但仍有较多的机会使这 4 个分子又都同时进入左半部，这样就实现了“气体”的自动收缩，这不又违背了热力学第二定律吗？当然，这 4 个分子的无序运动又会立即使它们散开。是的！但这种现象都只涉及少数分子的集体。对于由大量分子组成的热力学系统，是不可能观察到上面所述的违背热力学第二定律的现象的。因此说，热力学第二定律是一个统计规律，它只适用于大量分子的集体。由于宏观热力学过程总涉及极大量的分子，对它们来说，热力学第二定律总是正确的。也正因为这样，它就成了自然科学中最基本而又最普遍的规律之一。

热力学第一定律说明，在任何过程中能量必须守恒。热力学第二定律却说明并非所有能量守恒的过程均能实现。热力学第二定律是反映自然界过程进行的方向、条件和限度的一个规律，它指出自然界中出现的过程是有方向性的，某些方向的过程可以实现，而另一些方向的过程则不能实现。在热力学中，热力学第二定律和热力学第一定律相辅相成，缺一不可。

能量的使用价值在于它能转化，在于能量转化过程中做的功、供的热可为人类所用，能量的可用性与其可转化性是一致的，不能转化的能量没有使用价值。热力学第二定律的开尔文表述指出，机械能可以全部转化为内能，而内能却不能全部转化为机械能，那部分不能再转化的能量不再具有可用价值，它变为无用的能量。因为内能的转化性不如机械能或其他形式的能量，它的可用程度低，所以机械能转化为内能后，该能量的可用程度就降低了。可用程度降低标志着能量品质的变坏或者说能量的退化。由于自然界的实际过程总存在着摩擦等耗散作用，因而总伴随着其他形式能量变为内能的转化过程。从热力学第一定律来看，自然界的能量不会减少；从热力学第二定律来看，随着实际过程的进行，能量总在退化，其可用程度总在不断降低。

热力学第二定律指出，能量虽然守恒，但可用的能量并不守恒，而是在不断减少，因此节能和开发新能源是人类社会的重要课题。我国的人均能量资源不多，能源利用率又比较低，目前世界上能源利用综合效率的先进指标已超过 50%，而我国的平均指标约为 35%，因而节能的潜力很大，要多采用技术上可行、经济上合理、环境及社会可接受的措施来有效利用能源，如余热回收、高效低污染工业锅炉、高效电动机等。总之，在生产各环节中节能是必须考虑的一个重要方面，要有效提高能源的利用率。

另外，要积极研制开发新能源。19 世纪中叶，石油资源的应用揭开了能源利用的新时代，到 20 世纪 50 年代，世界石油、天然气耗量超过了煤炭而成为主要能源。然而煤炭、石油和天然气在地球上储量终归是有限的，现代社会对能源需求甚高，能源短缺日益成为人类面临的实际问题。我们既要利用现代技术开发新能源，如核能，还要试图开发古老能源，如太阳能、风能、生物能和海洋能。

本章小结

1. 准静态过程

准静态过程是这样的过程：在这个过程中的每一时刻，系统的状态都无限接近于平衡态，为此任何时刻系统的状态都可以当平衡态处理。也就是说，准静态过程是由一系列依次接替的平衡态所组成的过程。

系统经历一有限的准静态过程，体积由 V_1 变化到 V_2 系统对外做的总功为

$$A=\int \mathrm{d}A=\int_{V_1}^{V_2} p\mathrm{d}V$$

2. 内能

内能是系统状态的单值函数。

内能定义如下：任何一个热力学系统都存在一个称为内能的态函数，当这个系统从平衡态 1 经过一绝热过程到另一平衡态 2 时，它的内能的增加等于过程中外界对它所做的功，即

$$E_2-E_1=A_a$$

3. 热量

热量就是在不做功的过程中系统内能变化的量度。如果以 Q 表示系统内状态 1 经过不做功的过程变到状态 2 所吸收的能量，则有

$$Q=E_2-E_1$$

4. 热力学第一定律

热力学第一定律：$Q=\Delta E+A$，即系统从外界吸收的热量等于系统内能的热量和系统对外做功之和。

5. 热力学第二定律

克劳修斯 1850 年提出的热力学第二定律的表述为：热量不能自动地从低温物体传向高温物体。

开尔文在 1851 年提出（后来普朗克提出了类似的说法）的热力学第二定律的表述为：其唯一效果是热全部转变为功的过程是不可能的。

一切自然过程总是使沿着分子热运动的无序性增大的方向进行。这是不可逆性的微观本质，它说明了热力学第二定律的微观意义。

思　考　题

1. 内能和热量的概念有何不同？下面两种说法是否正确？

(1) 物体的温度越高，则热量越多。

(2) 物体的温度越高，则内能越大。

2. 在 p-V 图上用一条曲线表示的过程是否一定是准静态过程？理想气体经过自由膨胀由状态(p_1,V_1)改变到状态(p_2,V_2)而温度复原这一过程能否用一条等温线表示？

3. 汽缸内有单原子理想气体，若绝热压缩使体积减半，问气体分子的平均速率变为原来平均速率的几倍？若为双原子理想气体，又为几倍？

4. 有可能对系统加热而不致升高系统的温度吗？有可能不作任何热交换而使系统的温度发生变化吗？

5. 一定量的理想气体对外做了 500 J 的功。

(1) 如果过程是等温的，气体吸收了多少热量？

(2) 如果过程是绝热的，气体的内能改变了多少？是增加了，还是减少了？

习　　题

一、选择题

1. 置于容器内的气体，如果气体内各处压强相等，或气体内各处温度相同，则这两种情况下气体的状态(　　)。

A. 一定都是平衡态　　B. 不一定都是平衡态

C. 前者一定是平衡态，后者一定不是　　D. 后者一定是平衡态，前者一定不是

2. 用公式 $\Delta E=\nu C_V\Delta T$(式中,C_V 为定体摩尔热容量,视为常量,ν 为气体摩尔数)计算理想气体内能增量时,此式(　　)。

A. 只适用于准静态的等体过程

B. 只适用于一切等体过程

C. 只适用于一切准静态过程

D. 适用于一切始末态为平衡态的过程

3. 一定量的理想气体,经历某过程后,温度升高了,则根据热力学定律可以断定(　　)。

① 该理想气体系统在此过程中吸了热;

② 在此过程中外界对该理想气体系统做了正功;

③ 该理想气体系统的内能增加了;

④ 在此过程中理想气体系统既从外界吸了热,又对外做了正功。

A. ①③　　B. ②③　　C. ③　　D. ③④　　E. ④

4. 如习题图 11.1 所示,理想气体经历 abc 准静态过程,设系统对外做功 W,从外界吸收热量 Q,内能增量 ΔE,则正负情况是(　　)。

A. $\Delta E>0,Q>0,W<0$

B. $\Delta E>0,Q>0,W>0$

C. $\Delta E>0,Q<0,W<0$

D. $\Delta E<0,Q<0,W<0$

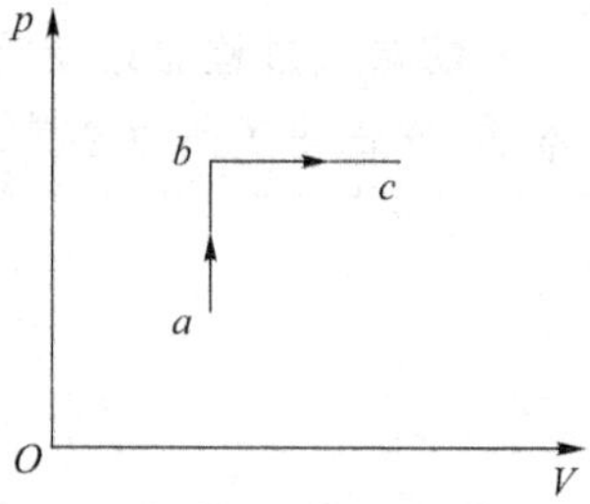

习题图 11.1

5. 有人设计了一台卡诺热机(可逆的),每循环一次可从 400 K 的高温热源吸热 1 800 J,向 300 K 的低温热源放热 800 J。(　　)。

A. 可以的,符合热力学第一定律

B. 可以的,符合热力学第二定律

C. 不行的,卡诺循环所做的功不能大于向低温热源放出的热量

D. 不行的,这个热机的效率超过理论值

6. 一定量的某种理想气体起始温度为 T,体积为 V,该气体在下面的循环过程中经过三个平衡过程:

(1) 绝热膨胀到体积为 $2V$;

(2) 等体变化使温度恢复为 T;

(3) 等温压缩到原来的体积 V。

则此整个循环过程中(　　)。

A. 气体向外界放热　　B. 气体对外界做正功

C. 气体内能增加　　D. 气体内能减少

7. 关于可逆过程和不可逆过程的判断:

① 可逆热力学过程一定是准静态过程;

② 准静态过程一定是可逆过程;

③ 不可逆过程就是不能向相反方向进行的过程;

④ 凡有摩擦的过程,一定是不可逆过程。

以上四种判断中正确的是(　　)。

A. ①②③　　B. ①②④　　C. ②④　　D. ①④

8. 热力学第二定律表明(　　)。

A. 不可能从单一热源吸收热量使之全部变为有用的功

B. 在一个可逆过程中,工作物质净吸热等于对外做的功

C. 摩擦生热的过程是不可逆的

D. 热量不可能从温度低的物体传到温度高的物体

9. 如习题图 11.2 所示,一绝热容器被隔板分成两半,一半是真空,另一半是理想气体。若把隔板抽出,气体将进行自由膨胀,达到平衡后(　　)。

A. 温度不变,熵增加　　B. 温度升高,熵增加

C. 温度降低,熵增加　　D. 温度不变,熵不变

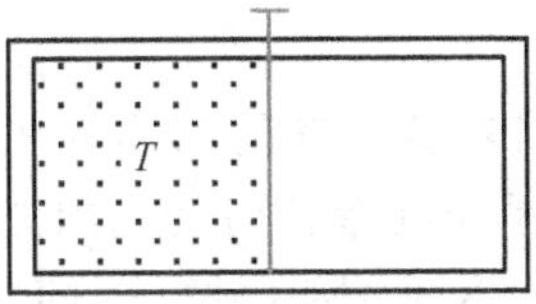

习题图 11.2

二、填空题

1. 某理想气体等温压缩到给定体积时外界对气体做功 $|W_1|$,又经绝热膨胀返回原来体积时气体对外做功 $|W_2|$,则整个过程中气体

(1) 从外界吸收的热量 $Q=$________;

(2) 内能增加了 $\Delta E=$________。

2. 一定量理想气体从 A 状态 $(2p_1, V_1)$ 经历如习题图 11.3 所示的直线过程变到 B 状态 $(2p_1, V_2)$,则 AB 过程中系统做功 $W=$________;内能改变 $\Delta E=$________。

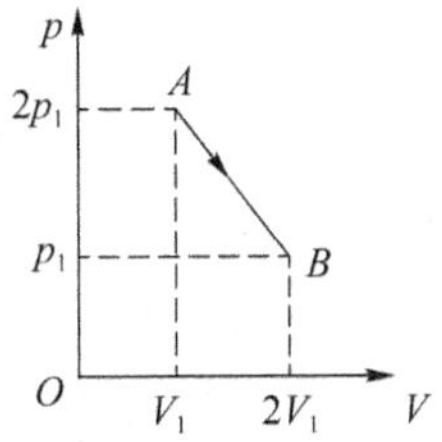

习题图 11.3

3. 一气缸内有 10 mol 的单原子分子理想气体,在压缩过程中外界做功 209 J,气体升温 1 K,此过程中气体内能增量为________,外界传递给气体的热量为________。

4. 一定量的某种理想气体在等压过程中对外做功为 200 J。若此种气体为单原子分子气体,则该过程中需吸热________J;若为双原子分子气体,则需吸热________J。

5. 给定的理想气体(比热容比 γ 为已知)从标准状态(p_0, V_0, T_0)开始绝热膨胀,体积增大到原来的 3 倍,膨胀后的温度 $T=$________,压强 $p=$________。

三、计算题

1. 如习题图 11.4 所示,一系统由状态 a 沿 acb 到达状态 b 的过程中,有 350 J 热量传入系

统，而系统做功 126 J。

（1）若沿 adb 时，系统做功 42 J，问有多少热量传入系统？

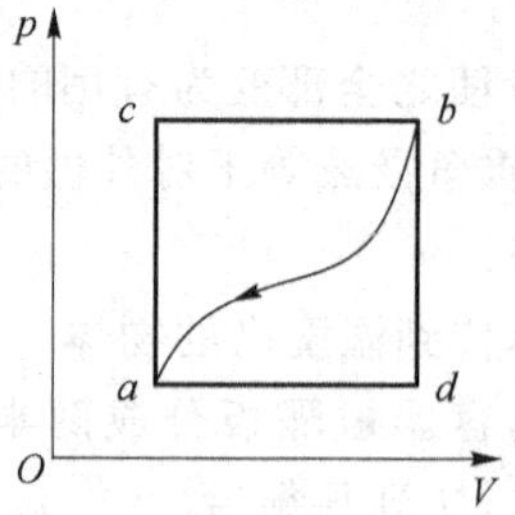

习题图 11.4

（2）若系统由状态 b 沿曲线 ba 返回状态 a 时，外界对系统做功为 84 J，试问系统是吸热还是放热？热量传递是多少？

2. 用桨叶搅动盛在容器内的液体，若桨叶的功率为 2.24 kW，容器以 0.586 kW 的功率放热，将容器和液体视为一个系统，求系统在单位时间内内能的改变。

3. 1 mol 单原子理想气体从 300 K 加热到 350 K，问在下列两个过程中吸收了多少热量？增加了多少内能？对外做了多少功？

（1）体积保持不变；

（2）压力保持不变。

第 4 篇　量子论初步

量子概念是德国物理学家普朗克于 1900 年首次提出的，至今已经过去 100 余年。在这期间，经过爱因斯坦、波尔、德布罗意、玻恩、海森伯、薛定谔、狄拉克等许多物理学家的共同努力，到 20 世纪 30 年代，就已经建成了一套完整的关于微观世界的物理理论——量子力学。量子力学和相对论一起，构为了现代物理学的理论基础，并且在现代科学与技术的应用中获得了巨大的成功。

第 12 章　量子物理基础

本章介绍一些有关量子物理的基础知识，主要是量子概念的引入——微观粒子的波粒二象性，以及由此而引出的描述微观粒子状态的特殊概念——波函数。这些基本概念都是对经典物理理论的突破，对了解和学习量子力学具有基础性的意义，它们的形成过程也是很发人深思的。

12.1　黑体辐射

1900 年 4 月 27 日，在英国皇家学会迎接新世纪的年会上，著名物理学家开尔文做了展望新世纪的发言。他回顾了过去的岁月，并充满自信地说：物理学的大厦已经建成，未来的物理学家只需要做些修修补补的工作就行了。只是晴朗的天空中还飘着两朵乌云，一朵与黑体辐射有关，另一朵与迈克尔逊实验有关。

然而，不到一年的时间(1900 年年底)，第一朵乌云就带来了量子论，紧接着(1905 年)，第二朵乌云带来了相对论。经典物理学的大厦被彻底地动摇了，物理学发展到了一个全新的、更为广阔的领域。

物体加热时发出的光的颜色有随温度而改变的现象。例如，当加热铁块时，开始看不出它发光。随着温度的不断提升，铁块逐渐变得暗红、赤红、橙色而最后成为黄白色，这似乎说明物体在不同温度下能发出不同频率的电磁波。然而，事实上(严格的实验已经证明)，物体在任何温度下都向外发射各种频率的电磁波，只是在不同的温度下所发出的各种电磁波的能量按频率有不同的分布，所以才表现为不同的颜色。这种能量按频率的分布随温度而不同的电磁辐射称为**热辐射**。

为了定量地研究物体热辐射的规律，引入光谱辐射出射度的概念。**光谱辐射出射度**(按频率分布)用 M_ν 表示，频率为 ν 的光谱辐射出射度定义为单位时间内从物体单位表面积发出的频率在 ν 附近单位频率区间的电磁波的能量，它的国际单位是 $W/(m^2 \cdot Hz)$。实验测得 100 W 白炽灯钨丝表面在 2 750 K 时以及太阳表面的 M_ν 和 ν 的关系如图 12.1 所示(图中钨丝和太阳的 M_ν 的标度不同)。从图上可以看出，钨丝发的光的绝大部分能量在红外区域，而太阳发的光中可见光占相当大的成分。

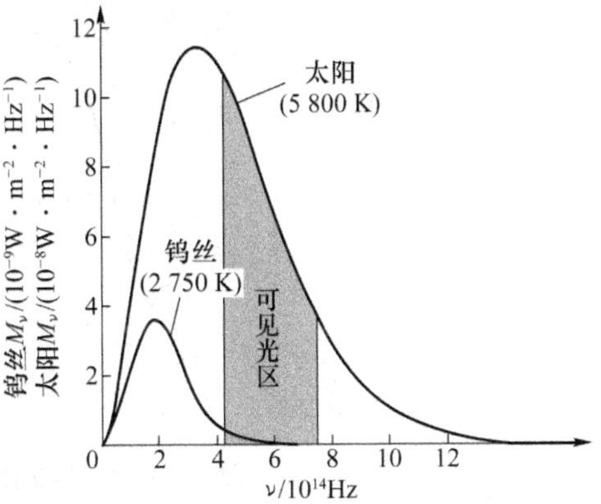

图 12.1　钨丝和太阳的 M_ν 和 ν 的关系曲线

物体在向外辐射电磁波的同时，还吸收照射到它表面的电磁波。如果在同一时间内从物体表面辐射的电磁波的能量和它吸收的电磁波的能量相等，物体和辐射就处于温度一定的热平衡状态，这时的热辐射称为**平衡热辐射**。下面只讨论平衡热辐射。

在温度为 T 时,物体表面吸收的频率在 ν 到 $\nu+d\nu$ 区间的辐射能量占全部入射的该区间的辐射能量的份额,称为物体的光谱吸收比,用 $\alpha(\nu)$ 表示。实验证明,辐射能力越强的物体,其吸收能力也越强。理论上可以证明,尽管不同材料的 M_ν 和 $\alpha(\nu)$ 可以有很大的差别,但在同一温度下二者的比值 $M_\nu/\alpha(\nu)$ 却与材料种类无关,是一个确定的值。能完全吸收照射到它上面的各种频率的光的物体叫作黑体。对于黑体,$\alpha(\nu)=1$,因此它的光谱辐射出射度应是各种材料中最大的,并且只与温度和频率有关。所以,研究黑体辐射的规律就具有更基本的物理意义。

另外,对黑体辐射的研究在物理学史上还曾具有重要的现实意义。在 19 世纪下半叶的欧洲,德国(普鲁士)赢得了普法战争的胜利,急于从一个以农业为主的"土豆王国"变成一个工业化的"钢铁王国",因此急需提高冶炼技术。炼钢的关键是控制炉温,而对于数千摄氏度的炉温,在当时任何的温度计都会被融化。于是人们希望从钢水的颜色来辨认温度,这就依赖对热辐射和黑体辐射的研究。而早已完成工业革命的英国也在不断改进炼钢技术,因此许多英国科学家和德国科学家一样,也致力于黑体辐射的研究。

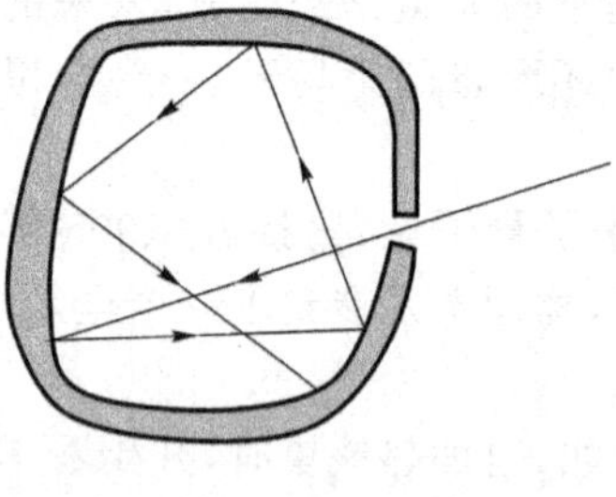

图 12.2　黑体模型

如图 12.2 所示,不管用什么材料制成一个空腔,如果在腔壁上开一个小洞,则射入小洞的光就很难有机会再从小洞出来了。这样的一个小洞实际上就能完全吸收各种波长的入射电磁波而形成一个黑体。加热这个空腔到不同的温度,小洞就成了不同温度下的黑体。用分光技术测出由它发出的电磁波的能量按频率的分布,就可以研究黑体辐射的规律了。

19 世纪末,实验物理学家通过精巧的实验测出了黑体的 M_ν 和 ν 的关系曲线,于是就有人试图从理论上加以解释。1896 年,维恩从经典热力学和麦克斯韦分布律出发,导出了一个公式,称为维恩公式,即

$$M_\nu=\alpha\nu^3 e^{-\beta\nu/T}$$

其中,α 和 β 为常量。维恩公式给出的结果在高频范围和实验结果符合得很好,但在低频范围有较大的偏差(图 12.3)。

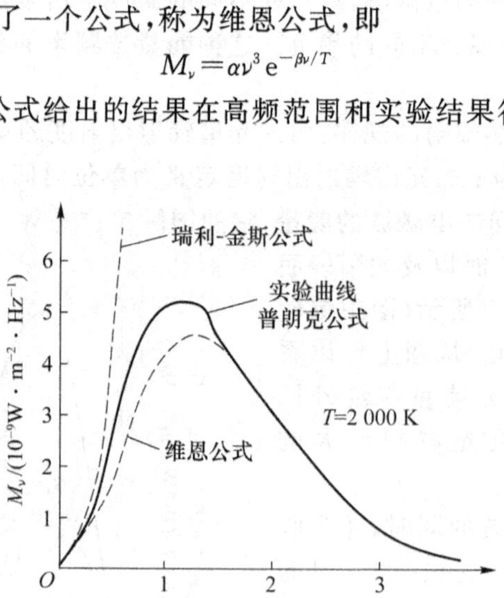

图 12.3　黑体辐射的实验和理论结果的比较

1900 年,瑞利根据经典电磁学和能量均分定理导出了一个公式,后来由金斯加以修正,称

为瑞利-金斯公式，即

$$M_\nu=\frac{2\pi\nu^2}{c^2}kT$$

瑞利-金斯公式给出的结果在低频范围内还能符合实验结果，但在高频范围就和实验结果相差甚远，甚至趋向无穷大(图 12.3)。在黑体辐射研究中出现的这一经典物理理论的失效，在当时被物理学家惊呼为“紫外灾难”。这也就是开尔文在迎接新世纪的年会上所说的第一朵乌云。

1900 年 12 月 14 日，普朗克发表了他导出的黑体辐射公式，即普朗克公式：

$$M_\nu=\frac{2\pi h}{c^2}\frac{\nu^3}{e^{h\nu/kT}-1}$$

这一公式给出的结果在全部频率范围内都与实验结果相符(图 12.3)。在高频范围内，普朗克公式转化为维恩公式；在低频范围内，普朗克公式则转化为瑞利-金斯公式。

此外，从普朗克公式出发还可以导出当时已被证实的两条实验定律。一条是关于黑体的全部辐射出射度的斯特藩-玻尔兹曼定律：

$$M=\int_0^\infty M_\nu \mathrm{d}\nu=\sigma T^4$$

其中，σ 称为斯特藩-玻尔兹曼常量，其值为 $\sigma=5.670\,51\times10^{-8}\ \mathrm{W/(m^2\cdot K^4)}$。另一条是维恩位移律：在温度为 T 的黑体辐射中，光谱辐射出射度最大的光的频率 ν_m 由下式决定：

$$\nu_\mathrm{m}=C_\nu T$$

其中，C_ν 为一常量，其值为 $C_\nu=5.880\times10^{10}\ \mathrm{Hz/K}$。维恩位移律说明，随着温度的升高，$\nu_\mathrm{m}$ 向高频方向“位移”。这些结果进一步证明了普朗克公式的正确性。

普朗克之所以能够导出他的公式，是由于他做了能量量子化的假设。当时人们认为辐射体由大量谐振子(如分子、原子或其他抽象的东西)构成。吸收辐射，谐振子振动就加强；释放辐射，谐振子振动就减弱。物理学家以谐振子为基础来构造辐射模型。对于空腔黑体的热平衡状态，普朗克认为是组成腔壁的带电谐振子与腔内辐射交换能量而达到热平衡的结果。他大胆地假定谐振子可能具有的能量不是连续的，而是只能取一些离散的值。用 E 表示一个频率为 ν 的谐振子的能量，普朗克假定

$$E=nh\nu$$

其中：n 为大于等于零的整数；h 为一常量，后来就叫作普朗克常量，它的现代最优值为 $h=6.626\,075\,5\times10^{-34}\ \mathrm{J\cdot s}$。

普朗克把每一个 $h\nu$ 给出的能量值称为一个“能量子”，这是物理学史上第一次提出量子的概念。但普朗克本人在提出量子概念之后，还长期试图用经典物理来解释它的由来，但都失败了。直到 1911 年，他才真正认识到量子化的全新的、基础性的意义，它是根本不能由经典物理导出的。由于量子这一概念的革命性和重要意义，普朗克获得了 1918 年的诺贝尔物理学奖。

12.2　光电效应

19 世纪末，人们发现当光照射到金属表面上时，会有电子从金属表面逸出，这种现象称为光电效应。图 12.4 所示为研究光电效应的实验装置简图，图中 GD 是光电管，管内为真空。

当光照射到阴极 K 时，就有电子从阴极表面逸出，这种电子称为光电子。光电子在电场加速下向阳极 A 运动，就形成了光电流。这里先列举一些实验结果。

实验发现，当入射光频率一定且光强一定时，光电流 i 与两级间电压 U 的关系如图 12.5 中的曲线所示。这表明，当光强一定时，光电流随加速电压的增大而增大，当加速电压增大到一定值时，光电流不再增大，而达到一饱和值 i_m。饱和现象的存在说明这时单位时间内从阴极逸出的光电子已全部被阳极吸收了。实验还发现，饱和电流的值 i_m 与光强 I 成正比，这说明单位时间内从阴极逸出的光电子数与光强成正比。

图 12.5 中的实验曲线还表明，当加速电压减小到零并改为负值时，光电流并不为零。仅当反向电压等于 U_c 时，光电流才等于零。这一电压值 U_c 称为截止电压。截止电压的存在说明此时从阴极逸出的最快的光电子，由于受到电场的阻碍，也不能到达阳极了。根据功能关系可知，光电子逸出时的最大初动能和截止电压 U_c 的关系应为

$$\frac{1}{2}mv_m^2=eU_c \tag{12.1}$$

其中，m 和 e 分别为电子的质量和电量，v_m 是光电子逸出金属表面时的最大速度。

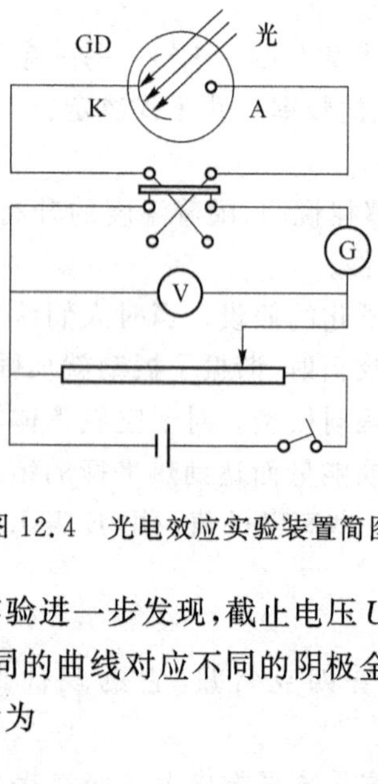

图 12.4　光电效应实验装置简图

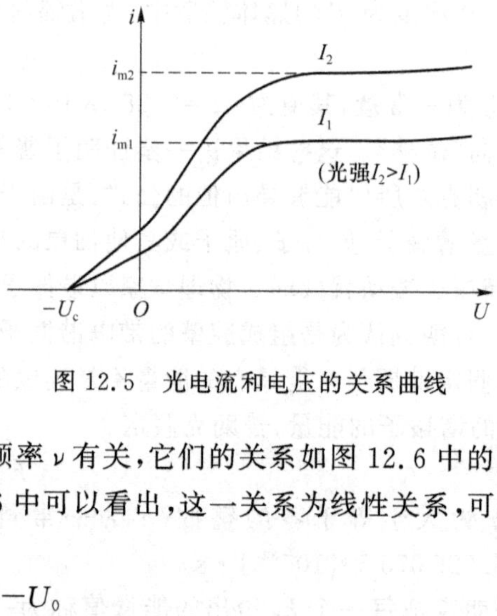

图 12.5　光电流和电压的关系曲线

实验进一步发现，截止电压 U_c 和入射光的频率 ν 有关，它们的关系如图 12.6 中的曲线所示，不同的曲线对应不同的阴极金属。从图 12.6 中可以看出，这一关系为线性关系，可用数学式表示为

$$U_c=K\nu-U_0 \tag{12.2}$$

式中，K 是直线的斜率，是与金属种类无关的一个常量。将式(12.2)代入式(12.1)可得

$$\frac{1}{2}mv_m^2=eK\nu-eU_0 \tag{12.3}$$

图 12.6 中直线与横轴的交点(用 ν_0 表示)具有这样的物理意义：当入射光的频率大于等于 ν_0 时，$U_c\geqslant 0$，这时电子能逸出金属表面，形成光电流；当入射光的频率小于 ν_0 时，电子将不具有足够的动能以逸出金属表面，因而就不会形成光电流。由图 12.6 可知，不同的金属具有不同的 ν_0，要使某种金属产生光电效应，必须使入射光的频率大于其相应的 ν_0 才行。因此，这一频率值 ν_0 叫作光电效应的红限频率，相应的波长就叫作红限波长。由式(12.2)可知，红限频率 ν_0 应为

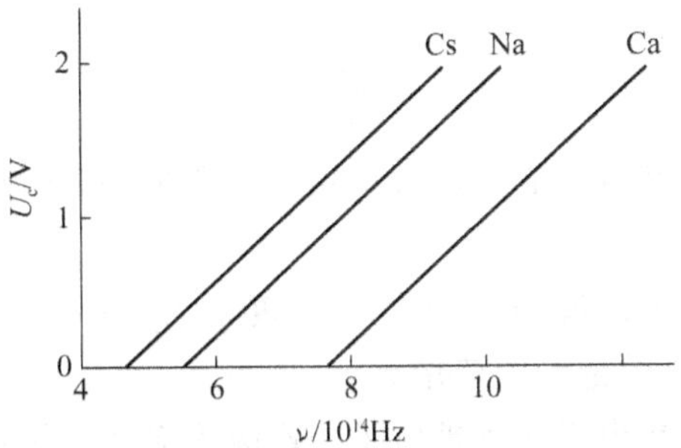

图 12.6　截止电压和入射光频率的关系曲线

$$\nu_0=\frac{U_0}{K} \tag{12.4}$$

此外，实验还发现，光电子的逸出几乎是在光照射到金属表面上的同时发生的，其延迟时间在10^{-19} s 以下。

19 世纪末发现的上述光电效应与入射光频率的关系以及延迟时间甚小的事实，是当时人们已经完全认可的光的波动说——麦克斯韦电磁理论——完全不能解释的。光的波动说认为光的强度和光振动的振幅有关，而且光的能量是连续地分布在光场中的。

当普朗克还在寻找他的能量子的经典根源时，爱因斯坦在量子概念的发展上前进了一大步。普朗克当时认为只有谐振子的能量是量子化的，而辐射本身，作为广布于空间的电磁波，它的能量还是连续分布的。而爱因斯坦在 1905 年发表了题为《关于光的产生和转换的一个有启发性的观点》的文章，在论及光电效应等的实验结果时，首次提出了光的能量子的概念。他在文中写道："从一个点光源发出的光线的能量并不是连续地分布在逐渐扩大的空间范围内的，而是由有限个数的能量子组成。这些能量子个个都只占据空间的一些点，运动时不分裂，只能以完整的单元产生或被吸收。"这个光的能量子单元在 1926 年被刘易斯命名为"光子"。

爱因斯坦假定，不同频率的光，其光子的能量不同。频率为 ν 的光的一个光子的能量为

$$E=h\nu \tag{12.5}$$

式中，h 为普朗克常量。为了解释光电效应，爱因斯坦设想一个光子将它的全部能量给予一个电子，电子获得此能量后动能就增加了，从而有可能逸出金属表面。用 A 表示电子从金属表面逸出时需克服阻力做的功(这个功叫作逸出功)，则由能量守恒可得一个电子逸出金属表面后的最大动能应为

$$\frac{1}{2}mv_{\mathrm{m}}^2=h\nu-A \tag{12.6}$$

将式(12.6)与式(12.3)对比可知，它可以完全解释光电效应中截止电压和红限频率的存在。因此式(12.6)就叫作光电效应方程。

对比式(12.6)和式(12.3)可得

$$h=eK$$

1916 年，密立根对光电效应进行了精确的实验研究，利用 U_c-ν 图像中的直线斜率 K 计算出了普朗克常量的值。这和当时用其他方法测得的值符合得很好。

对比式(12.6)和式(12.3)还可得

$$A=eU_0$$

再由式(12.4)可得

$$\nu_0=\frac{A}{eK}=\frac{A}{h}$$

这说明红限频率和逸出功之间有着简单的数量关系。因此,可由实验测得的红限频率计算金属的逸出功。

饱和电流与光强的关系可以解释为:入射光强度增大表示单位时间内入射的光子数多,因而产生的光电子也多,这就导致饱和电流增大。

光电效应的延迟时间短是由于光子被电子一次吸收而增大能量的过程用时很短。

因此,光子概念在对光电效应的解释上取得了巨大的成功。1921 年,爱因斯坦因光电效应的研究获得诺贝尔物理学奖。

12.3　光的波粒二象性

19 世纪,通过光的干涉、衍射等实验,人们已经认识到光是一种波动——电磁波,并建立了光的电磁理论——麦克斯韦理论。而进入 20 世纪,从爱因斯坦开始,人们又认识到光是粒子流——光子流。综合起来,关于光的本性的全面认识就是:光既具有波动性,又具有粒子性,相辅相成。在某些情况下,光突出地显示出其波动性,而在另一些情况下,则突出地显示出其粒子性。光的这种本性被称为波粒二象性。光既不是经典意义上的单纯的波,也不是经典意义上的单纯的粒子。

光的波动性可以用光波的波长 λ 和频率 ν 描述,光的粒子性可以用光子的质量、能量和动量描述。一个光子的能量为

$$E=h\nu \tag{12.7}$$

根据相对论的质量-能量关系 $E=mc^2$,则一个光子的质量为

$$m=\frac{h\nu}{c^2}=\frac{h}{c\lambda}$$

在相对论中,粒子质量和运动速度的关系为

$$m=\frac{m_0}{\sqrt{1-\left(\frac{v}{c}\right)^2}}$$

对于光子,$v=c$,而 m 是有限的,因此只能是 $m_0=0$,即光子是静止质量为零的一种粒子。但是,由于光速不变,光子对于任何参考系都不会静止,所以在任何参考系中光子的质量实际上都不会是零。

根据相对论的能量-动量关系

$$E^2=p^2c^2+m_0^2c^4$$

对于光子,$m_0=0$,所以光子的动量为

$$p=\frac{E}{c}=\frac{h\nu}{c}\quad 或 \quad p=\frac{h}{\lambda} \tag{12.8}$$

式(12.7)和式(12.8)是描述光的性质的基本关系式,其中 E 和 p 描述光的粒子性,λ 和 ν 描述光的波动性。光的这两种性质在数量上通过普朗克常量 h 联系在一起。

12.4　康普顿散射

另一个曾在量子论的发展过程中起过重要作用的是关于康普顿散射的研究。1923 年，康普顿及其后不久吴有训研究了 X 射线通过物质时向各方向散射的现象。他们在实验中发现，在散射的 X 射线中，除了有波长与原射线相同的成分外，还有波长较长的成分。这种有波长改变的散射称为康普顿散射(或称康普顿效应)。这种散射可以用光子理论圆满地加以解释。

根据光子理论，X 射线的散射是单个光子与单个电子发生弹性碰撞的结果。在固体如各种金属中，有许多和原子核结合较弱的电子，可以看作自由电子。由于这些电子的热运动平均动能(约百分之几电子伏特)与入射的 X 射线光子的能量($10^4 \sim 10^5$ eV)相比可以忽略不计，因此这些电子在碰撞前可以看作是静止的。一个电子的静止能量为 m_0c^2，动量为零。设入射光的频率为 ν_0，它的一个光子就具有能量 $h\nu_0$，动量 $\frac{h\nu_0}{c}\boldsymbol{e}_0$。在设弹性碰撞后，电子的能量变为 mc^2，动量变为 $m\boldsymbol{v}$；散射光子的能量为 $h\nu$，动量为 $\frac{h\nu}{c}\boldsymbol{e}$，散射角为 φ。这里 $\boldsymbol{e}_0$ 和 $\boldsymbol{e}$ 分别为碰撞前和碰撞后光子运动方向上的单位矢量(如图 12.7所示)。按照能量守恒定律和动量守恒定律，应该有

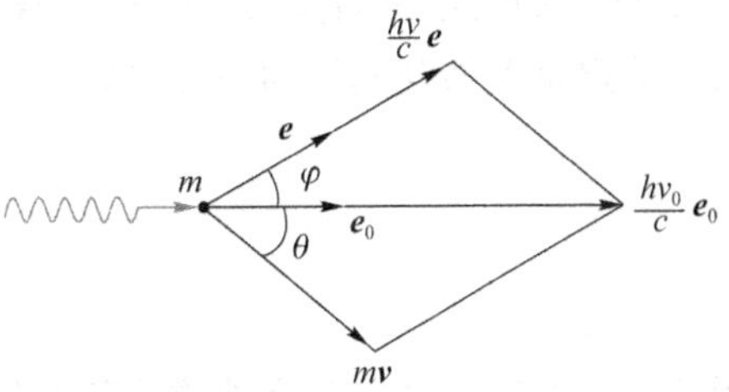

图 12.7　康普顿散射矢量分析图

$$h\nu_0 + m_0c^2 = h\nu + mc^2, \qquad \frac{h\nu_0}{c}\boldsymbol{e}_0 = \frac{h\nu}{c}\boldsymbol{e} + m\boldsymbol{v}$$

式中，反冲电子的质量 $m = \dfrac{m_0}{\sqrt{1-\left(\frac{v}{c}\right)^2}}$。由以上几个式子可以解出

$$\Delta\lambda = \lambda - \lambda_0 = \frac{h}{m_0c}(1-\cos\varphi) \tag{12.9}$$

式中，λ 和 λ_0 分别代表散射光和入射光的波长。这个波长偏移 $\Delta\lambda$ 和散射角 φ 的关系式称为康普顿散射公式。$\frac{h}{m_0c}$具有波长的量纲，称为电子的康普顿波长，用λ_C 表示。将 h、m_0、c 的值带入，可得

$$\lambda_C = 2.43\times10^{-3}\ \text{nm} \tag{12.10}$$

它与短波 X 射线的波长相当。这也是选用 X 射线观察康普顿散射的原因，因为只有在入射波的波长与电子的康普顿波长可以相比拟时，康普顿散射才是显著的。而在光电效应实验中，入射光多是可见光或紫外线，所以康普顿效应不显著。

由以上的分析可知，入射光子和电子碰撞时，把一部分能量传给了电子，因而光子能量减少，频率降低，波长变长。康普顿散射公式与实验结果定量地符合。式(12.9)还表明，波长的偏移 $\Delta\lambda$ 与散射物质以及入射 X 射线的波长 λ_0 均无关，只与散射角 φ 有关。这一规律也已经被实验证实。此外，在散射线中还观察到有与原波长相同的射线，这也可以用光子理论解释：

散射物质中还有许多被原子核束缚得很紧的电子，光子与它们的碰撞应看作光子和整个原子的碰撞。由于原子的质量远大于光子的质量，所以在弹性碰撞中光子的能量几乎没有改变，因而散射光子的波长就和入射线的波长相同。这种波长不变的散射叫作瑞利散射。

康普顿散射的理论和实验完全相符，不仅有力地证明了光具有波粒二象性，而且还证明了光子和微观粒子的相互作用过程也是严格地遵守能量守恒定律和动量守恒定律的。

12.5　粒子的波动性

1924 年，法国博士研究生德布罗意在光的波粒二象性的启发下想到，自然界在许多方面都具有明显地对称性，如果光具有波粒二象性，则实物粒子，如电子，也应该具有波粒二象性。于是，他大胆地在他的博士论文中提出假设：实物粒子也具有波动性。他把光子的能量-频率和动量-波长的关系式借鉴来，提出一个粒子的能量 E 和动量 p 跟与它相联系的波的频率 ν 和波长 λ 的定量关系与光子的一样，即

$$\nu=\frac{E}{h}=\frac{mc^2}{h} \tag{12.11}$$

$$\lambda=\frac{h}{p}=\frac{h}{m\nu} \tag{12.12}$$

应用于粒子的这些公式后来被称为德布罗意公式，和粒子相联系的波称为物质波或德布罗意波，式(12.12)给出了相应的德布罗意波长。德布罗意是采用类比法提出他的假设的，当时并没有任何直接的证据。但他的假设提出不久就得到了实验证实，并且直接引发了一门新的理论——量子力学——的建立。

1927 年，戴维孙和革末做了电子束在晶体表面上散射的实验，观察到了和 X 射线衍射类似的电子衍射现象，首先证实了电子的波动性。同年，汤姆孙做了电子束穿过多晶薄膜的衍射实验(图 12.8)，成功地得到了和 X 射线通过多晶薄膜后产生的衍射图样极为相似的衍射图样(图 12.9)。1961 年，约恩孙做了电子的单缝、双缝、三缝等衍射实验，得出的明暗条纹更加直接地证实了电子具有波动性。

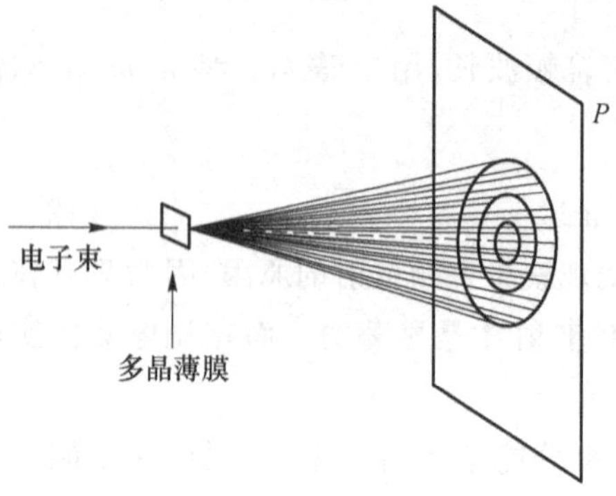

图 12.8　汤姆孙电子衍射实验简图

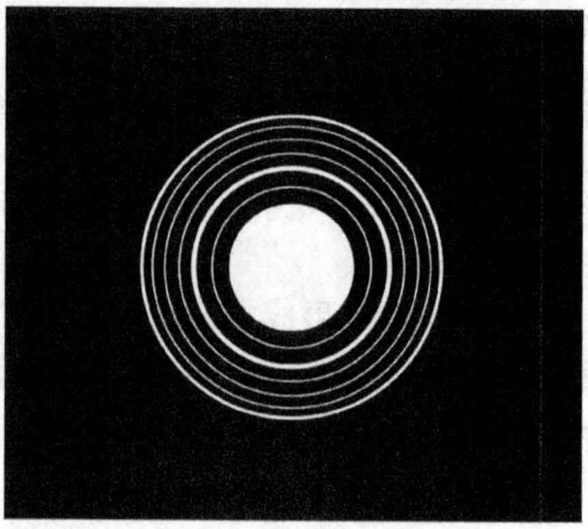

图 12.9　电子衍射图样

除了电子以外，之后还陆续通过实验证实了中子、质子、原子甚至分子都具有波动性，德布

罗意公式对这些粒子同样适用。这就说明一切微观粒子都具有波粒二象性，德布罗意公式就是描述微观粒子波粒二象性的基本公式。

粒子的波动性有很多重要的应用。例如，由于低能电子波的穿透深度较 X 光小，所以低能电子衍射被广泛地用于固体表面性质的研究。由于中子易被氢原子散射，所以中子衍射就被用来研究含氢的晶体。电子显微镜利用了电子的波动性，由于电子的波长可以很短，电子显微镜的分辨能力可以达到 0.1 nm。

本章小结

1. 黑体辐射

维恩公式为

$$M_\nu = \alpha\nu^3 \mathrm{e}^{-\beta\nu/T}$$

瑞利-金斯公式为

$$M_\nu = \frac{2\pi\nu^2}{c^2}kT$$

普朗克黑体辐射公式为

$$M_\nu = \frac{2\pi h}{c^2}\frac{\nu^3}{\mathrm{e}^{h\nu/kT}-1}$$

能量子为

$$E = h\nu$$

普朗克常量为

$$h = 6.626\,075\,5\times10^{-34}\ \mathrm{J\cdot s}$$

2. 光电效应

光电子逸出时的最大初动能和截止电压 U_c 的关系应为

$$\frac{1}{2}mv_\mathrm{m}^2 = eU_\mathrm{c}$$

光电效应方程为

$$\frac{1}{2}mv_\mathrm{m}^2 = h\nu - A$$

红限频率为

$$\nu_0 = \frac{A}{eK} = \frac{A}{h}$$

3. 光的波粒二象性

光子的能量为

$$E = h\nu$$

光子的质量为

$$m = \frac{h\nu}{c^2} = \frac{h}{c\lambda}$$

光子的动量为

$$p=\frac{E}{c}=\frac{h\nu}{c} \quad 或 \quad p=\frac{h}{\lambda}$$

4. 康普顿散射

康普顿散射公式为

$$\Delta\lambda=\lambda-\lambda_0=\frac{h}{m_0c}(1-\cos\varphi)$$

5. 粒子的波动性

德布罗意公式为

$$\nu=\frac{E}{h}=\frac{mc^2}{h}$$

$$\lambda=\frac{h}{p}=\frac{h}{m\nu}$$

思　考　题

1. 黑体是否是黑色的？请简述黑体的概念。
2. 普朗克量子假设的内容是什么？它在物理学发展中具有什么意义？
3. 经典电磁波理论解释光电效应的困难表现在哪里？
4. 怎样理解光的波粒二象性？
5. 什么是康普顿散射？它的实验规律是什么？
6. 简述德布罗意假设。

习　　题

一、选择题

1. 下列关于光电效应的说法中正确的是（　　）。

A. 入射光频率决定了金属电子的逸出功大小

B. 入射光的强度决定了光电子的最大初动能

C. 光电子的最大初动能与入射光的频率成正比

D. 入射光的频率决定了光电子的最大初动能

2. 如习题图 12.1 所示，线路中的元件都完好。当光照射到光电管上时，灵敏电流计中没有电流通过，则其可能的原因是（　　）。

A. 入射光太弱

B. 光照时间太短

C. 入射光的频率太小

D. 电源的正负极接反了

习题图 12.1

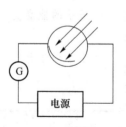

3. 下列四个选项中光的能量最小的是(　　)

A. 红光　　B. 黄光

C. 绿光　　D. 紫光

4. 用绿光照射光电管恰好有电子逸出,欲使光电子从阴极逸出的最大初动能增大,下列做法中可行的是(　　)。

A. 增大光的强度　　B. 增大光照时间

C. 增大光电管两极电压　　D. 改用紫光照射

5. 某单色光从一种介质进入另一种介质时,保持不变的物理量有(　　)。

A. 传播速度　　B. 波长　　C. 频率　　D. 能量

6. 习题图 12.2 是光电效应中光电子的最大初动能 E_k 与入射光频率 ν 的关系图线。从图可知,

① 图像的斜率表示(　　);

② 图像中 OB 的长度表示(　　)。

A. 逸出功　　B. 红限波长

C. 普朗克常量　　D. 入射光子的能量

7. 下列现象中能说明光具有波粒二象性的是(　　)。

A. 光的干涉　　B. 光的反射

C. 光的衍射　　D. 光的折射

8. 关于光的波粒二象性,下列说法中正确的是(　　)。

A. 传播中的光一部分是波,另一部分是粒子

B. 光电子就是光子和电子的总称

C. 光的波长越长,波动性就越明显

D. 光子数越多,粒子性就越明显

9. 一束复色光从水中射向空气中时分成 a、b、c 三束,如习题图 12.3 所示,下列说法中正确的是(　　)。

A. a 光的波长最大　　B. c 光的波速最大

C. a 光比 c 光易衍射　　D. c 光的光子能量最大

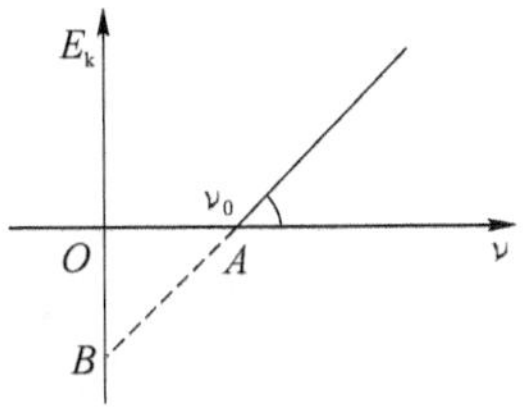

习题图 12.2

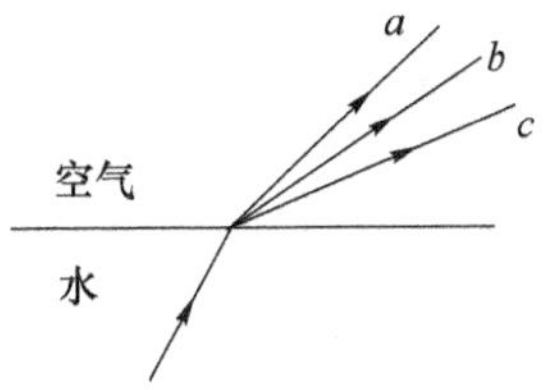

习题图 12.3

10. 下列说法中正确的是(　　)。

A. 麦克斯韦的电磁说认为光具有波粒二象性

B. 光电效应证明了光具有粒子性

C. 光的衍射和干涉都说明了光具有波动性

D. 光波不是电磁波

11. 关于光的干涉和衍射,以下说法正确的是(　　)。

A. 在波峰与波峰叠加的地方,光就互相加强,出现亮条纹

B. 在波谷与波谷叠加的地方,光就互相削弱,出现暗条纹

C. 在双缝干涉的实验条件不变的情况下,红光的条纹间距比紫光的大

D. 双缝干涉的明条纹或暗条纹之间的距离相等;单缝衍射的明暗条纹间距也相等

12. 下列粒子中属于实物粒子的是(　　)。

A. 光子　　B. 电子　　C. 质子　　D. 中子

13. 钠光谱的波长为 λ,设 h 为普朗克常量,c 为真空中的光速,则此光子的(　　)。

A. 能量为$\frac{hc}{\lambda}$　　B. 质量为$\frac{\lambda}{hc}$

C. 动量为 $\frac{h}{\lambda}$　　D. 周期为$\frac{\lambda}{c}$

14. 电子甲的速度是电子乙的 2 倍,则(　　)。

A. 电子甲的德布罗意波长比电子乙的大

B. 电子甲的德布罗意波长比电子乙的小

C. 电子甲的德布罗意波长与电子乙的相等

D. 条件不足,无法判定

二、填空题

1. 用红、黄、蓝三种色光在同样的双缝仪器上做干涉实验,则相邻明暗条纹间的间距最宽的是________;若用这三种色光分别照射同一金属板时均有电子逸出,则用________光照射时逸出光电子的最大初动能最大。

2. 在做光电效应实验时能否产生光电效应由________决定;光电流的最大值由________决定。

3. 爱因斯坦指出光子的能量与________成正比。

4. 质量为 0.01 kg、速度为 10 m/s 的一个小球的德布罗意波长为________。

5. 一个 0.05 eV 中子(中子质量为 1.675×10^{-27} kg)的德布罗意波长为________。

参考文献

[1] 张三慧.力学 电磁学[M].北京:清华大学出版社,2009.

[2] 吴百诗.大学物理学[M].北京:高等教育出版社,2007.

[3] 赵建彬.物理学[M].北京:机械工业出版社,2004.

[4] 王英杰.物理[M].北京:机械工业出版社,2005.

[5] 胡祥青,付淑英.大学物理[M].北京:北京师范大学出版社,2005.

课后习题答案

第1章

一、选择题

1. B 2. D 3. D 4. C 5. A 6. C 7. B 8. B

二、填空题

1. $\boldsymbol{v}=A\omega\cos\omega t\boldsymbol{j}$，$\boldsymbol{v}=\frac{\mathrm{d}y}{\mathrm{d}t}\boldsymbol{j}$

2. $\frac{h_1 v}{h_1-h_2}$

3. 变速曲线运动，变速直线运动

4. $-\boldsymbol{i}+4\boldsymbol{j}$

5. 20 m/s

6. $16Rt^2$，4

7. $-g/2$，$\frac{2\sqrt{3}v^2}{3g}$

8. $y=\frac{g}{2(v+v_0)^2}x^2$，$y=\frac{g}{2v^2}x^2$

三、计算题

1. $2\sqrt{x^2+x+1}$

2. (1) 8 m

   (2) 10 m

3. (1) $x^2/a^2+y^2/b^2=1$

   (2) $\boldsymbol{v}=-a\omega\sin\omega t\boldsymbol{i}+b\omega\cos\omega t\boldsymbol{j}$；$\boldsymbol{a}=-\omega^2(a\cos\omega t\boldsymbol{i}+b\sin\omega t\boldsymbol{j})$

   (3) $\boldsymbol{a}=-\omega^2\boldsymbol{r}$

4. 略

5. (1) $s=2v_0^2\sin(\theta-\alpha)\cos\theta/(g\cos^2\alpha)$

   (2) 当 $\theta=\pi/4+\alpha/2$ 时，s 有极大值，其值为

$$s_{\max}=v_0{}^2(1-\sin\alpha)/(g\cos^2\alpha)$$

6. $t=1$ s 时，质点 P 的速度大小为 8 m/s，加速度大小 35.8 m/s^2

7. (1) 驾驶员应取的航向为北偏东

$$\theta=\sin^{-1}\frac{60}{180}=19.47°$$

   (2) 飞机相对于地面的速率为 170 km/h

8. (1) $\boldsymbol{v}=2t\boldsymbol{i}+2\boldsymbol{j}$，$\boldsymbol{a}=2\boldsymbol{i}$

   (2) $a_t=\frac{\mathrm{d}v}{\mathrm{d}t}=\frac{2t}{\sqrt{t^2+1}}$，$a_n=\sqrt{a^2-a_t^2}=\frac{2}{\sqrt{t^2+1}}$

第2章

一、选择题

1. C 2. D 3. D 4. B 5. B 6. C 7. C 8. B

二、填空题

1. $v=5t^2+4t+3$

2. $x=\dfrac{Mv_0}{k}$

3. $\dfrac{2ma}{a+g}$

4. $g\cot\theta$

5. 0.25 g

6. $R-\dfrac{g}{\omega^2}$

7. $l=h/\sin\theta=2.92$ m 时，最省力

8. 3 $mg/4$

三、计算题

1. (1) $\boldsymbol{r}=\left(-\dfrac{13}{4}\boldsymbol{i}-\dfrac{7}{8}\boldsymbol{j}\right)$ m

(2) $\boldsymbol{v}=\left(-\dfrac{5}{4}\boldsymbol{i}-\dfrac{7}{8}\boldsymbol{j}\right)$ m/s

2. (1) 速率随时间变化的规律为$\dfrac{1}{v}=\dfrac{1}{v_0}+\dfrac{k}{m}t$

(2) 路程随时间变化的规律为 $x=\dfrac{k}{m}\ln\left(1+\dfrac{k}{m}v_0t\right)$

(3) 略

3. (1) 摩擦力 $f=\mu m\dfrac{v^2}{R}$，方向与运动方向相反；$a_t=-\mu\dfrac{v^2}{R}$

(2) $t=\dfrac{2R}{\mu v}$

4. $F<\mu(m_1+m_2)g$

第3章

一、选择题

1. A 2. C 3. B 4. D 5. B 6. A 7. C 8. A 9. D 10. C 11. D

二、填空题

1. $-\dfrac{2m}{m+m_0}\boldsymbol{v};\dfrac{2m}{m_0}\boldsymbol{v}$

2. $\dfrac{1}{2}mr_1^2\omega_1^2\left(\dfrac{r_1^2}{r_2^2}-1\right)$

3. $(1+\sqrt{2})m\sqrt{gy_0}$，$\dfrac{1}{2}mv_0$

4. $2\boldsymbol{i}$ m/s

5. 6.14 cm/s，35.5°

6. $m\sqrt{6gh}$，方向为垂直斜面向下

7. (1) 0.003 s；(2) 0.6 N·s；(3) 2×10^{-3} kg

8. mgd_1，mvd_2

9. $12\boldsymbol{k}$，$3\boldsymbol{k}$

三、计算题

1. 5 000 m

2. $\left(-\dfrac{2mv\cos\alpha}{\Delta t}-mg\right)\boldsymbol{j}$

3. (1) 1 800 N；(2) $v_A=6$ m/s，$v_B=22$ m/s

4. $\boldsymbol{f}=-\dfrac{m(3l+2h)g}{L}\boldsymbol{i}$，方向向上

5. (1) $\boldsymbol{p}(t)=-m\omega(a\sin\omega t\boldsymbol{i}-b\cos\omega t\boldsymbol{j})$

(2) 0

6. -0.89 m/s

7. $\overline{N}=(M+m)g+\dfrac{mv_2}{\Delta t}$,方向竖直向下;$\Delta v=\dfrac{m}{M}v_1$

8. $\boldsymbol{M}=mgb\boldsymbol{k}$;$\boldsymbol{L}=mgbt\boldsymbol{k}$

9. $L=L_1+L_2=[m_1d^2+m_2(l-d)^2]\omega$,方向为垂直水平面向下

10. $L=mvr=m\sqrt{GMr}$

11. (1) $\boldsymbol{M}_O=\boldsymbol{r}\times\boldsymbol{F}_{合}=0$; $M_{O'}=F_{合}\,l\sin\left(\dfrac{\pi}{2}+\alpha\right)=F_{合}l\cos\alpha$

重力对 O 点的力矩为 $mgl\sin\alpha$,方向为 $\boldsymbol{v}$ 的方向;重力对 O' 点的力矩为 $mgl\sin\alpha$,方向为 $\boldsymbol{v}$ 的方向

(2) $L_O=mvr, r=l\sin\alpha$,方向垂直于圆面向上;$L_{O'}=mvl\sin\dfrac{\pi}{2}=mvl$;$\boldsymbol{r}'$ 与 $\boldsymbol{v}$ 的矢积方向,$\boldsymbol{r}'$ 为 O' 指向 m

(3) 对 O 点的角动量守恒,对 O' 点的角动量不守恒

12. 1 833 333.3 $\text{kg}\cdot\text{m}^2/\text{s}$; 0

13. 5.26×10^{12} m

14. $\dfrac{1}{2}gt^2mv_0$

第 4 章

一、选择题

1. D 2. B 3. C 4. C 5. B 6. B 7. B

二、填空题

1. $mgl/50$

2. $-\dfrac{2GMm}{3R}$

3. $kx_0^2, -\dfrac{1}{2}kx_0^2, \dfrac{1}{2}kx_0^2$

4. 9.8 J,0,-5.8 J,不能

5. $-2ckL^2$

6. $\dfrac{5}{6}mgR, \sqrt{\dfrac{5}{3}gR}$

三、计算题

1. 980 J

2. (1) 31 J

(2) 5.35 m/s

(3) 因为 $\oint \boldsymbol{F}\cdot d\boldsymbol{r}=0$,所以此弹簧的弹力是保守力

3. $v=\dfrac{F}{\sqrt{k(m_1+m_2)}}$

绳的拉力 T 对 m_1 所做的功为

$$A_{T1}=-A_{T2}=\frac{F(2m_1+m_2)}{2k(m_1+m_2)}$$

恒力 F 对 m_2 所做的功为

$$A_F=-\frac{F^2}{k}$$

4. $v_1=8.11\ \mathrm{km/s}$，$v_2=6.31\ \mathrm{km/s}$

5. $W=\frac{1}{2}mv^2-\frac{1}{2}mv_0^2=\frac{1}{2}mv_0^2(\mathrm{e}^{-2\mu\pi}-1)$

6. $v=\sqrt{\frac{g}{L}[(L^2-h^2)-\mu(L-h)^2]}$

7. (1) $v'=\frac{mv_0}{m+M}=\frac{L}{m+M}\sqrt{k(m+M)}$

(2) $f=\frac{MkL^2}{2ms}$

8. $v=4\ \mathrm{m/s}$,与初始运动方向夹角为 $30°$

9. $v_A=\sqrt{2Rg}$,$\theta=30°$

第 5 章

一、选择题

1. C　2. D　3. C　4. C　5. B　6. D　7. D　8. C　9. D　10. D

11. D　12. D　13. B　14. C

二、填空题

1. $\frac{\sigma}{2\varepsilon_0}$,向右；　$\frac{3\sigma}{2\varepsilon_0}$,向右；　$\frac{\sigma}{2\varepsilon_0}$,向左

2. $\frac{Q\Delta S}{16\pi^2\varepsilon_0 R^4}$,指向被挖去的小块处

3. $\frac{2\varepsilon_0 A}{qd}$

4. $2a^3b$，　0，　$\varepsilon_0 a^3 b$

5. $\frac{Q}{4\pi\varepsilon_0}\left(\frac{1}{r}-\frac{1}{R}\right)$

6. $\frac{2a\lambda}{\pi\varepsilon_0(4y^2+a^2)}$，　沿 Ox 轴负向

7. $\frac{Q}{4\pi\varepsilon_0 R^2}$，　0；　$\frac{Q}{4\pi\varepsilon_0 R}$，　$\frac{Q}{4\pi\varepsilon_0 r_2}$

8. 0；　$\frac{qQ}{4\pi\varepsilon_0 R}$

9. $\frac{3\sqrt{3}qQ}{2\pi\varepsilon_0 a}$

三、计算题

1. $E=\frac{q}{\pi^2\varepsilon_0 R^2}$，　沿 y 轴负向

2. (1) $E=\frac{kb^2}{4\varepsilon_0}$　(板外两侧)；

(2) $E=\frac{k}{2\varepsilon_0}\left(x^2-\frac{b^2}{2}\right)(0\leqslant x\leqslant b)$；

(3) $x=\frac{b}{\sqrt{2}}$。

3. 解：(1) $Q=q$

(2) $E_1=\frac{qr_1^2}{4\pi\varepsilon_0 R^4}$　$(r_1<R)$

$$E_2=\frac{q}{4\pi\varepsilon_0 r_2^2}\quad (r_2\geqslant R)$$

(3) 球内电势为

$$V_1=\frac{q}{12\pi\varepsilon_0 R}\left(4-\frac{r_1^3}{R^3}\right)\quad (r_1<R)$$

球外电势为

$$V_2=\frac{q}{4\pi\varepsilon_0 r_2}\quad (r_2\geqslant R)$$

4. (1) 金属丝表面处的场强为

$$E_1=2.54\times10^6\ \text{V/m}$$

(2) 圆筒内表面处的场强为

$$E_2=1.7\times10^4\ \text{V/m}$$

第6章

一、选择题

1. D 2. D 3. B 4. A 5. C 6. D 7. C 8. C 9. B 10. C

二、填空题

1. 非极性,极性

2. 取向,取向;位移,位移

3. $-\dfrac{Q}{2S}$, $-\dfrac{Q}{S}$

4. $-q$,不是;$2q$,是

5. $\dfrac{Q_1+Q_2}{2S}$、$\dfrac{Q_1-Q_2}{2S}$、$\dfrac{Q_1-Q_2}{2S}$、$\dfrac{Q_1+Q_2}{2S}$

6. $\sqrt{2Fd/C}$, $\sqrt{2FdC}$

7. CV^2

8. $\dfrac{1}{2}$;2 倍

三、计算题

1. (1) $\sigma_1=\sigma_4=2.66\times10^{-8}\ \text{C/m}^2$

$\sigma_2=-\sigma_3=0.89\times10^{-8}\ \text{C/m}^2$

(2) $U=V_A-V_B=1\ 000\ \text{V}$

2. (1) $\boldsymbol{E}'=-\boldsymbol{E}=\dfrac{q}{4\pi\varepsilon_0 r^2}\boldsymbol{e}_r$ ($\boldsymbol{e}_r$ 是从 O 指向电荷 $+q$ 的单位矢量)。

(2) 静电平衡时,金属球的电势与球心的电势 U_O 相等,$V_O=\dfrac{q}{4\pi\varepsilon_0 r}$。

(3) 若将金属球接地,设球上留有净电荷 q_1,则 $q_1=-\dfrac{qR}{r}$

3. (1) 球壳内表面带电 $-q$,外表面带电 $q+Q$。

(2) $V=\displaystyle\int_0^{-q}\frac{\mathrm{d}q}{4\pi\varepsilon_0 a}=\frac{-q}{4\pi\varepsilon_0 a}$

(3) $V=\dfrac{q}{4\pi\varepsilon_0 r}+\dfrac{-q}{4\pi\varepsilon_0 a}+\dfrac{q+Q}{4\pi\varepsilon_0 b}=\dfrac{q}{4\pi\varepsilon_0}\left(\dfrac{1}{r}-\dfrac{1}{a}+\dfrac{1}{b}\right)+\dfrac{Q}{4\pi\varepsilon_0 b}$

4. $E=998\ \text{V/m}$

$U=12.5\ \text{V}$

5. 外力所做的功为

$$A=\frac{1}{2}CU^2(n-1)$$

第7章

一、选择题

1. A　2. A　3. B　4. C　5. D　6. D　7. C　8. A　9. D　10. B　11. C　12. C　13. D　14. B　15. C

二、填空题

1. 所围面积，电流，法线（$\boldsymbol{n}$）

2. (1) $\mu_0 I/(4R_1)+\mu_0 I/(4R_2)$，垂直向外

(2) $(\mu_0 I/4)(1/R_1{}^2+1/R_2{}^2)^{1/2}$，$\pi+\arctan(R_1/R_2)$

3. 0

4. 0.16 T

5. $\mu_0 nI\pi R^2$

6. 环路 L 所包围的电流，环路 L 上的磁感应强度，内外

7. (1) $\mu_0 I$；(2) 0；(3) $2\mu_0 I$

8. $-\mu_0 IS_1/(S_1+S_2)$

9. IBR

10. 10^{-2}，$\pi/2$

11. 0.157 N·m；　7.85×10^{-2} J

三、计算题

1. (1) $\Phi_{abOc}=BS_{abOc}\cos\pi=-2\times0.4\times0.3=-0.24$ Wb

(2) $\Phi_{bedO}=BS_{bedO}\cos\frac{\pi}{2}=0$

(3) $\Phi_{acde}=BS_{acde}\cos\theta=BS_{abOc}=0.24$ Wb

2. (1) $F_{\widehat{AB}}=F_{\overline{AB}}=\sqrt{2}RIB=\sqrt{2}\times0.2\times2\times0.5=0.283$ N

方向与$\widehat{AB}$弧线垂直，与 OB 夹角为 45°。

(2) $M=1.57\times10^{-2}$ N·m，$\boldsymbol{M}$ 将驱使线圈法线 $\boldsymbol{n}$ 转向与 $\boldsymbol{B}$ 平行

3. $B=\frac{\mu_0 I}{2R}\left(\frac{\sqrt{3}}{\pi}-\frac{1}{3}\right)$，方向为$\otimes$

4. $B_x=\mu_0 I/(8a)$，$B_y=0$

第8章

一、选择题

1. B　2. A　3. B　4. C　5. B　6. C　7. C　8. B　9. A　10. A　11. B

二、填空题

1. 5×10^{-4} Wb

2. $NBbA\omega\cos\left(\omega t+\frac{\pi}{2}\right)$

3. $vBl\sin\theta$；a

4. (1)略；(2) $-\frac{1}{2}\omega BL^2$；0；$-\frac{1}{2}\omega Bd(2L-d)$

5. 1.5 mH

6. 4；0

7. 0； $\dfrac{\mu_0 I^2 r^2}{8\pi^2 R^4}$　　8. (1)③；(2)①；(3)②

9. P 点电场强度的方向为垂直平行板向下，磁场强度的方向为⊗

三、计算题

1. $\varepsilon_{OO'}=\dfrac{\sqrt{3}\pi n a^2 B}{120}\sin\left(\dfrac{2\pi n}{60}t\right)$

2. 大小约为 -3.68×10^{-3} V，负号表示感生电动势逆时针绕向

3. 大小为 $\varepsilon=\dfrac{\mu_0 I b}{2\pi a}\left(\ln\dfrac{a+d}{d}-\dfrac{a}{a+d}\right)$，方向为顺时针绕向

4. (1) $B=\mu_0 n I=\mu_0\dfrac{I}{l}$

(2) $L=\dfrac{2W_{\mathrm{m}}}{I^2}=\dfrac{\mu_0\pi R^2}{l}$

5. (1) $L=\dfrac{\Psi}{I}=\dfrac{\mu_0 N^2 h}{2\pi}\ln\dfrac{b}{a}$

(2) $M=\dfrac{\Psi}{I}=\dfrac{\mu_0 N h}{2\pi}\ln\dfrac{b}{a}$

(3) $W_{\mathrm{m}}=\dfrac{\mu_0 N^2 I^2 h}{4\pi}\ln\dfrac{b}{a}$

6. (1) $U=\dfrac{q}{C}=\dfrac{1}{C}\int i\mathrm{d}t=-\dfrac{1}{C}\times0.2\mathrm{e}^{-t}\Big|_0^t=\dfrac{0.2}{C}(1-\mathrm{e}^{-t})$

(2) $I_{\mathrm{d}}=i=0.2\mathrm{e}^{-t}$

第 9 章

一、选择题

1. D　2. B　3. C　4. D　5. B　6. C

二、作图题

1.
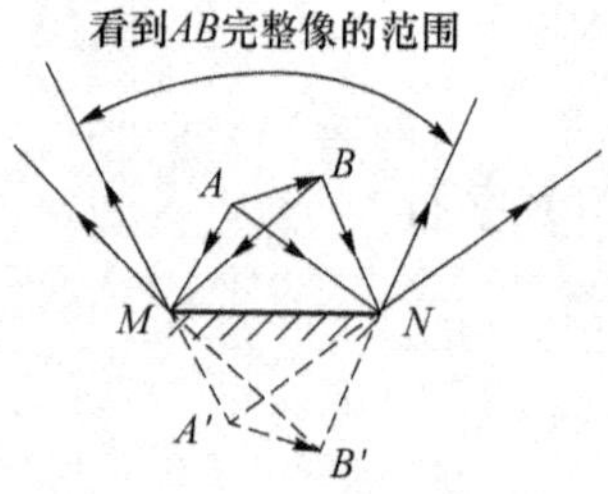

2.
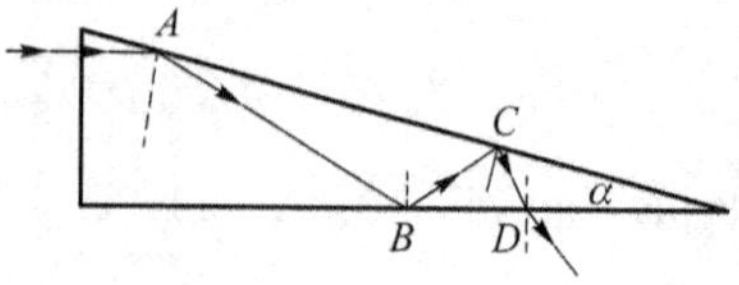

3.
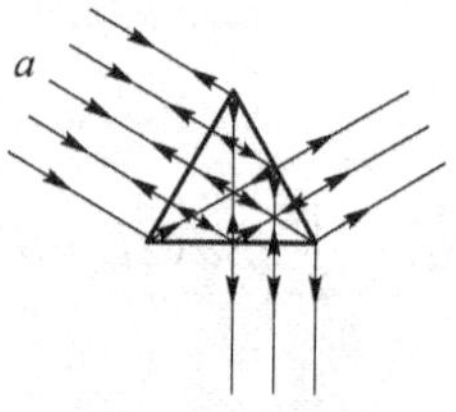

三、计算题

1. (1) $v=2.1\times10^{8}$ m/s

   (2) $t=s/v=2.7\times10^{-8}$ s

2. 厚度至少是 1.2×10^{-7} m

第 10 章

一、选择题

1. C　2. D　3. B　4. C　5. D

二、填空题

1. 3.36×10^{6}

2. $1.04\ \mathrm{kg/m^3}$

3. 氢气,1 581

4. $\frac{3}{2}kT,\frac{5}{2}kT,\frac{5}{4}\times10^{3}MRT$

5. $\frac{3}{2}kT$,483.4 m/s,300 k

6. 440.2 m/s

7. (1) $\int_{100}^{\infty}f(v)\mathrm{d}v$;(2) $N\int_{100}^{\infty}f(v)\mathrm{d}v$;(3) $\int_{100}^{\infty}vf(v)\mathrm{d}v$

8. (2),(1)

三、计算题

(1) 0.71

(2) 3.5×10^{-7}m

第 11 章

一、选择题

1. B　3. D　3. C　4. B　5. D　6. A　7. D　8. C　9. A

二、填空题

1. (1) $-|W_1|$;(2) $-|W_2|$

2. $\frac{3}{2}p_1V_1$;　0

3. 124.7 J,−84.3 J

4. 500;　700

5. $\left(\frac{1}{3}\right)^{\gamma-1}T_0$,　$\left(\frac{1}{3}\right)^{\gamma}p_0$

三、计算题

1. (1) 266 J,系统吸收热量

   (2) −308 J,系统放热

2. $\Delta E=Q-W=1.654$ kW(或 $\Delta E=1.654$ kJ/s)

3. (1) 等体过程,吸热 $Q=\Delta E=623.25$ J,对外做功 $W=0$

   (2) 等压过程,吸热 $Q=1\,038.75$ J,内能增加 $\Delta E=623.25$ J,对外做功 $A=Q-\Delta E=415.5$ J

第12章

一、选择题

1. D　2. CD　3. A　4. D　5. CD　6. ①C　②A

7. AC　8. C　9. ACD　10. BC　11. AC

12. BCD　13. ACD　14. B

二、填空题

1. 红光;蓝

2. 入射光频率和金属红限频率;入射光强度

3. 频率

4. 6.63×10^{-33} m

5. 1.28×10^{-10} m

附录　矢量代数的基本知识

1. 标量和矢量的概念

(1) 定义

标量只有大小，如质量、长度、时间、密度、能量、温度等。

矢量既有大小又有方向，并有一定的运算规则，如位移、速度、加速度、角速度、力矩、角动量、电场强度、磁感应强度等。

(2) 矢量的几种表示方式

- 几何表示：有指向的线段；
- 解析表示：$\boldsymbol{A}=(A_1, A_2, A_3)$；
- 大小：$A=|\boldsymbol{A}|$。

(3) 矢量相等

两个矢量大小相等，方向相同。

(4) 单位矢量

长度为一个单位的矢量，即 $\boldsymbol{e}_A=\boldsymbol{A}/A$。

2. 矢量的运算法则

(1) 加法(矢量的合成)

含平行四边形法则和三角形法则，如附图 1 和附图 2 所示。

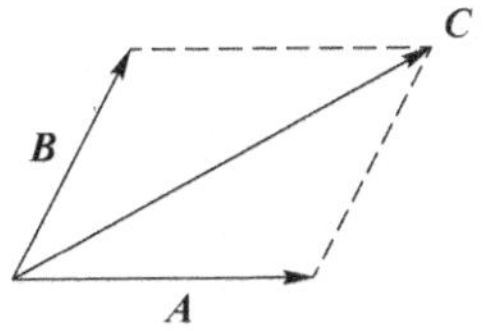

附图 1　平行四边形法则

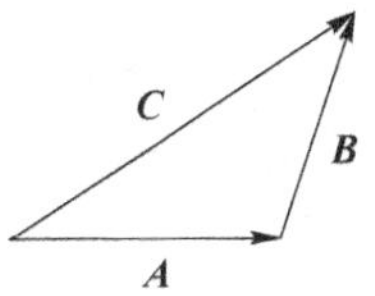

附图 2　三角形法则

加法 $\boldsymbol{C}=\boldsymbol{A}+\boldsymbol{B}$ 满足以下两个性质。

- 交换律：$\boldsymbol{A}+\boldsymbol{B}=\boldsymbol{B}+\boldsymbol{A}$；
- 结合律：$\boldsymbol{A}+(\boldsymbol{B}+\boldsymbol{C})=(\boldsymbol{A}+\boldsymbol{B})+\boldsymbol{C}$；

零矢量的定义：$\boldsymbol{A}+\boldsymbol{0}=\boldsymbol{A}$。

(2) 矢量的数乘

$$\lambda\boldsymbol{A}=\boldsymbol{C}\begin{cases}\text{大小为 } C=|\lambda|A \\ \text{方向}\begin{cases}\lambda>0, & \boldsymbol{C}\text{ 与 }\boldsymbol{A}\text{ 同向} \\ \lambda<0, & \boldsymbol{C}\text{ 与 }\boldsymbol{A}\text{ 反向}\end{cases}\end{cases}$$

结合律：$\lambda(\mu\boldsymbol{A})=(\lambda^{\mu})\boldsymbol{A}$；

分配律：$\lambda(\boldsymbol{A}+\boldsymbol{B})=\lambda\boldsymbol{A}+\lambda\boldsymbol{B}$。

(3) 矢量的分解

在一个平面内，若存在两个不共线的矢量 $\boldsymbol{e}_1$ 和 $\boldsymbol{e}_2$，则平面内的任一矢量可以分解为：$\boldsymbol{A}=A_1\boldsymbol{e}_1+A_2\boldsymbol{e}_2$。

① 正交分解：选择 $\boldsymbol{e}_1\perp\boldsymbol{e}_2$；

② 三维空间中应有 3 个不共面的矢量。

(4) 矢量的标积(点积、内积)

① 定义 $S=\boldsymbol{A}\cdot\boldsymbol{B}=AB\cos\theta$，其中 θ 为 $\boldsymbol{A}$ 与 $\boldsymbol{B}$ 的夹角。如果 $\boldsymbol{B}$ 为单位矢量，则 $\boldsymbol{A}\cdot\boldsymbol{B}$ 为矢量 $\boldsymbol{A}$ 在 $\boldsymbol{B}$ 方向上的投影(分量)。

② 性质。

- 交换律：$\boldsymbol{A}\cdot\boldsymbol{B}=\boldsymbol{B}\cdot\boldsymbol{A}$。
- 分配律：$\boldsymbol{A}\cdot(\alpha\boldsymbol{B}+\beta\boldsymbol{C})=\alpha\boldsymbol{A}\cdot\boldsymbol{B}+\beta\boldsymbol{A}\cdot\boldsymbol{C}$。

$\boldsymbol{A}\cdot\boldsymbol{A}=A^2\geqslant 0$。

若 $\boldsymbol{A}\cdot\boldsymbol{B}=0$，则可能是 $\boldsymbol{A}=0$ 或 $\boldsymbol{B}=0$ 或 $\boldsymbol{A}\perp\boldsymbol{B}$。

(5) 矢量的矢积(叉积、外积)

① 定义：$\boldsymbol{A}\times\boldsymbol{B}=\boldsymbol{C}$。

- 大小：$|\boldsymbol{C}|=|\boldsymbol{A}\times\boldsymbol{B}|=AB\sin\theta\ (0<\theta<\pi)$，平行四边形的面积。
- 方向：$\boldsymbol{A}$ 至 $\boldsymbol{B}$ 右手螺旋方向，如附图 3 所示。

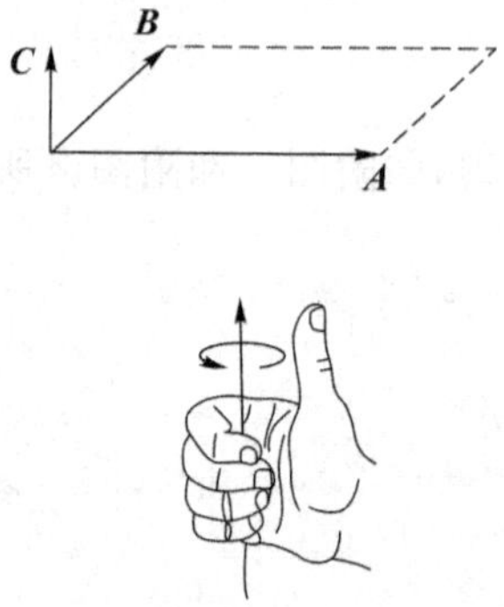

附图 3

② 性质。

$$\boldsymbol{A}\times\boldsymbol{B}=-\boldsymbol{B}\times\boldsymbol{A}$$

$$\boldsymbol{A}\times(\alpha\boldsymbol{B}+\beta\boldsymbol{C})=\alpha\boldsymbol{A}\times\boldsymbol{B}+\beta\boldsymbol{A}\times\boldsymbol{C}$$

$$\boldsymbol{A}\times\boldsymbol{A}=\boldsymbol{0}$$

$$\boldsymbol{A}\times(\boldsymbol{B}\times\boldsymbol{C})=\boldsymbol{B}(\boldsymbol{A}\cdot\boldsymbol{C})-\boldsymbol{C}(\boldsymbol{A}\cdot\boldsymbol{B})$$

(6) 比较。

在二维和三维直角坐标系下位置矢量的计算如附表 1 所示。

附表 1　二维与三维直角坐标系下位置矢量的计算

$\boldsymbol{r}$	二维直角坐标系	三维直角坐标系
表示法	$\boldsymbol{r}=x\boldsymbol{i}+y\boldsymbol{j}$	$\boldsymbol{r}=x\boldsymbol{i}+y\boldsymbol{j}+z\boldsymbol{k}$
图形	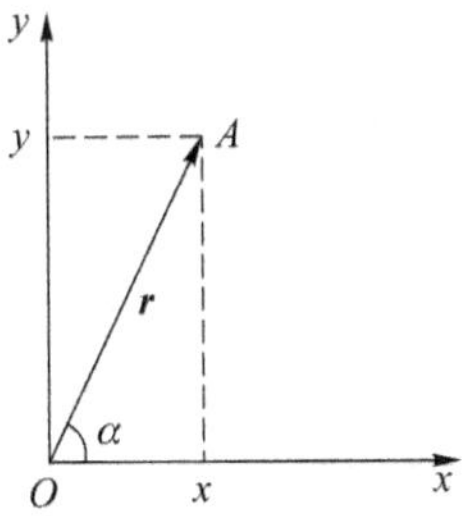	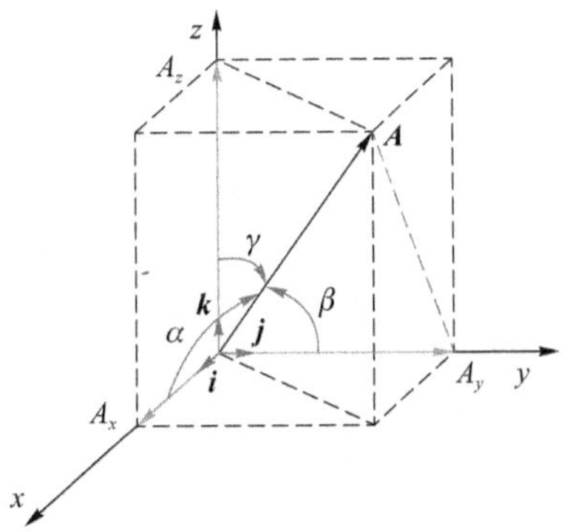
大小 $\lvert\boldsymbol{r}\rvert$	$\lvert\boldsymbol{r}\rvert=\sqrt{x^2+y^2}$	$\lvert\boldsymbol{r}\rvert=\sqrt{x^2+y^2+z^2}$
方向	$\tan\alpha=\dfrac{y}{x}$	$\cos\alpha=x/\lvert\boldsymbol{r}\rvert,\cos\beta=y/\lvert\boldsymbol{r}\rvert,\cos\gamma=z/\lvert\boldsymbol{r}\rvert$
矢量加减法	$\boldsymbol{r}_1=x_1\boldsymbol{i}+y_1\boldsymbol{j}$ $\boldsymbol{r}_2=x_2\boldsymbol{i}+y_2\boldsymbol{j}$ $\boldsymbol{r}=\boldsymbol{r}_1+\boldsymbol{r}_2=(x_1+x_2)\boldsymbol{i}+(y_1+y_2)\boldsymbol{j}$ 对应分量相加或相减	$\boldsymbol{r}_1=x_1\boldsymbol{i}+y_1\boldsymbol{j}+z_1\boldsymbol{k}$ $\boldsymbol{r}_2=x_2\boldsymbol{i}+y_2\boldsymbol{j}+z_2\boldsymbol{k}$ $\boldsymbol{r}=\boldsymbol{r}_1+\boldsymbol{r}_2=(x_1+x_2)\boldsymbol{i}+(y_1+y_2)\boldsymbol{j}+(z_1+z_2)\boldsymbol{k}$ 对应分量相加或相减
矢量的导数	$\boldsymbol{r}(t)=x(t)\boldsymbol{i}+y(t)\boldsymbol{j}$ $\dfrac{\mathrm{d}\boldsymbol{r}}{\mathrm{d}t}=\dfrac{\mathrm{d}x}{\mathrm{d}t}\boldsymbol{i}+\dfrac{\mathrm{d}y}{\mathrm{d}t}\boldsymbol{j}$ 等于各分量的导数	$\boldsymbol{r}(t)=x(t)\boldsymbol{i}+y(t)\boldsymbol{j}+z(t)\boldsymbol{k}$ $\dfrac{\mathrm{d}\boldsymbol{r}}{\mathrm{d}t}=\dfrac{\mathrm{d}x}{\mathrm{d}t}\boldsymbol{i}+\dfrac{\mathrm{d}y}{\mathrm{d}t}\boldsymbol{j}+\dfrac{\mathrm{d}z}{\mathrm{d}t}\boldsymbol{k}$ 等于各分量的导数